全屋定制家具设计 CAD 图集

曾麒麟　袁　伟　编

江苏凤凰科学技术出版社 · 南京

目录

第 1 章
鞋柜

玄关作为家的主要出入口，从实用性的角度来看，它的首要作用是收纳鞋子。我们可以将全家人的鞋子按照高度、种类排序，并分成四大类：

第一类，平底鞋，包括拖鞋、男士皮鞋、运动鞋、船鞋等。

第二类，普通高跟鞋，包括高度低于 20 cm 的普通高跟鞋和平跟的靴子等。

第三类，超高跟鞋，包括高度高于 20 cm 但不超过 25 cm 的高跟鞋和短靴等。

第四类，高帮靴子，指高度超过 25 cm 的靴子。

每个家庭鞋子的数量和种类会经常变化，建议将鞋柜里的层板尽可能设计成活动层板，这样就可以按照鞋子的高度灵活地调整层板的高度，打造一个多变的收纳空间。

玄关柜需要设计抽屉，用来收纳出门时要拿取或者进门时要随手放置的物品，比如拆快递的剪刀、小刀、便利贴、笔、钥匙包、钱包等，可以用小的收纳盒将其分类收纳后再放到抽屉里。

注：本书中“18 背板”均指 18 mm 厚背板，“9 背板”均指 9 mm 厚背板。

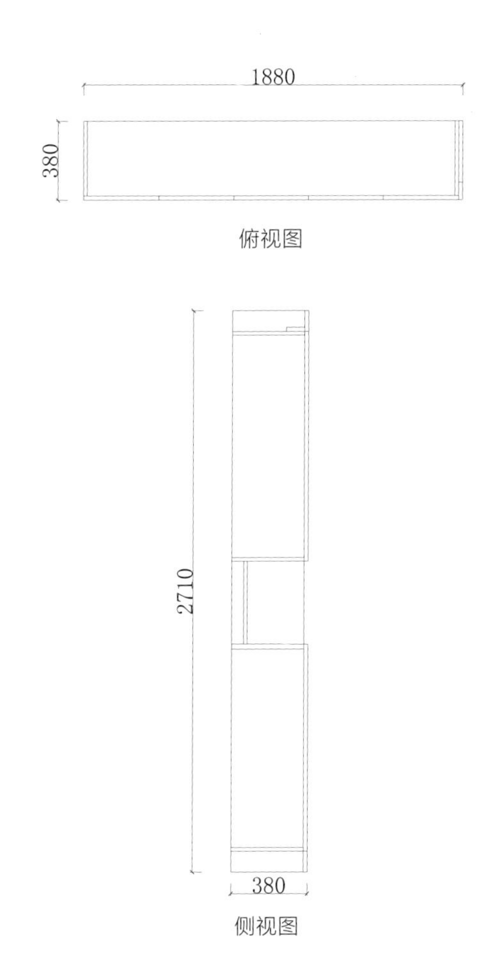

俯视图

侧视图

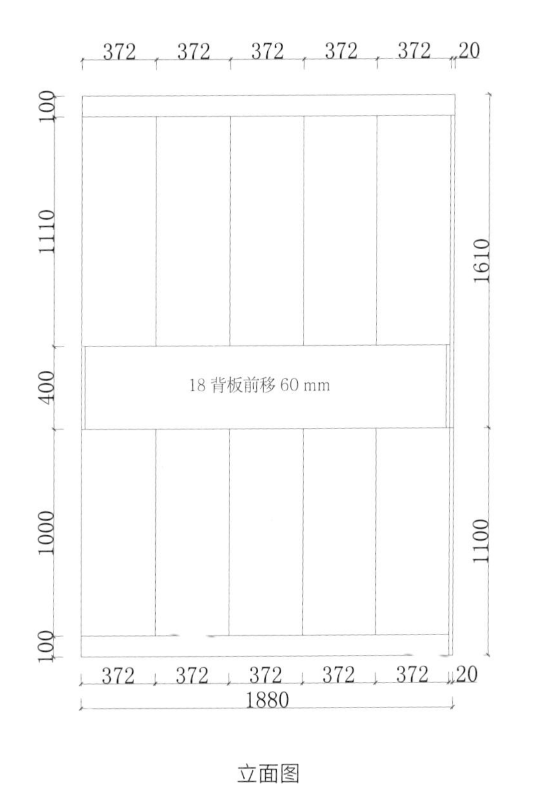

立面图

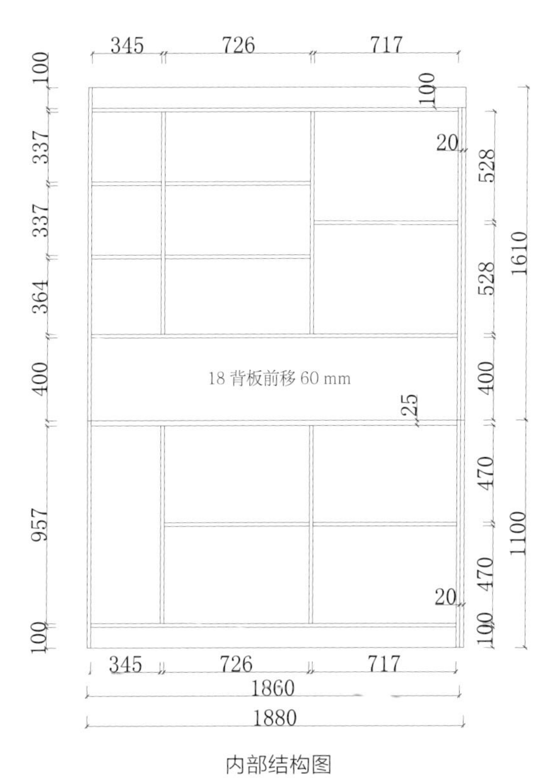

内部结构图

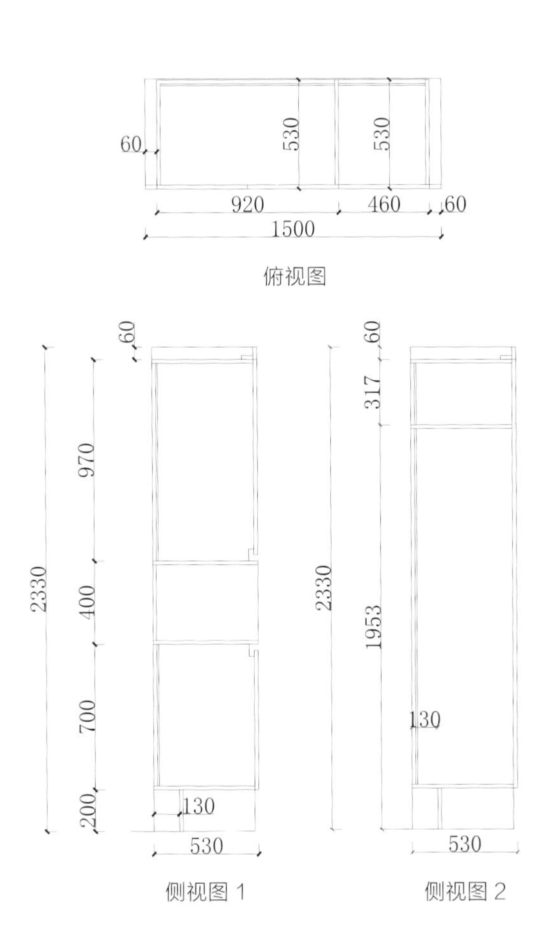

俯视图

侧视图 1

侧视图 2

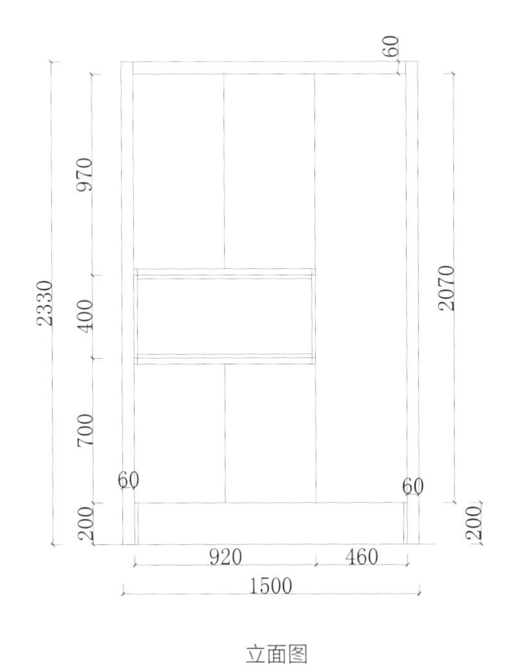

立面图

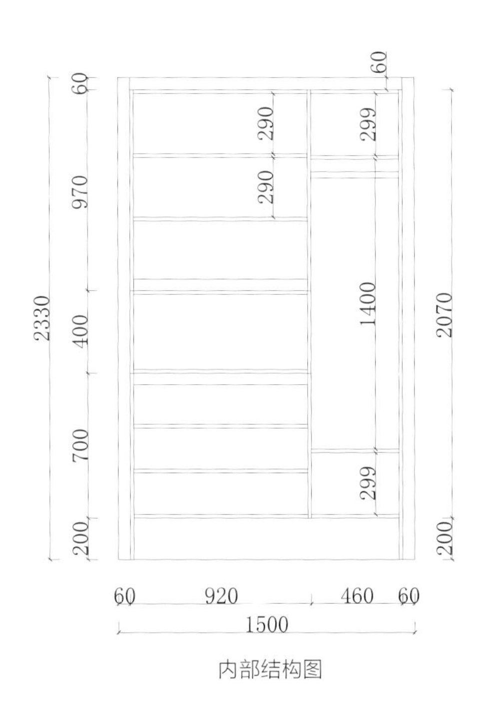

内部结构图

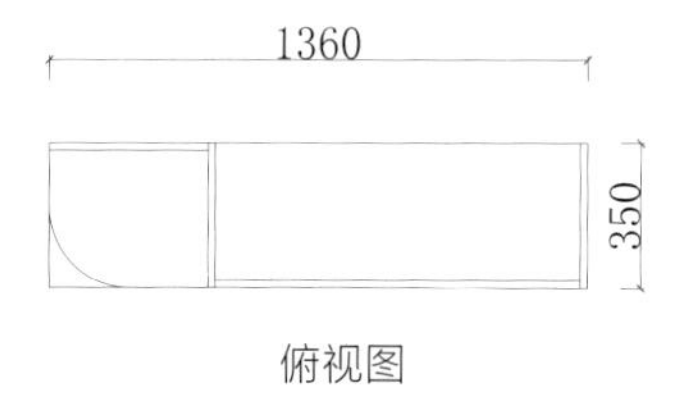

俯视图

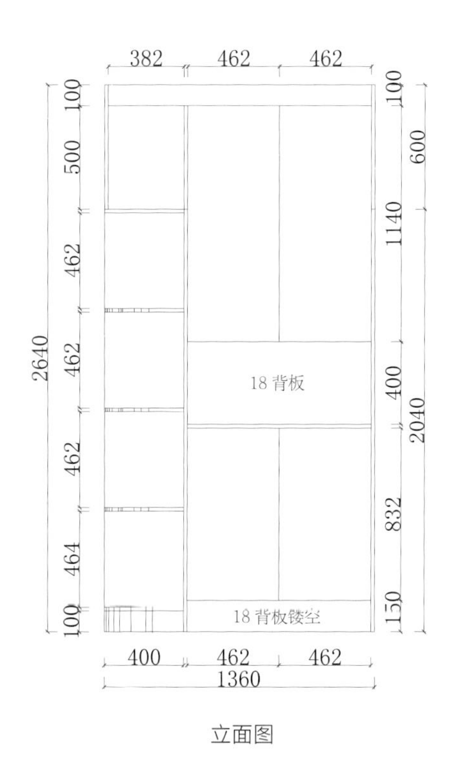

立面图

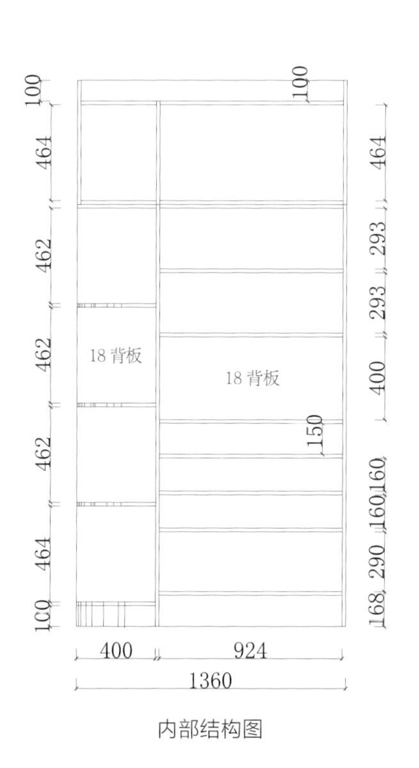

内部结构图

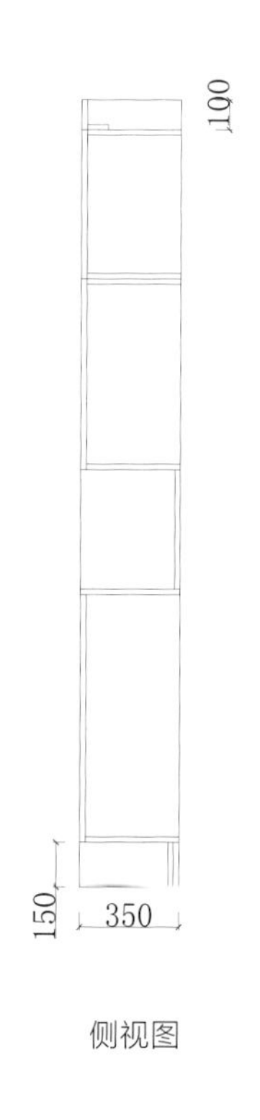

侧视图

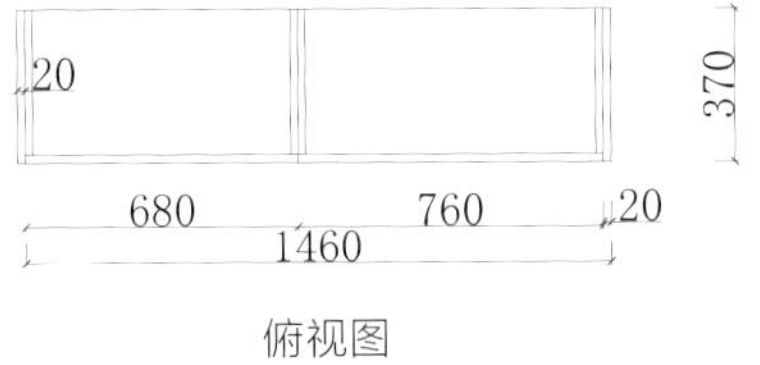

俯视图

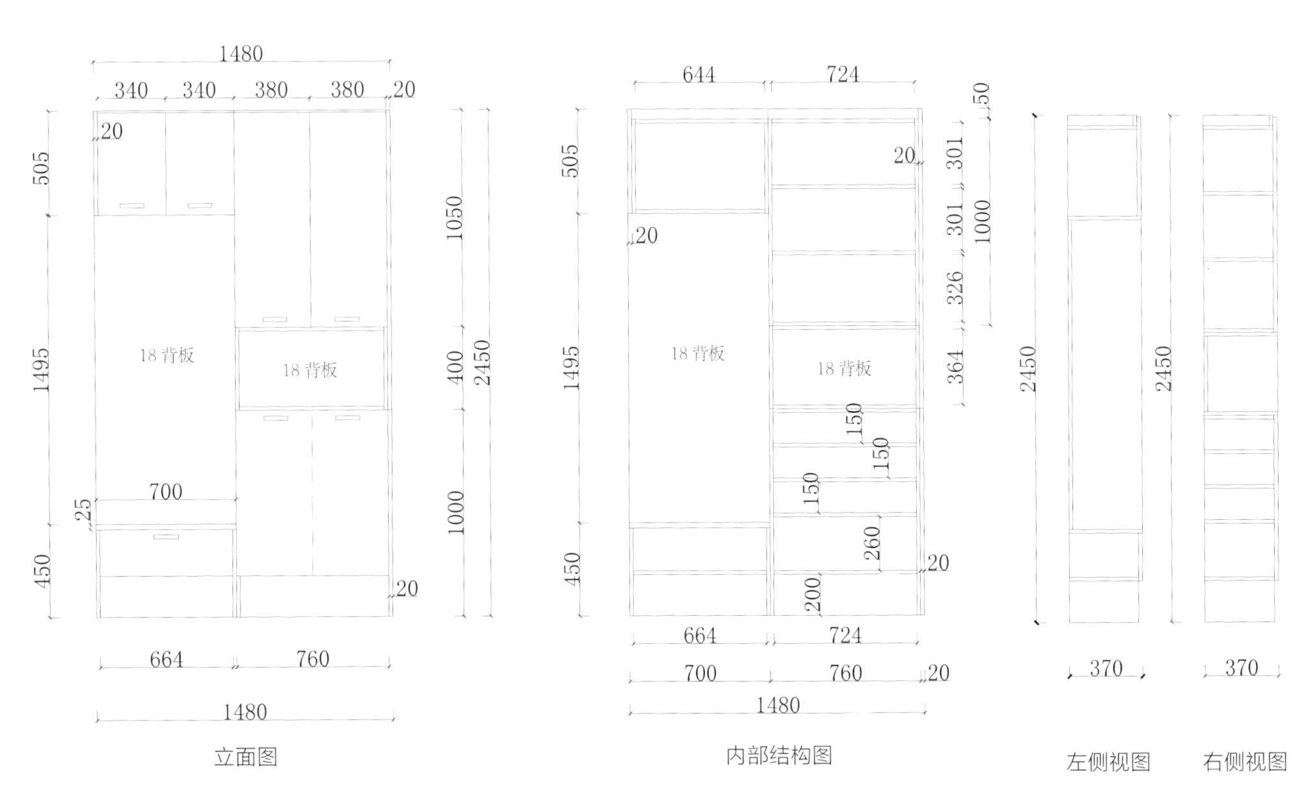

立面图　　内部结构图　　左侧视图　　右侧视图

俯视图

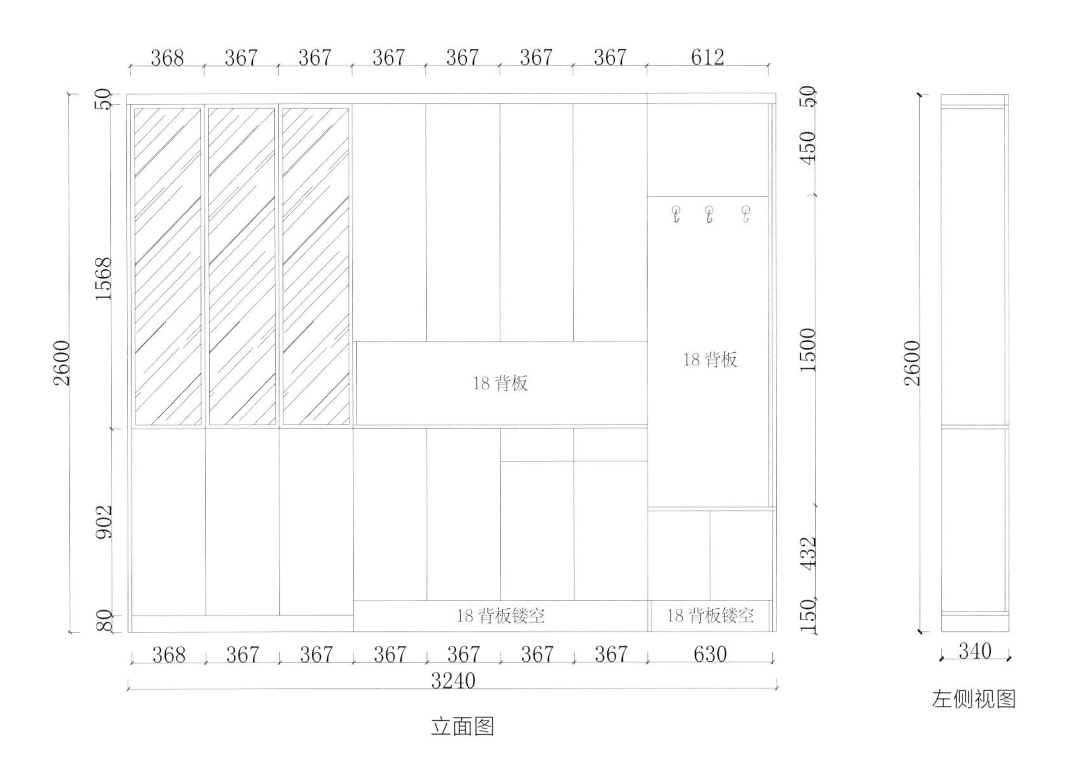

立面图

左侧视图

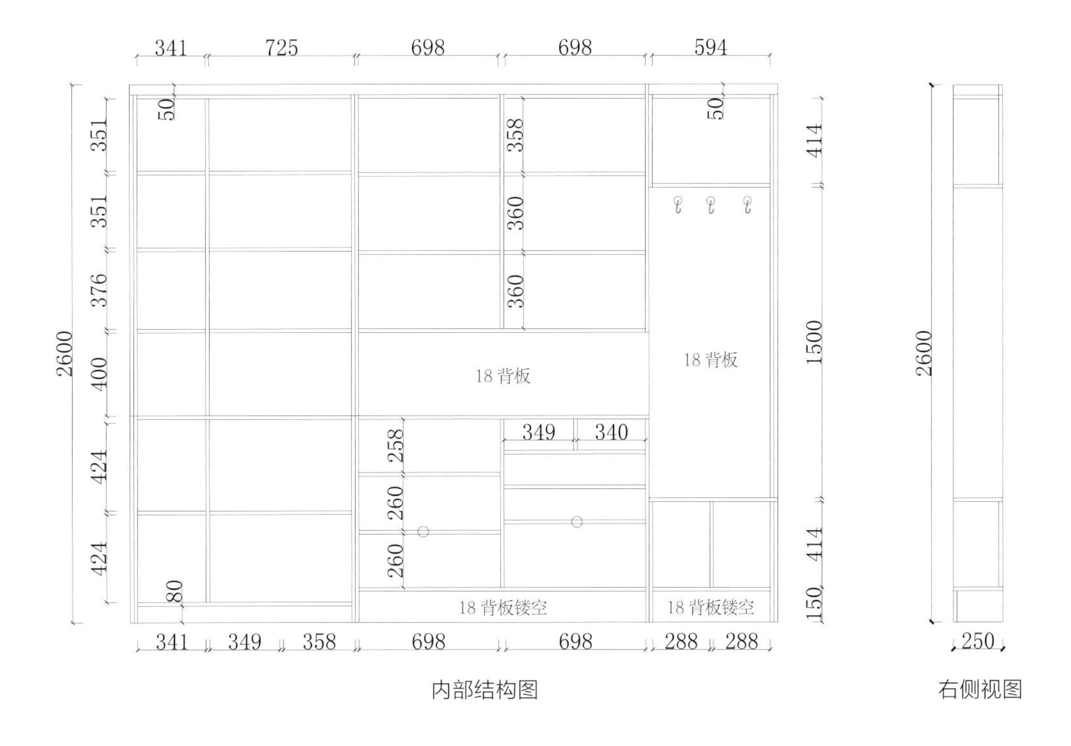

内部结构图

右侧视图

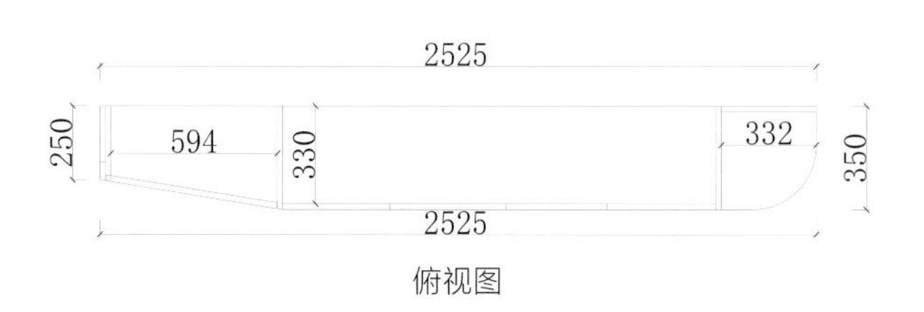

俯视图

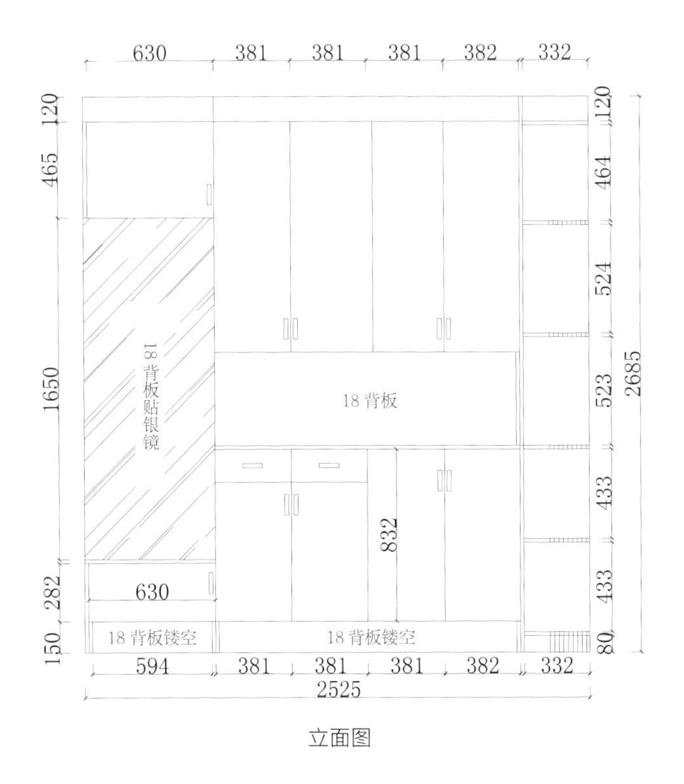

立面图

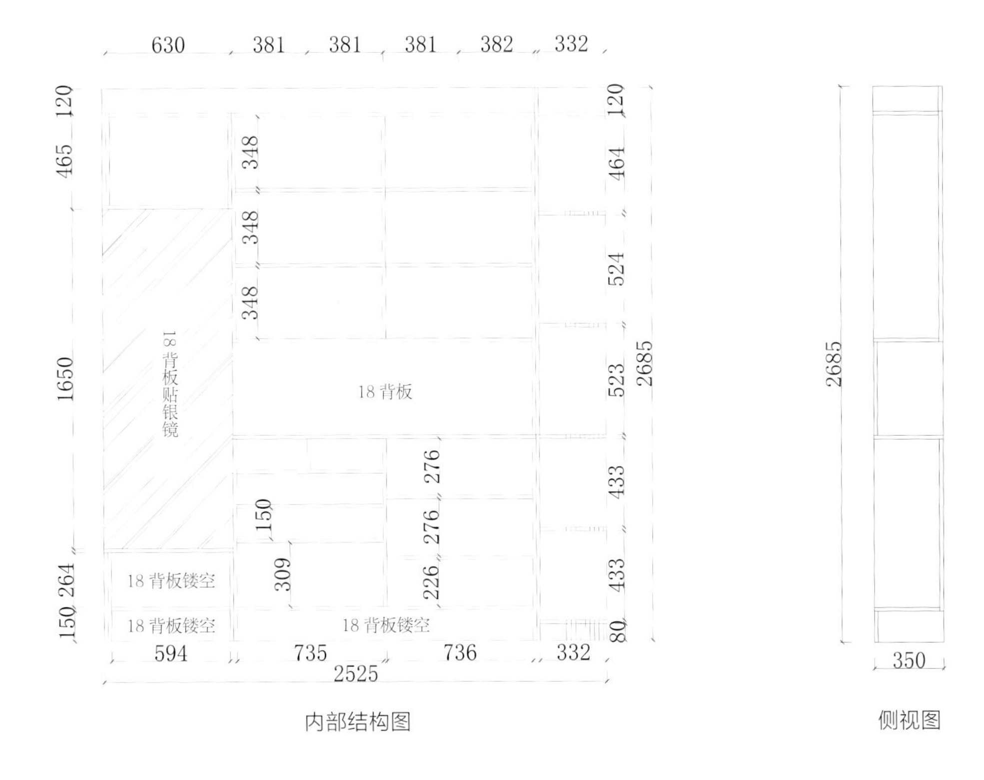

内部结构图

侧视图

2090

320

俯视图

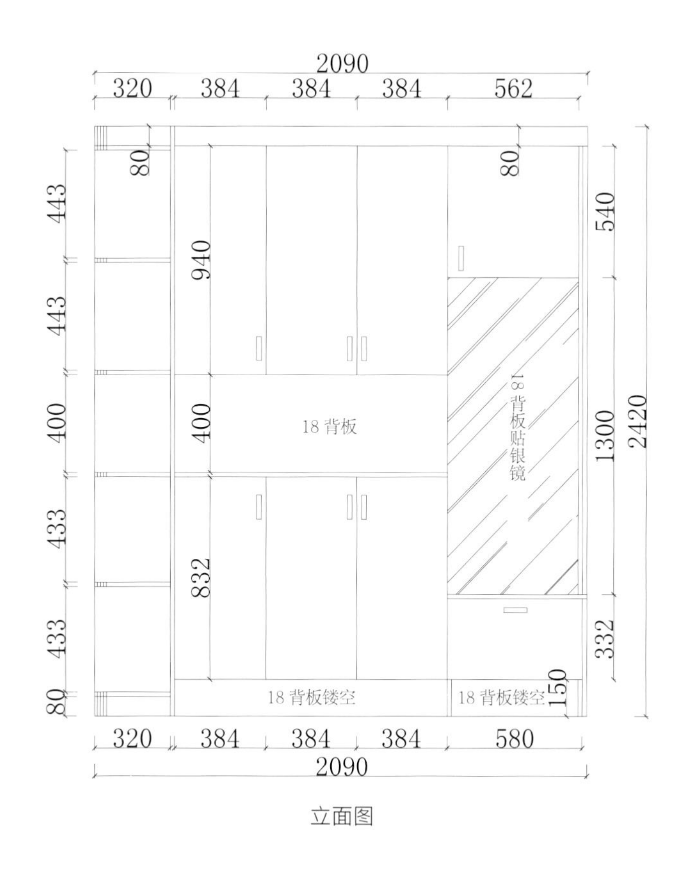

立面图

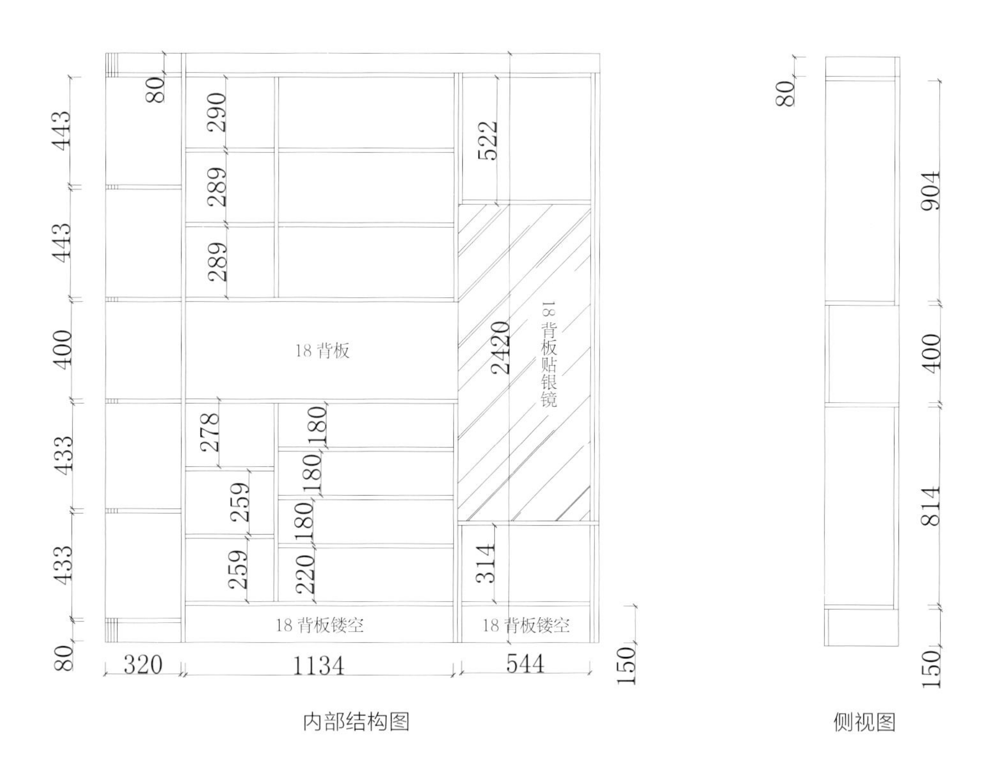

内部结构图

侧视图

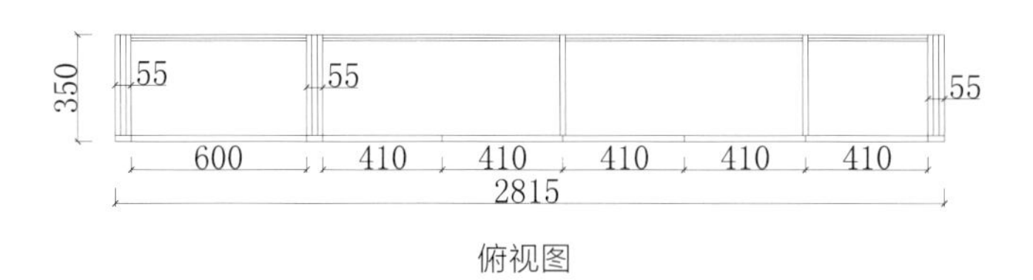

俯视图

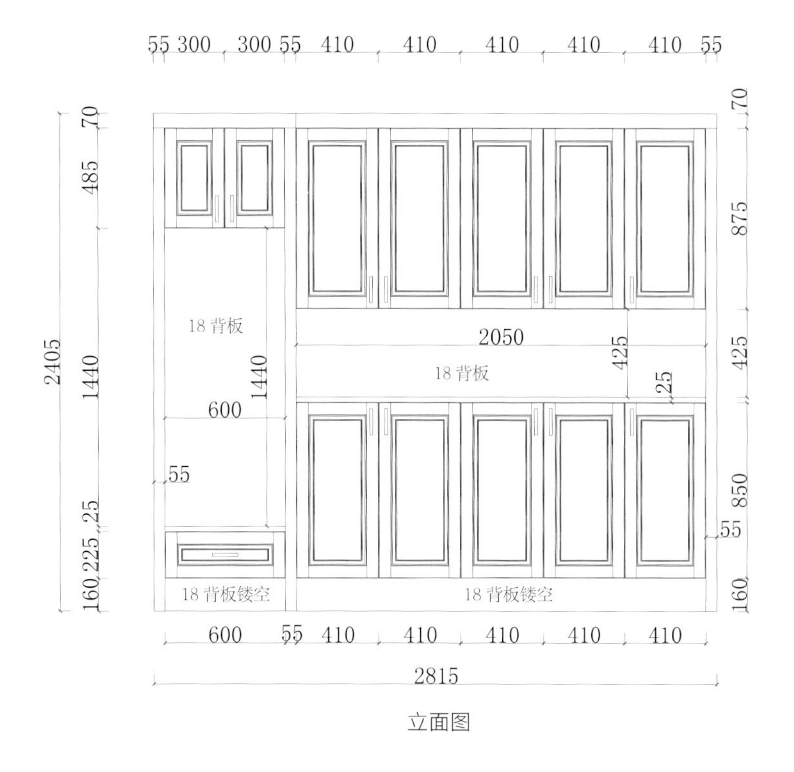

立面图

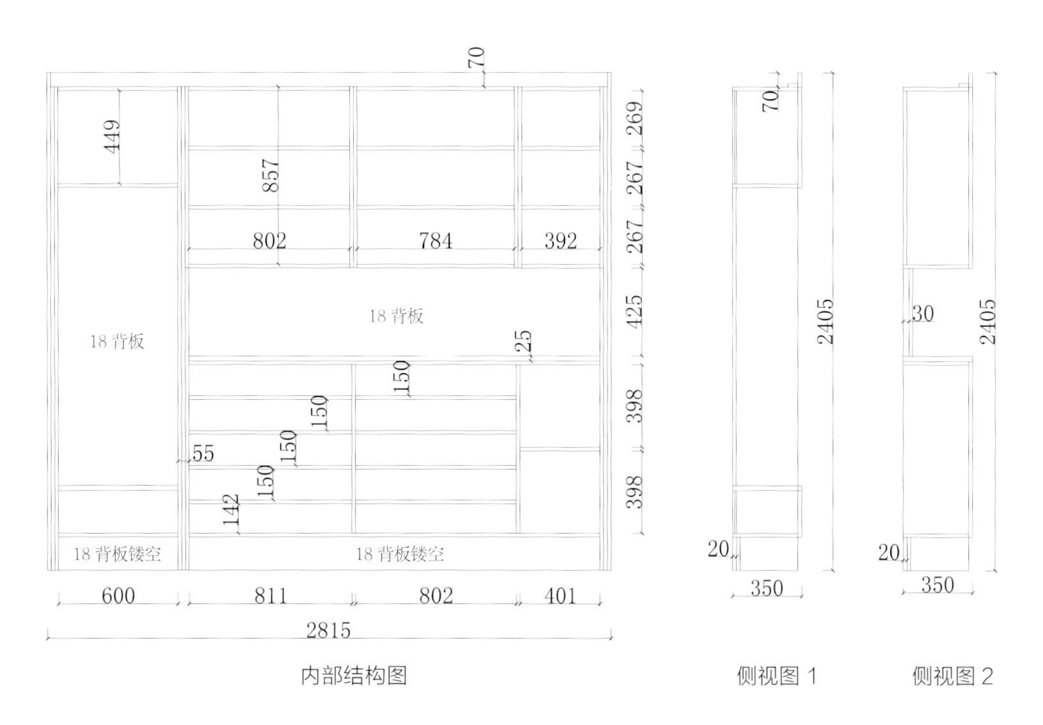

内部结构图

侧视图 1

侧视图 2

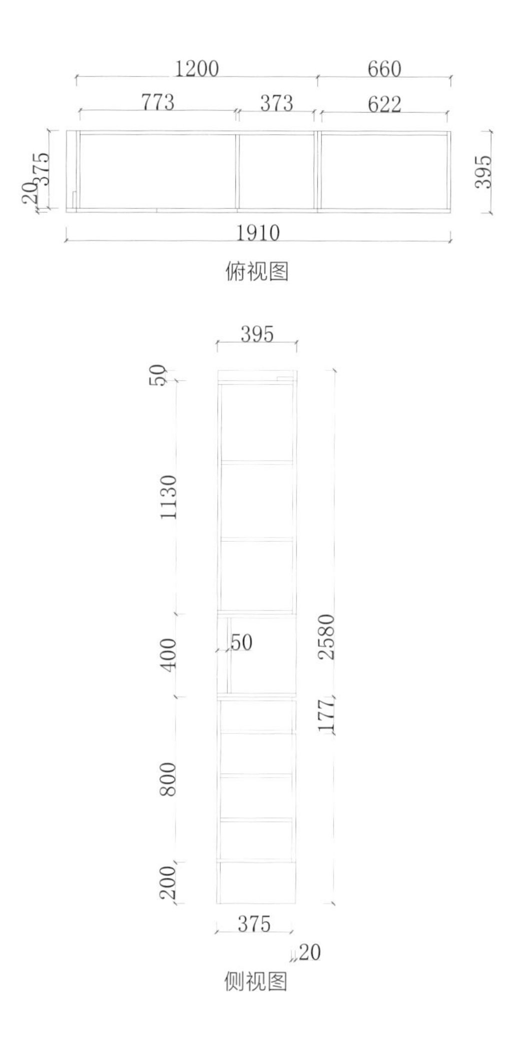

俯视图

侧视图

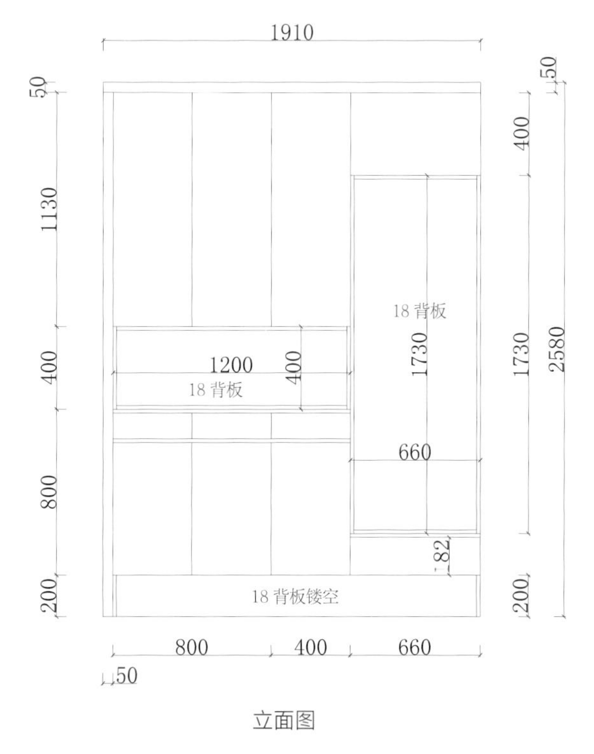

立面图

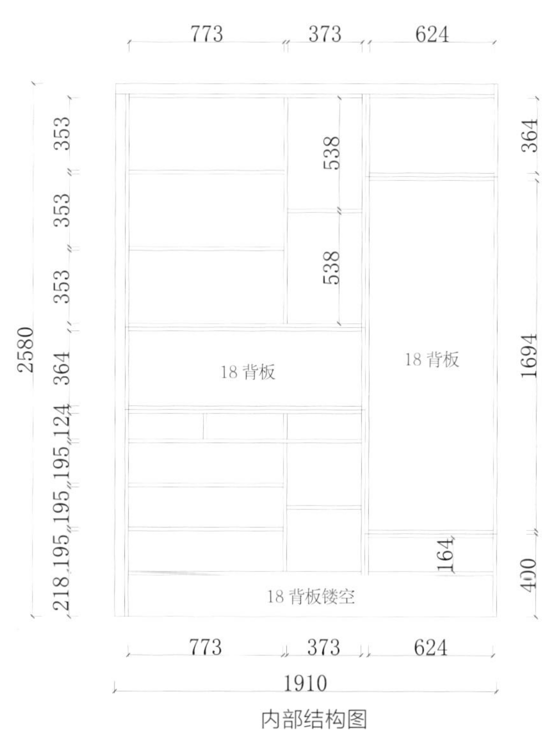

内部结构图

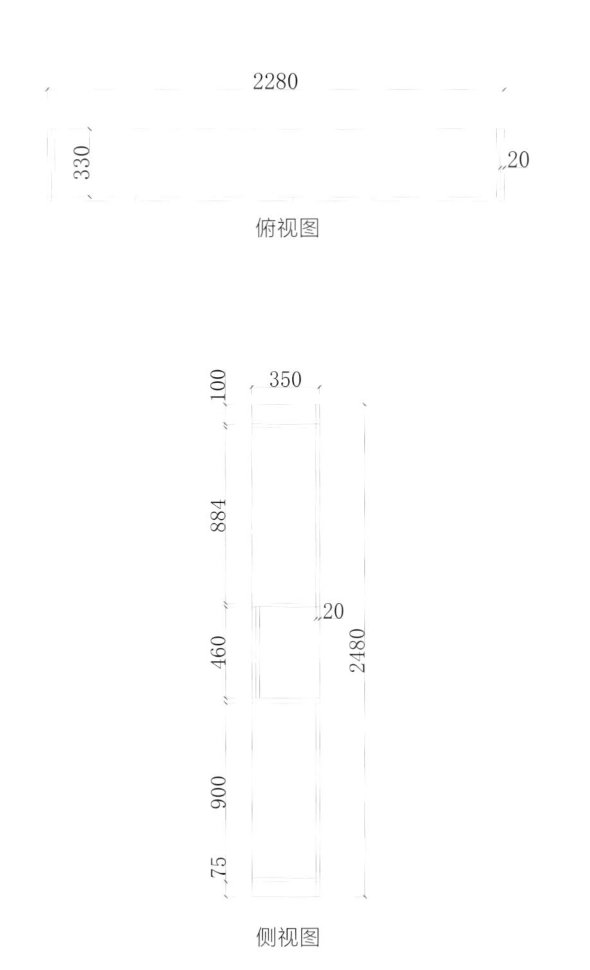

俯视图

侧视图

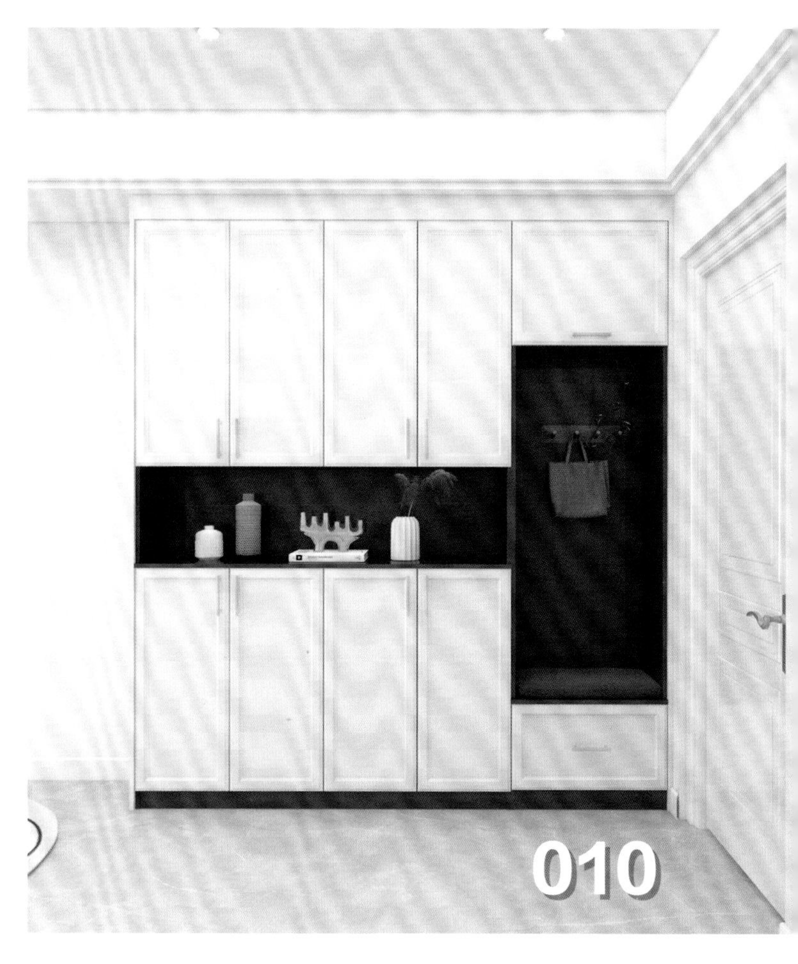

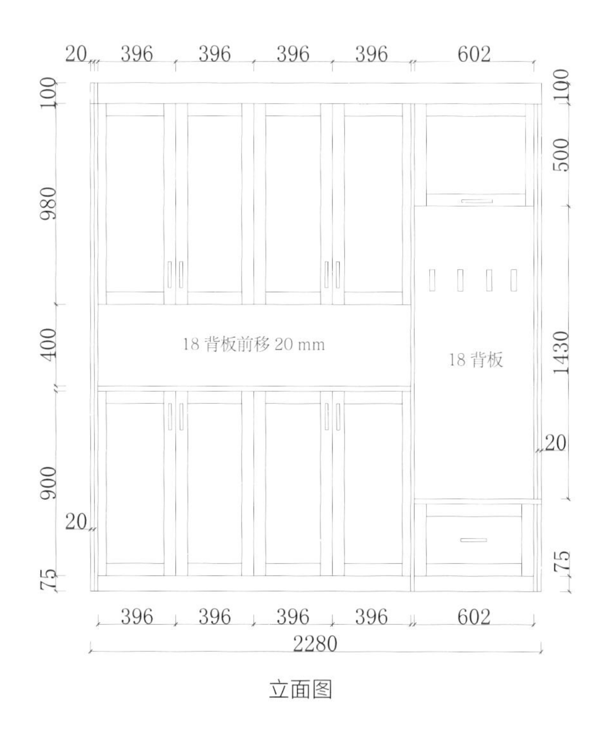

立面图

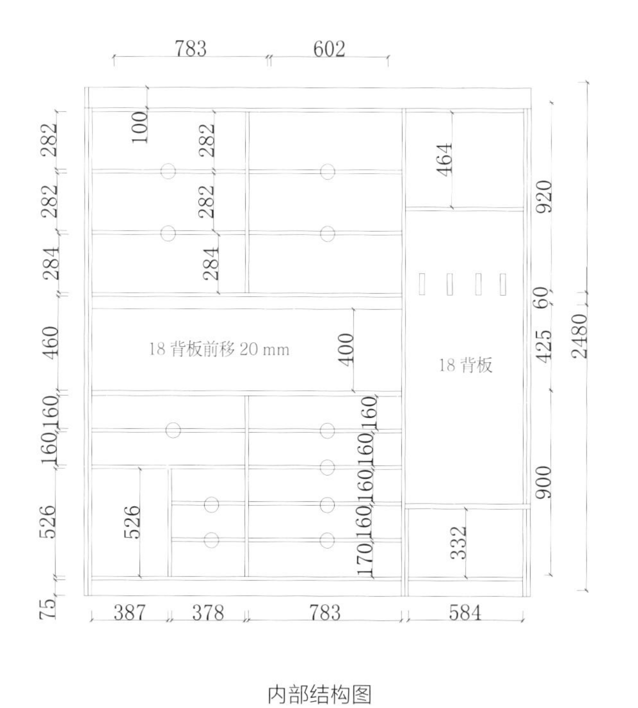

内部结构图

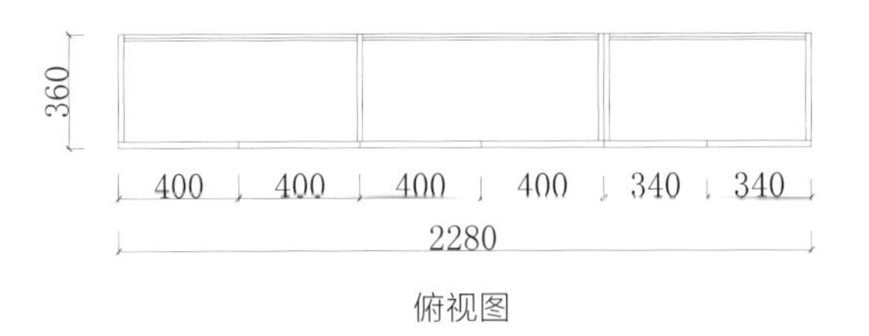

俯视图

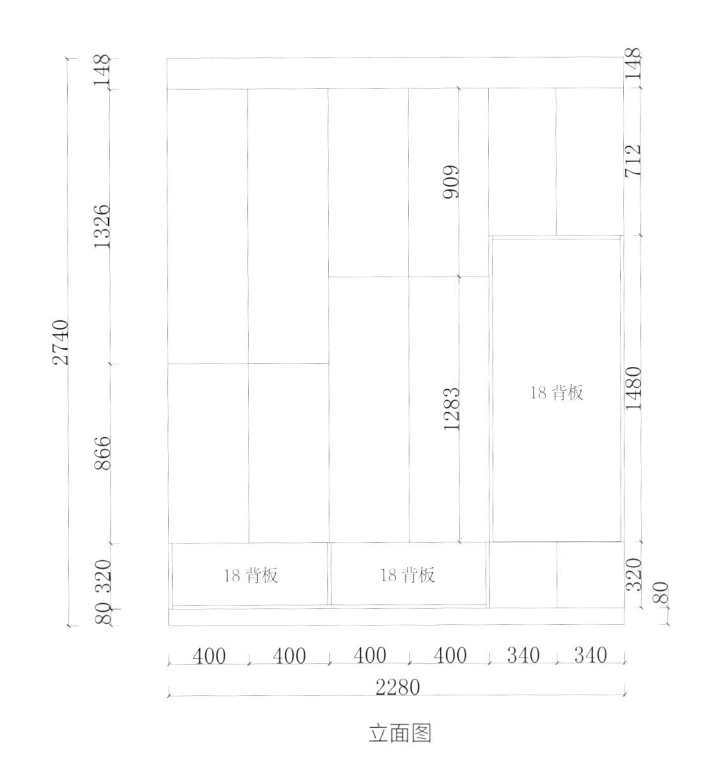

立面图

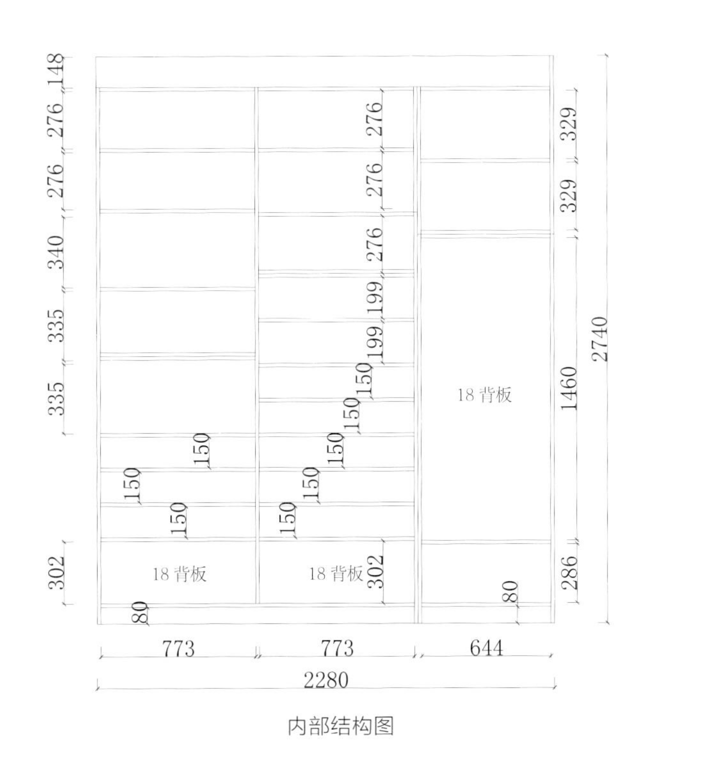

内部结构图

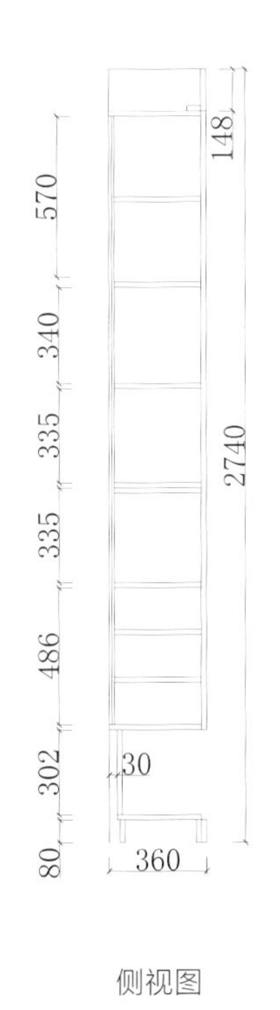

侧视图

012

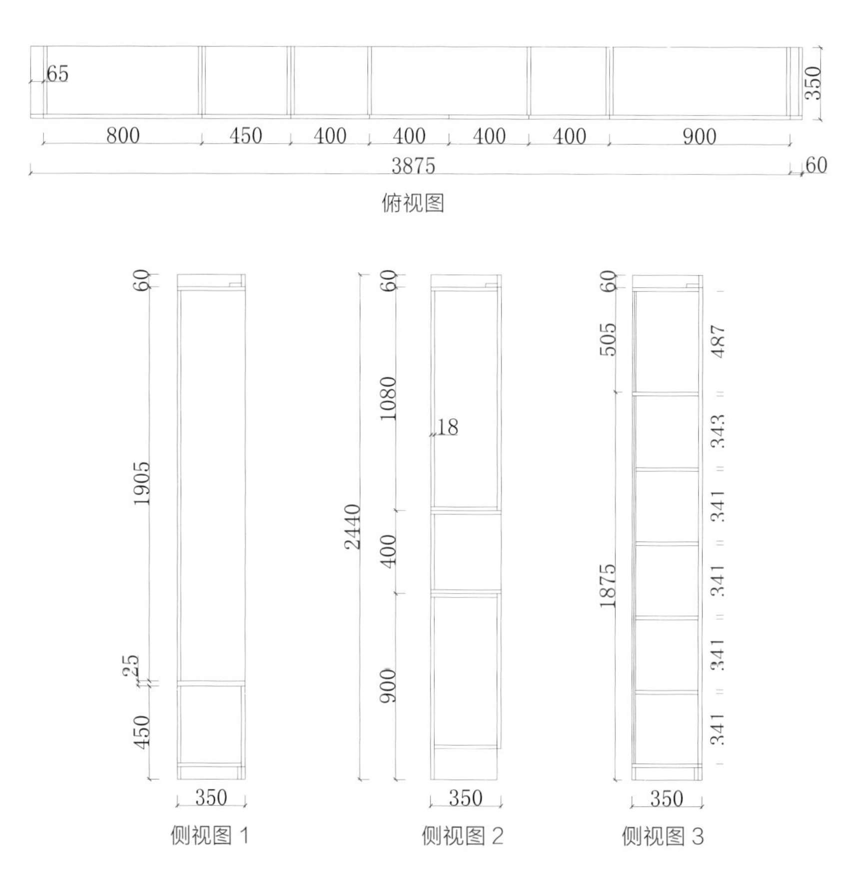
65
350
800
450
400
400
400
400
900
3875
60
俯视图
60
1905
25
450
350
侧视图 1
60
1080
18
2440
400
900
350
侧视图 2
60
505
1875
487
343
341
341
341
341
350
侧视图 3

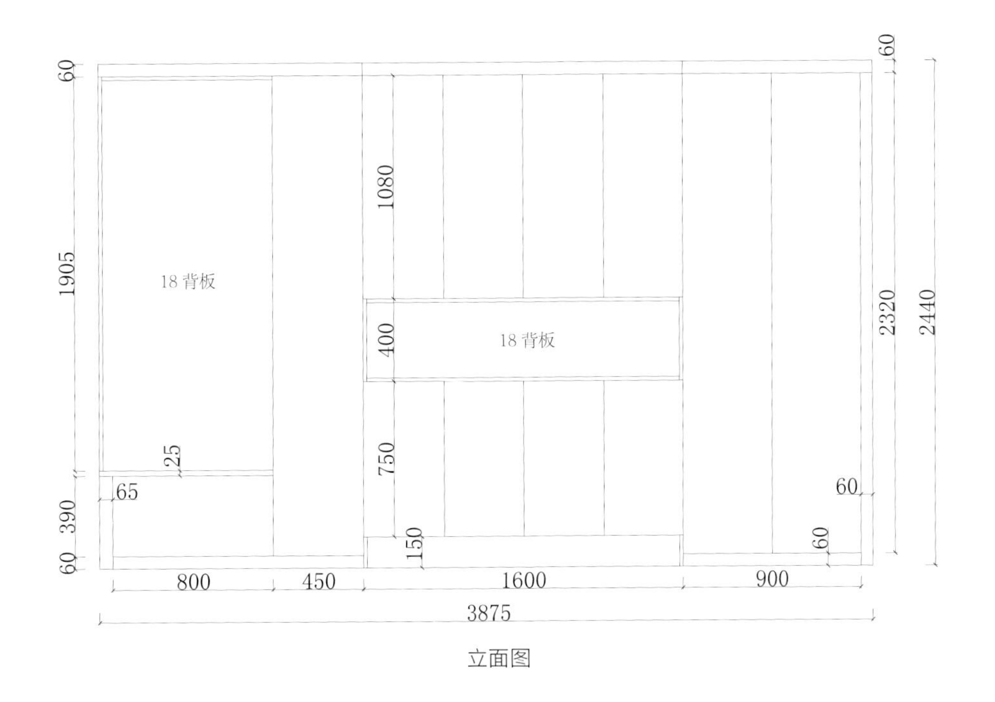
60
1905
18 背板
1080
400
18 背板
750
25
65
390
60
150
60
60
2320
2440
800
450
1600
900
3875

立面图

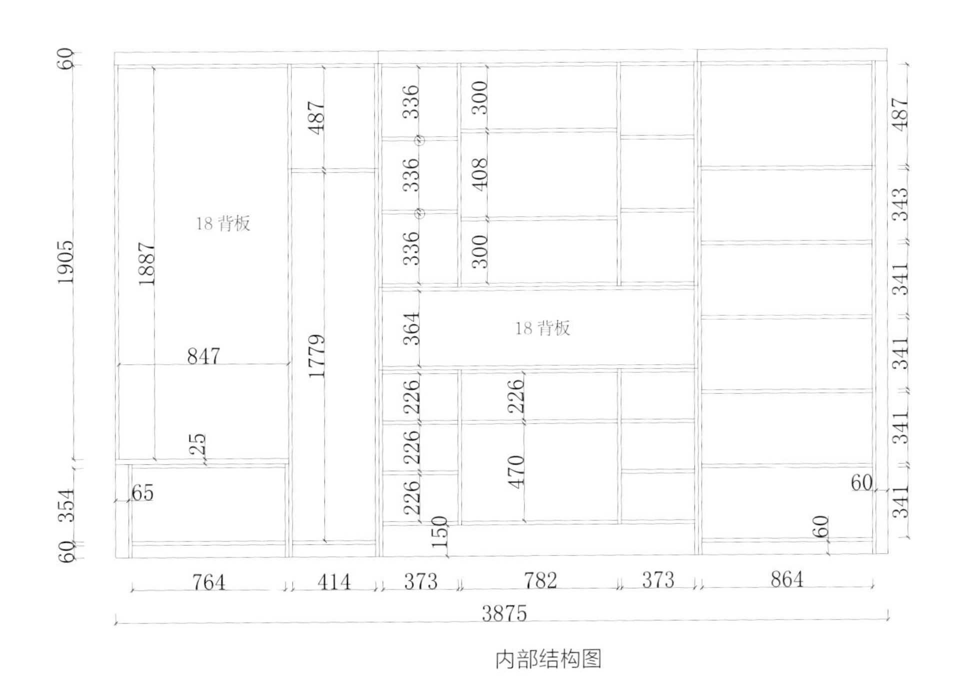
60
1905
1887
18 背板
487
1779
336
336
336
300
408
300
364
18 背板
847
226
226
226
226
470
25
65
354
60
150
487
343
341
341
341
341
60
60
764
414
373
782
373
864
3875

内部结构图

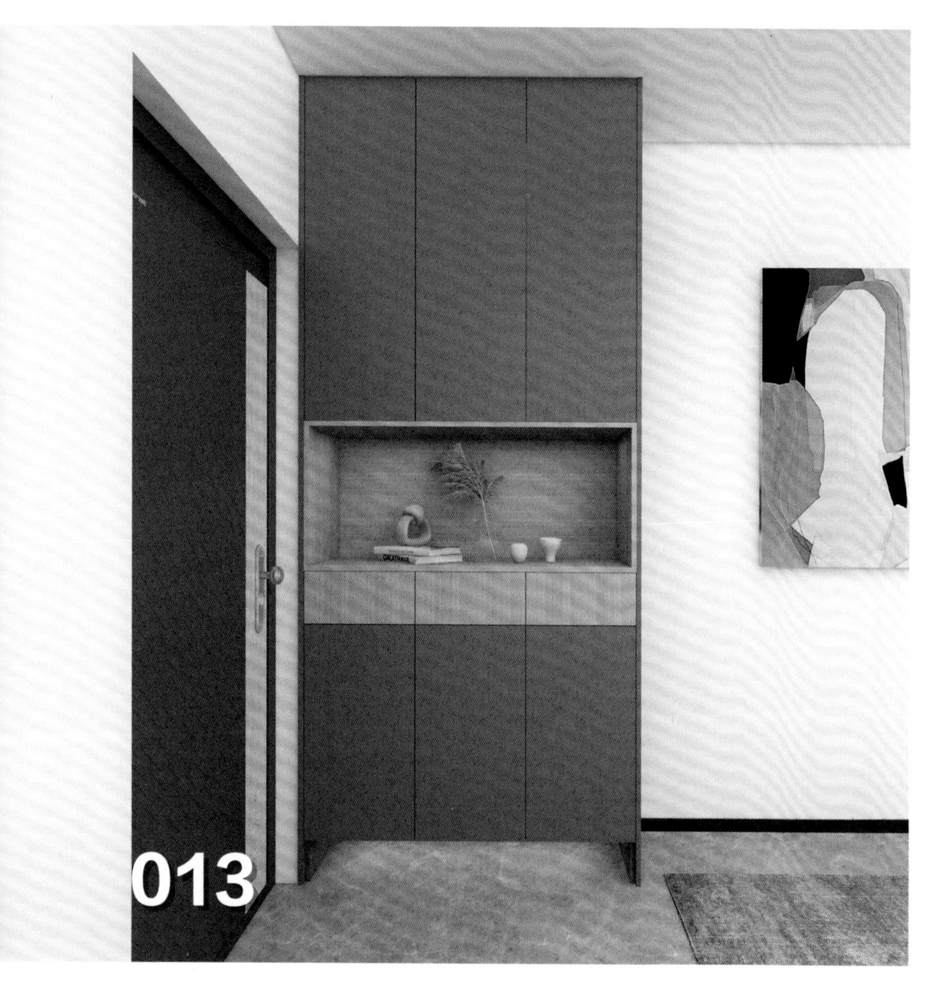

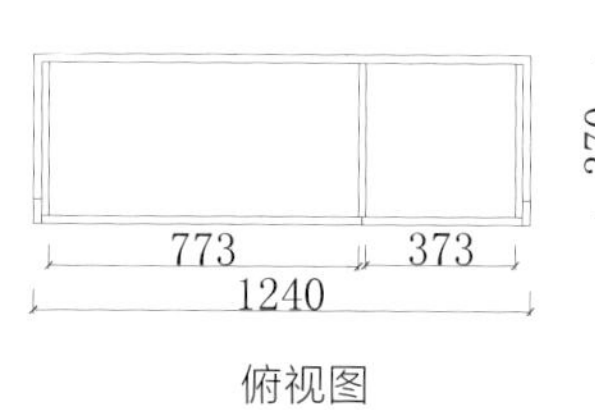

俯视图

立面图

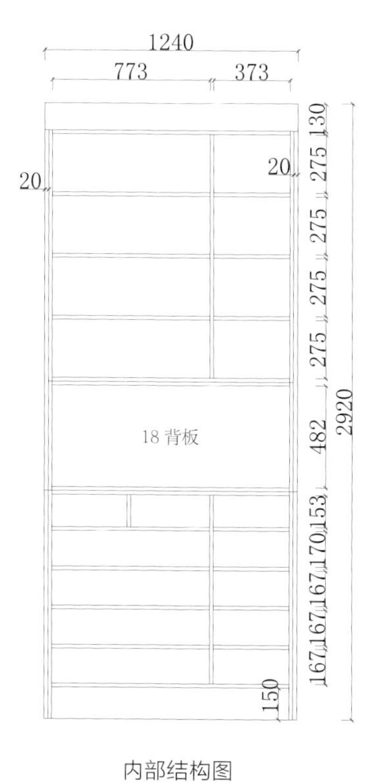

内部结构图

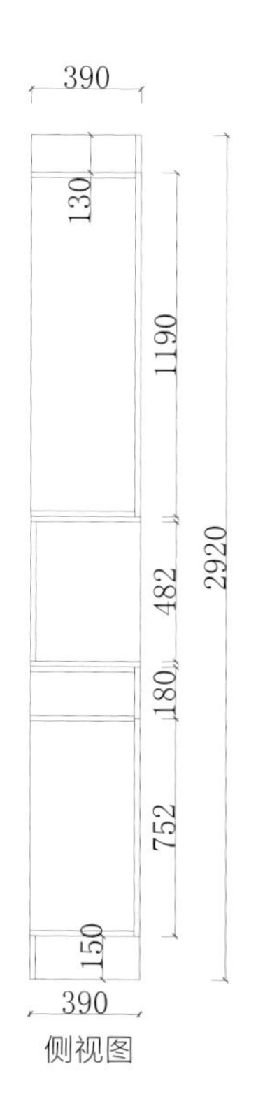

侧视图

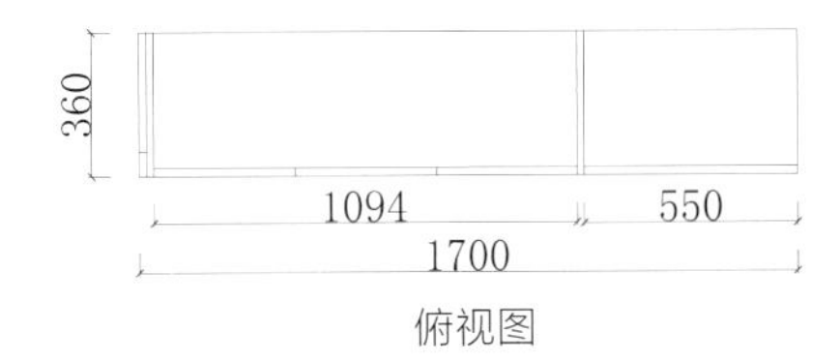

俯视图

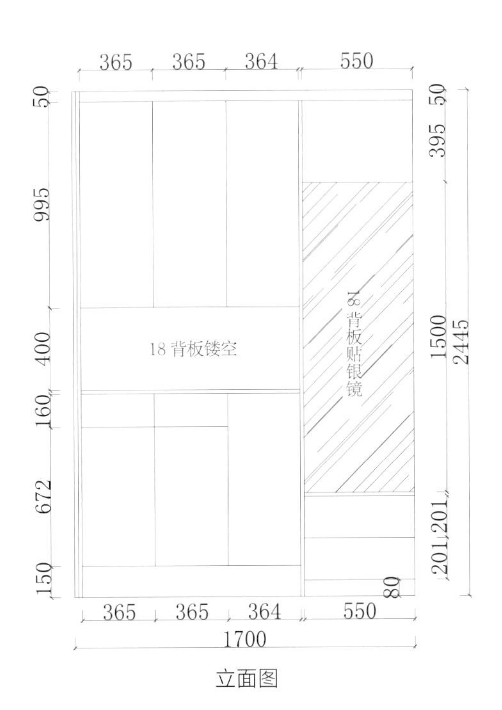

立面图

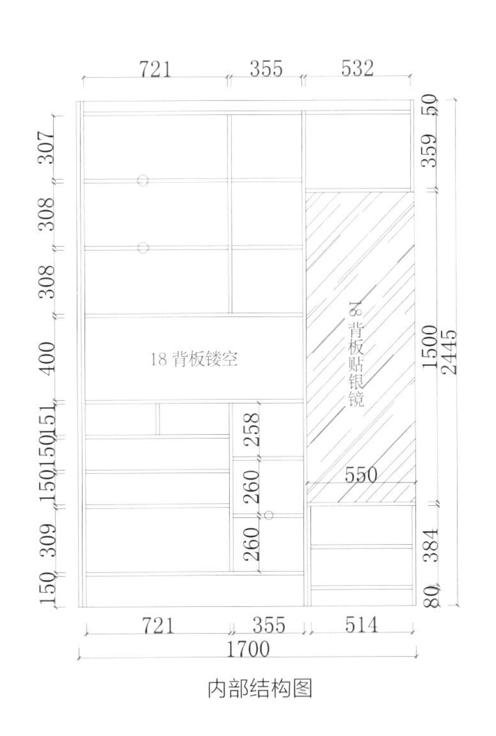

内部结构图

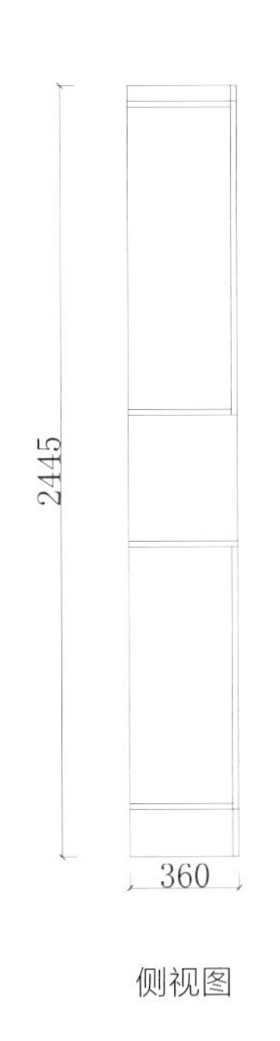

侧视图

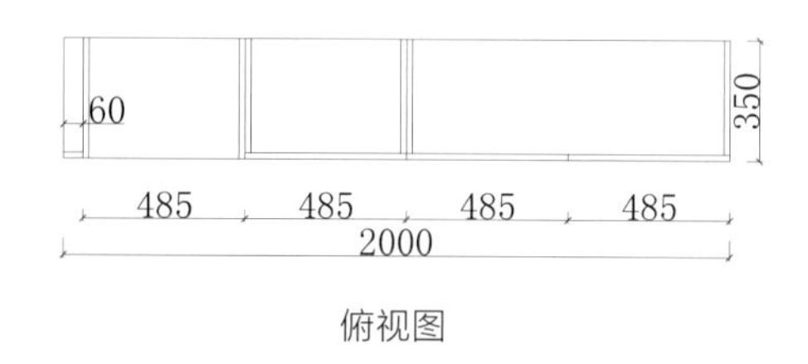

俯视图

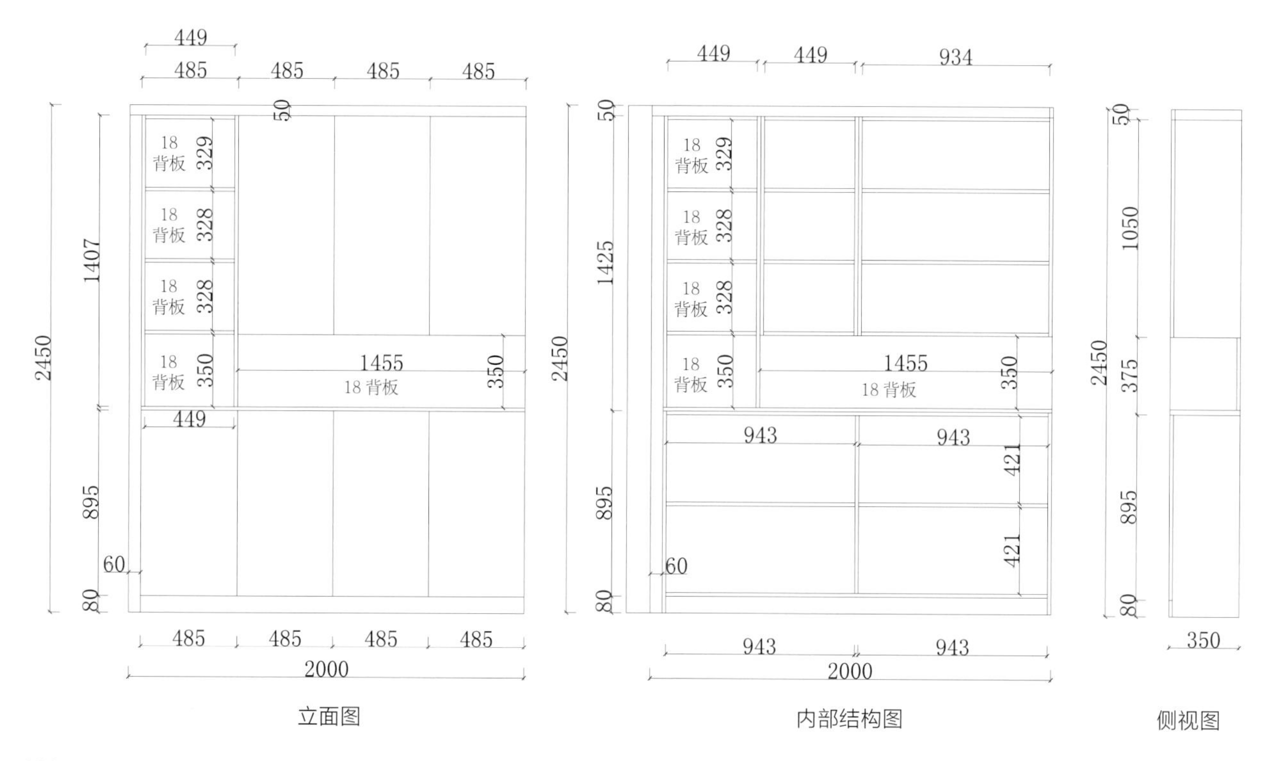

立面图

内部结构图

侧视图

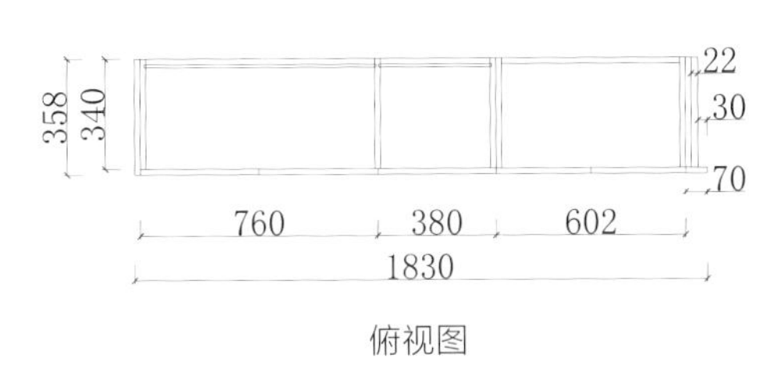

俯视图

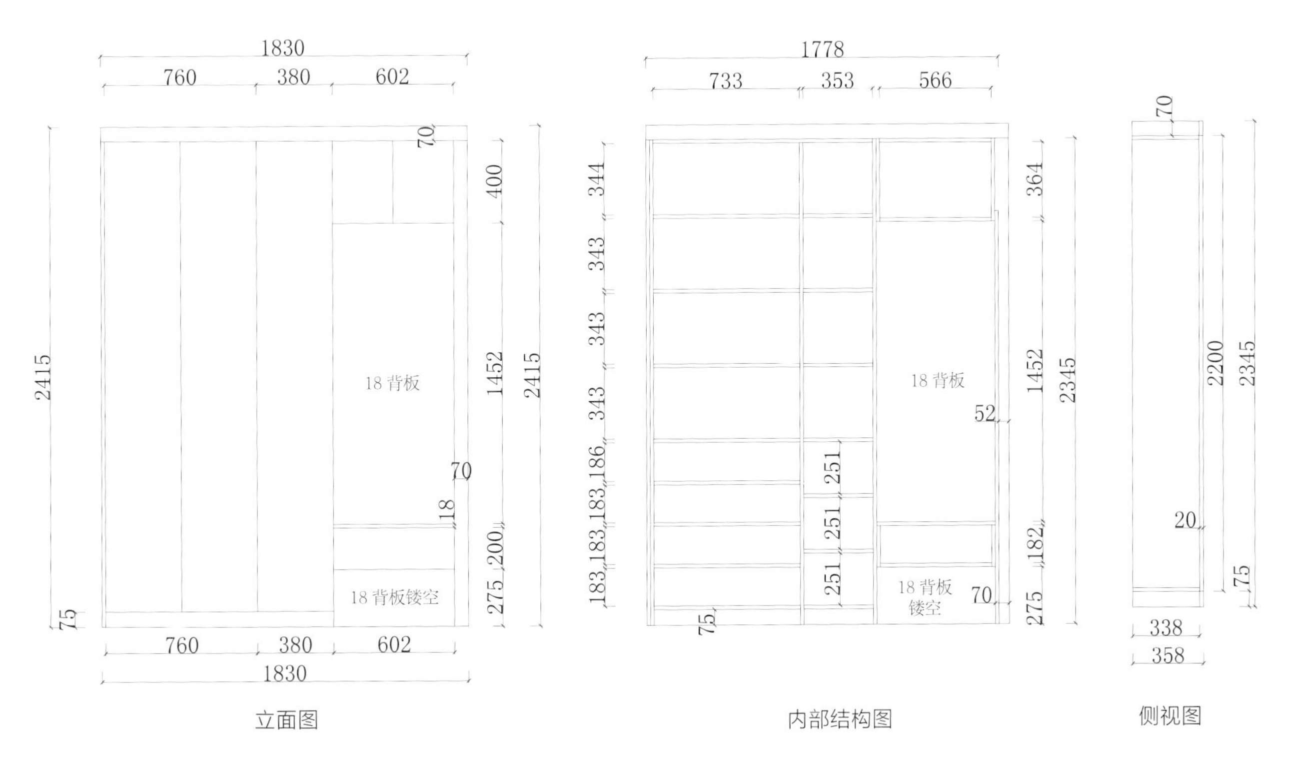

立面图

内部结构图

侧视图

017

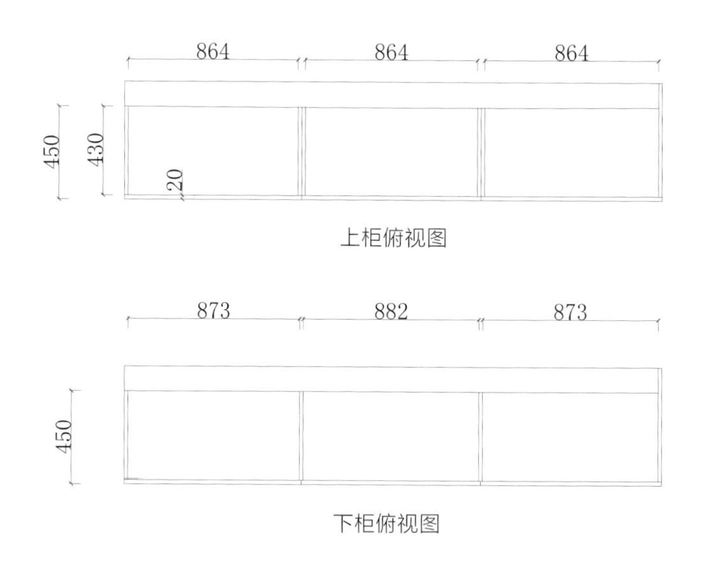
864
864
864
450
430
20
上柜俯视图
873
882
873
450
下柜俯视图

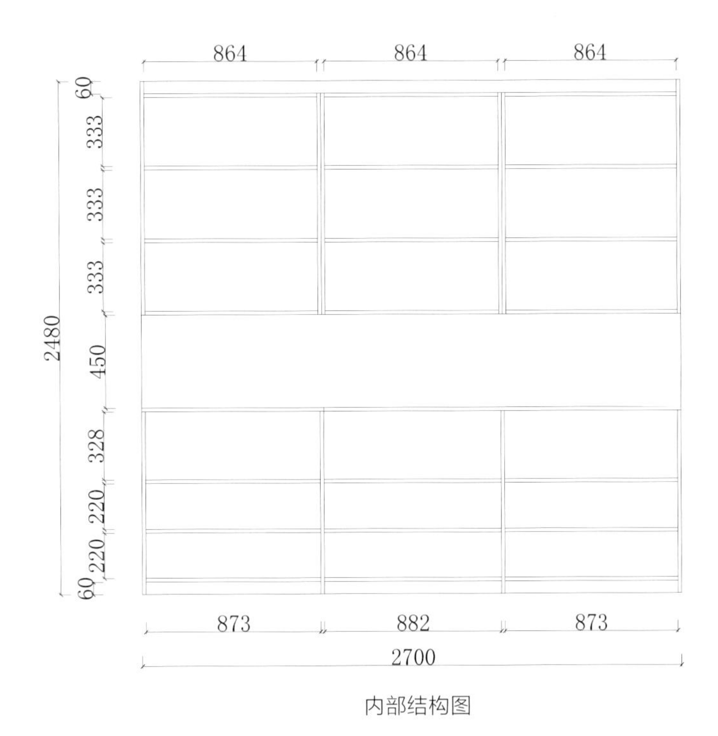

内部结构图

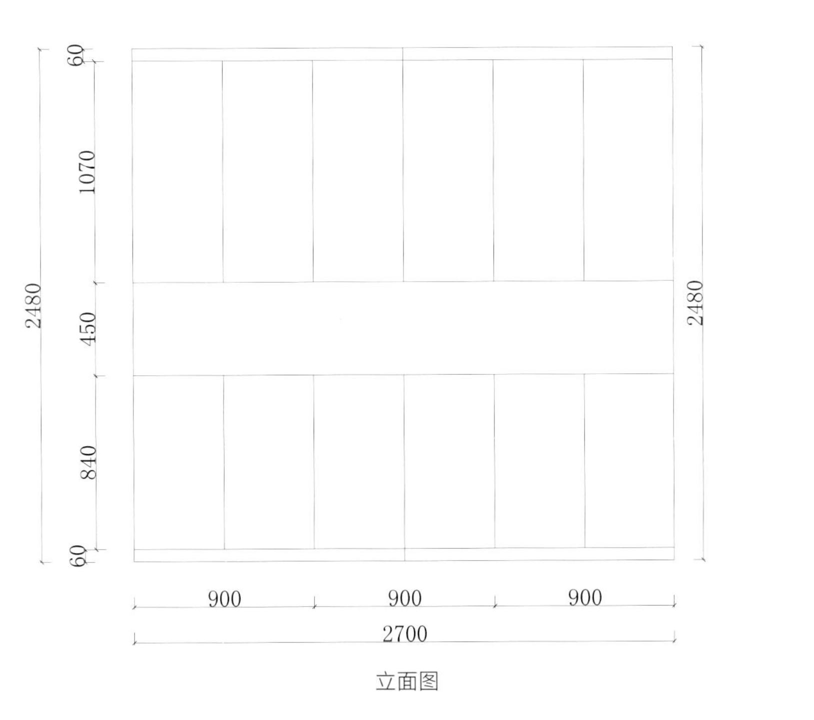

立面图

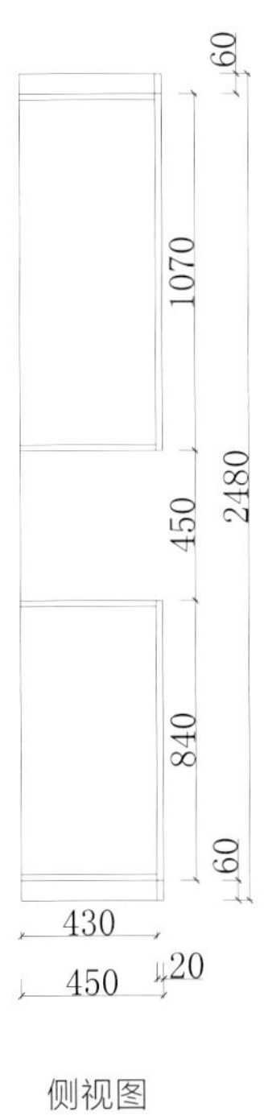

侧视图

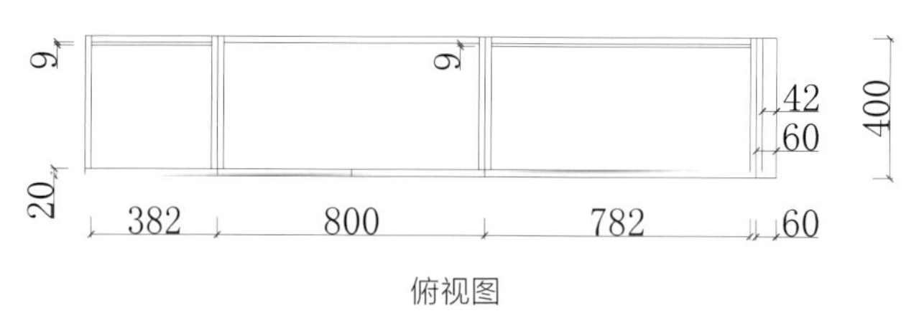

俯视图

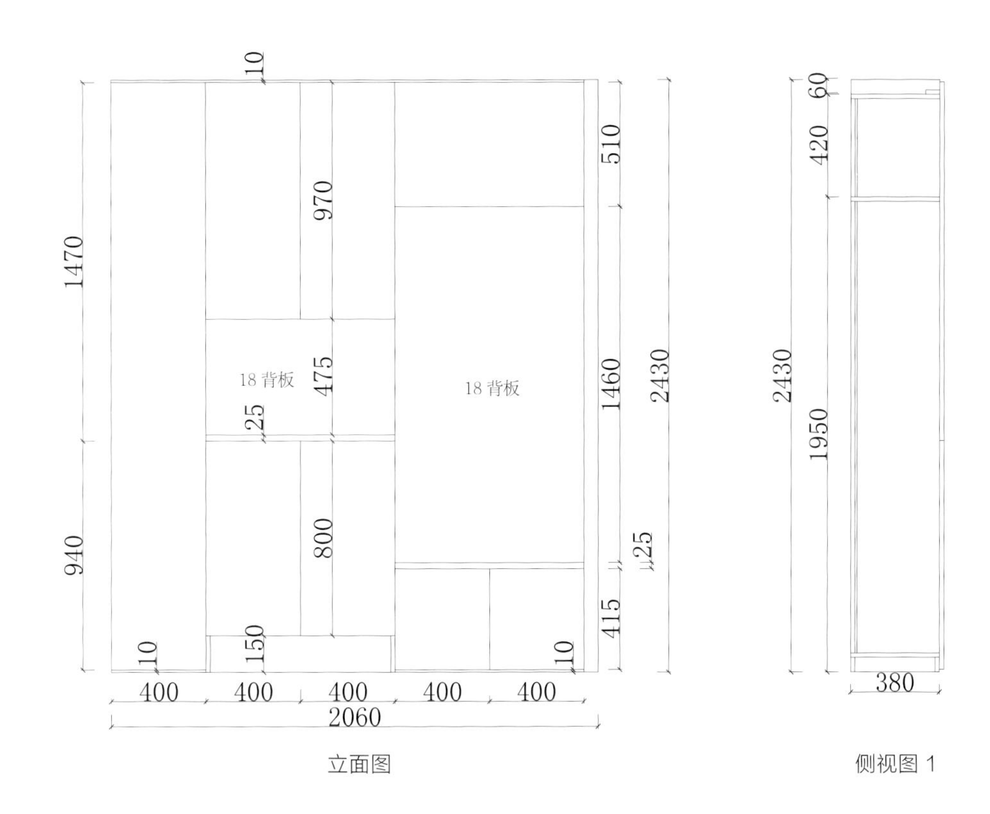

立面图　　侧视图 1

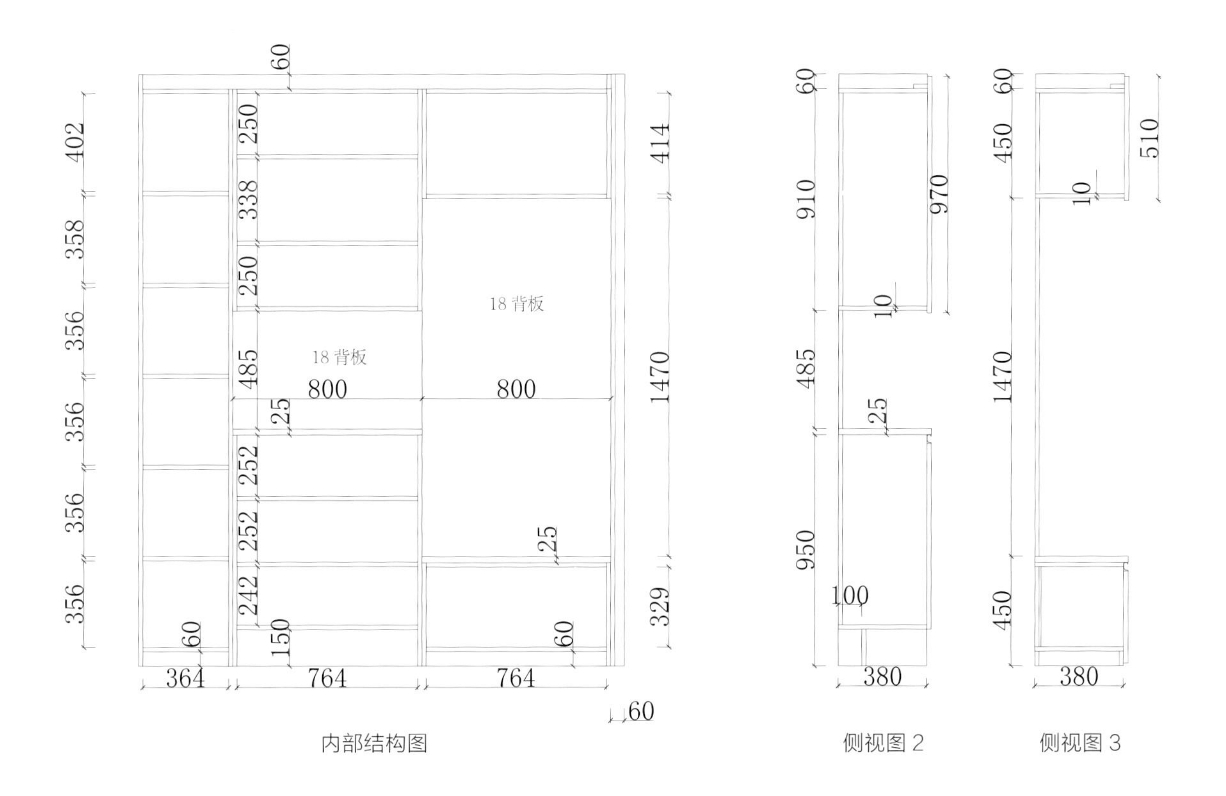

内部结构图　　侧视图 2　　侧视图 3

俯视图

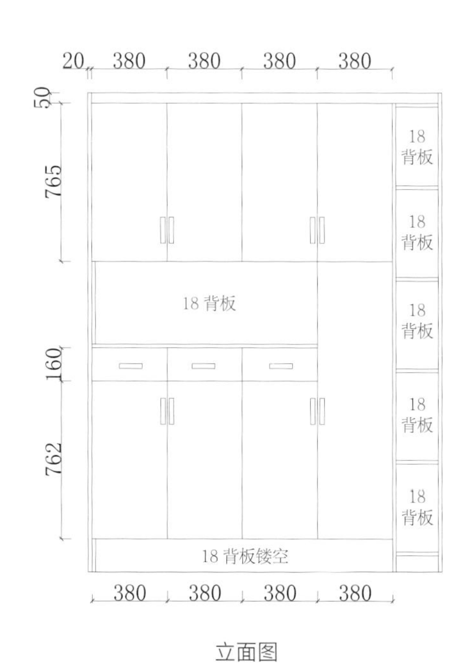

立面图

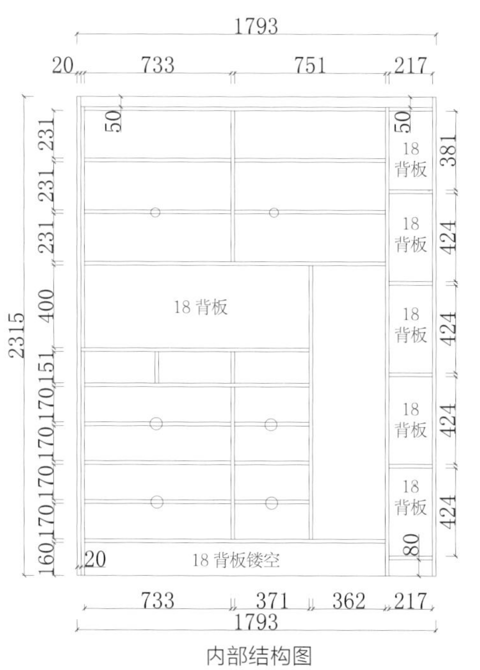

内部结构图

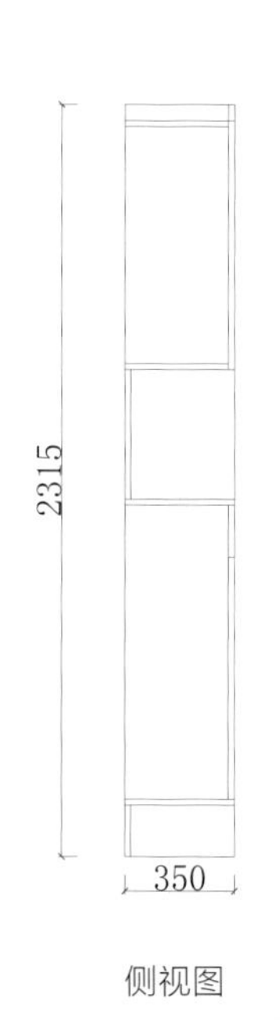

侧视图

第 2 章
电视柜

在客厅的整面墙上设计储物柜，裸露的储物区不要太多展现，否则看电视时视线会被周围过多的物品所影响，容易分散注意力。如果电视柜摆放的物品处处抢眼，就会导致视点游离不定，很容易产生视觉疲劳以及大脑疲劳。

客厅里的露与藏，要遵循储物设计的“2+8”原则，露 2 分藏 8 分。好看的物品露出来，放在不经常使用的高处。琐碎的日用品藏起来，放在经常使用的中低处。整面电视墙只裸露 20%，其他都用柜门藏起来，隐藏的储物柜会让空间显得干净整洁。这里需要强调一下，透明的玻璃柜门不算隐藏设计哦。

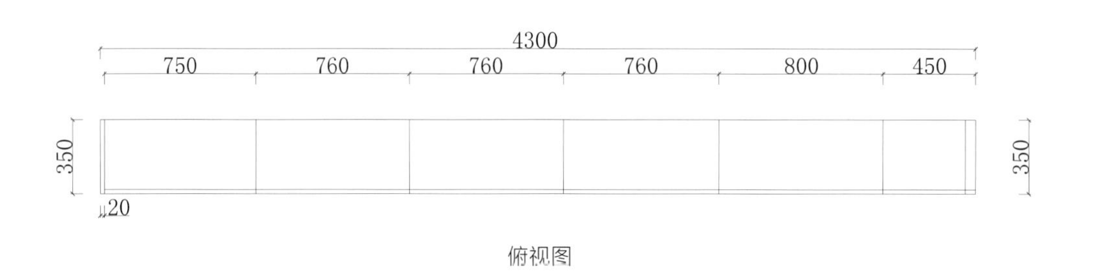

俯视图

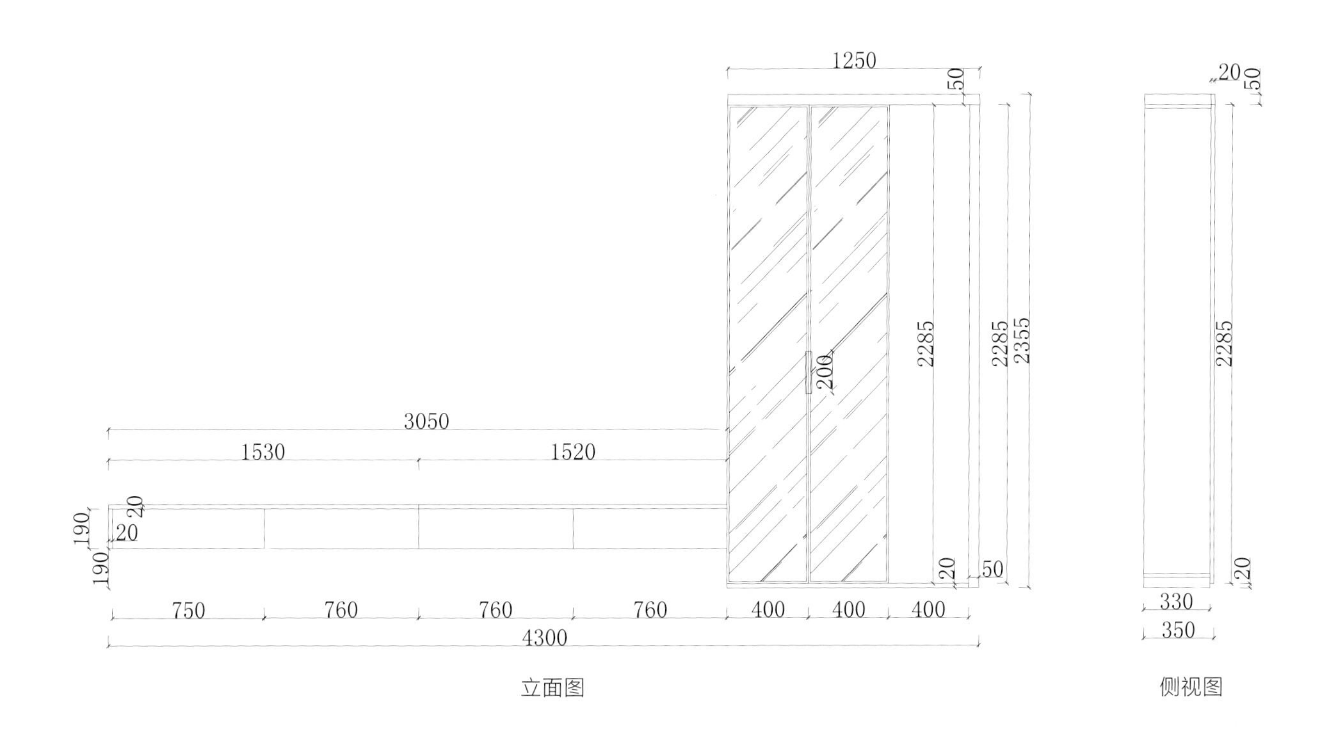

立面图　　侧视图

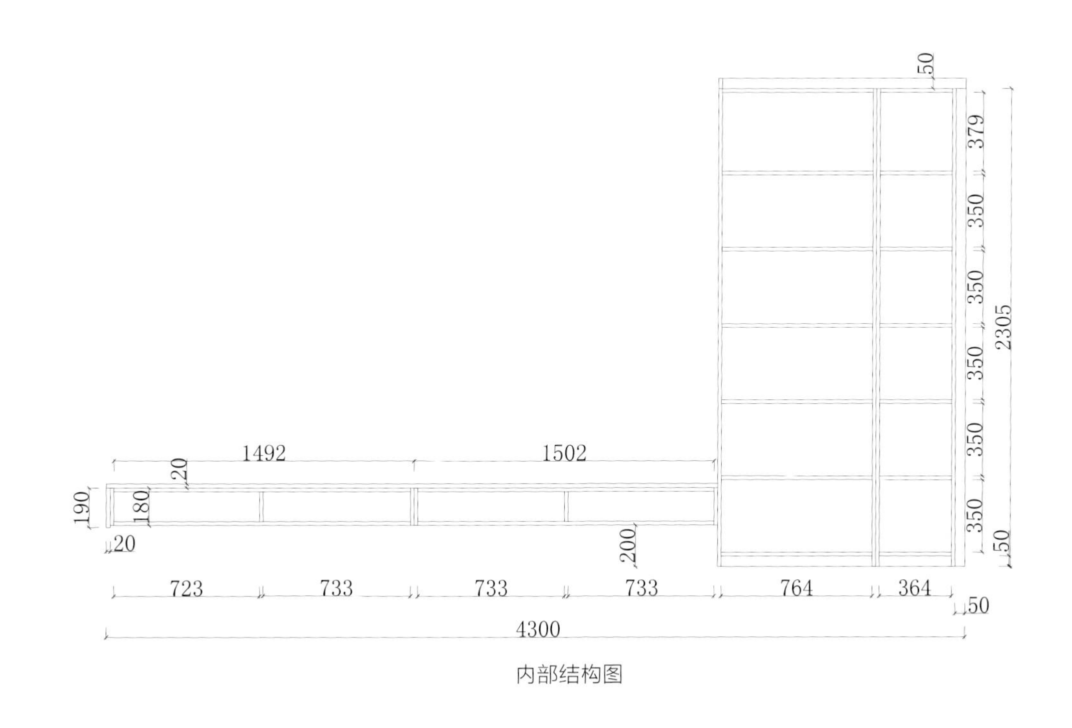

内部结构图

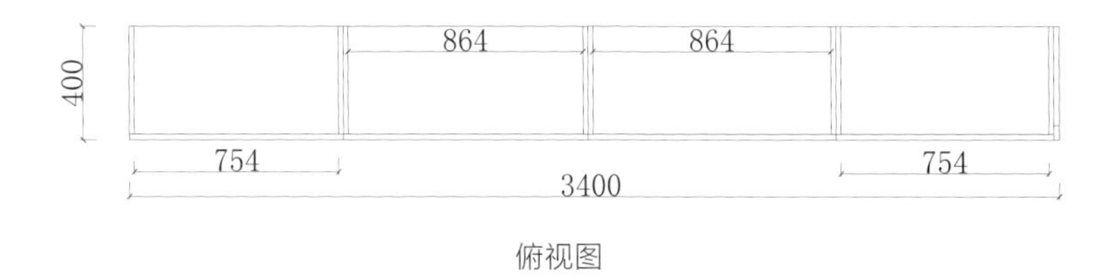

俯视图

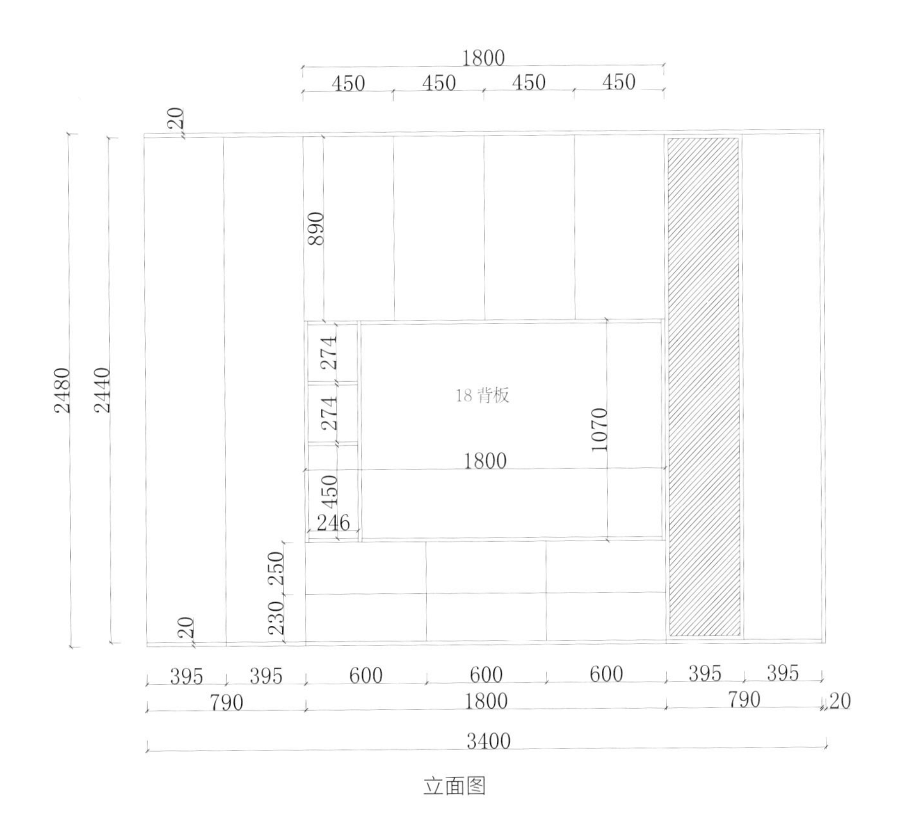

立面图

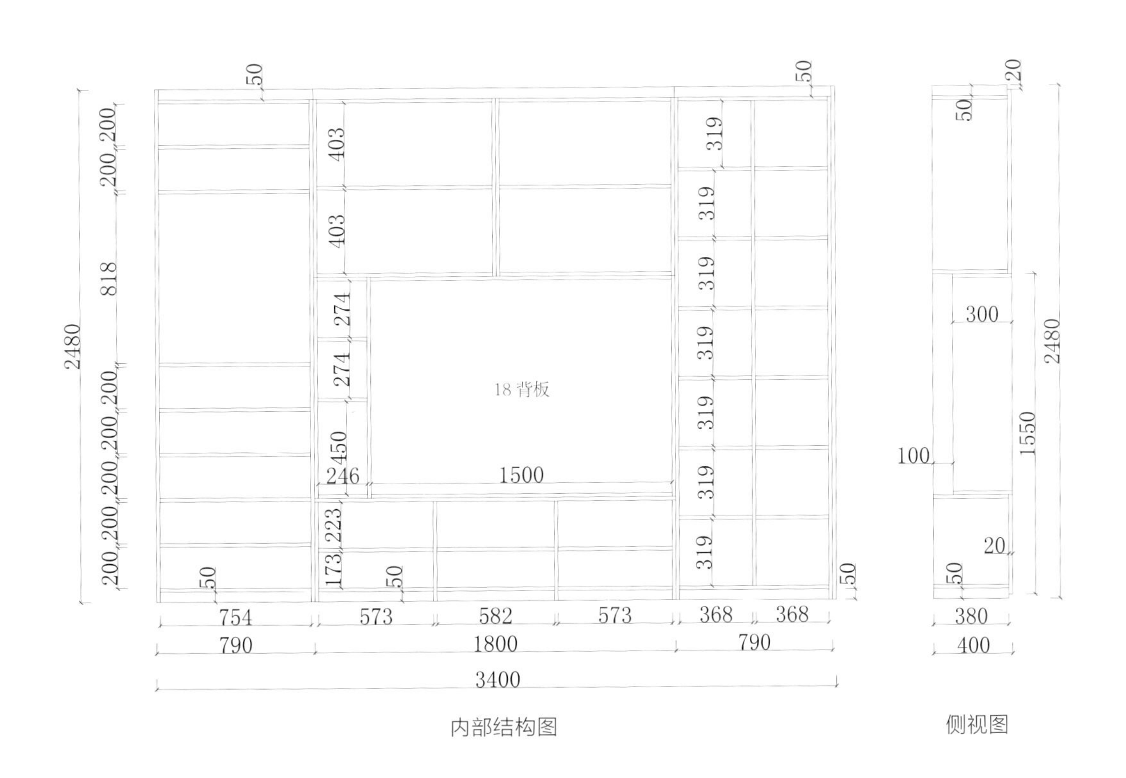

内部结构图

侧视图

003

3640
922
900
900
450
450
18
340
20
360

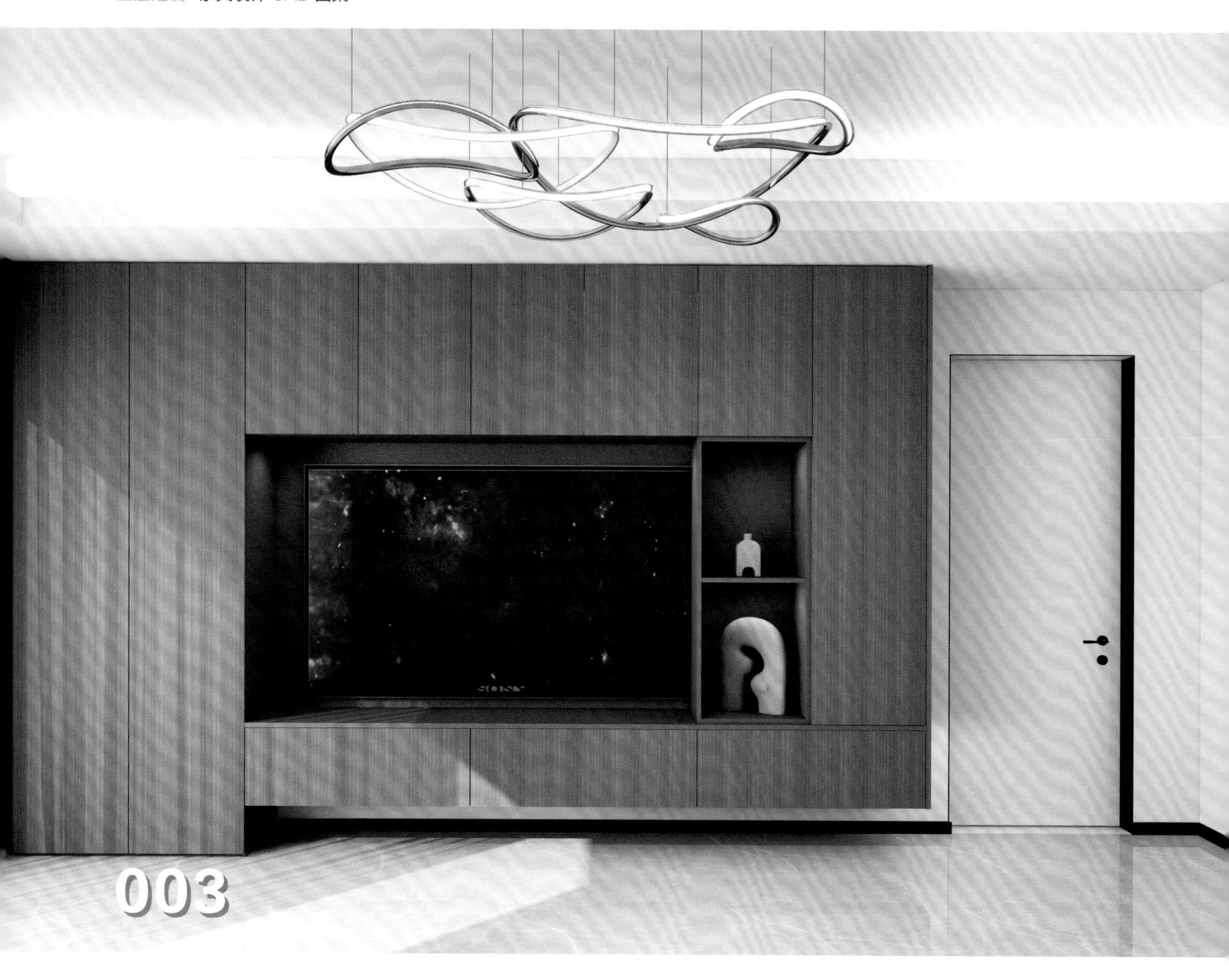

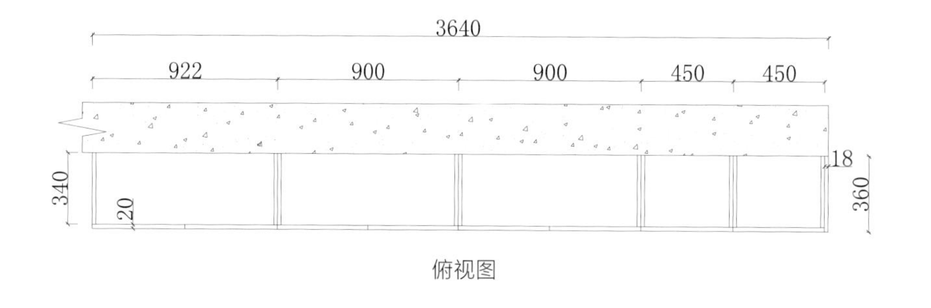

俯视图

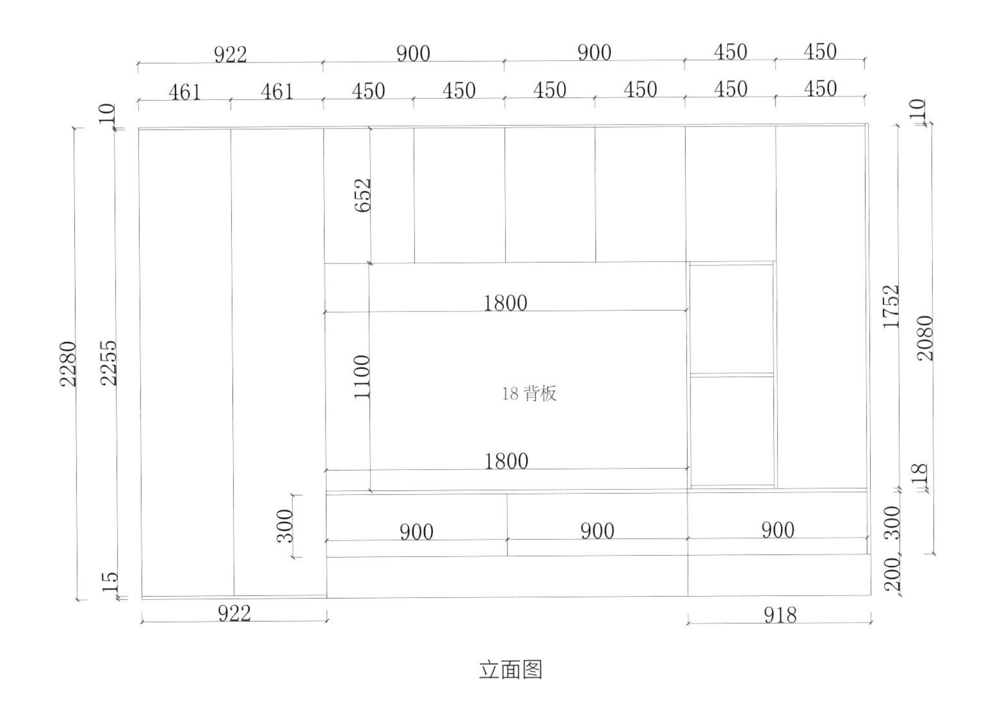

立面图

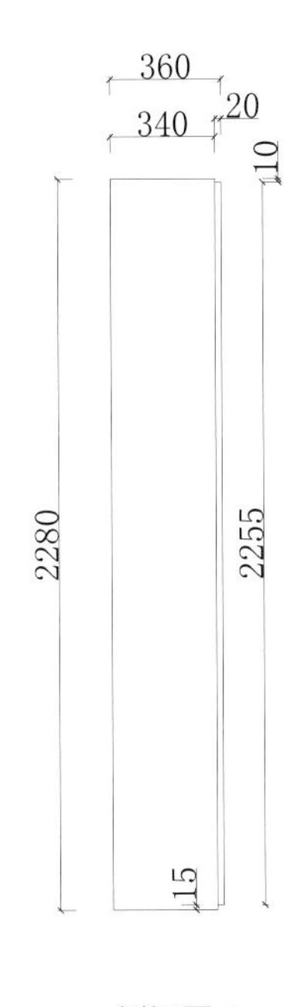

侧视图 1

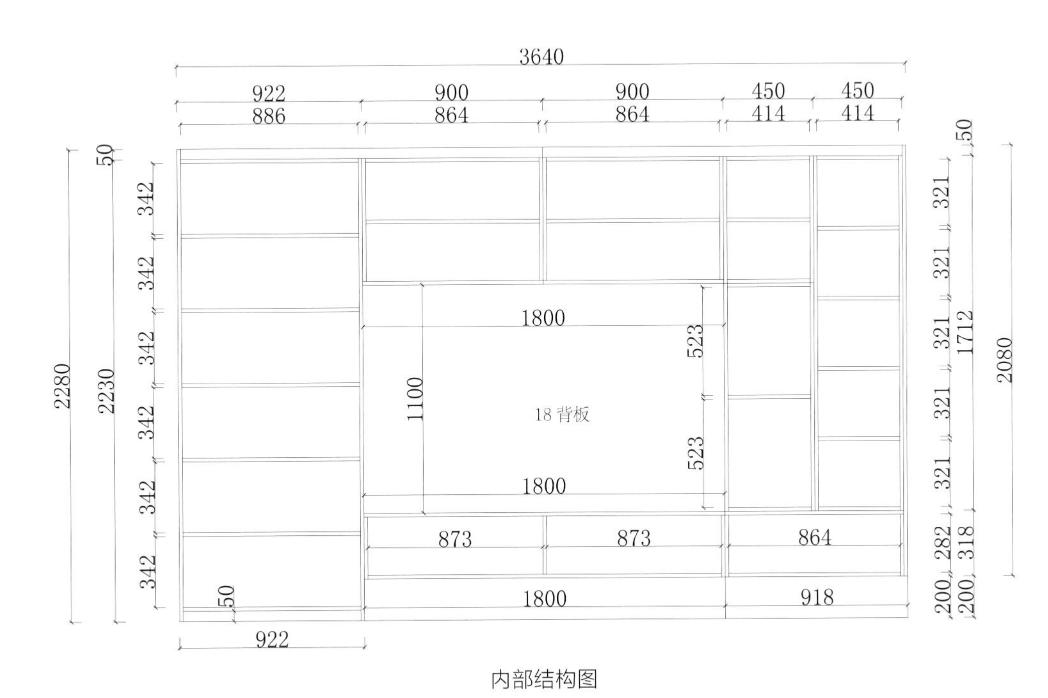

内部结构图

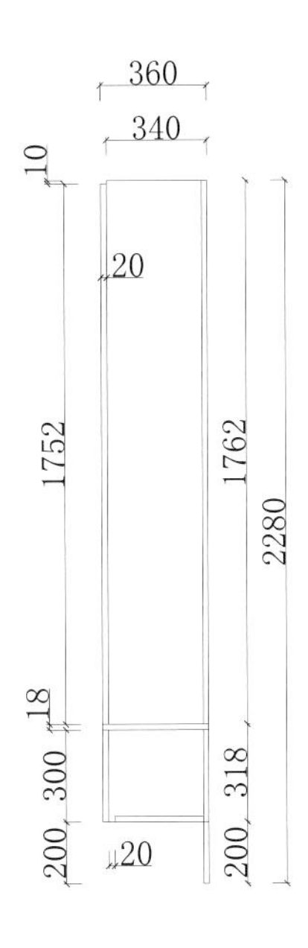

侧视图 2

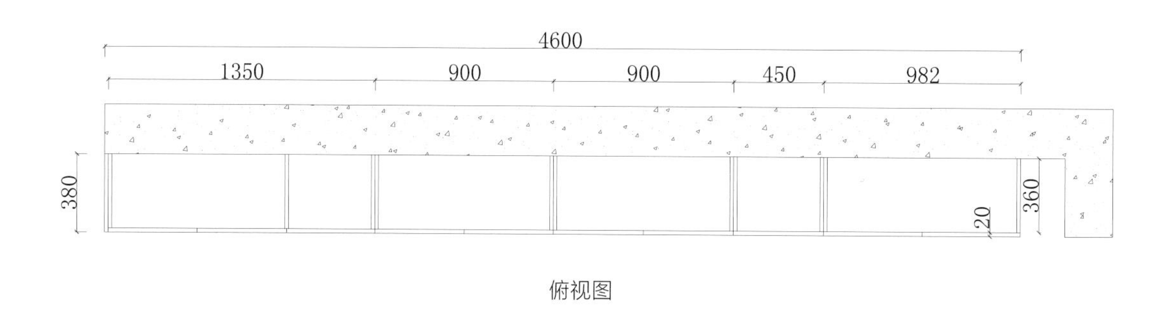

俯视图

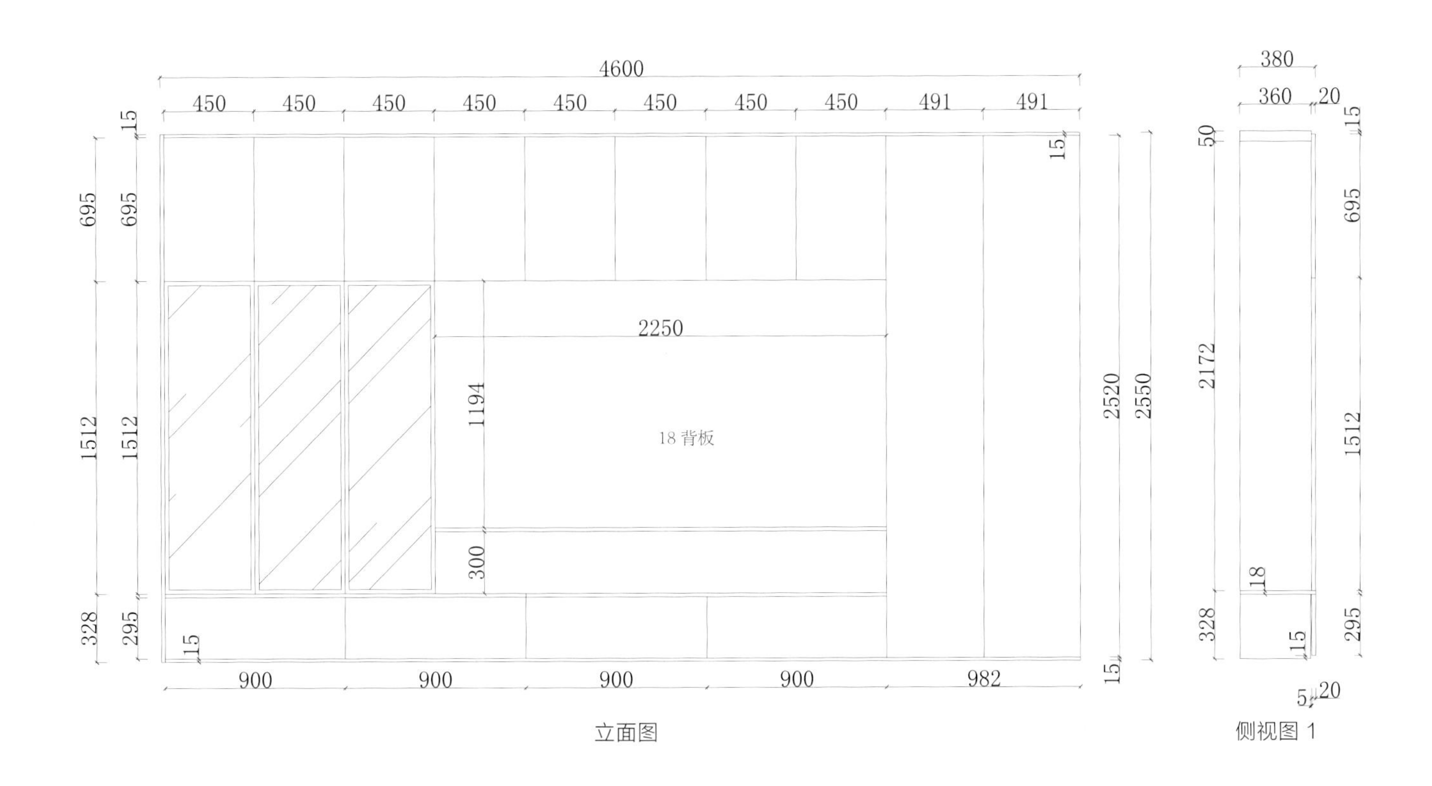

立面图

侧视图 1

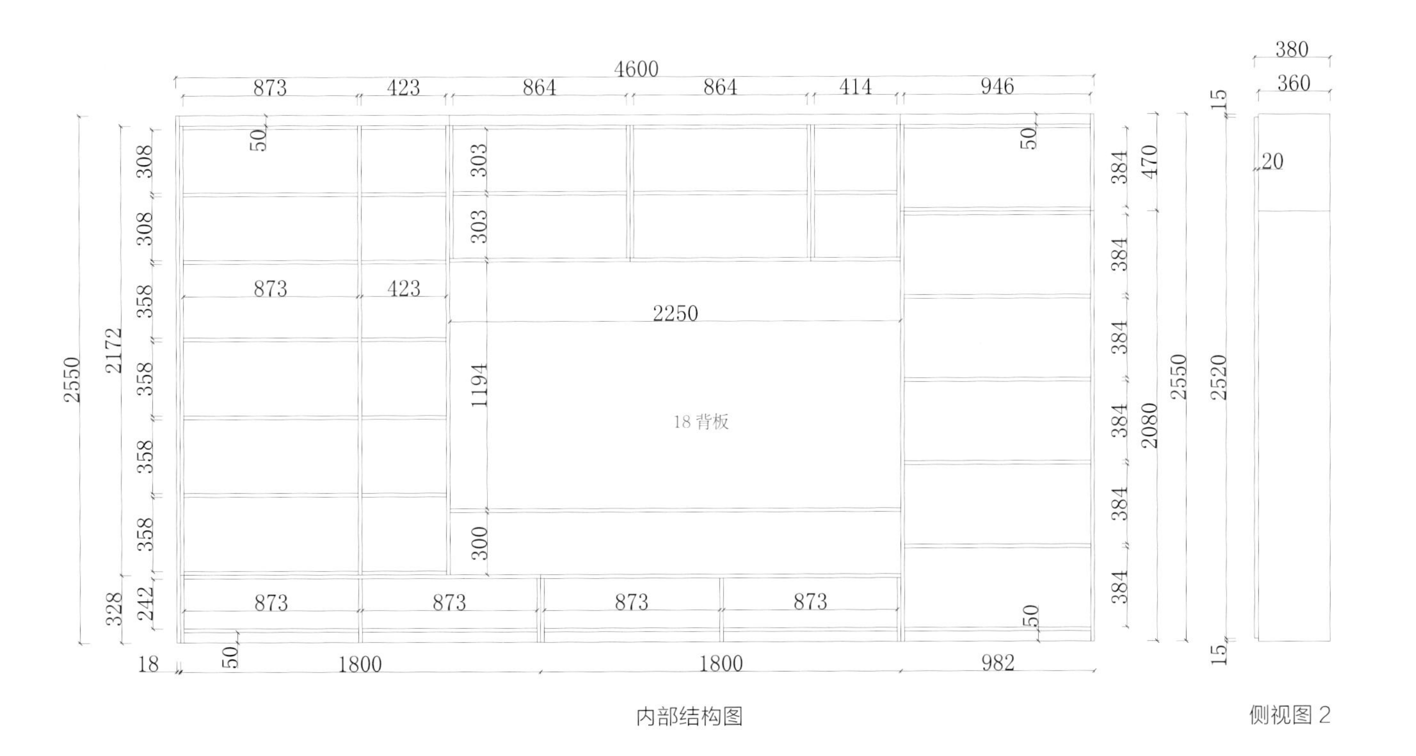

内部结构图

侧视图 2

005

65
362
320
869
1596
830

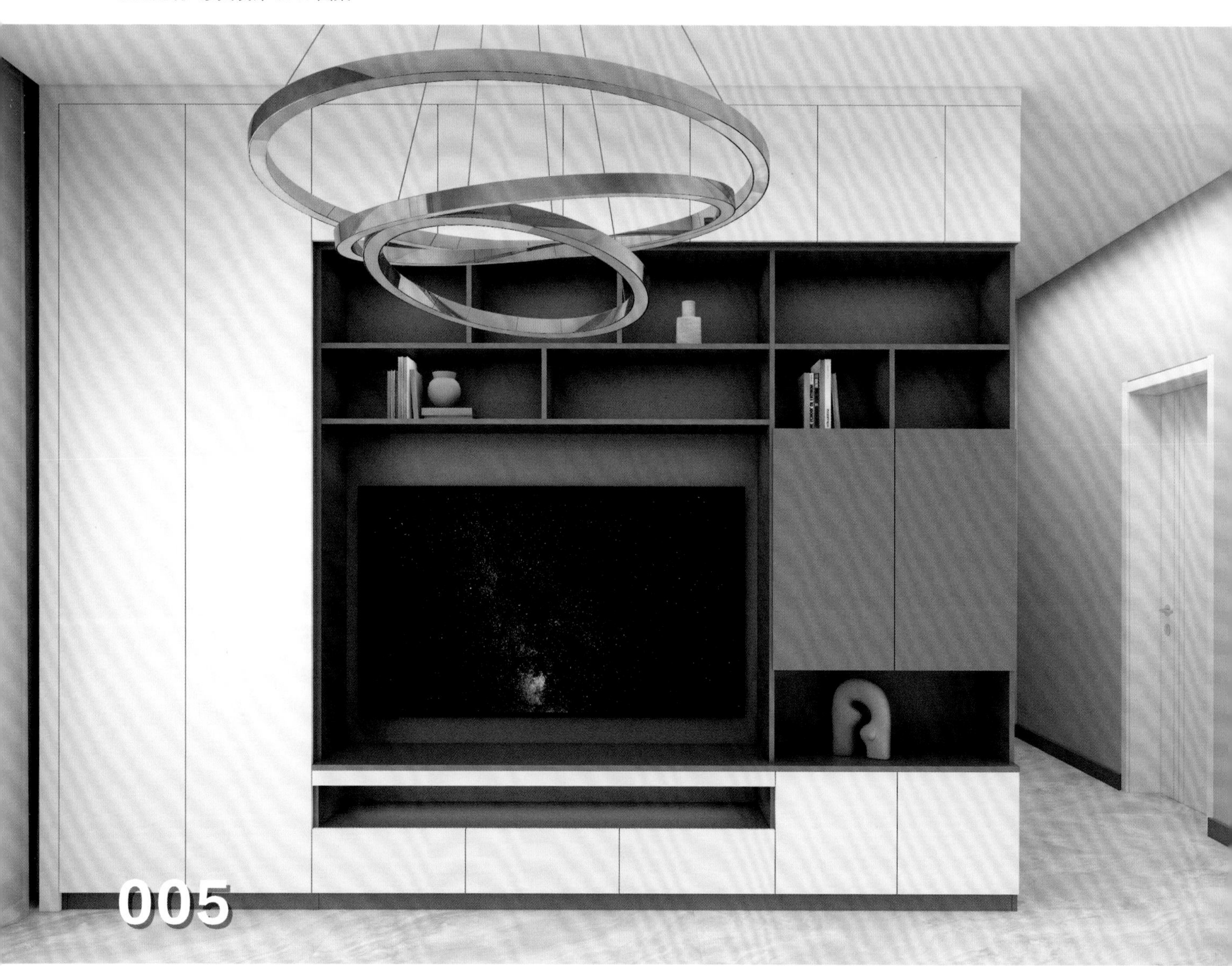

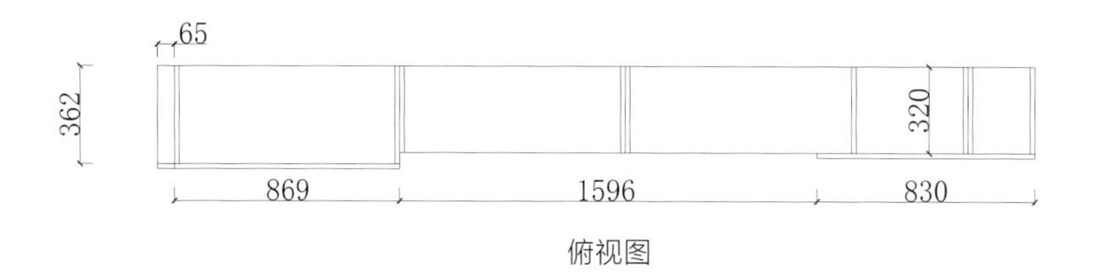

俯视图

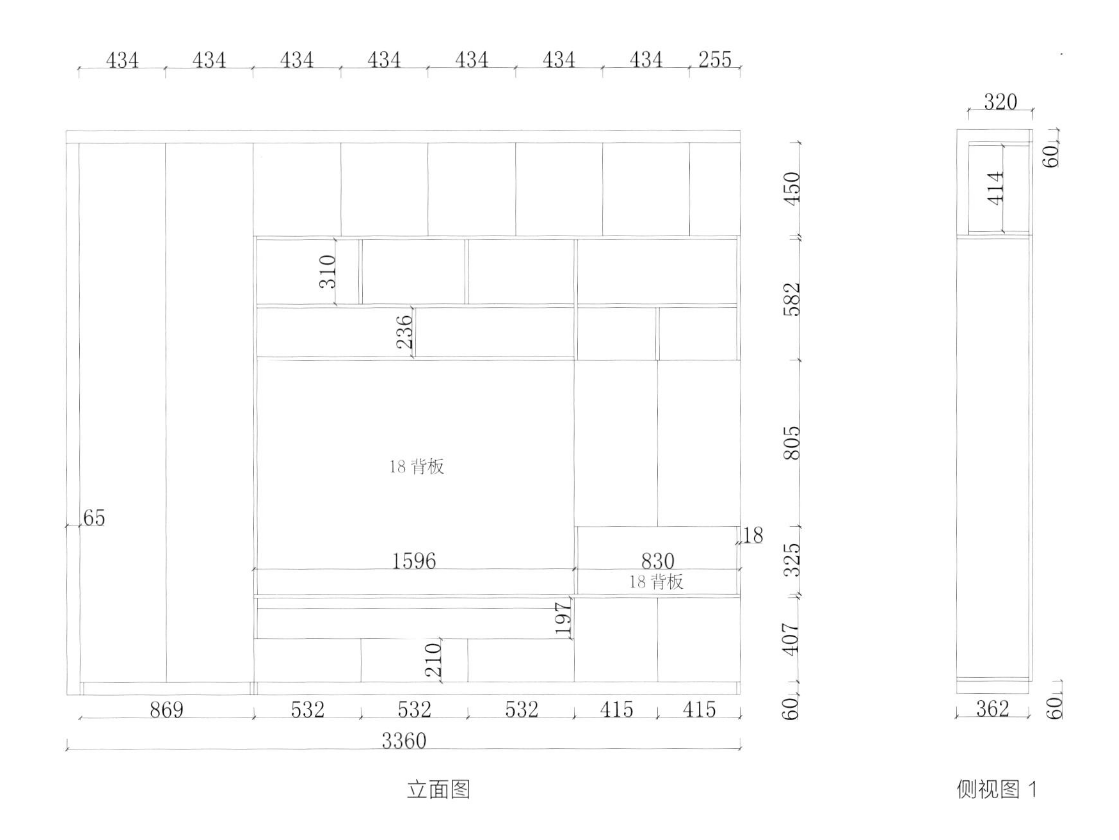

立面图

侧视图 1

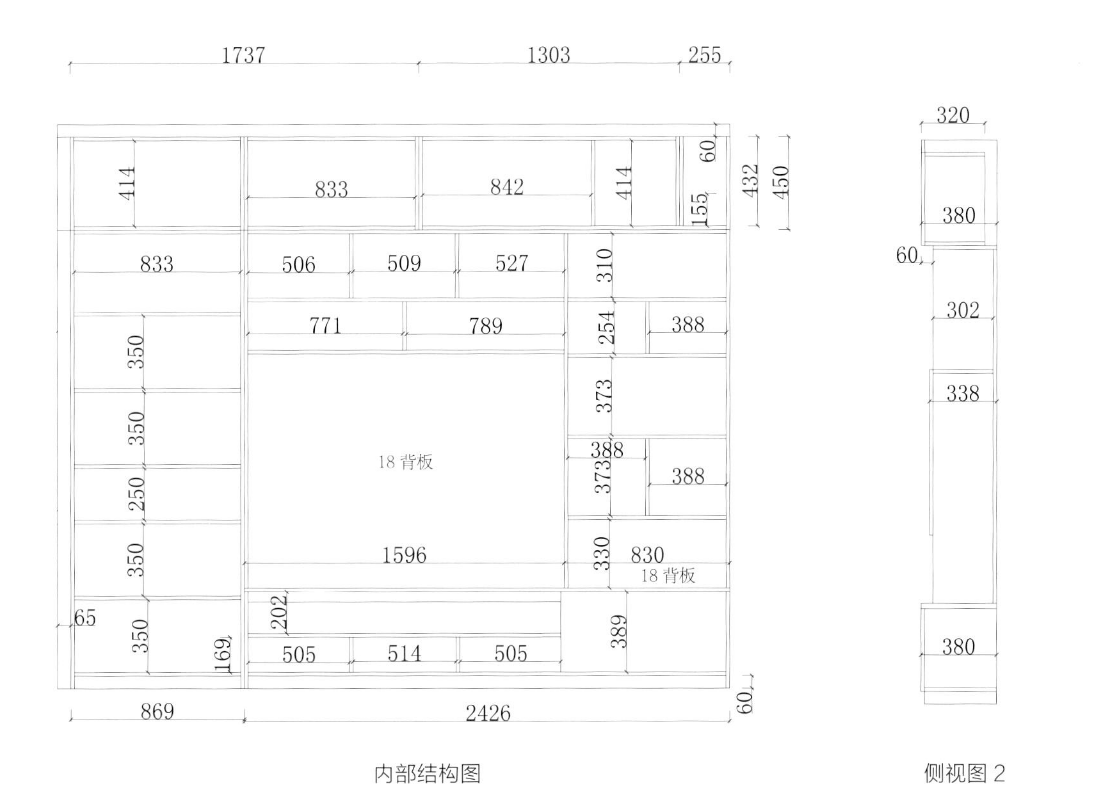

内部结构图

侧视图 2

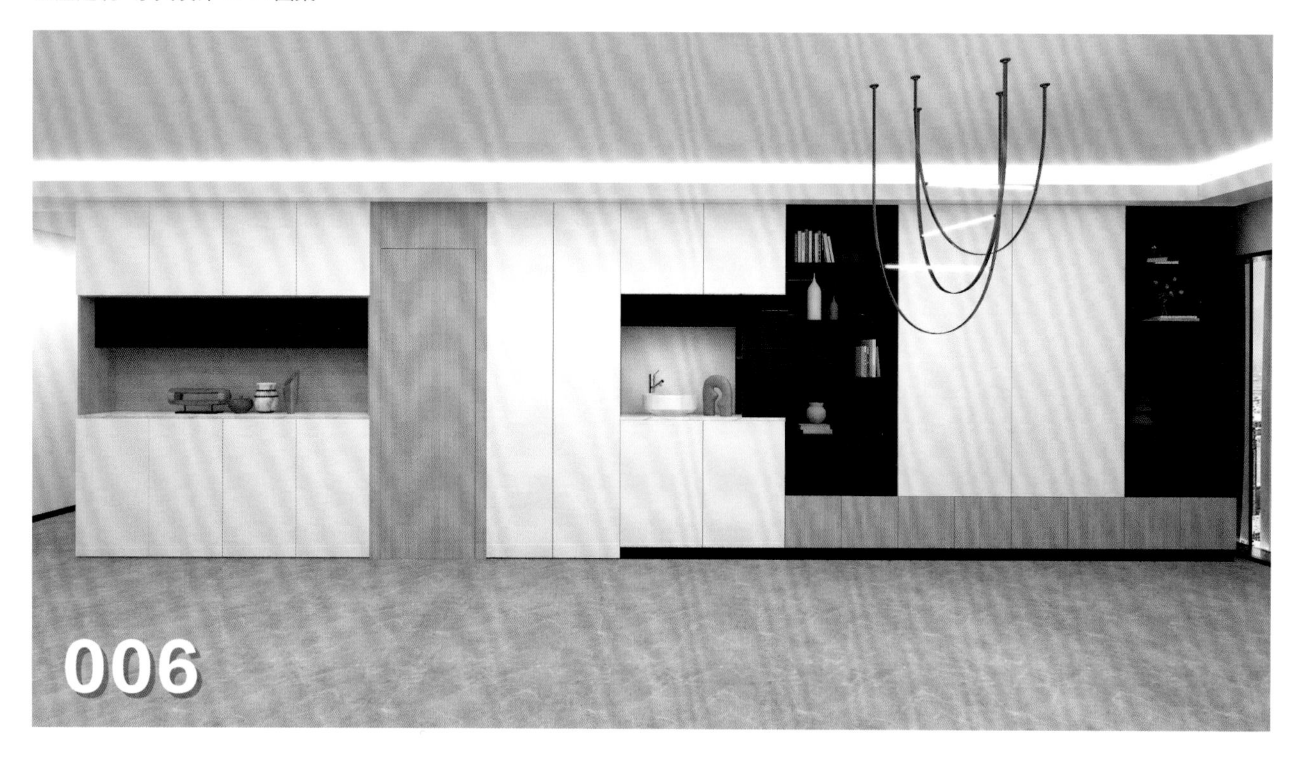

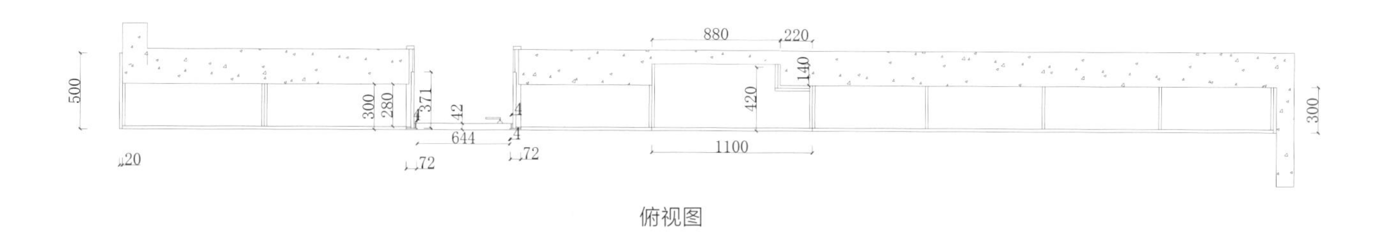

俯视图

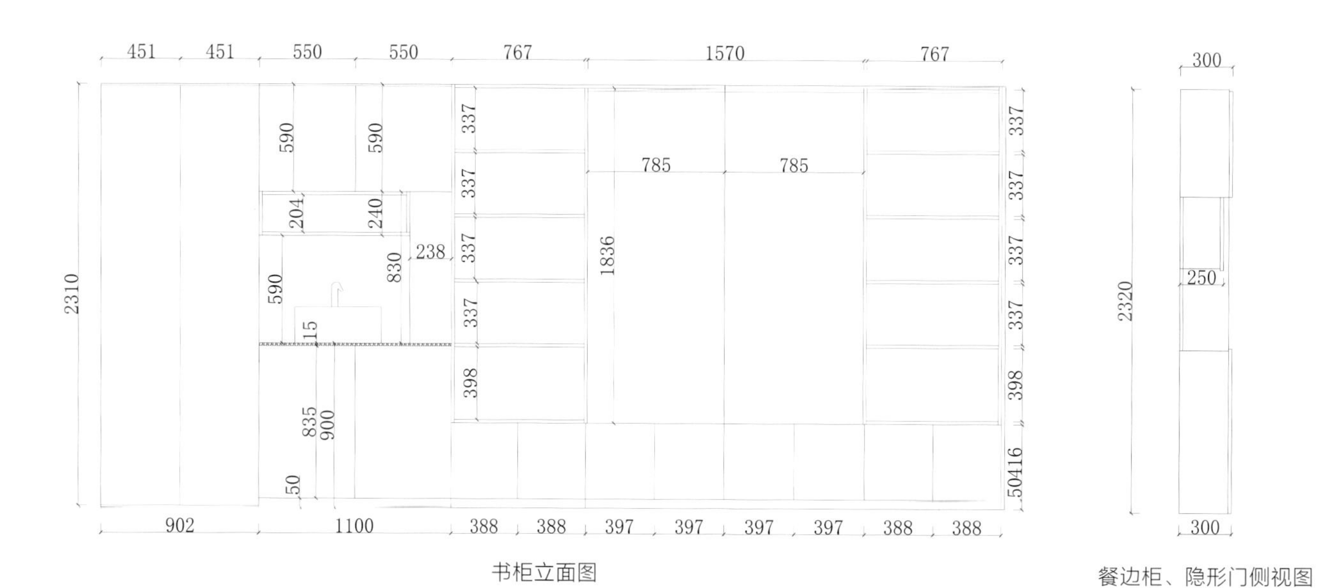

书柜立面图

餐边柜、隐形门侧视图

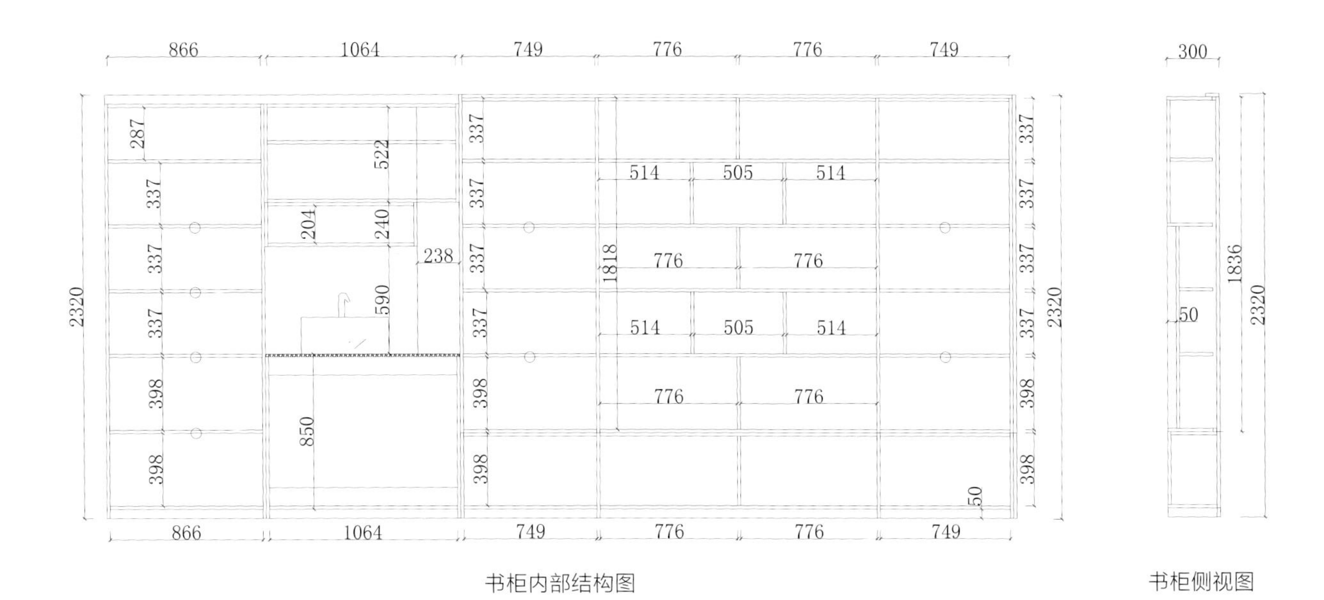

书柜内部结构图

书柜侧视图

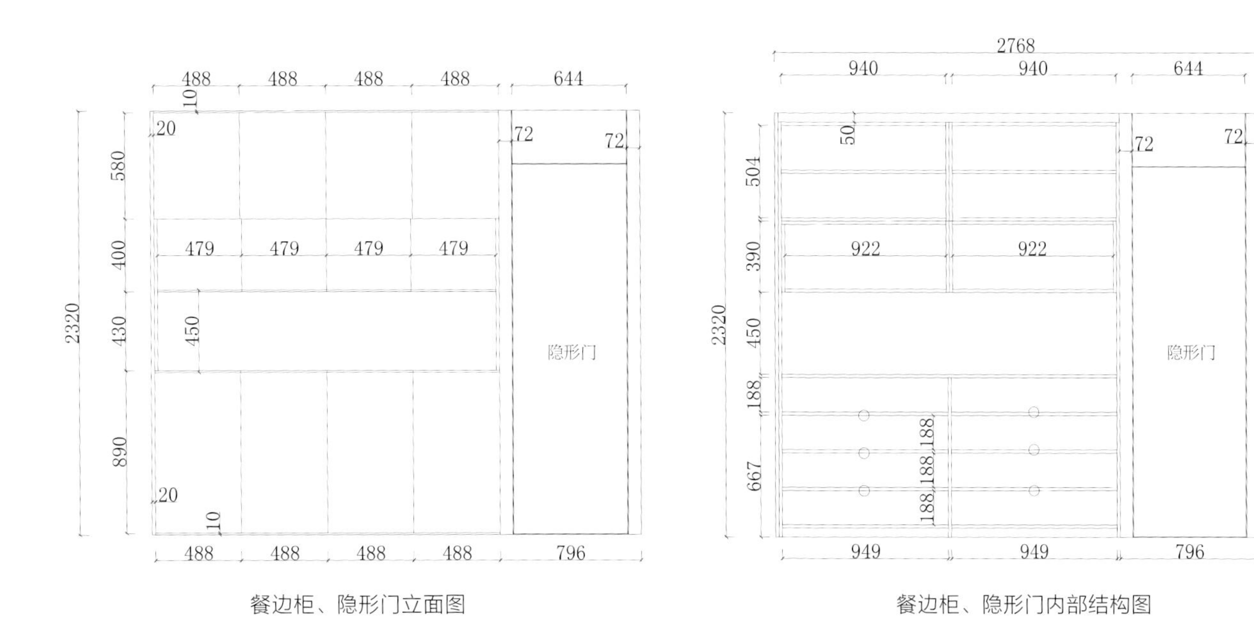

餐边柜、隐形门立面图

餐边柜、隐形门内部结构图

007

400
380
20
20
459
459
459
459
459
459
459
459
20
3710

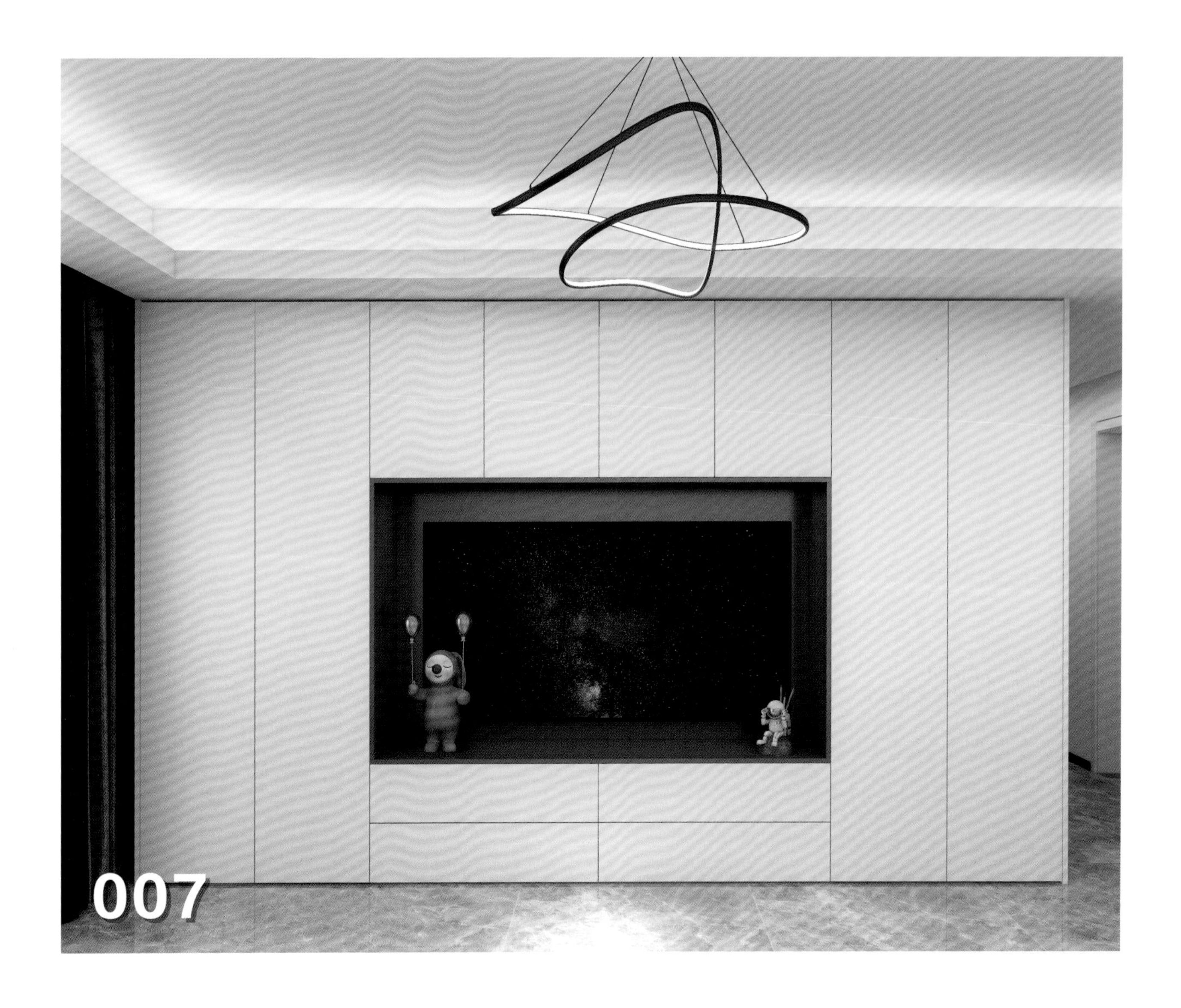

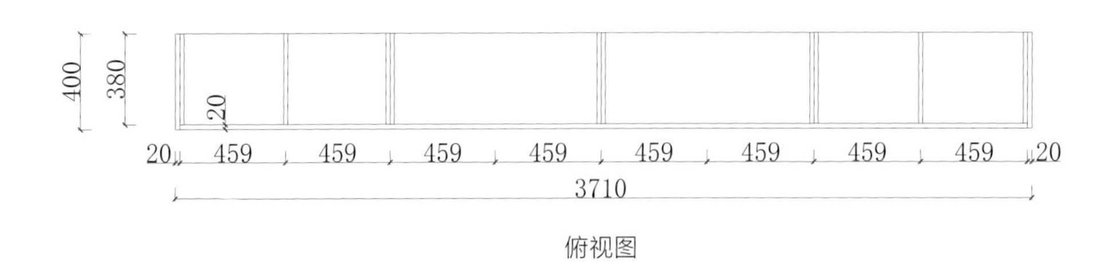

俯视图

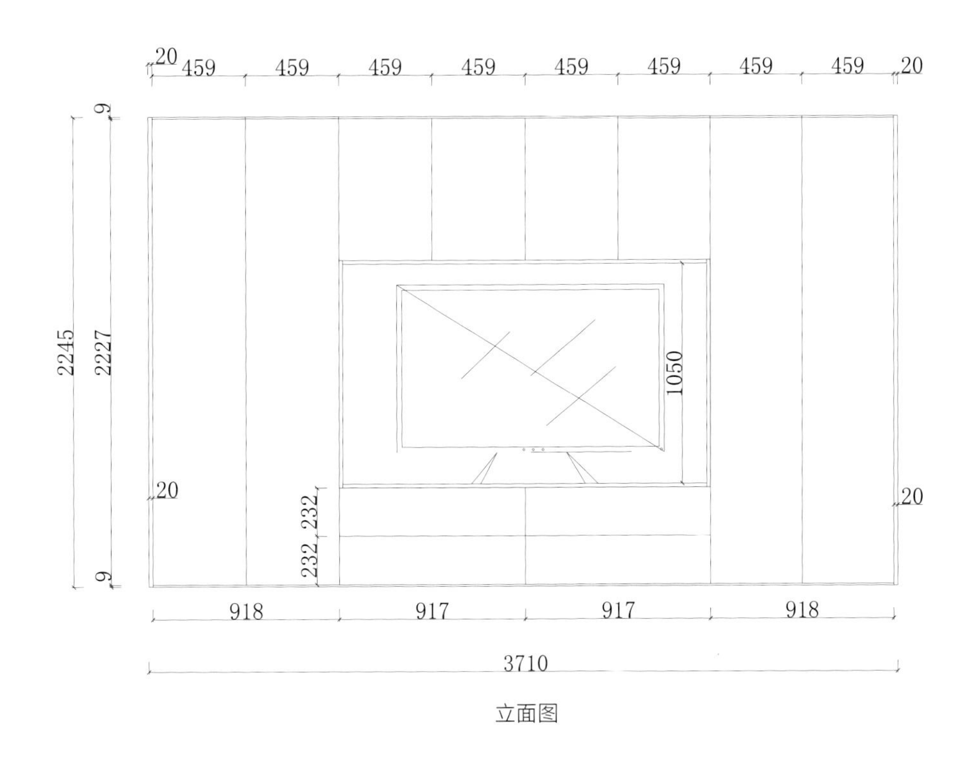

立面图

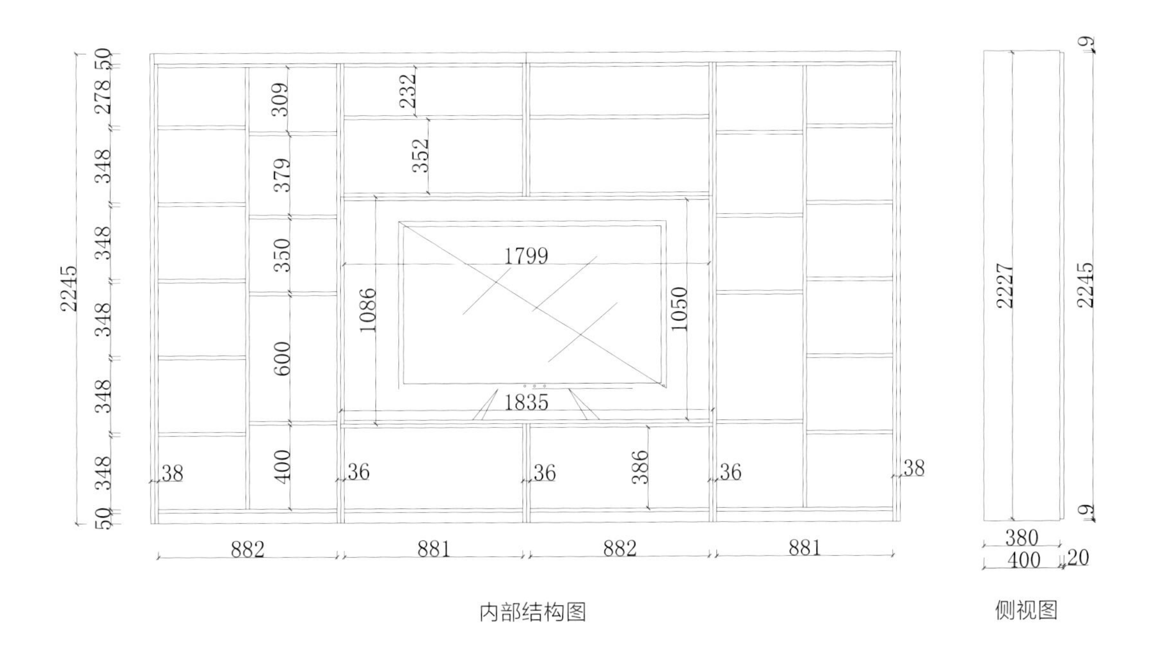

内部结构图

侧视图

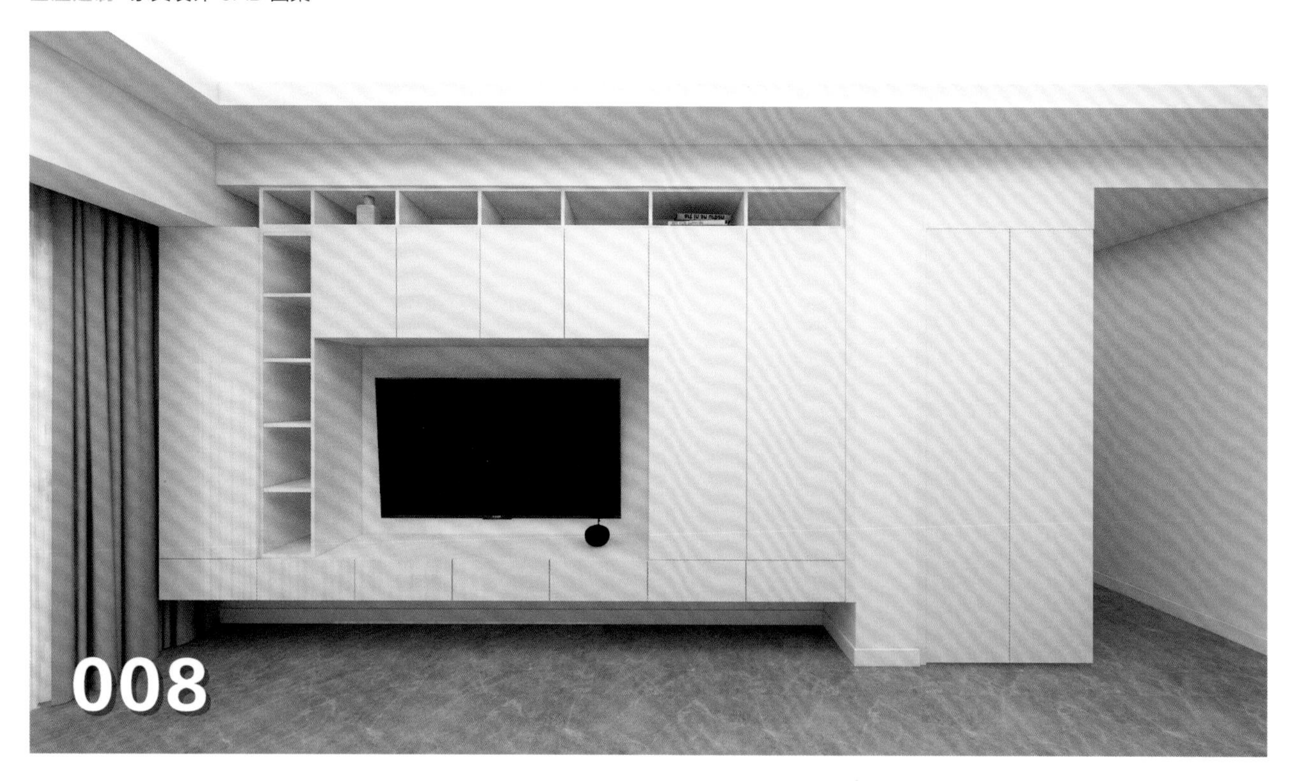

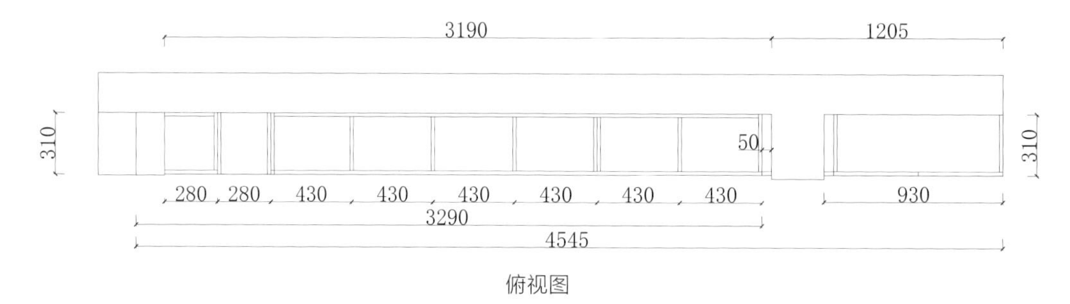

俯视图

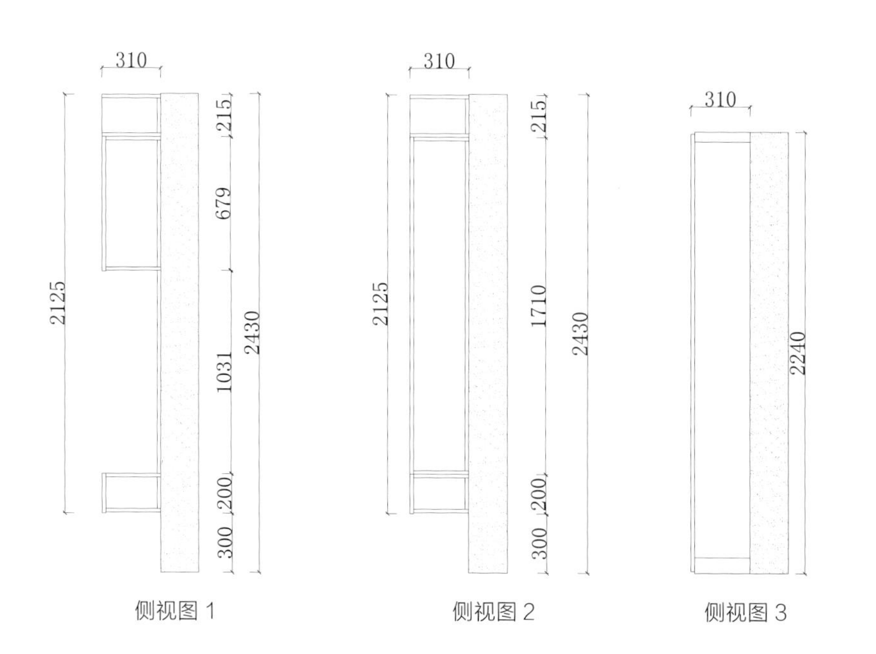

侧视图 1　　侧视图 2　　侧视图 3

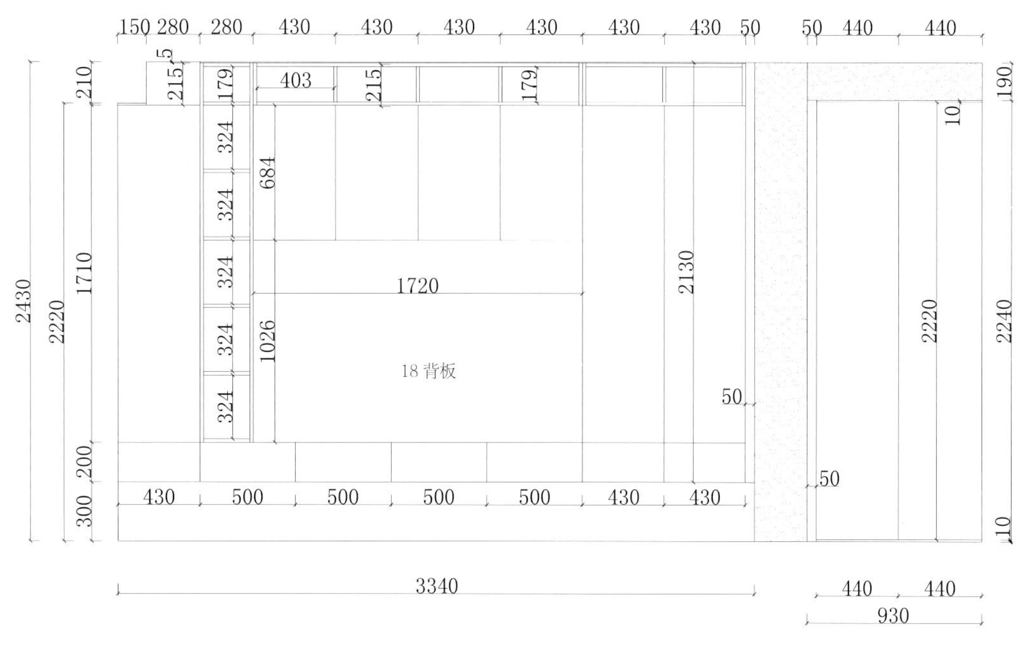

立面图

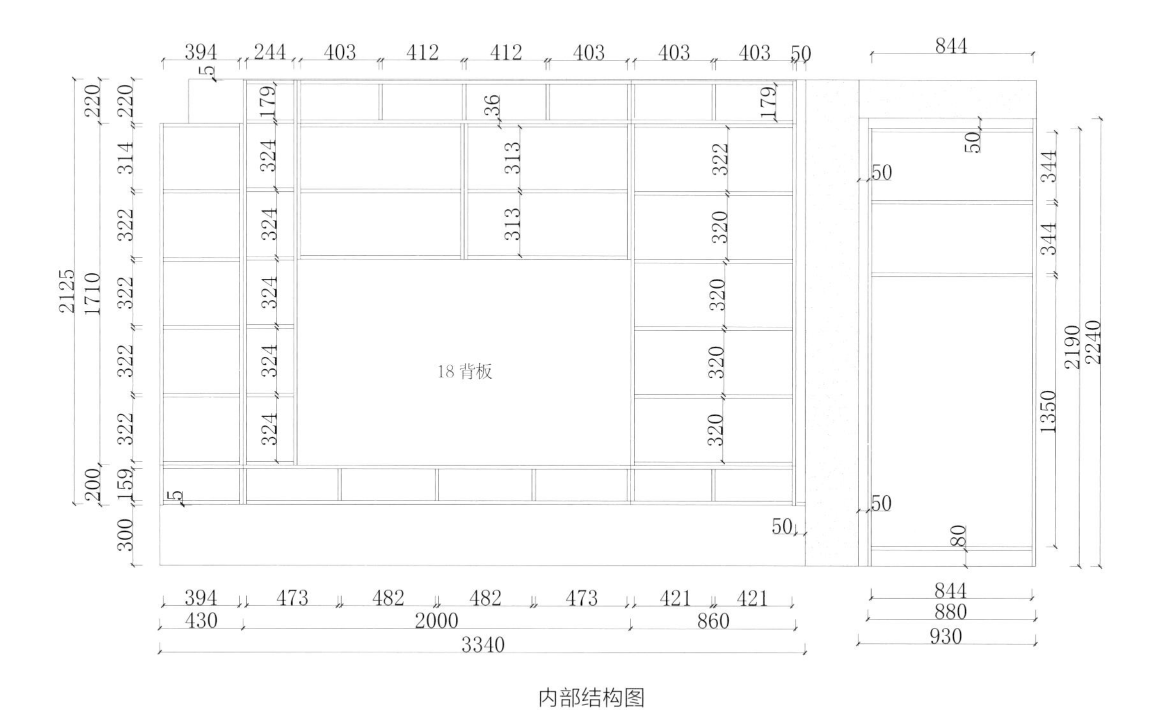

内部结构图

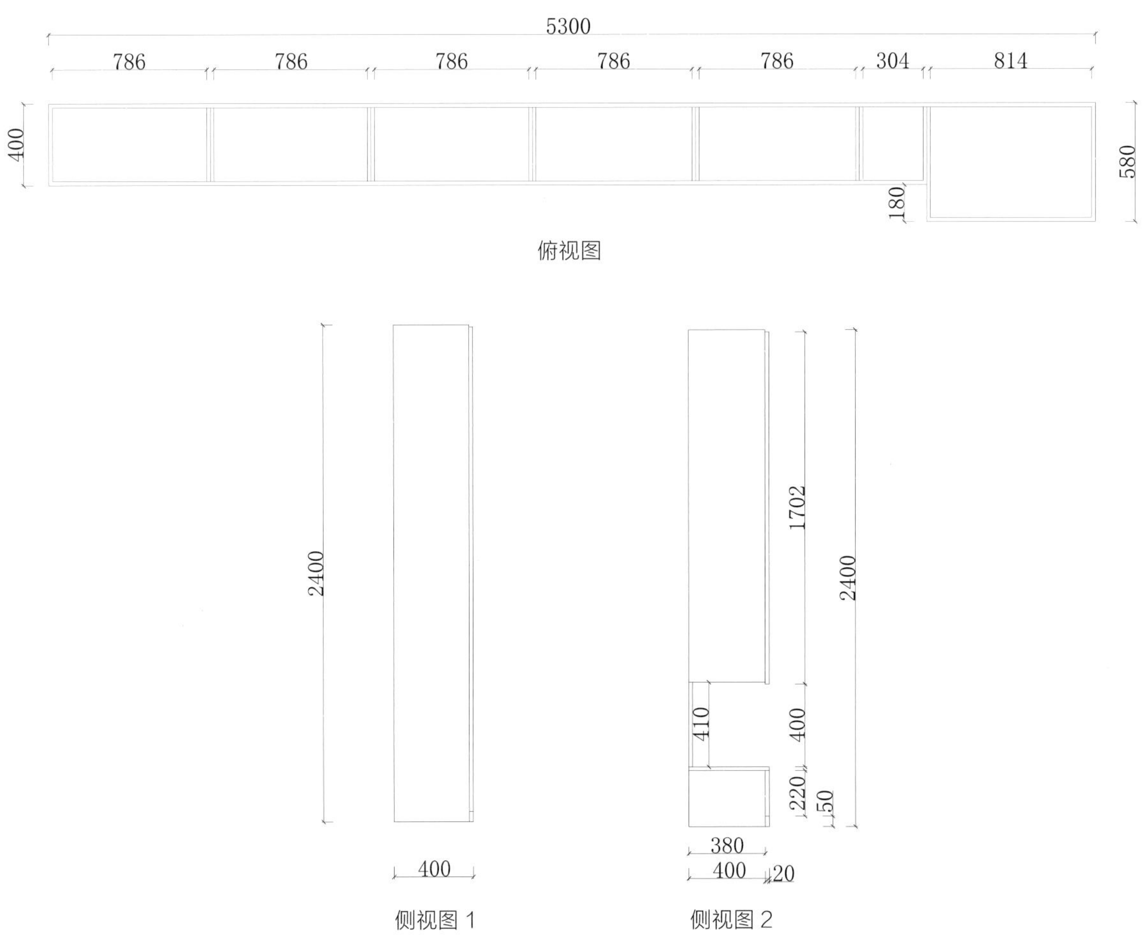

俯视图

侧视图 1

侧视图 2

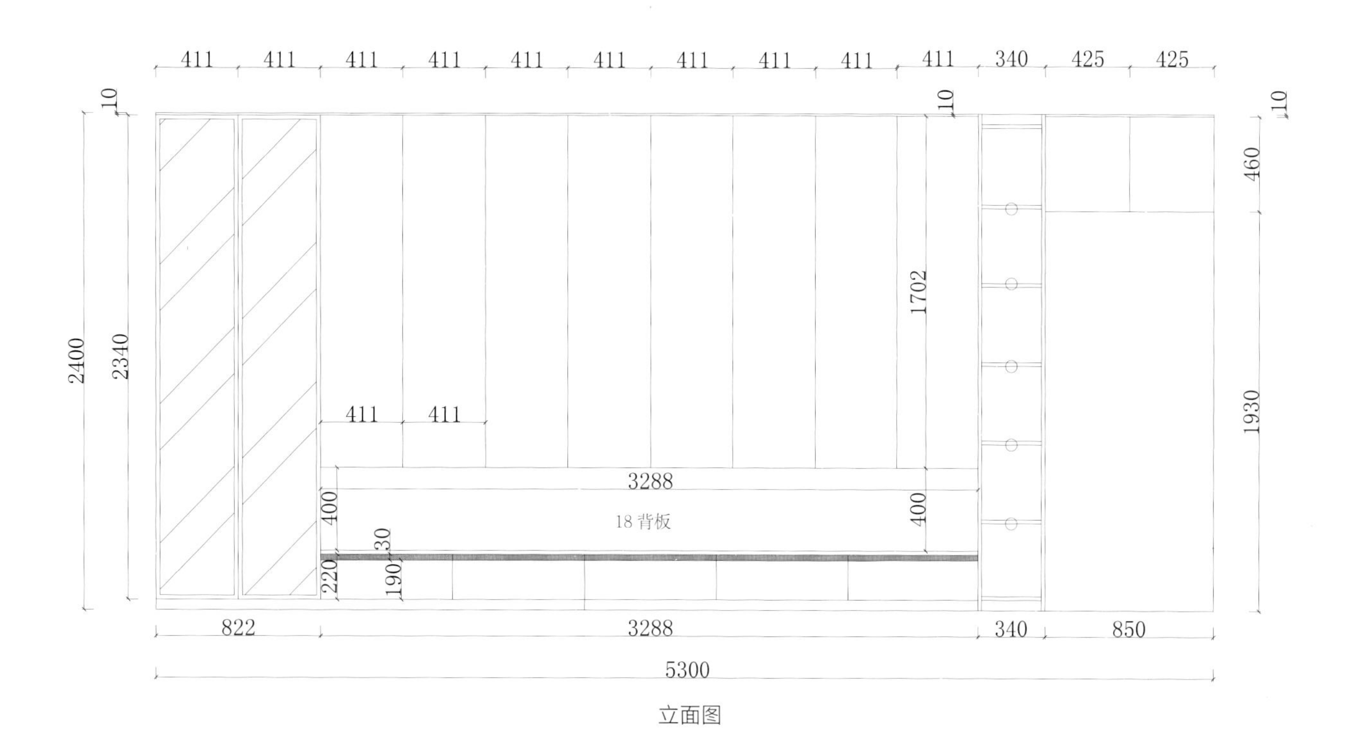
411
411
411
411
411
411
411
411
411
411
340
425
425
10
10
10
2400
2340
1702
460
1930
411
411
3288
400
18 背板
400
30
220
190
822
3288
340
850
5300

立面图

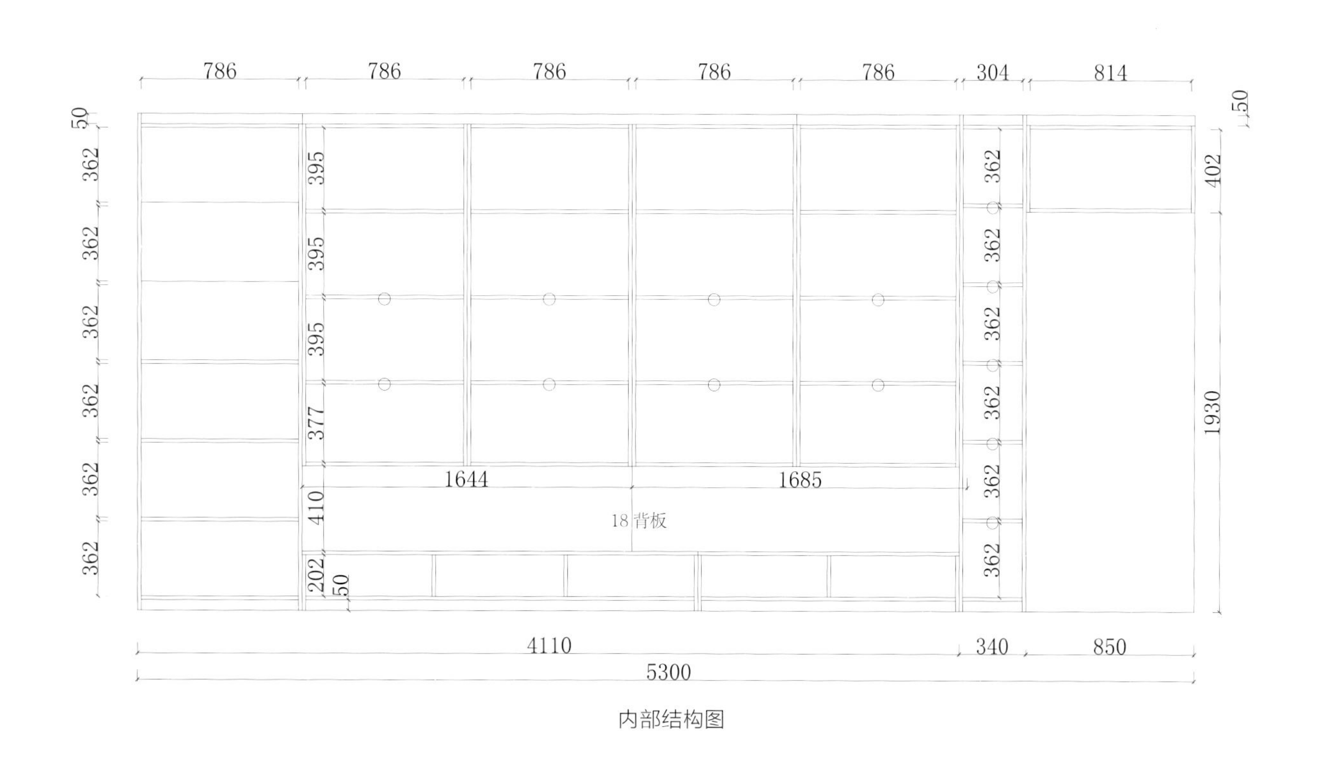
786
786
786
786
786
304
814
50
50
362
362
362
362
362
362
395
395
395
377
1644
1685
410
18 背板
202
50
362
362
362
362
362
362
402
1930
4110
340
850
5300

内部结构图

010

350
900
4260

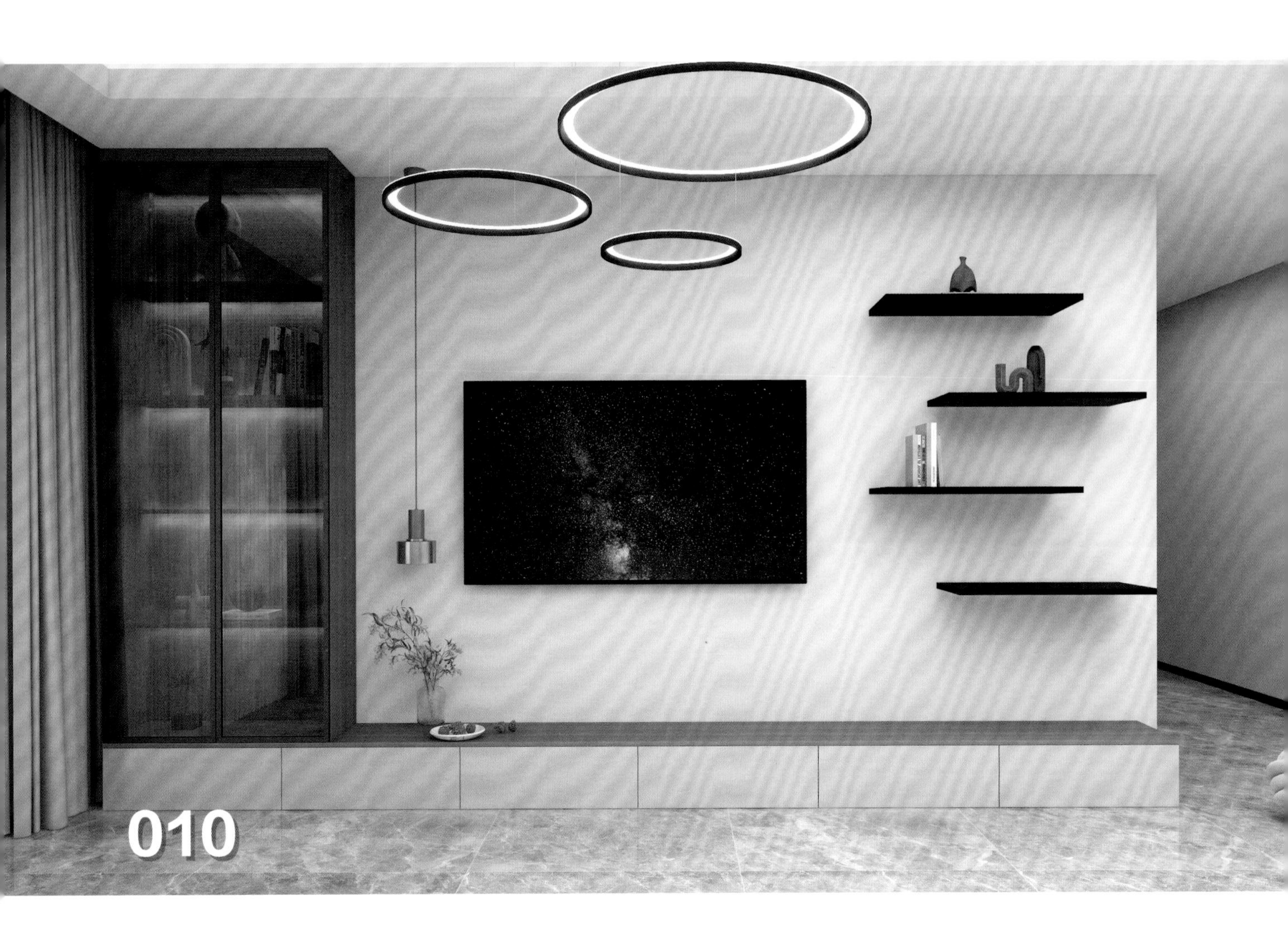

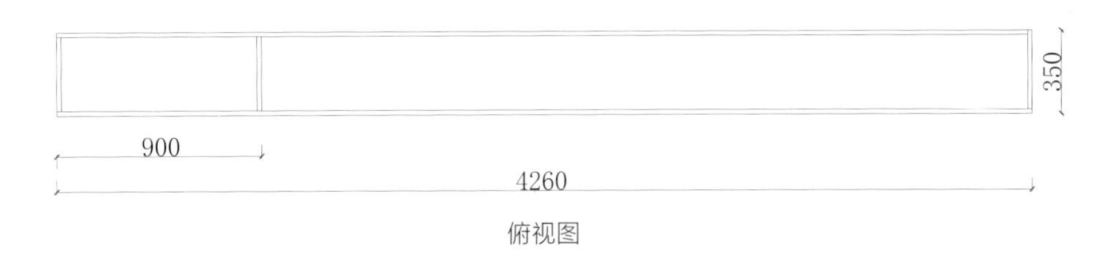

俯视图

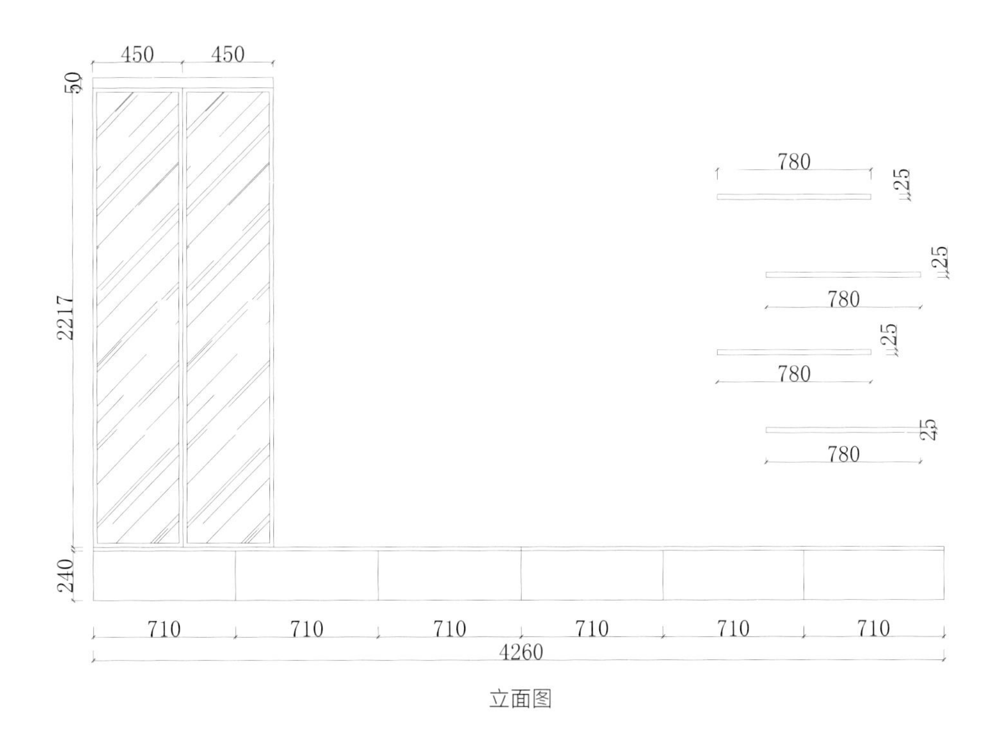
450
450
50
2217
240
780
25
780
25
780
25
780
25
710
710
710
710
710
710
4260

立面图

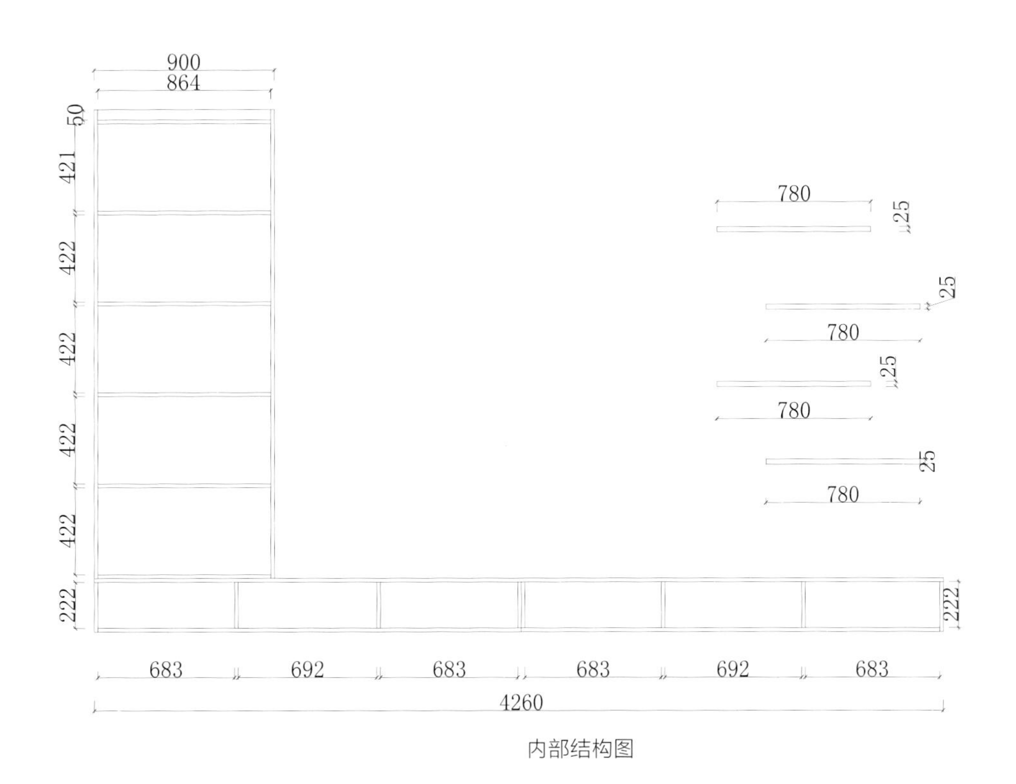
900
864
50
421
422
422
422
422
222
780
25
780
25
780
25
780
25
222
683
692
683
683
692
683
4260

内部结构图

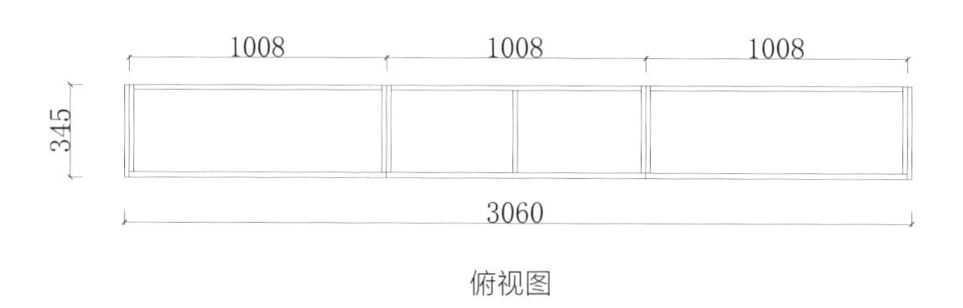

俯视图

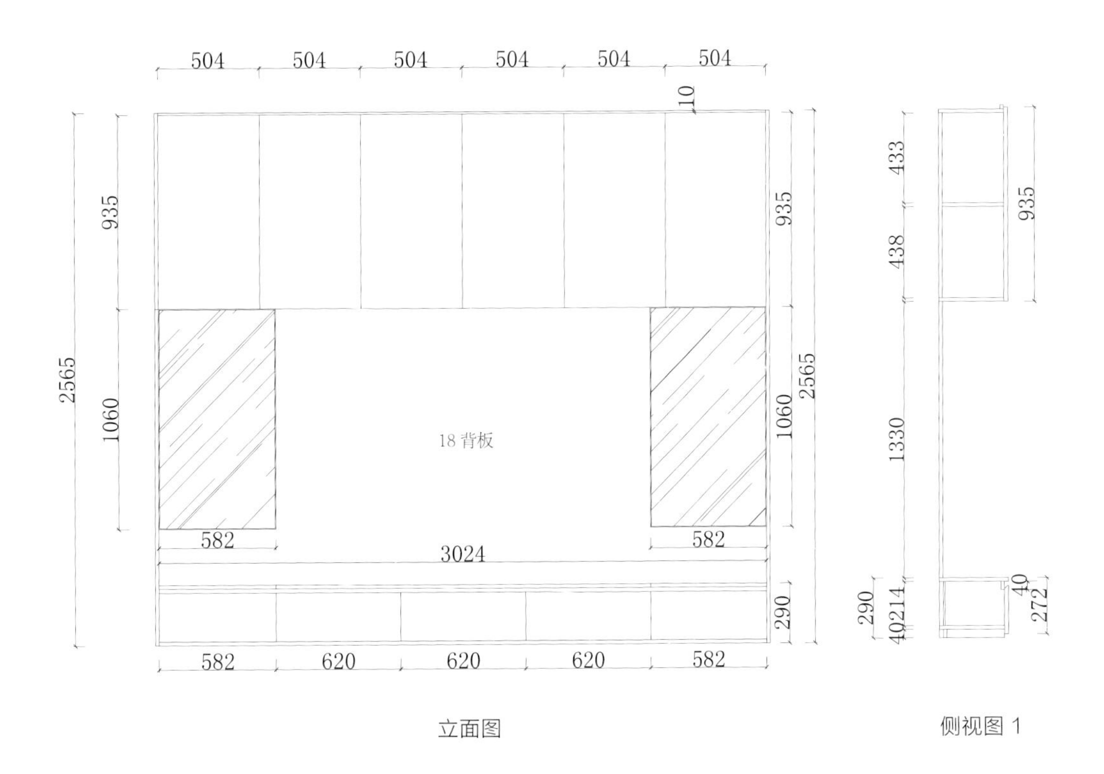

立面图

侧视图 1

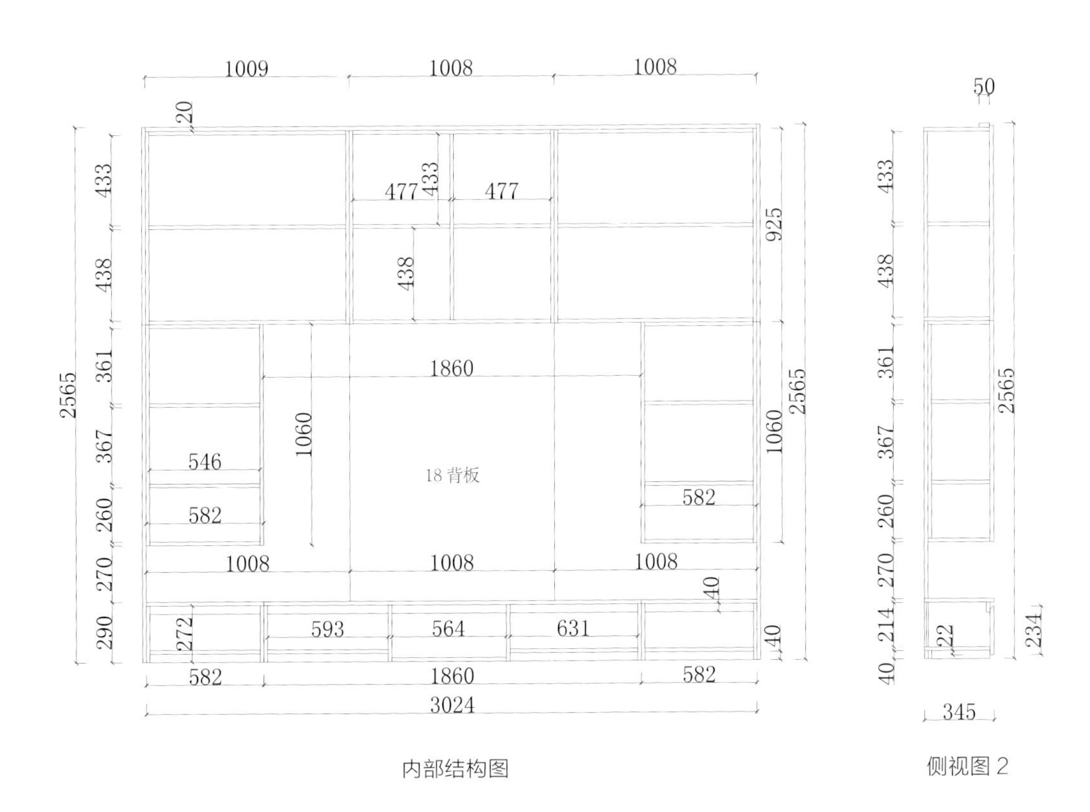

内部结构图

侧视图 2

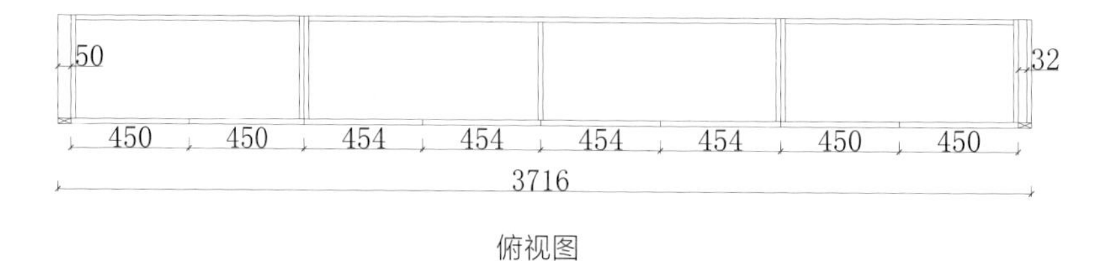

俯视图

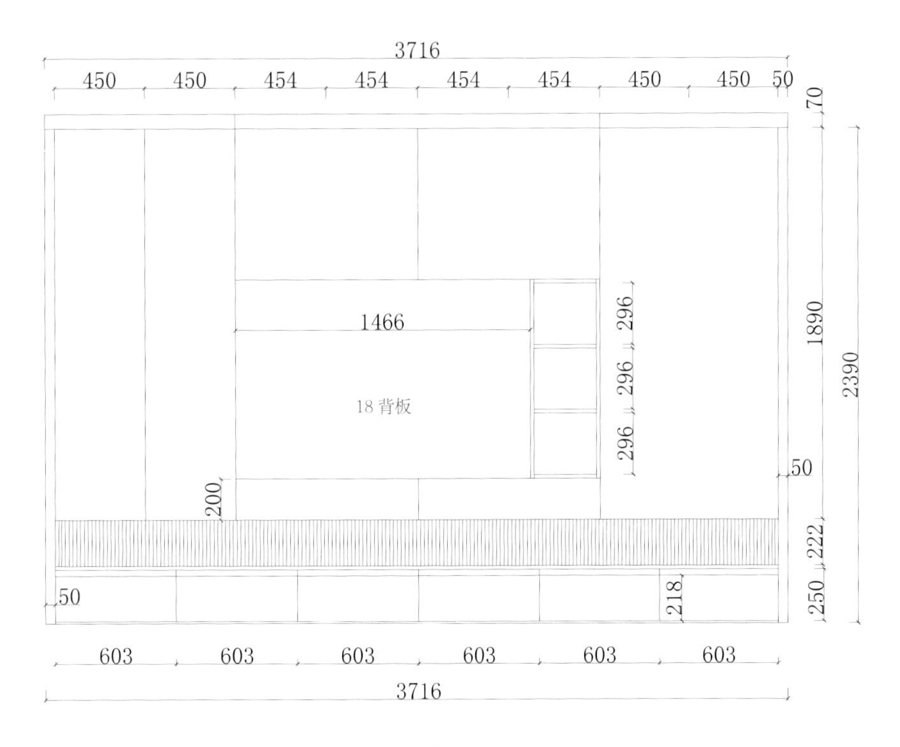

立面图

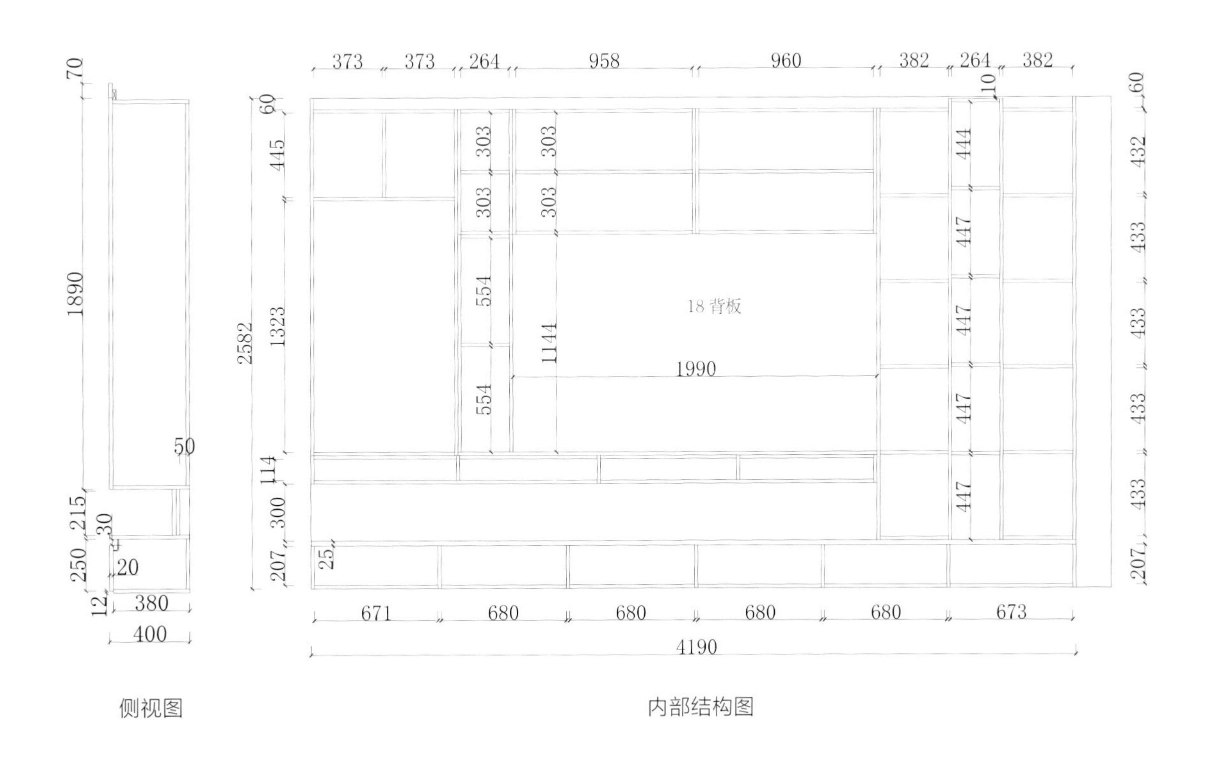

侧视图

内部结构图

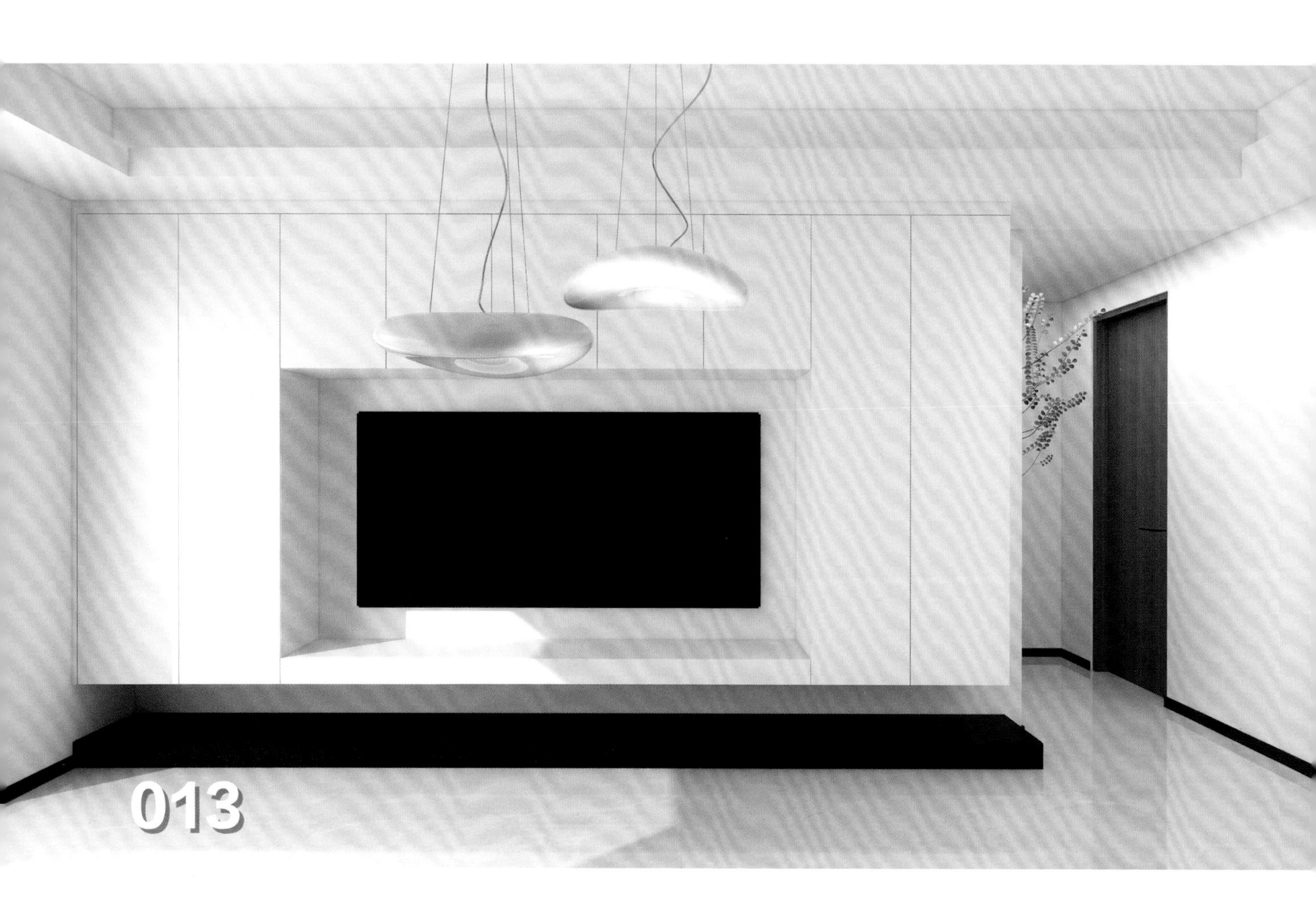

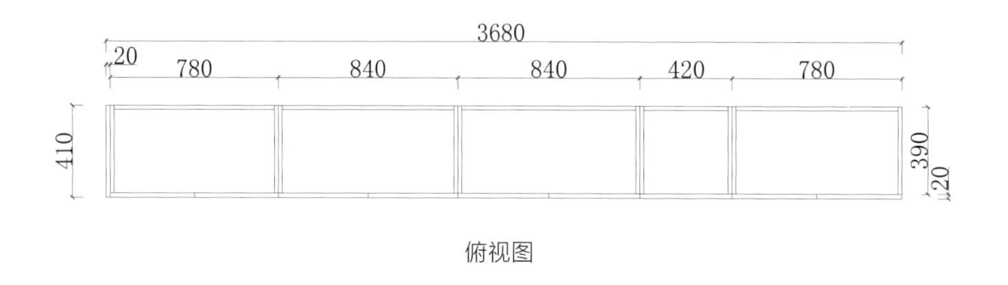

俯视图

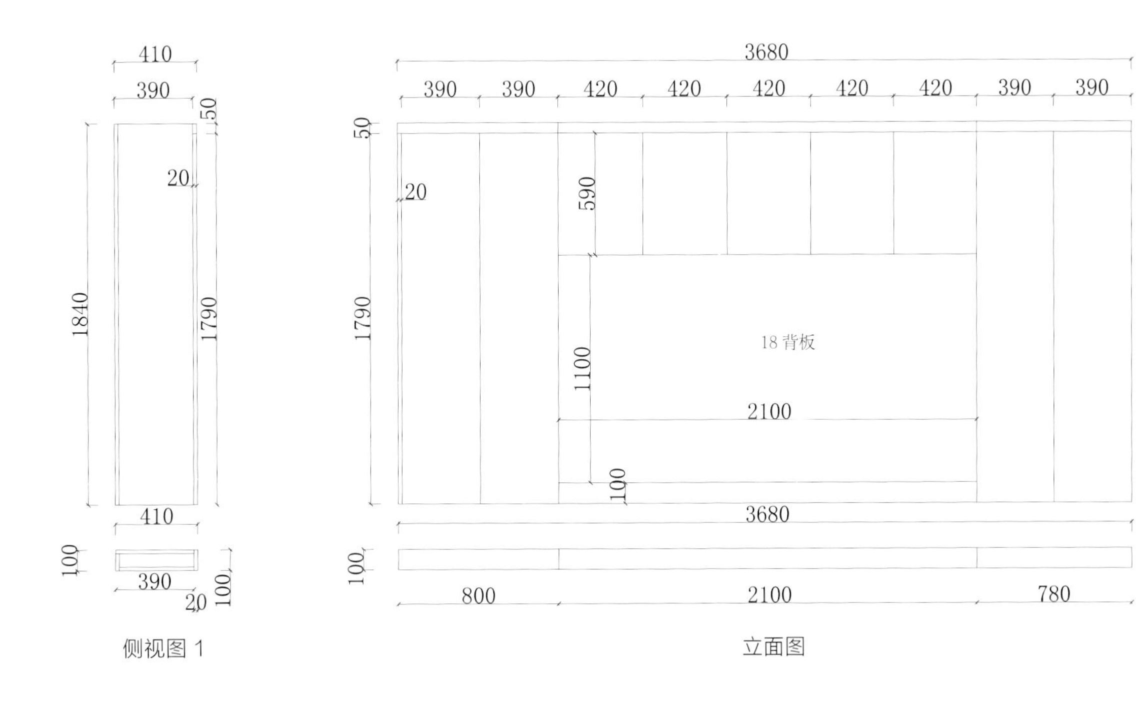

侧视图 1

立面图

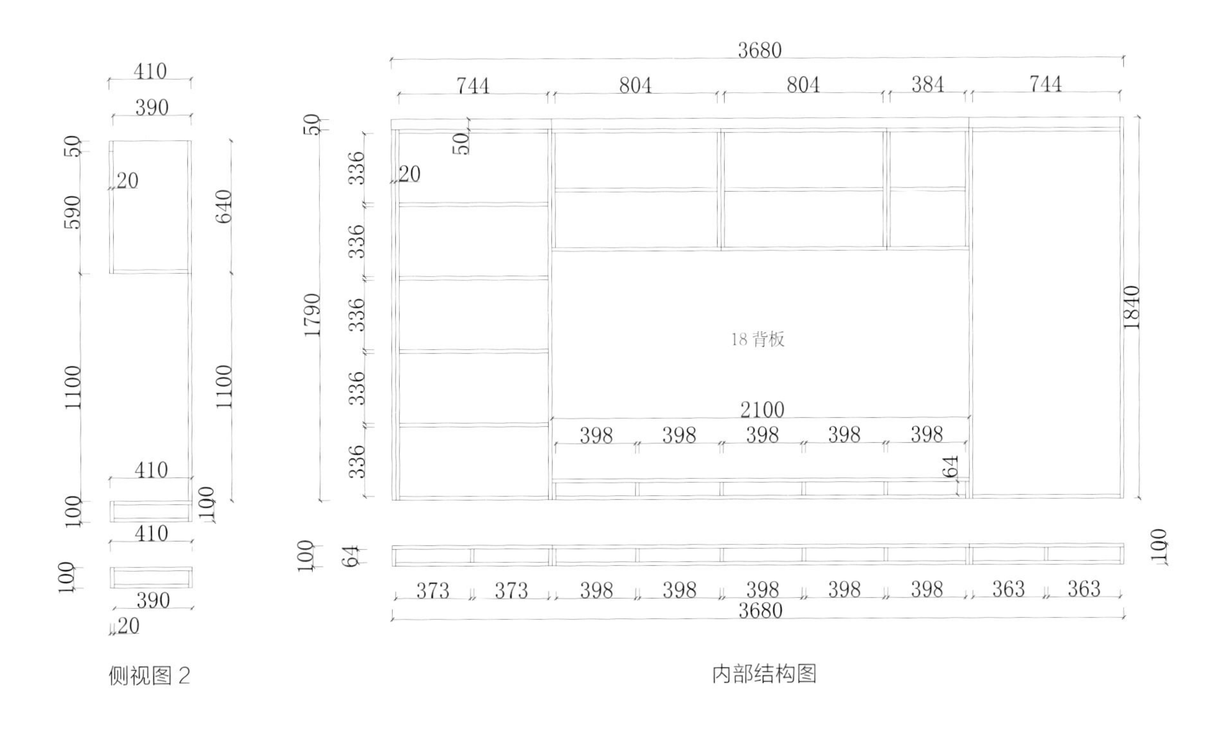

侧视图 2

内部结构图

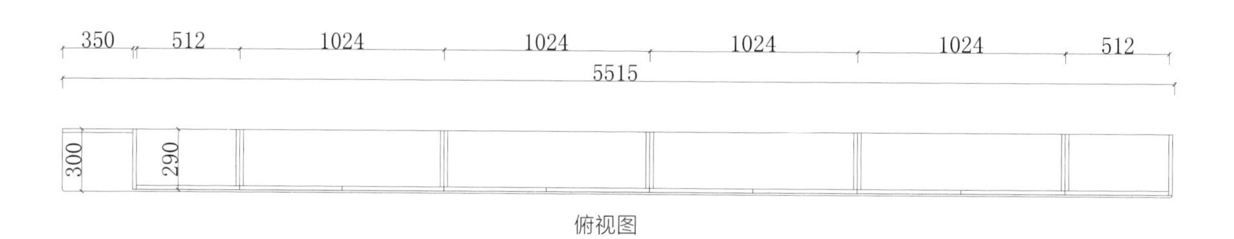

俯视图

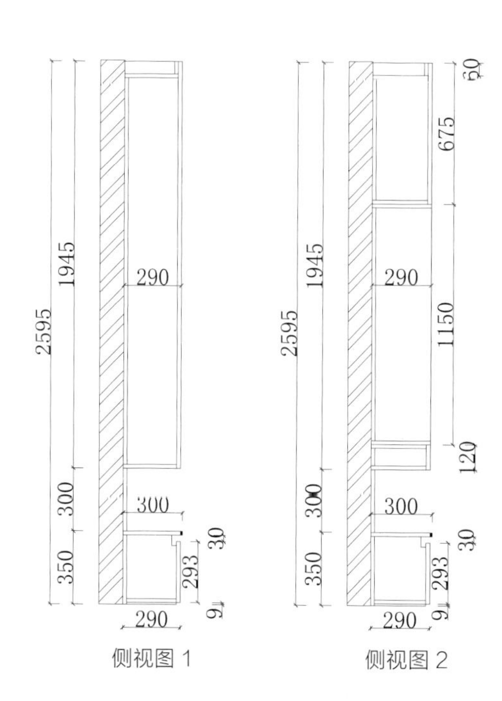

侧视图 1　侧视图 2

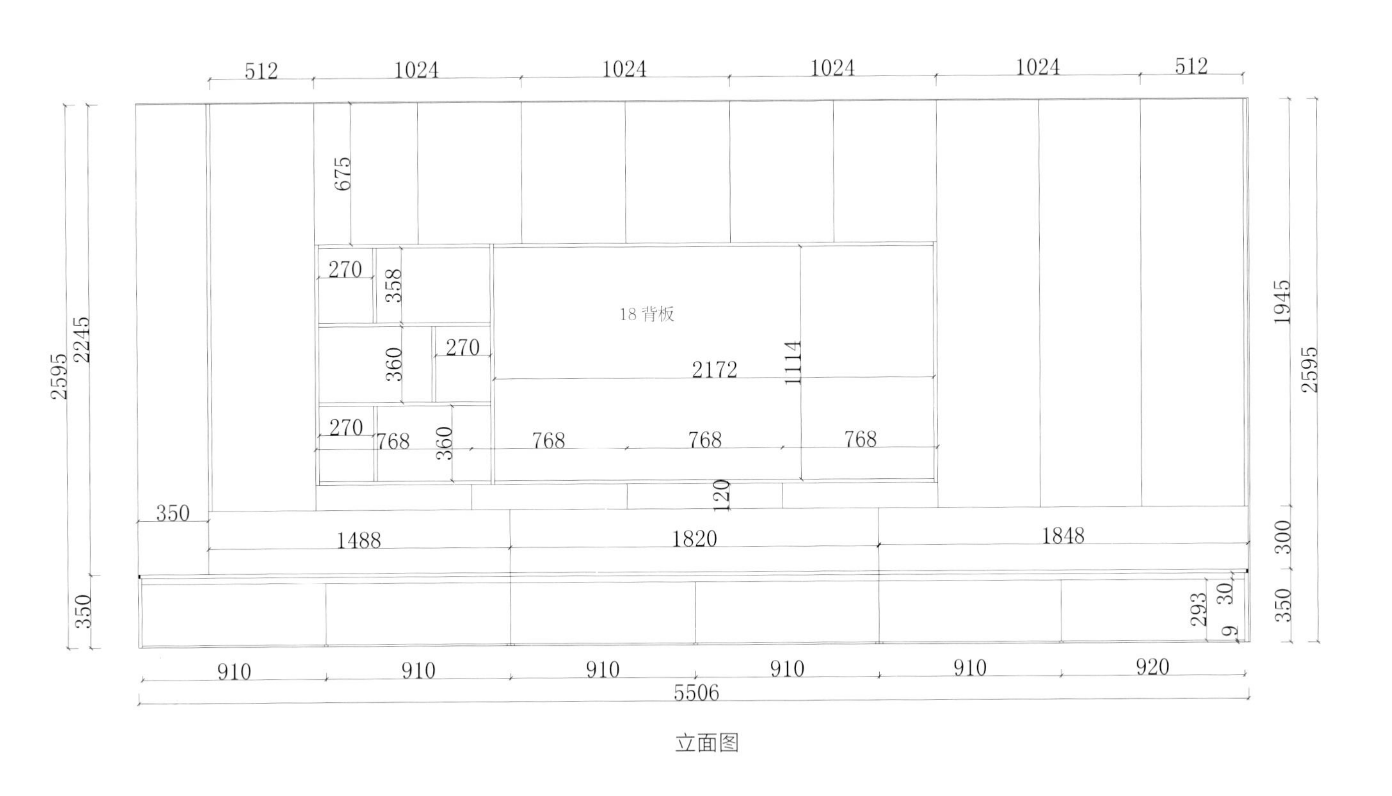
512
1024
1024
1024
1024
512
675
270
358
18背板
360
270
2172
1114
270
768
360
768
768
768
120
350
1488
1820
1848
2595
2245
1945
2595
300
30
293
9
350
350
910
910
910
910
910
920
5506

立面图

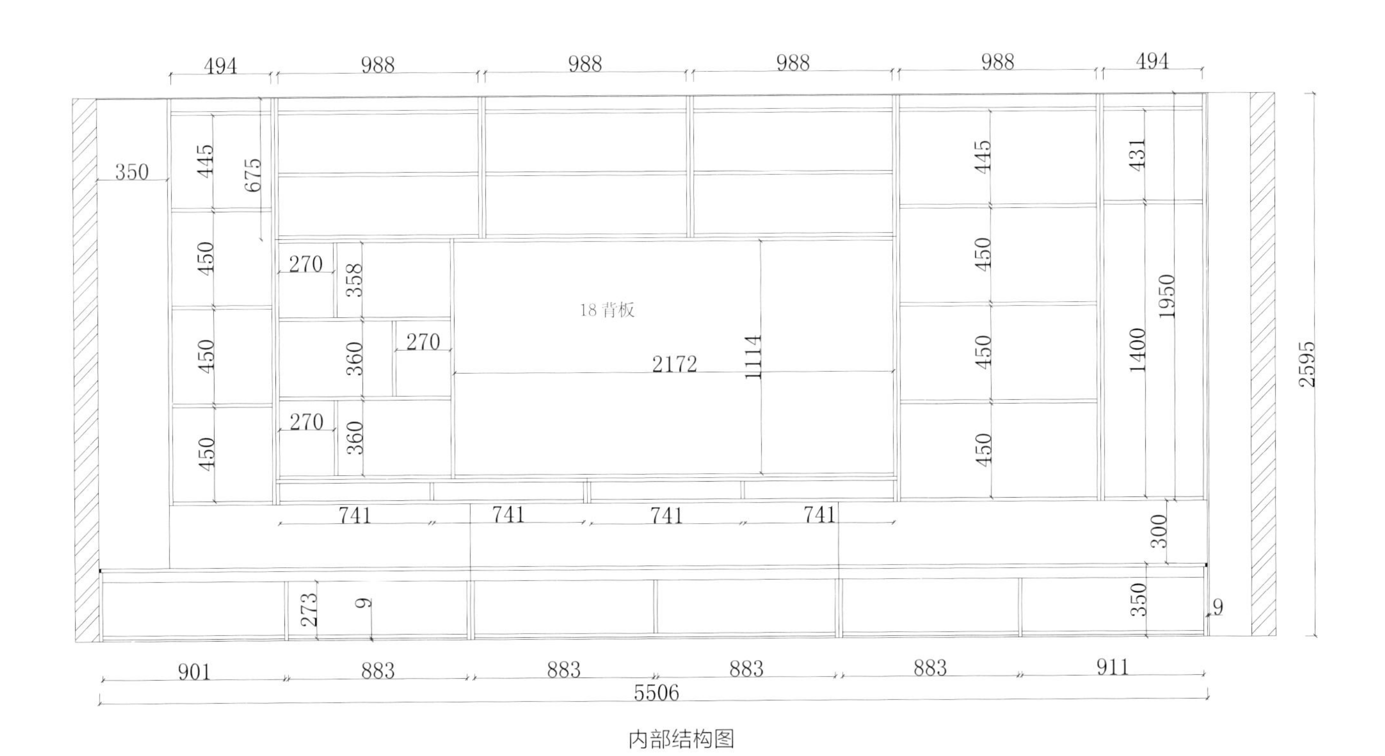
494
988
988
988
988
494
350
445
675
445
431
450
270
358
18背板
450
1950
450
360
270
2172
1114
450
1400
2595
450
270
360
450
741
741
741
741
300
273
9
350
9
901
883
883
883
883
911
5506

内部结构图

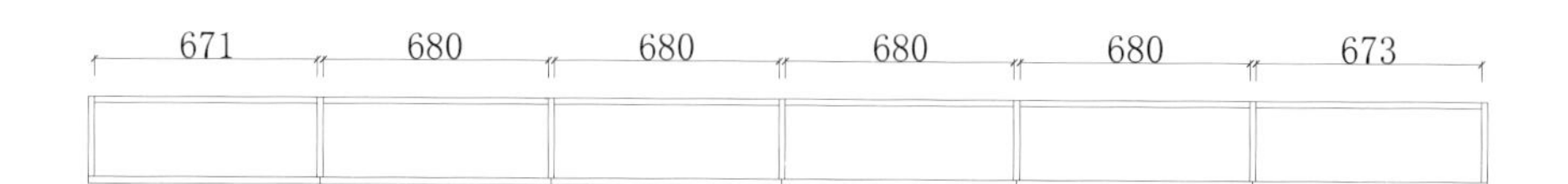

地柜俯视图

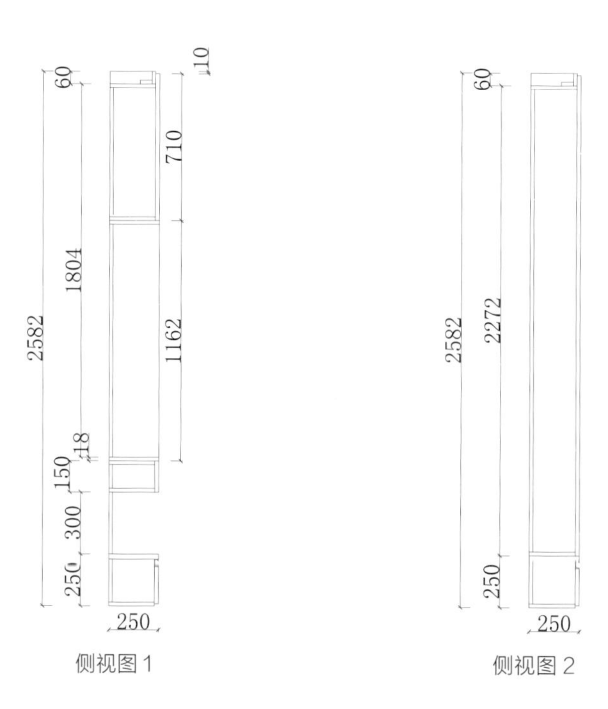

侧视图 1

侧视图 2

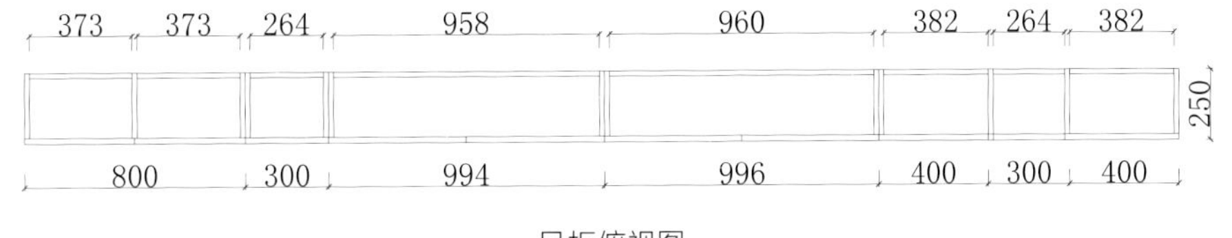

吊柜俯视图

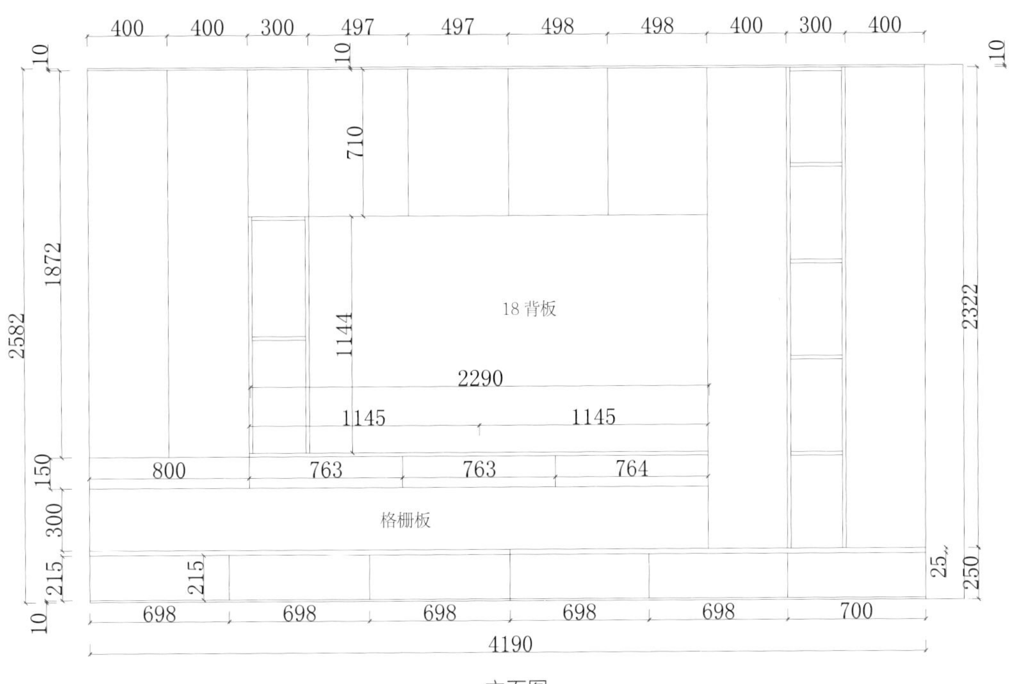

立面图

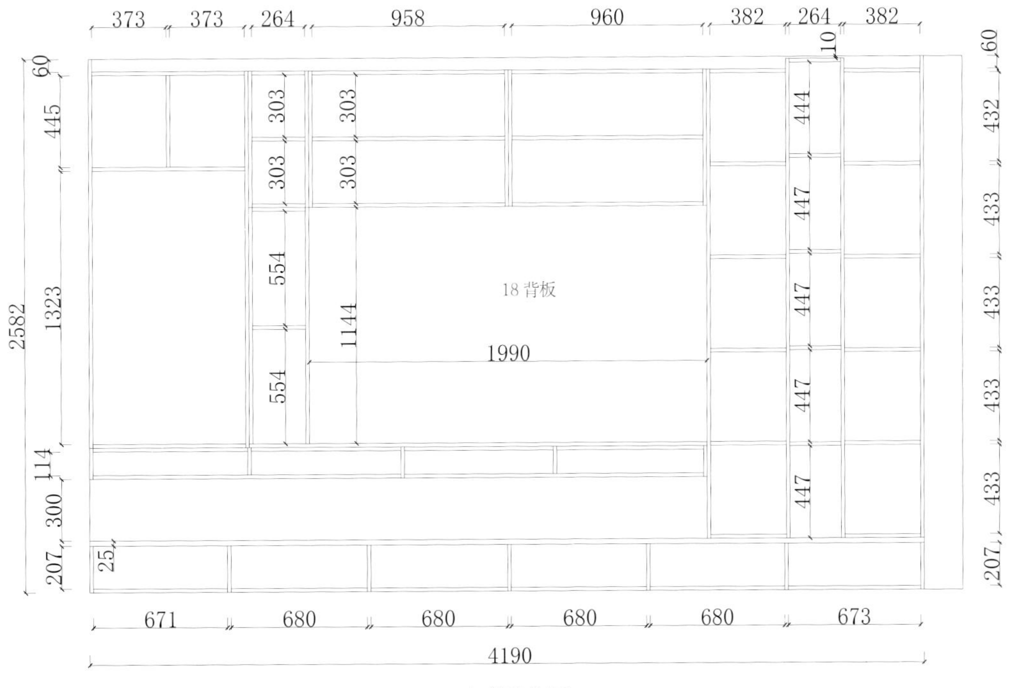

内部结构图

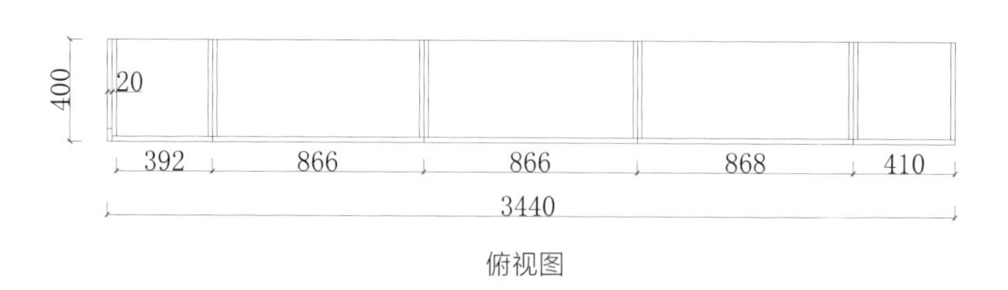

俯视图

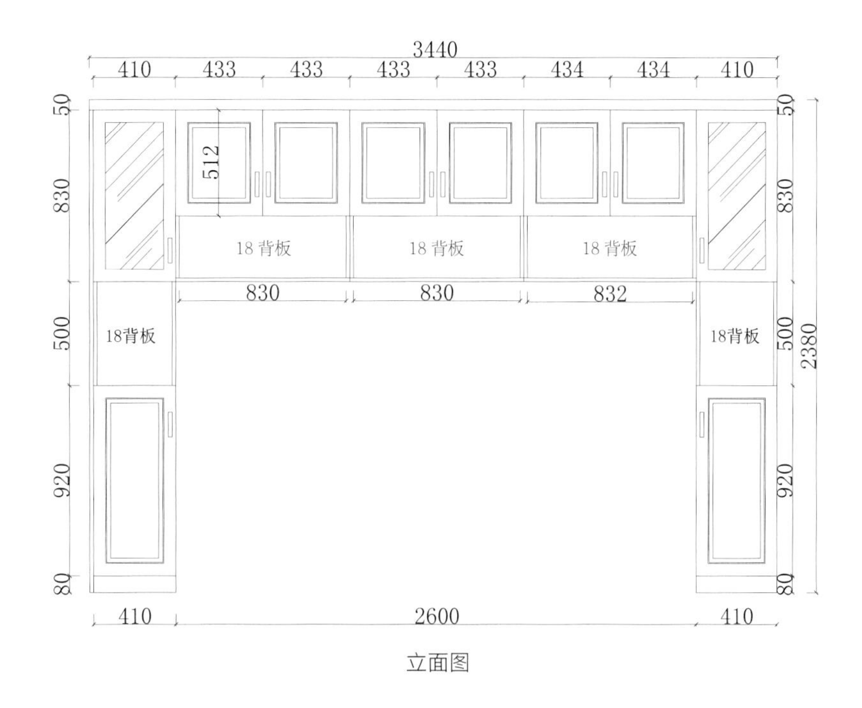

立面图

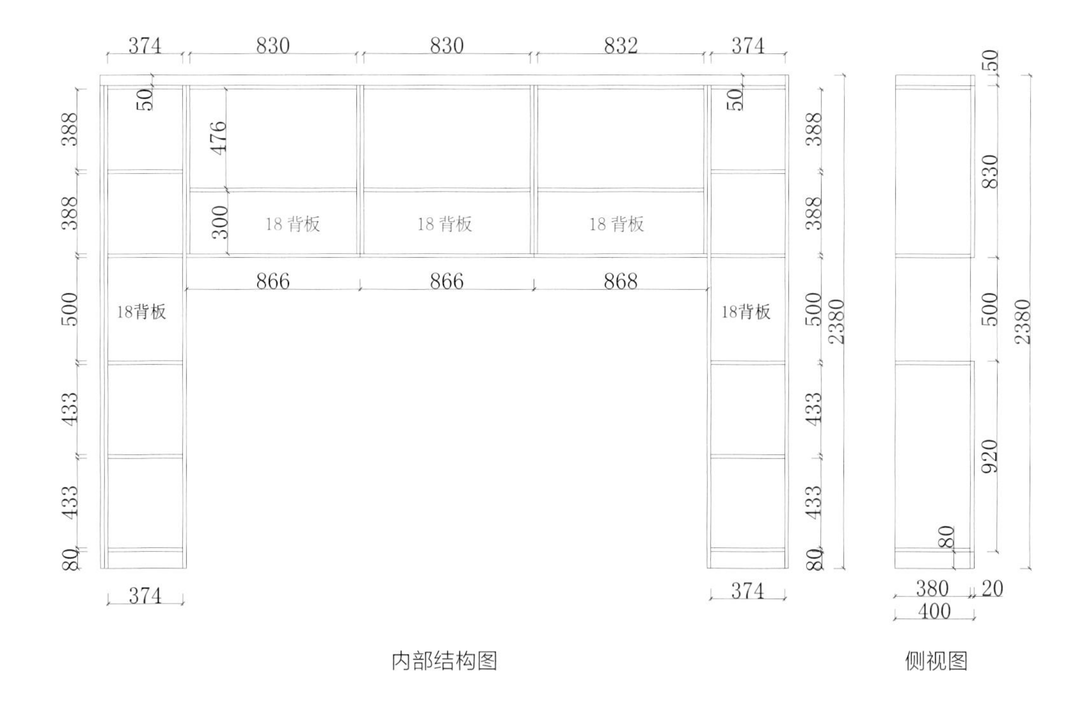

内部结构图

侧视图

017

882
421
887
878
4100
330
350
20

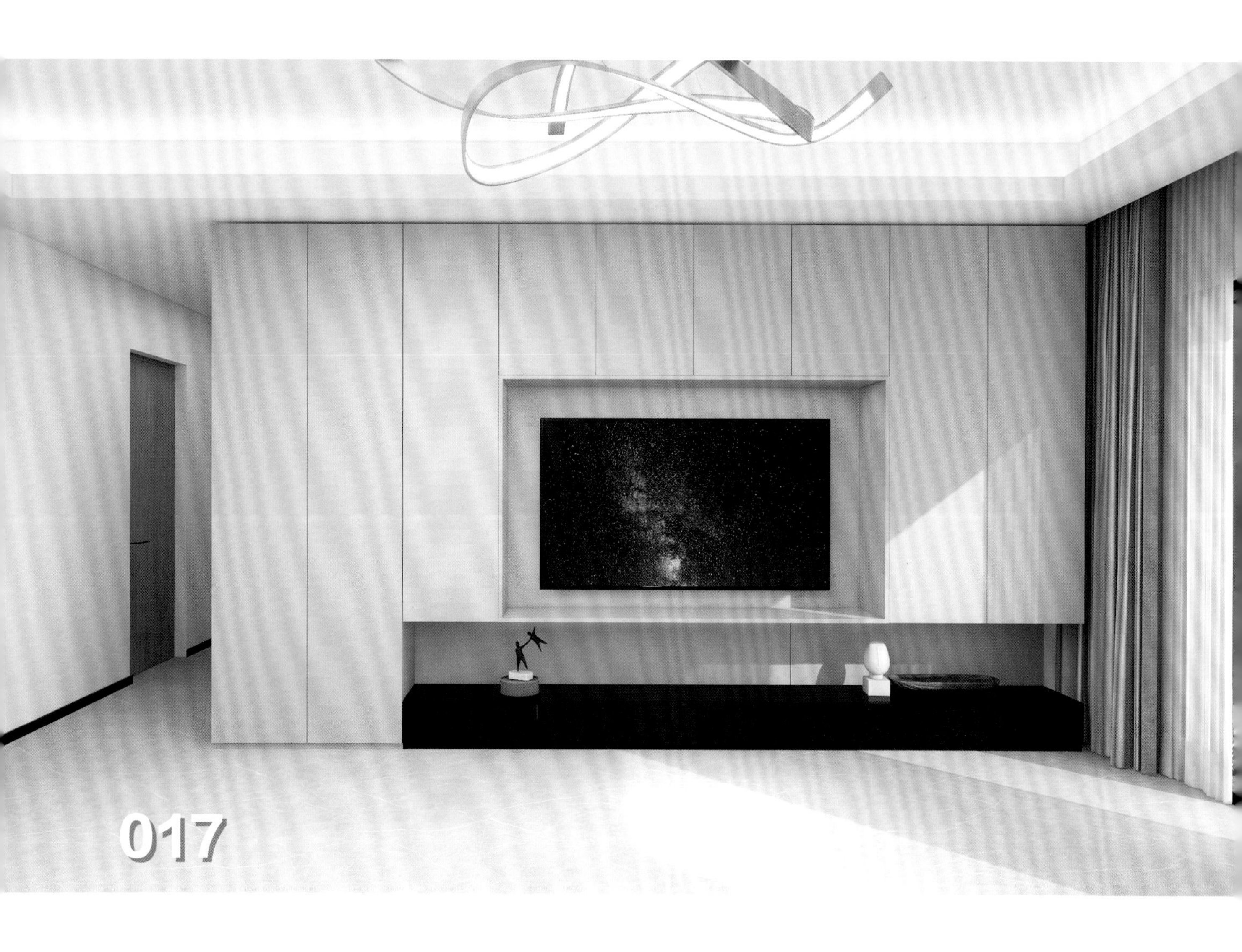

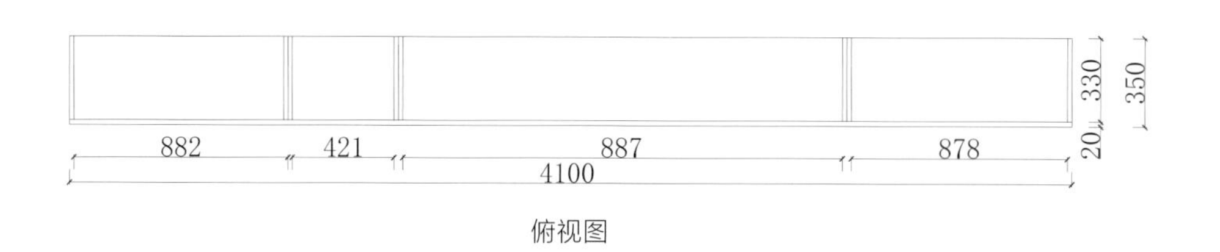

俯视图

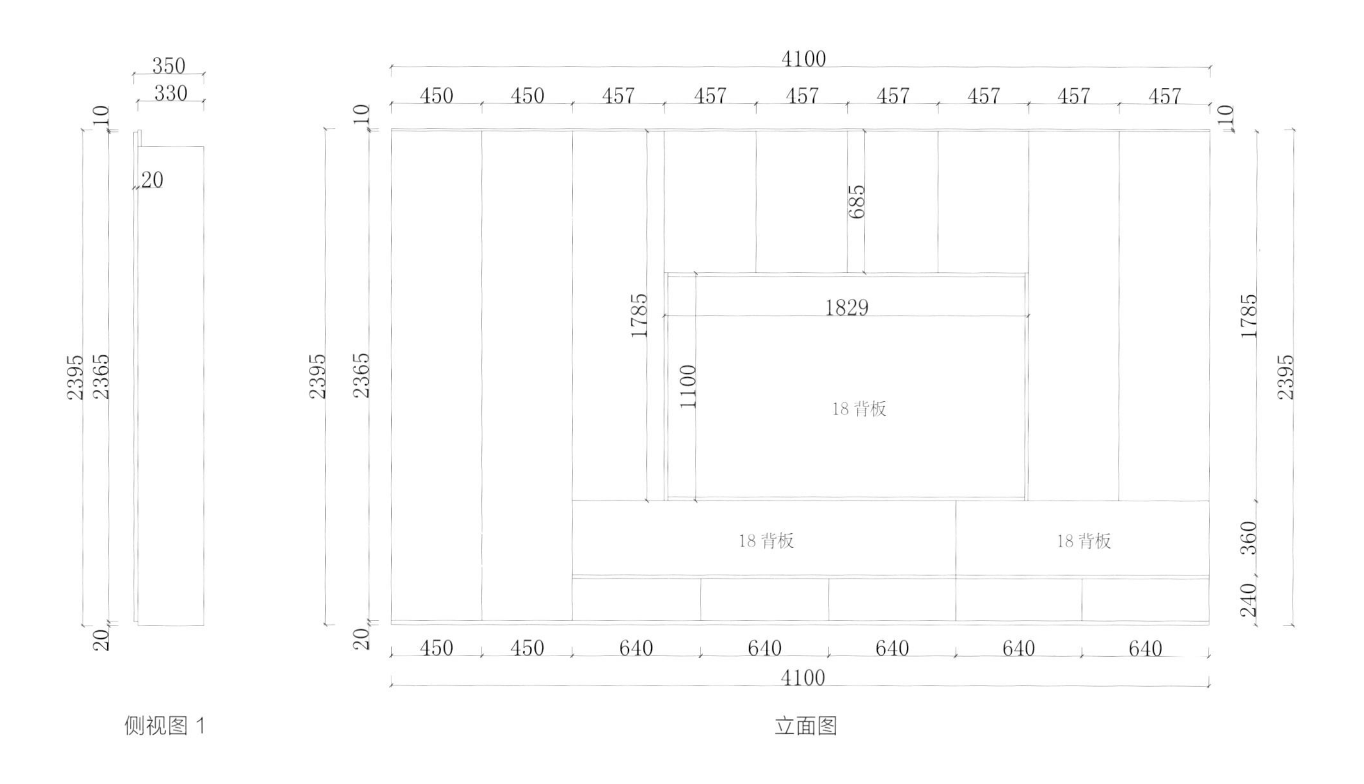

侧视图 1

立面图

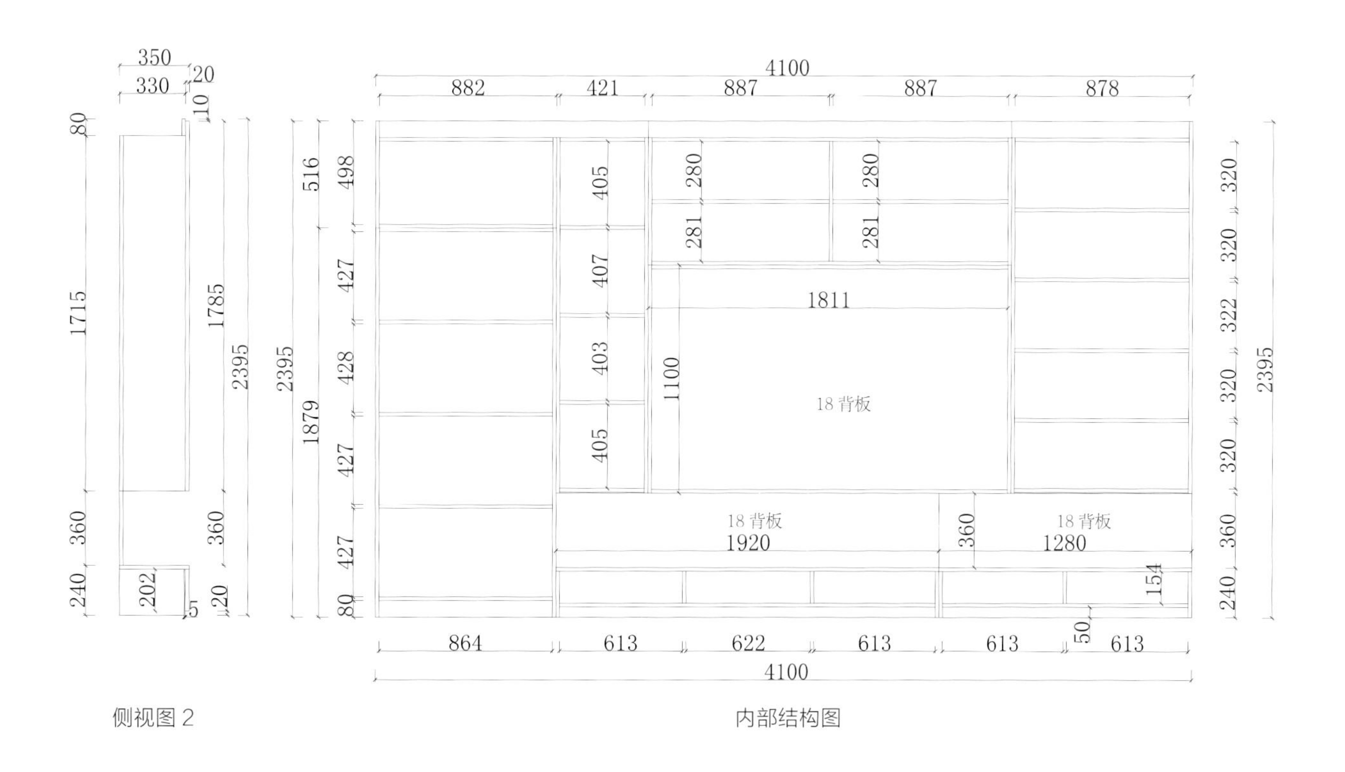

侧视图 2

内部结构图

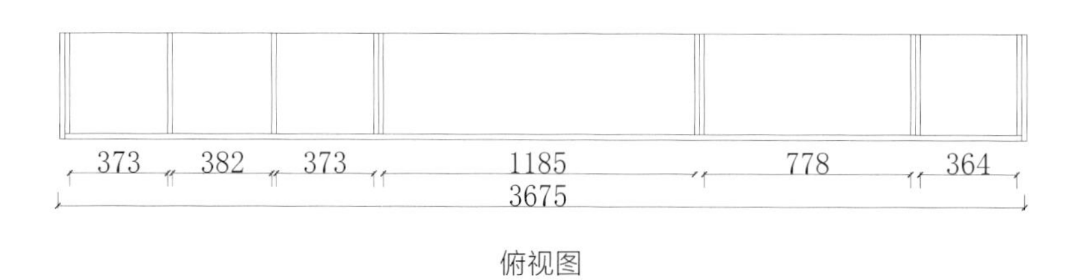

俯视图

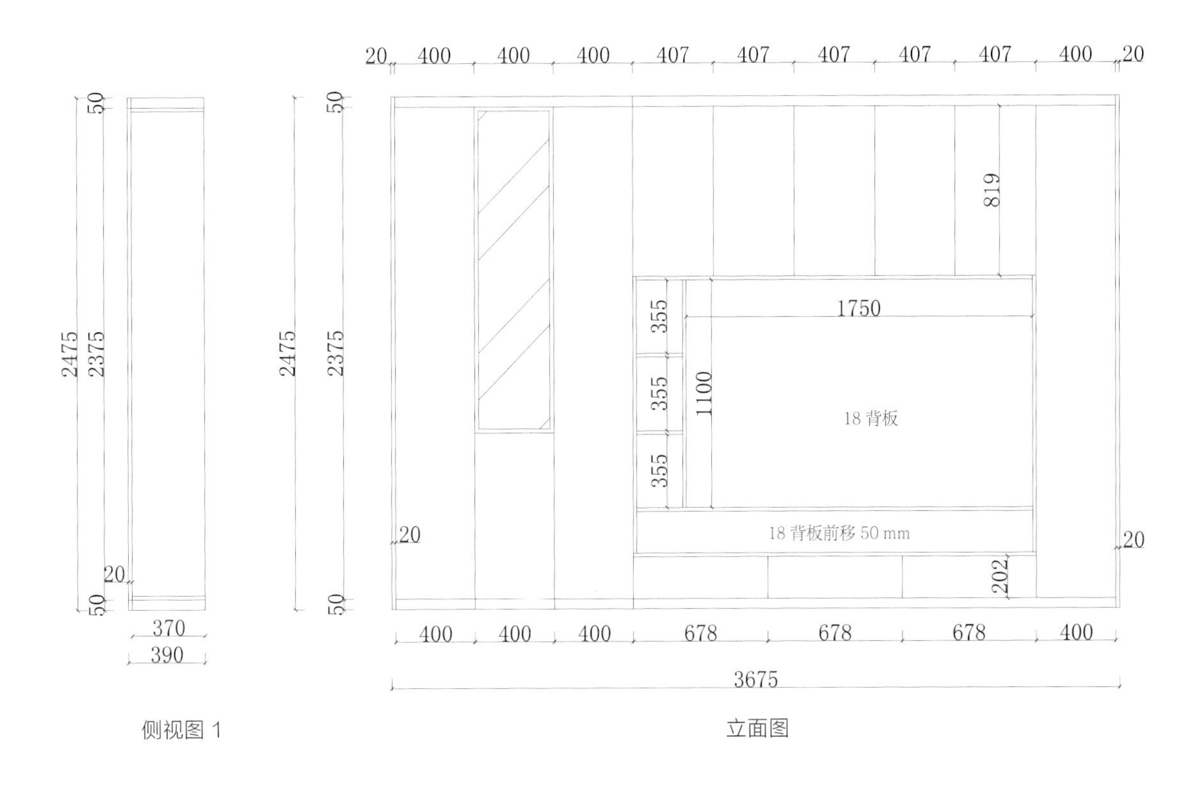

侧视图 1

立面图

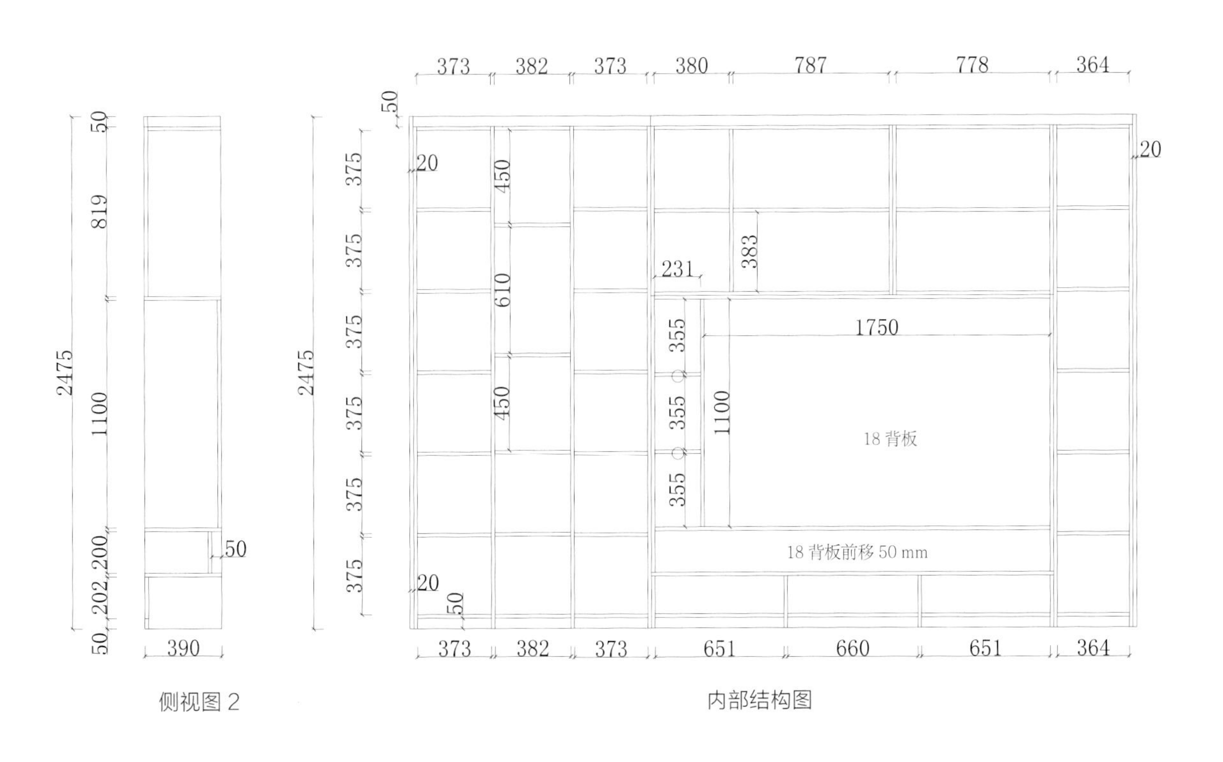

侧视图 2

内部结构图

019
CHANEL

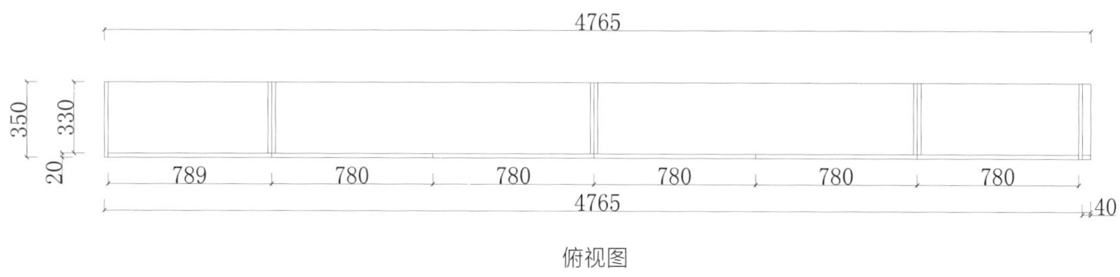
4765
350
330
20
789
780
780
780
780
780
4765
40

俯视图

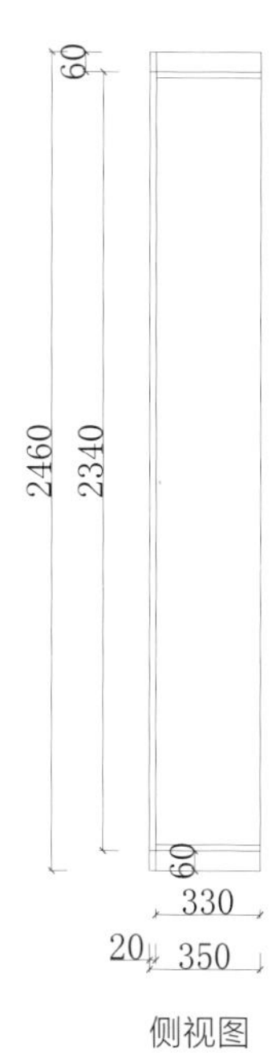
60
2460
2340
60
330
20
350

侧视图

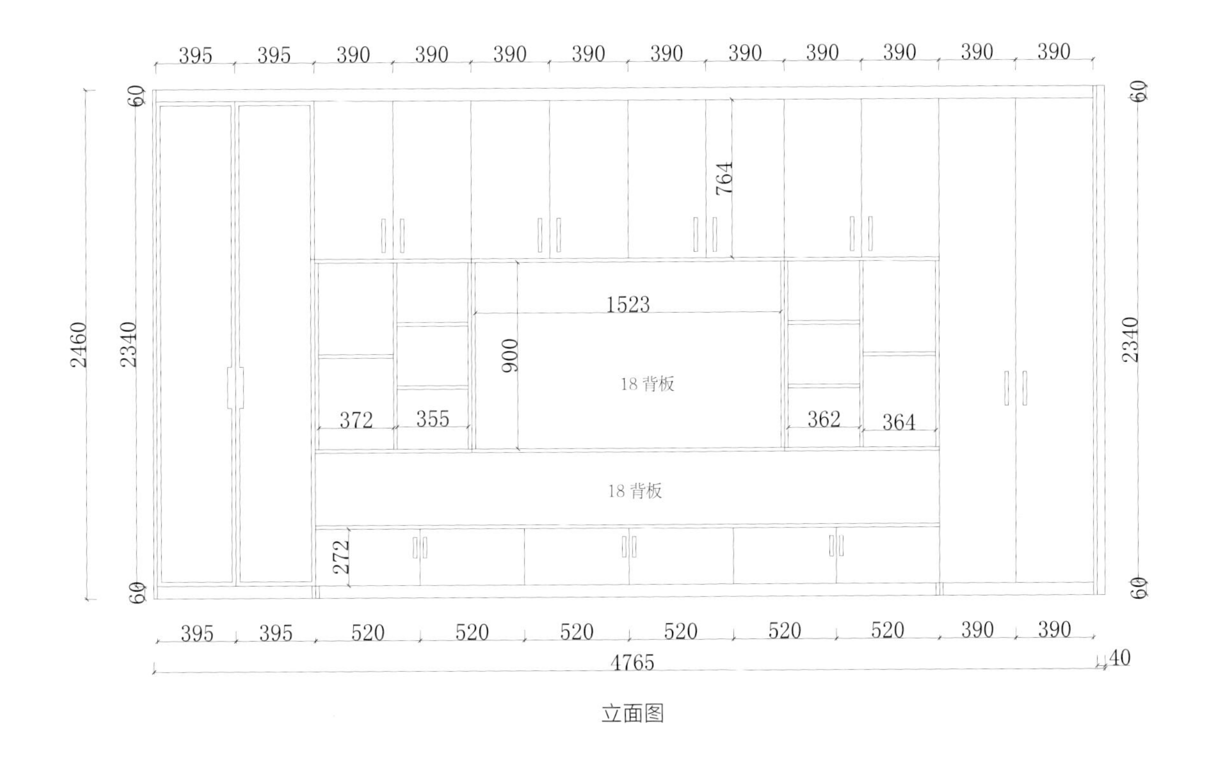
395 395 390 390 390 390 390 390 390 390 390 390
60
764
2460
2340
1523
900
18 背板
372 355
362 364
18 背板
272
60
395 395 520 520 520 520 520 520 390 390
4765
40

立面图

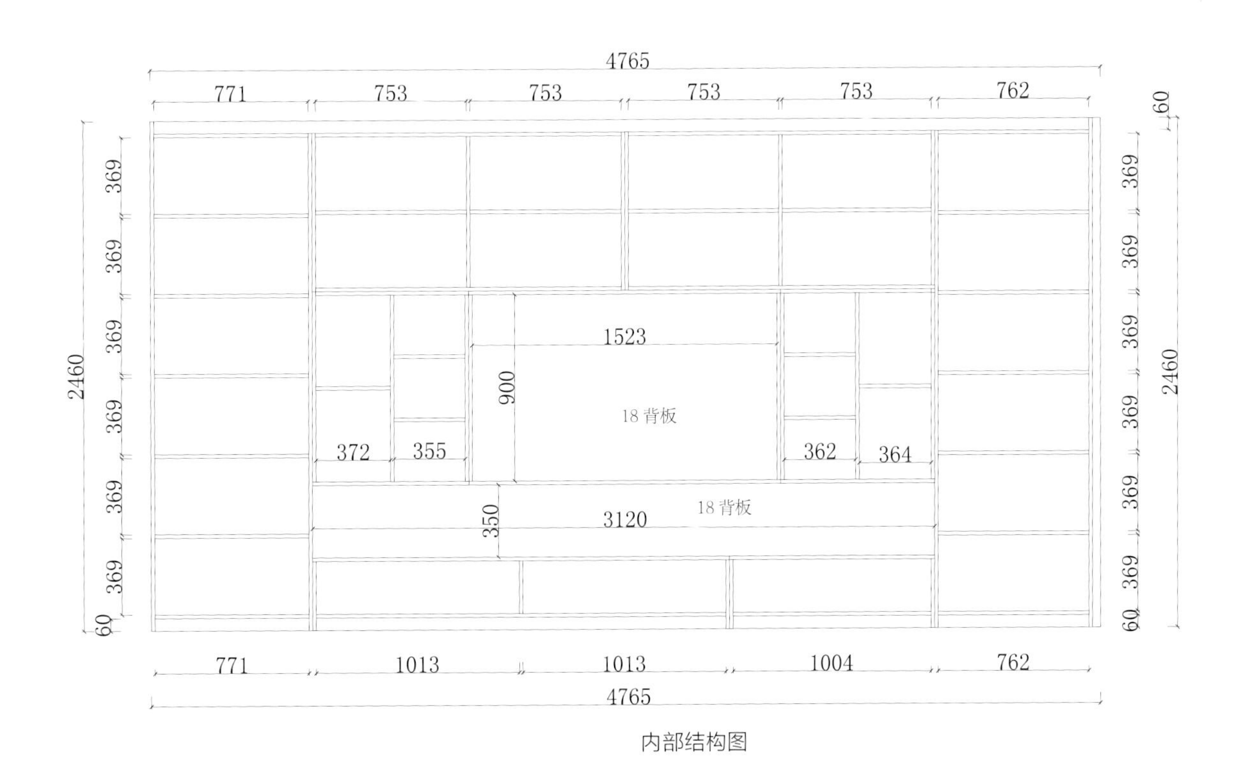
4765
771 753 753 753 753 762
60
369 369 369 369 369 369
2460
1523
900
18 背板
372 355
362 364
350
3120
18 背板
60
771 1013 1013 1004 762
4765

内部结构图

020

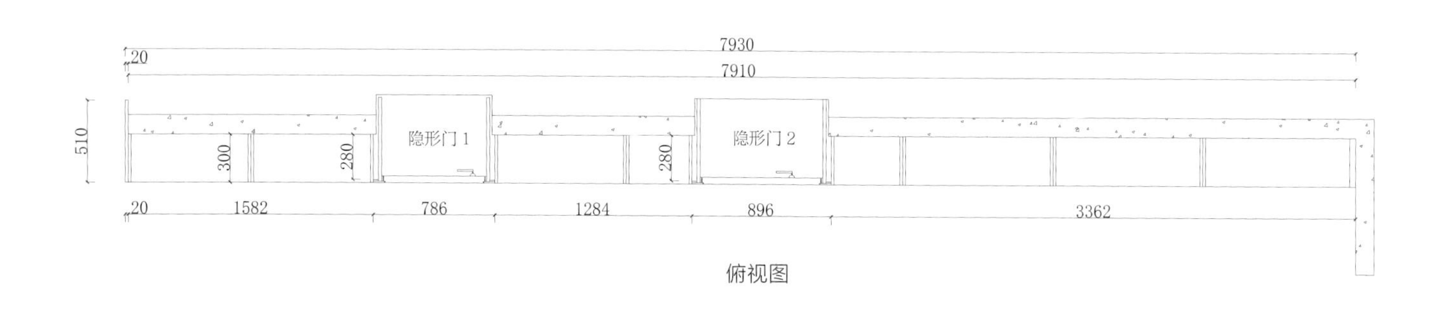
7930
20
7910
510
隐形门 1
隐形门 2
300
280
280
20
1582
786
1284
896
3362

俯视图

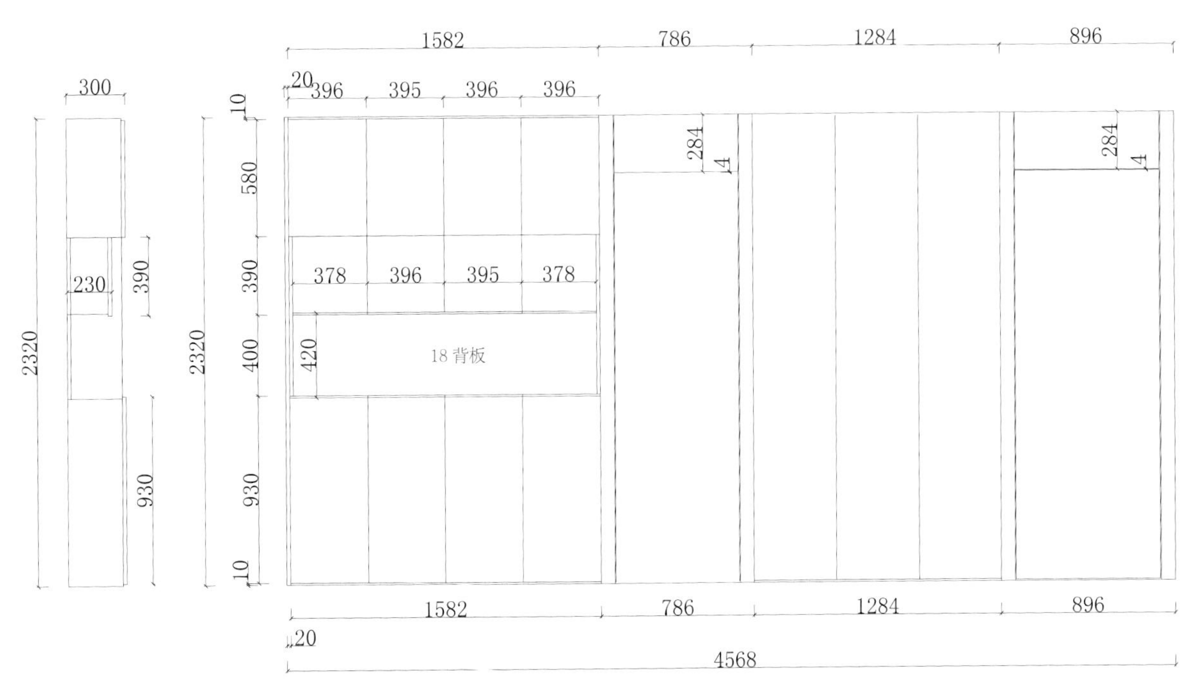

餐边柜、书柜、隐形门侧视图 1

餐边柜、书柜、隐形门立面图

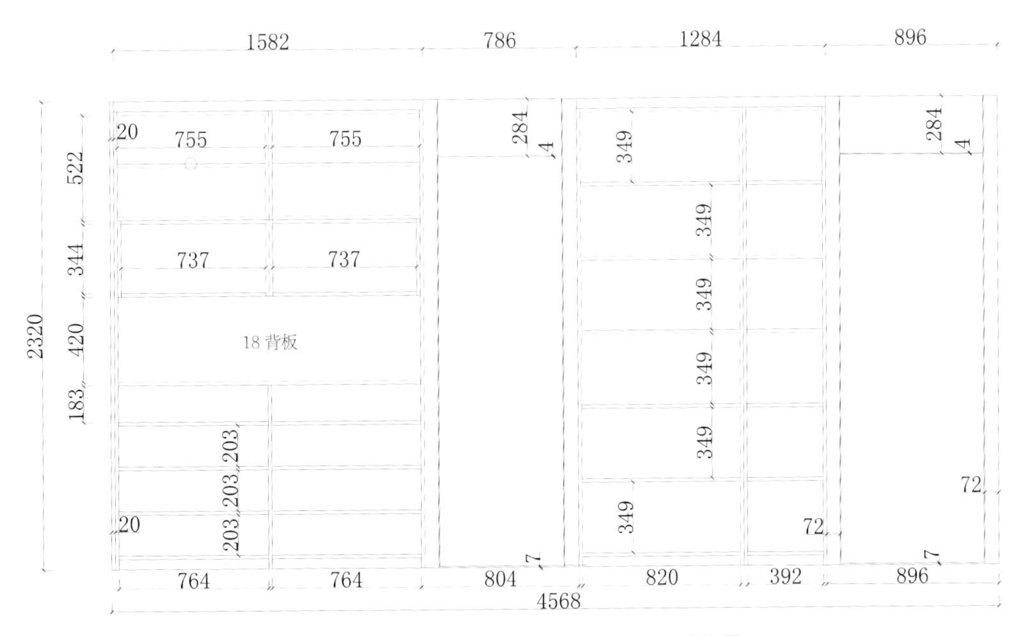

餐边柜、书柜、隐形门内部结构图

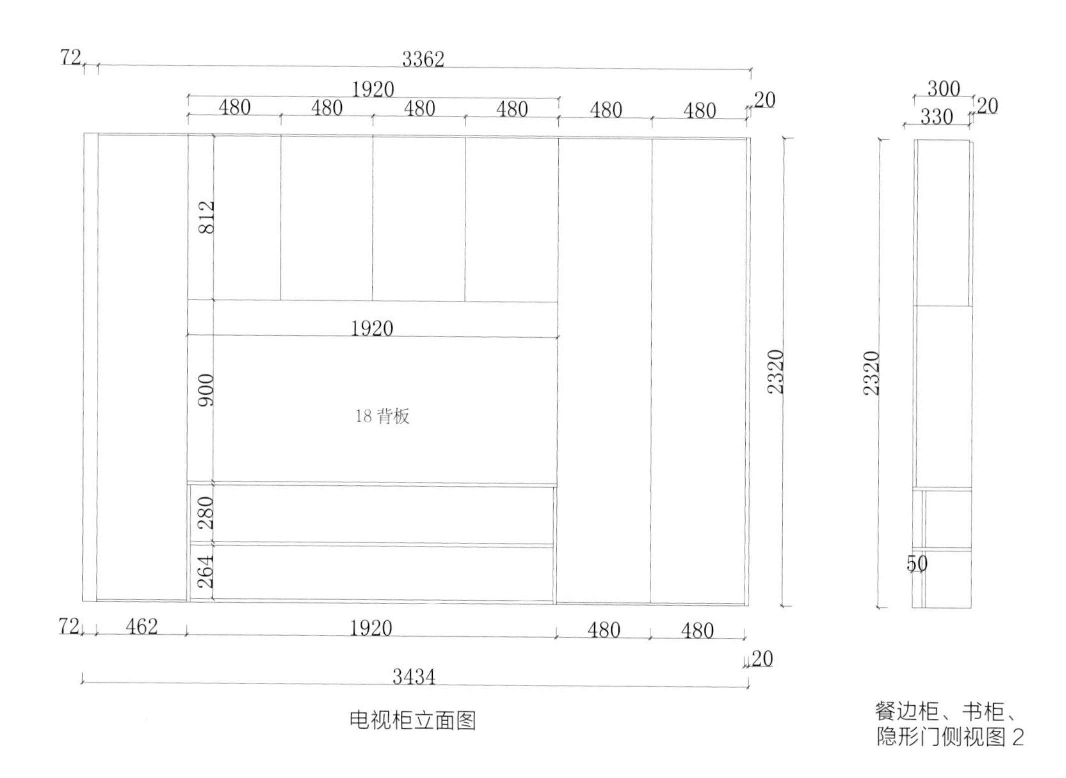

电视柜立面图

餐边柜、书柜、
隐形门侧视图 2

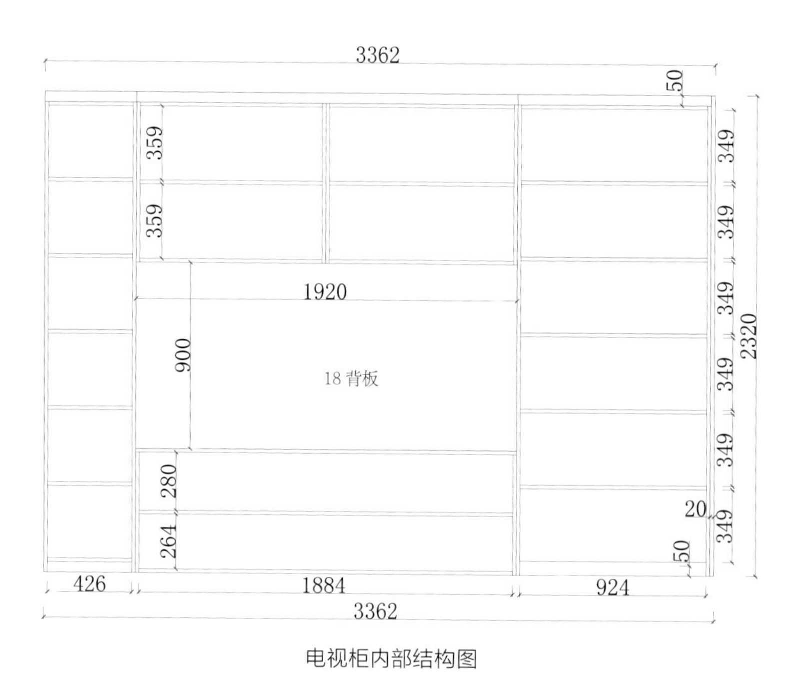

电视柜内部结构图

第3章
餐边柜

餐边柜是位于餐桌一侧、具有收纳功能的储物柜，可放置餐具、酒水、饮料等物品，也可临时放置菜肴。

餐边柜和酒柜相结合，可以让单调的餐边柜变得更加丰富，还能够凸显主人的独特品位。若餐厅面积比较小，则可以采用餐边柜与卡座的组合以省去摆放餐椅的空间。

在餐边柜中间留高度为 40 cm 以上的空层，可以摆放像水壶、小电器、茶盘、奶粉罐等杂物。加入抽屉层的设计，可以收纳牙签等常用的小物件，既方便取用又能做好分类收纳。

俯视图

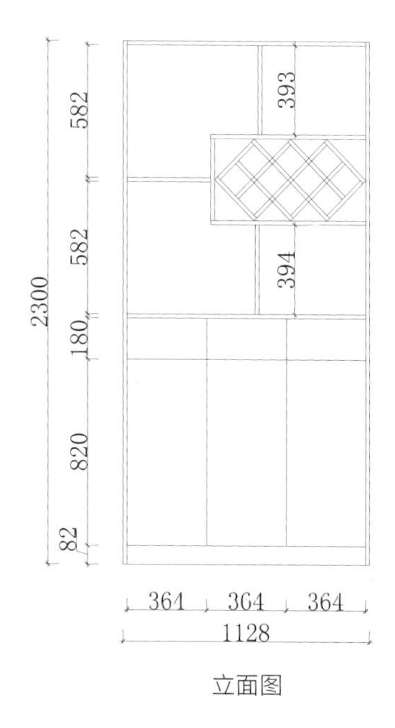

立面图

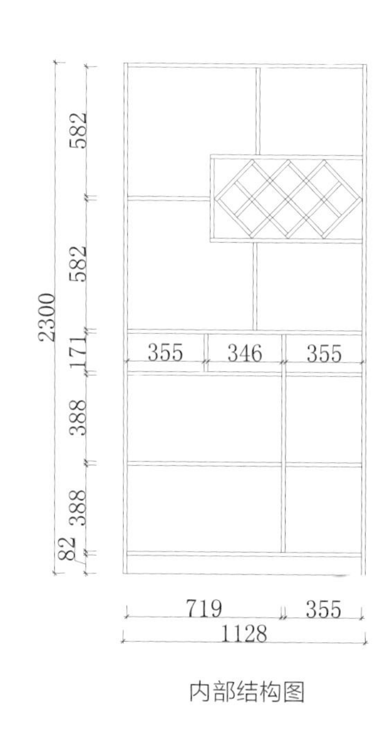

内部结构图

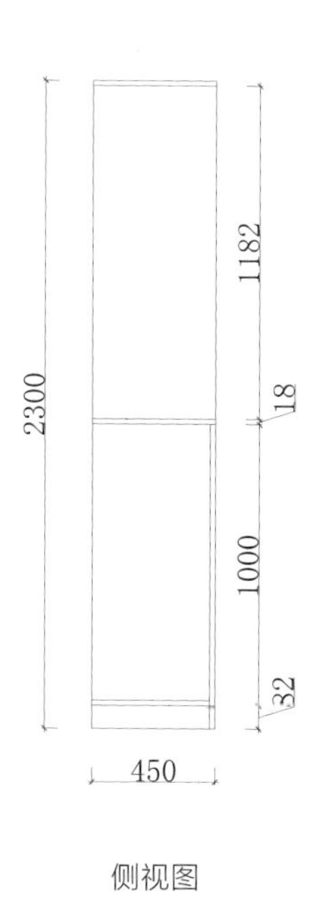

侧视图

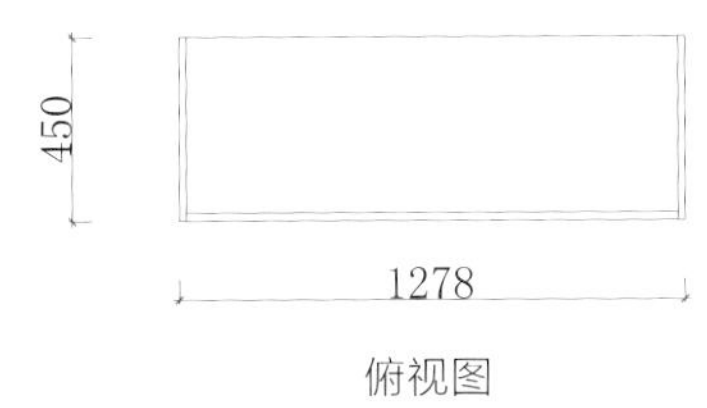

俯视图

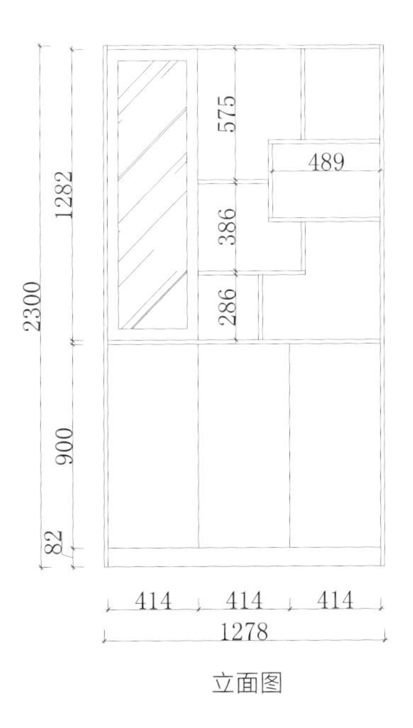

立面图

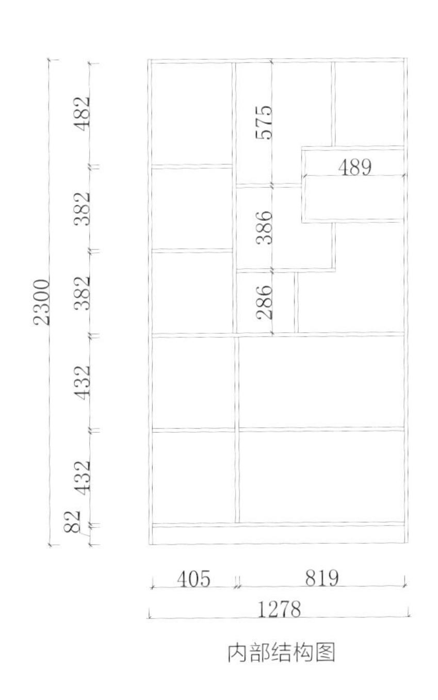

内部结构图

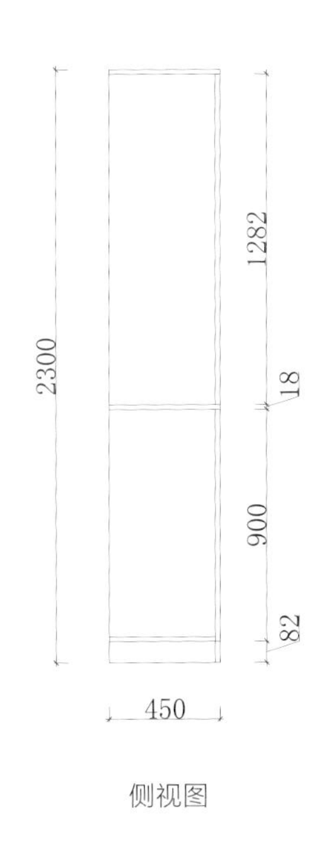

侧视图

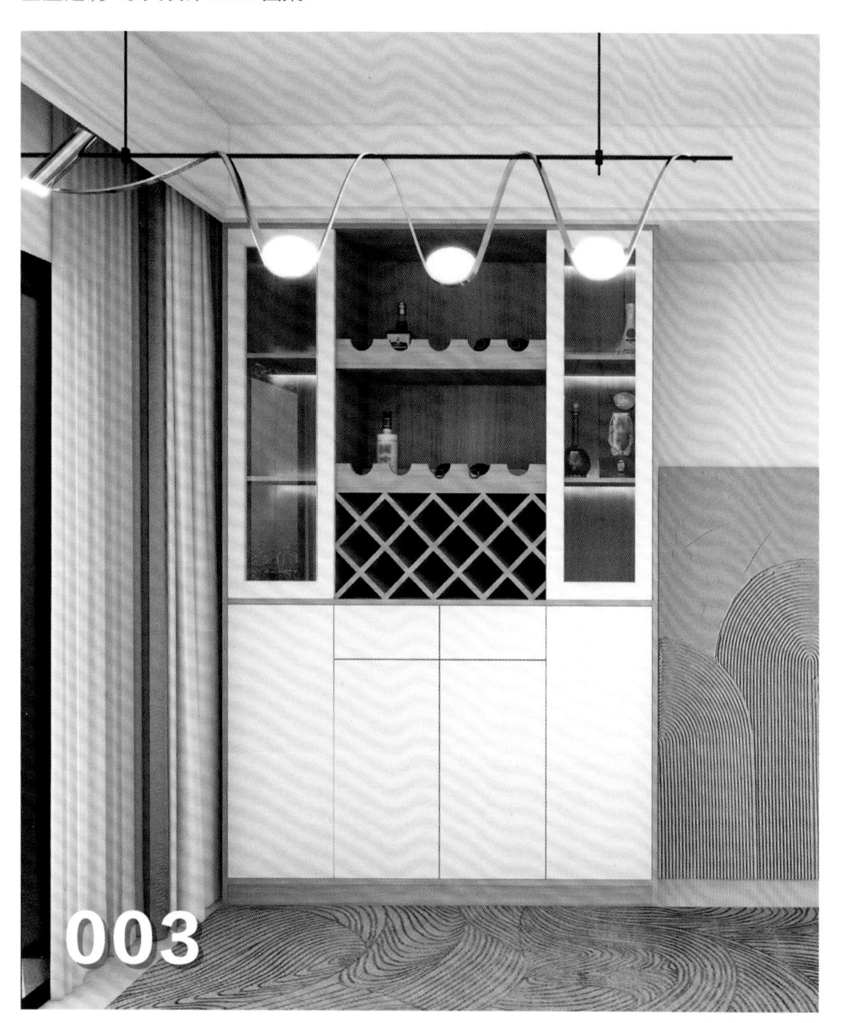

俯视图

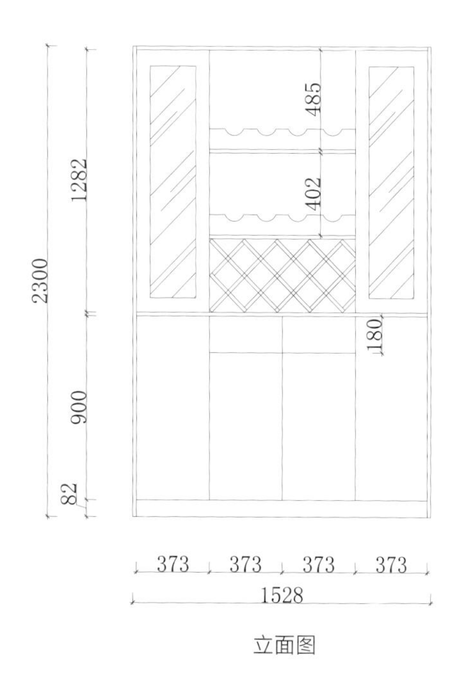

立面图

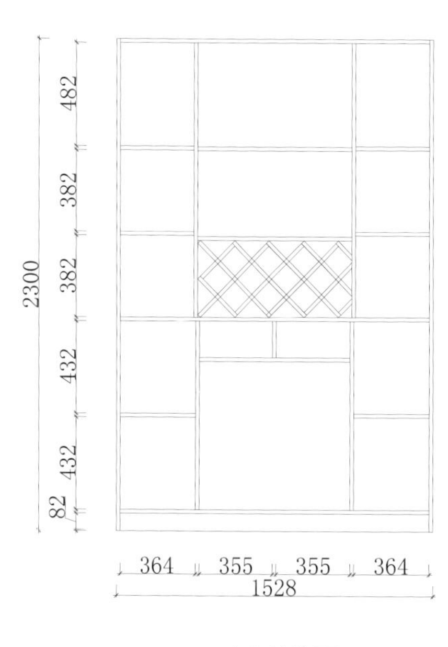

内部结构图

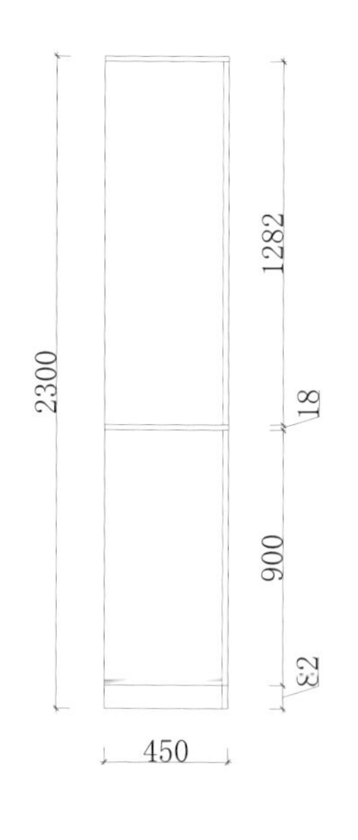

侧视图

450
1826

俯视图

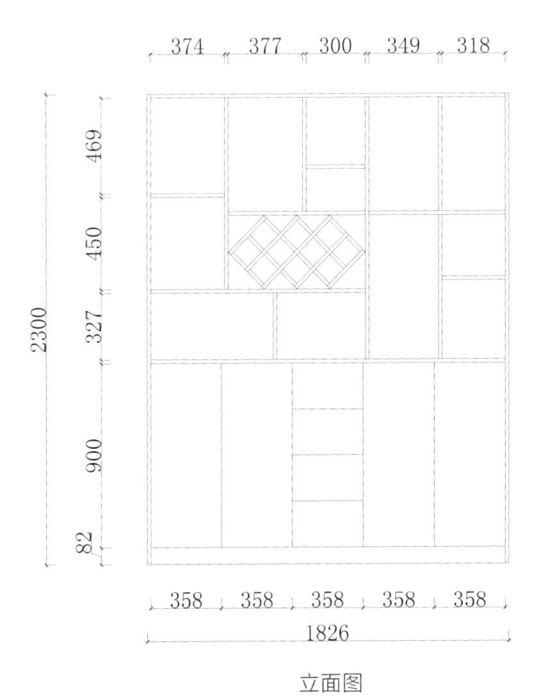

立面图

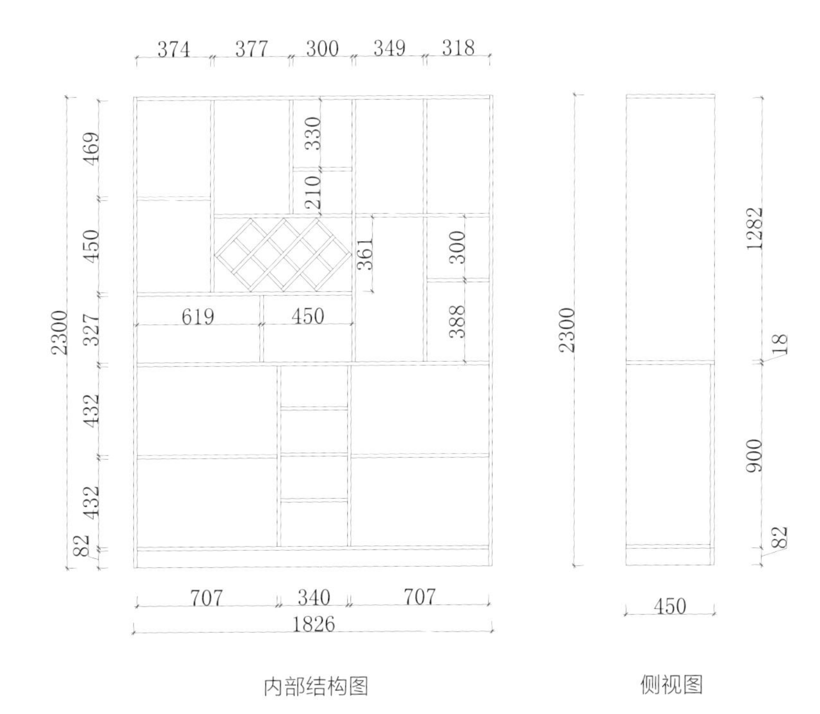

内部结构图

侧视图

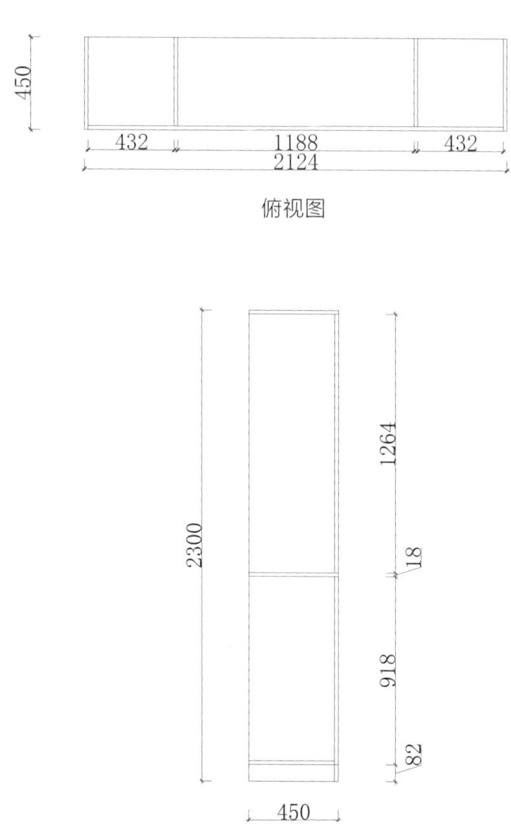

俯视图

侧视图

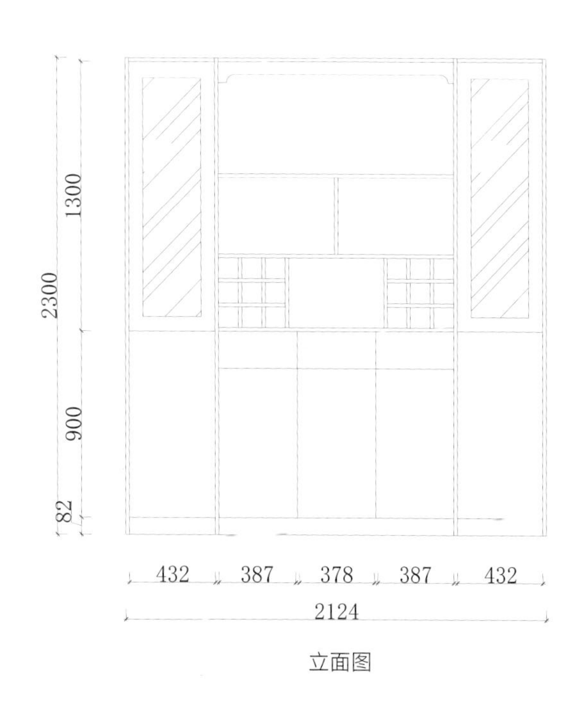

立面图

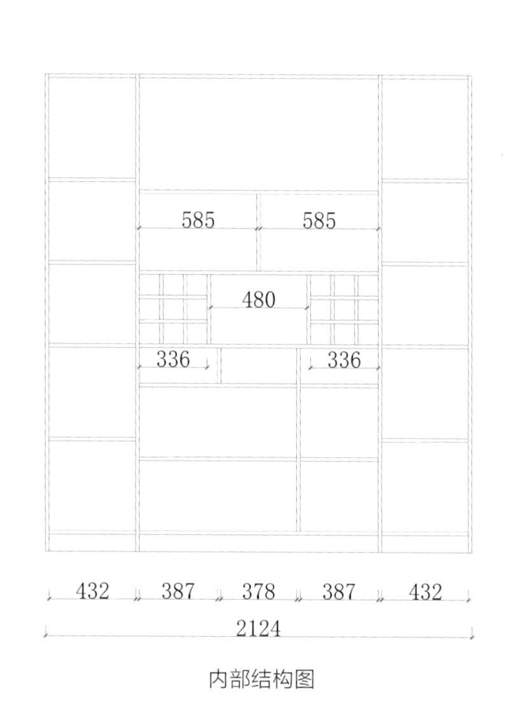

内部结构图

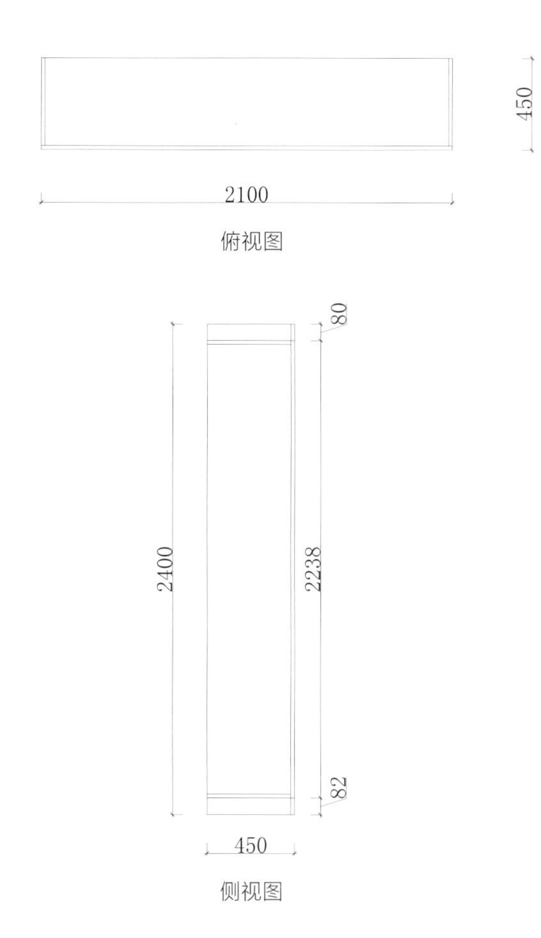

俯视图

侧视图

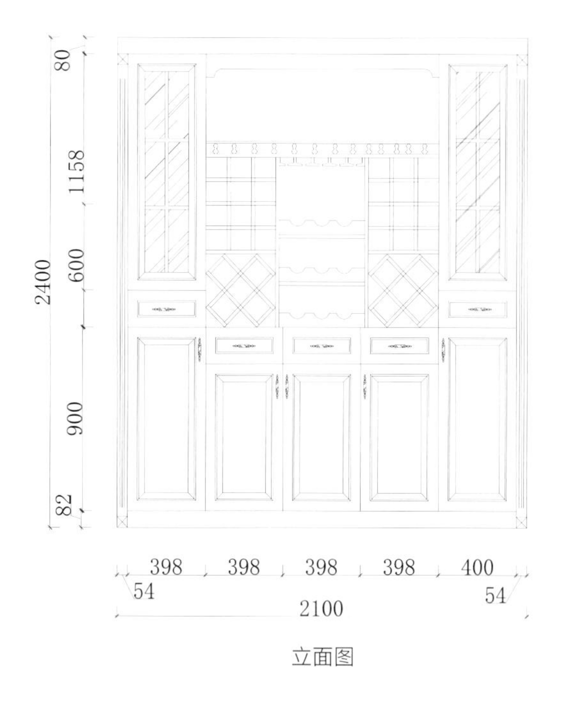

立面图

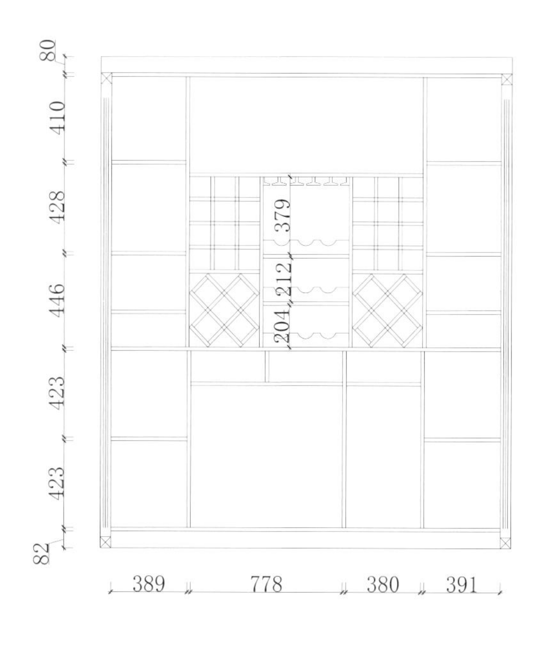

内部结构图

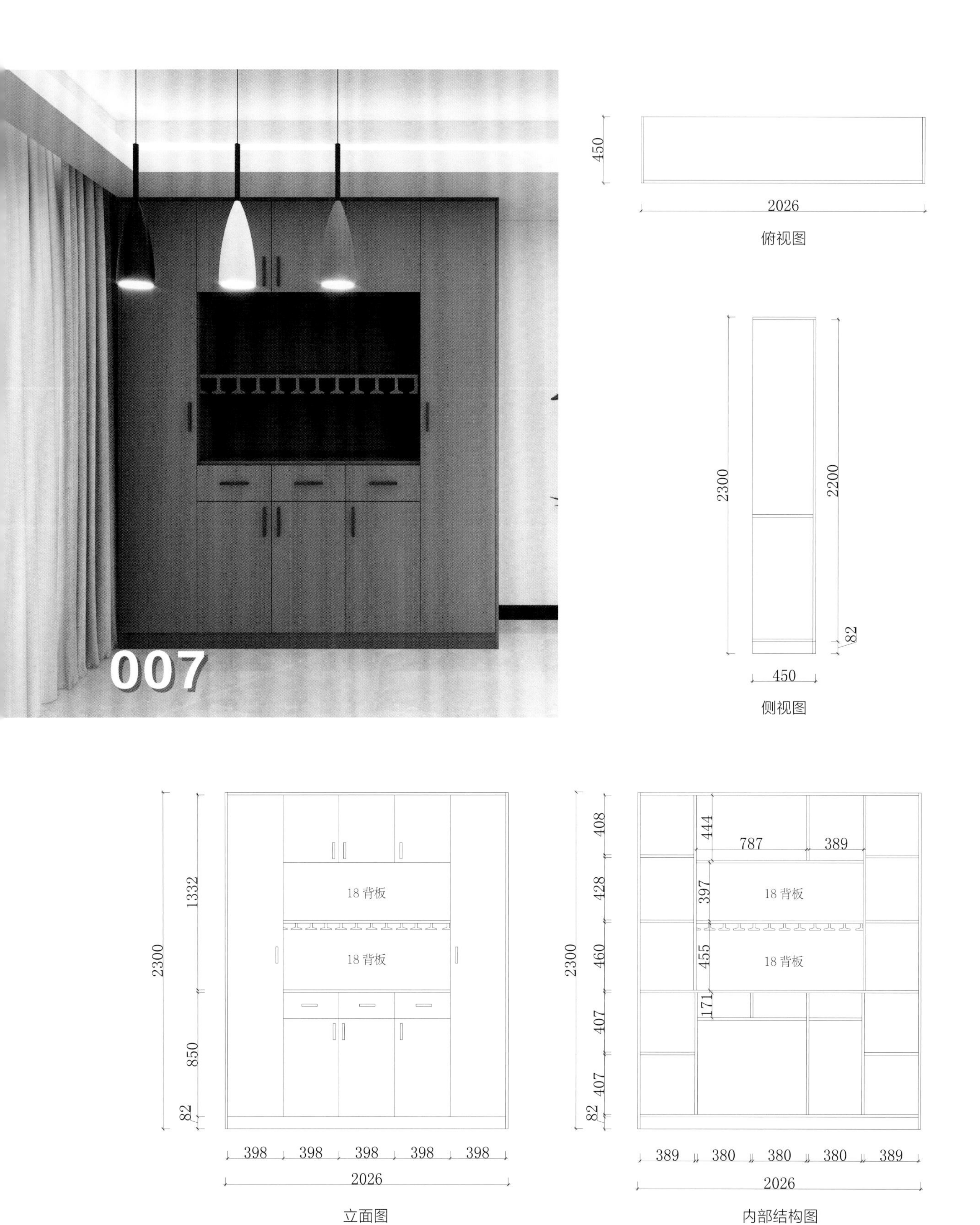
007
450
2026
俯视图
2300
2200
82
450
侧视图
2300
1332
850
82
18 背板
18 背板
398 398 398 398 398
2026
立面图
2300
408
428
460
407
407
82
444
787
389
397
18 背板
455
18 背板
171
389 380 380 380 389
2026
内部结构图

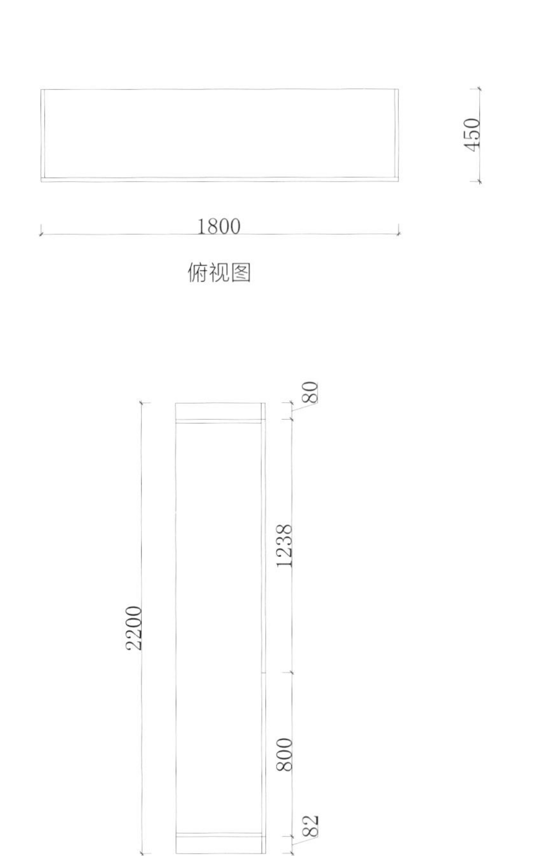

俯视图

侧视图

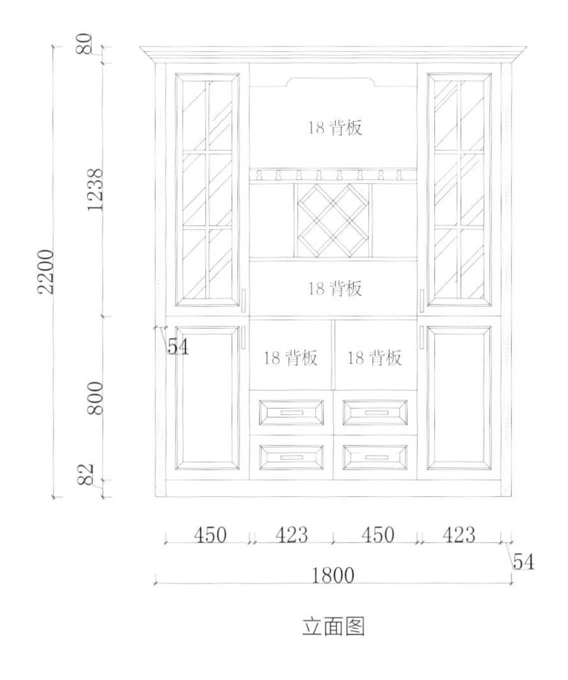

立面图

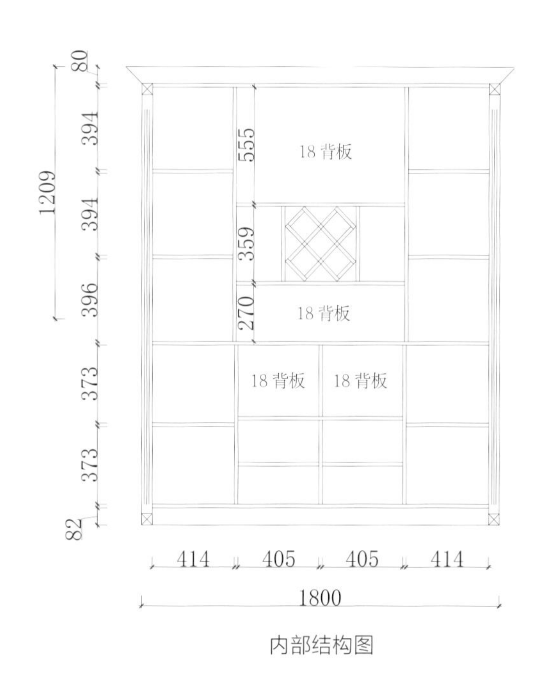

内部结构图

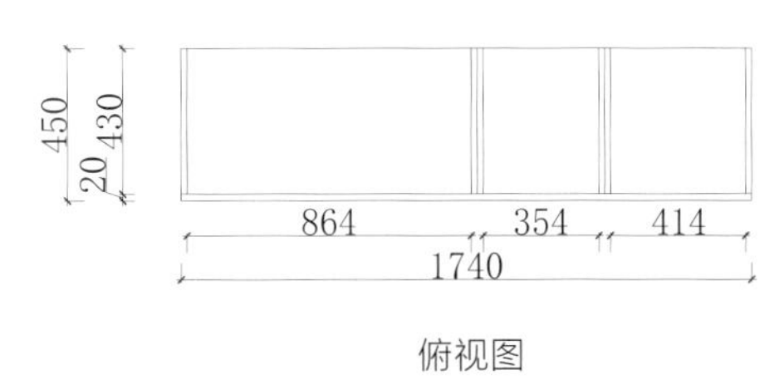

俯视图

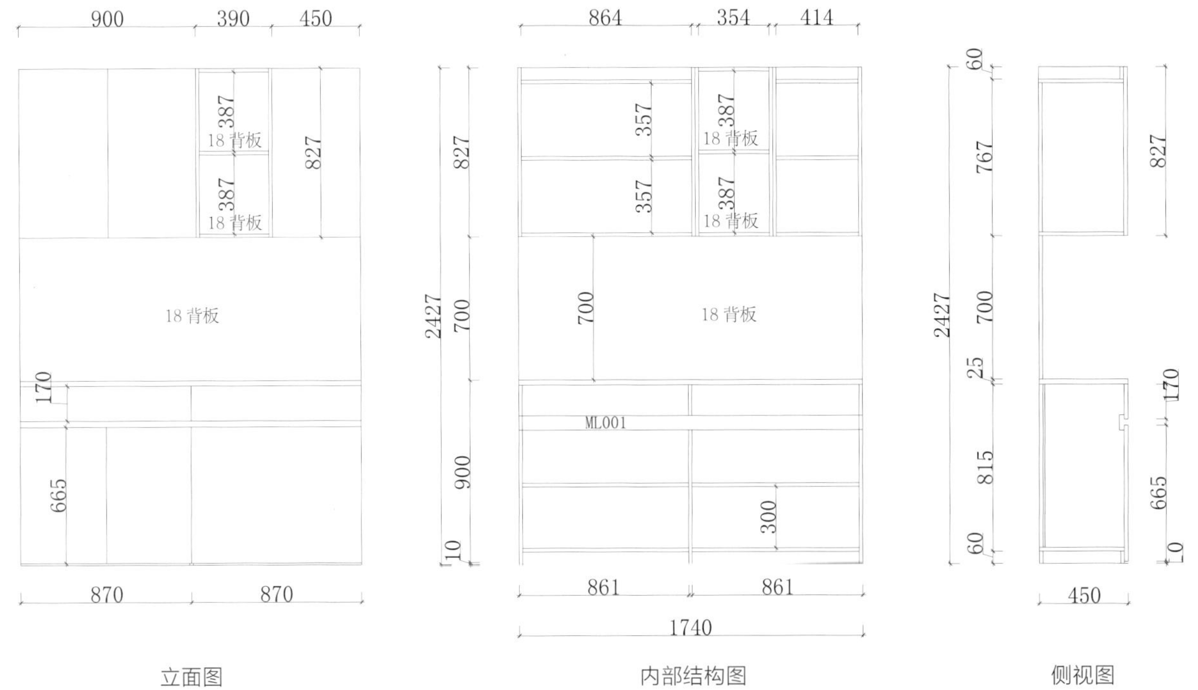

立面图

内部结构图

侧视图

俯视图

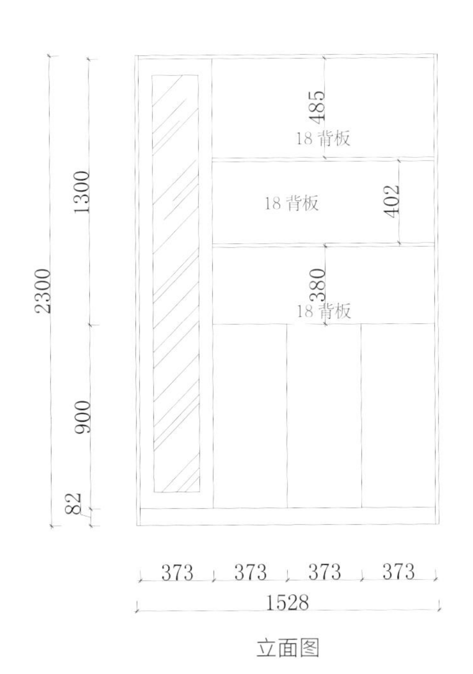

立面图

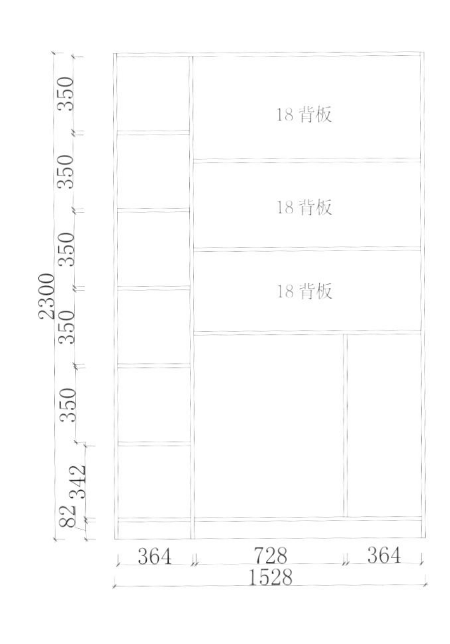

内部结构图

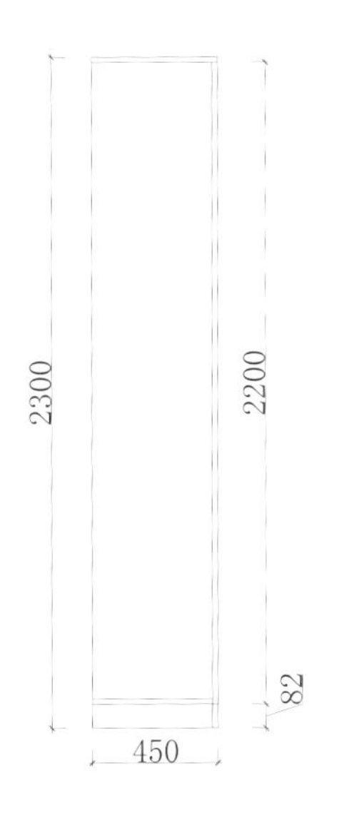

侧视图

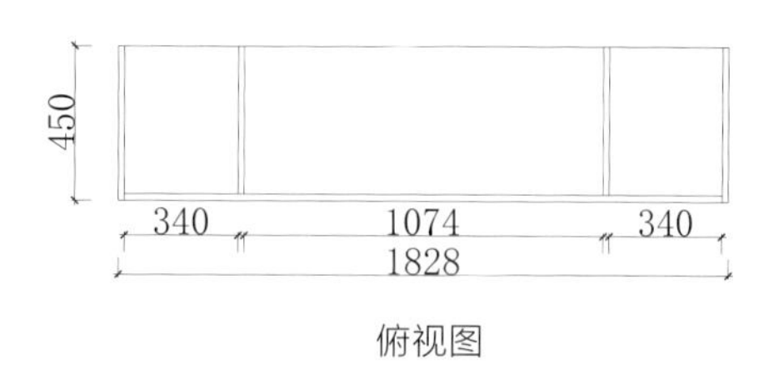

俯视图

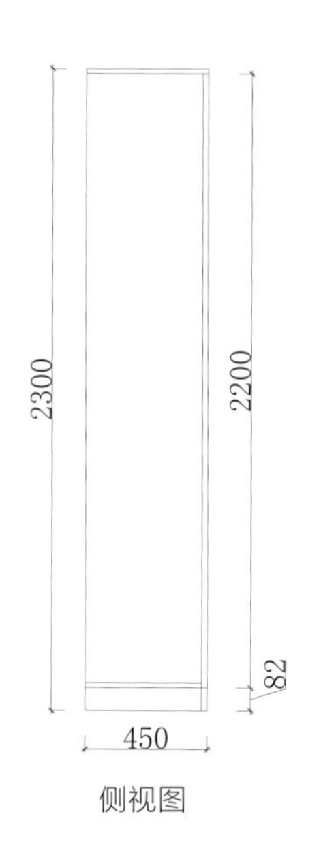

侧视图

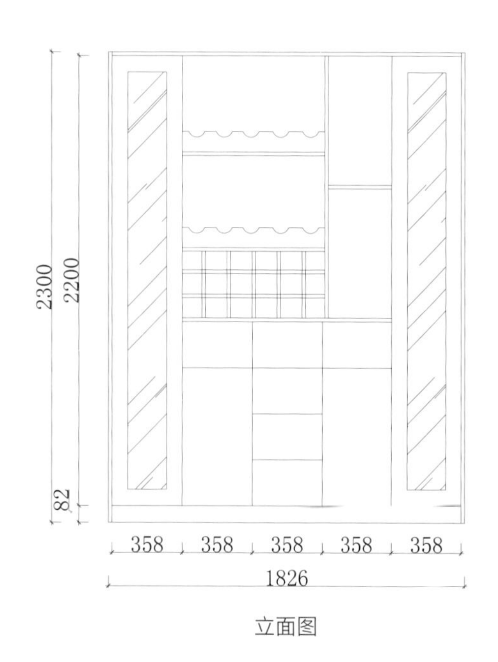

立面图

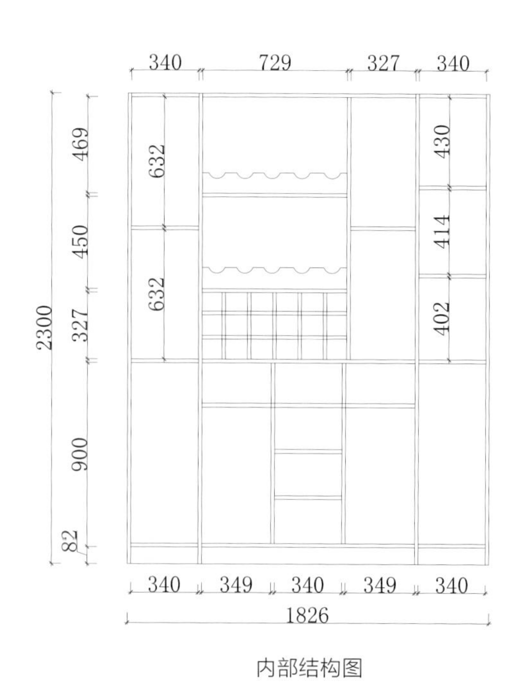

内部结构图

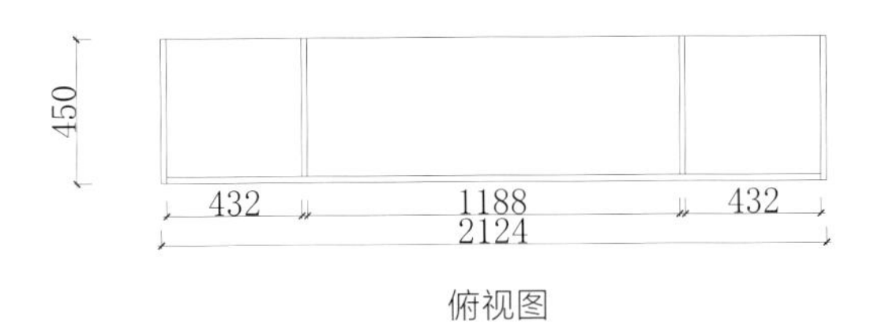

俯视图

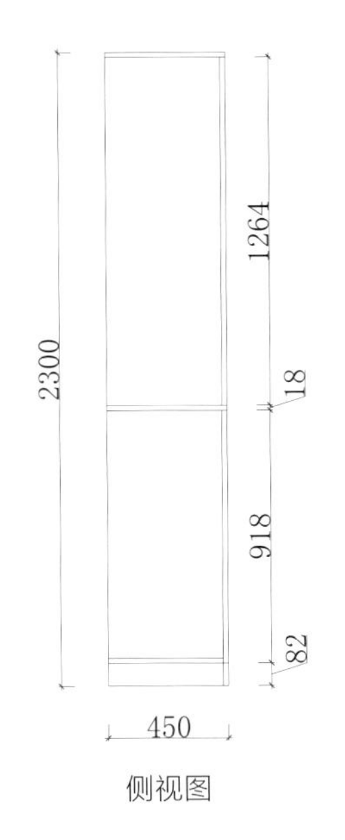

侧视图

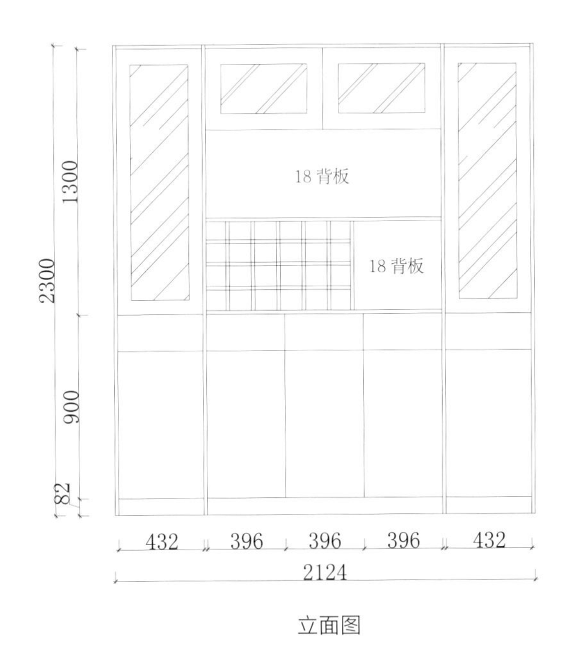

立面图

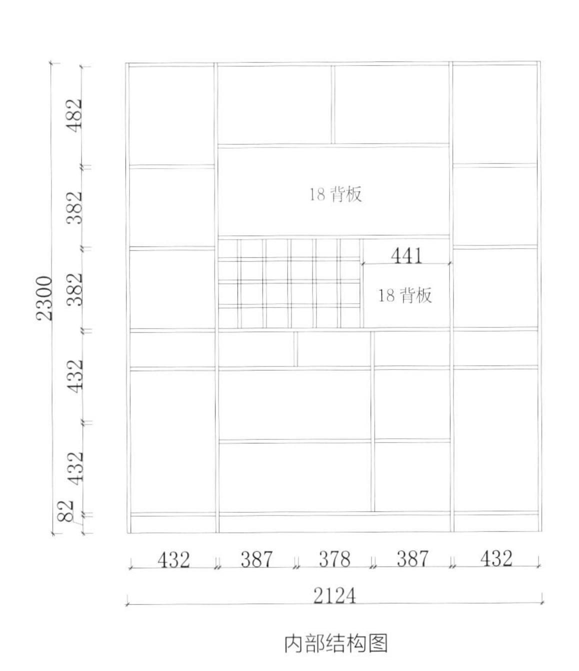

内部结构图

俯视图

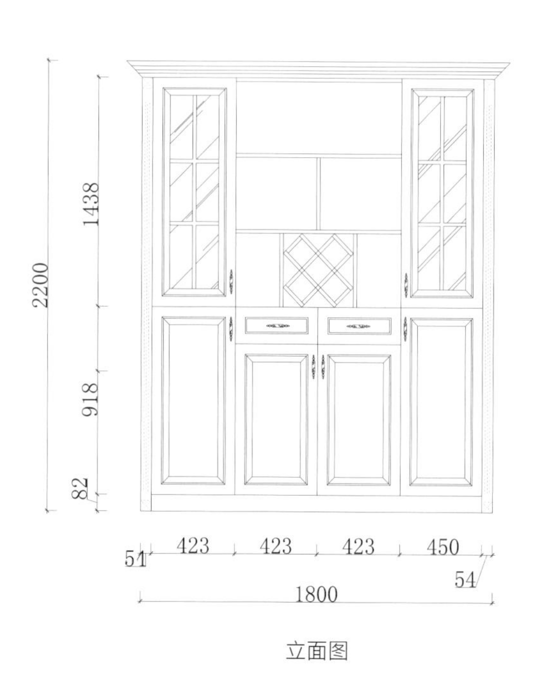

立面图

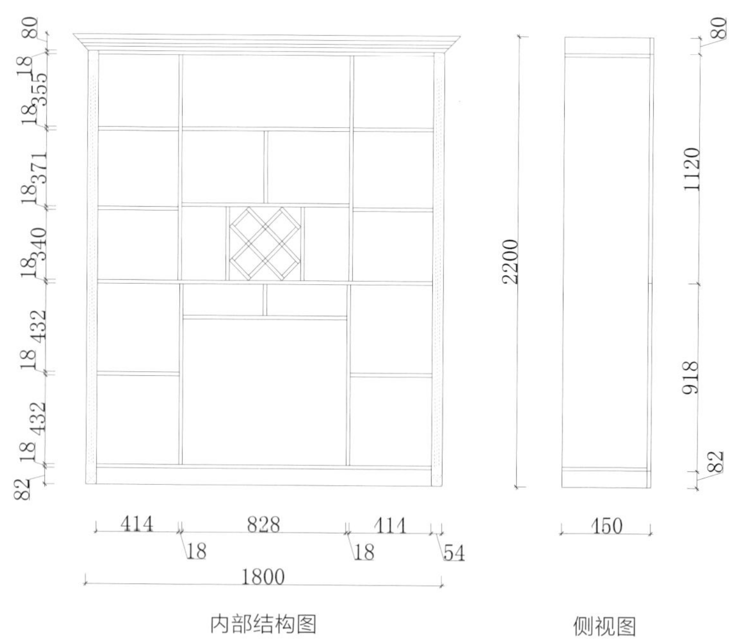

内部结构图

侧视图

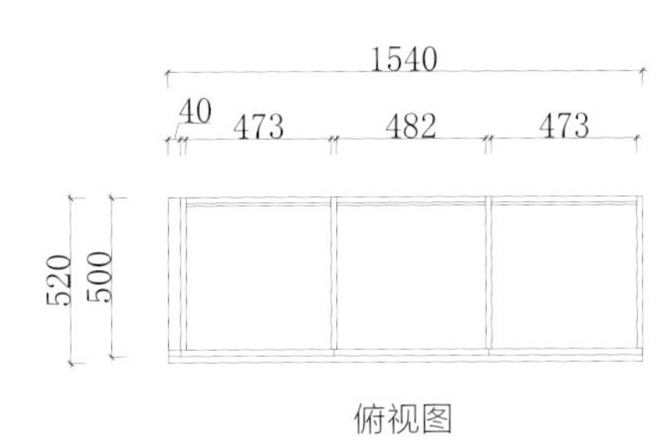

俯视图

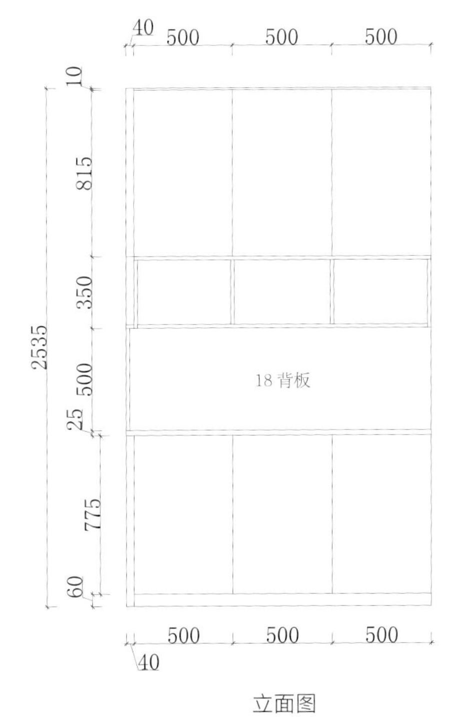

立面图

内部结构图

侧视图

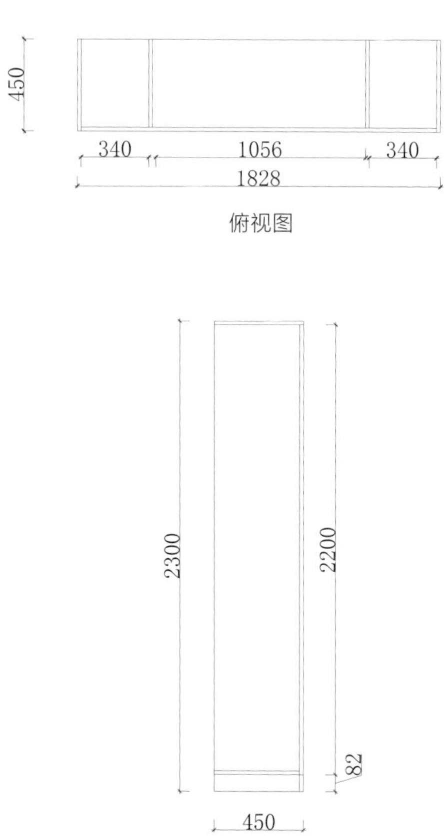

俯视图

侧视图

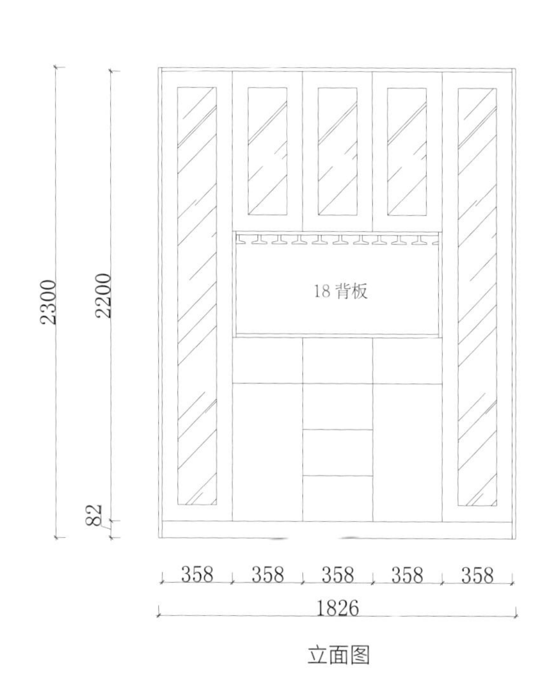

立面图

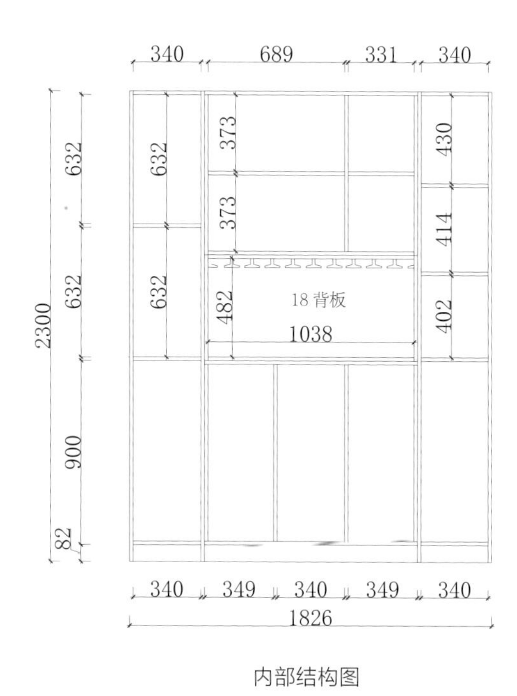

内部结构图

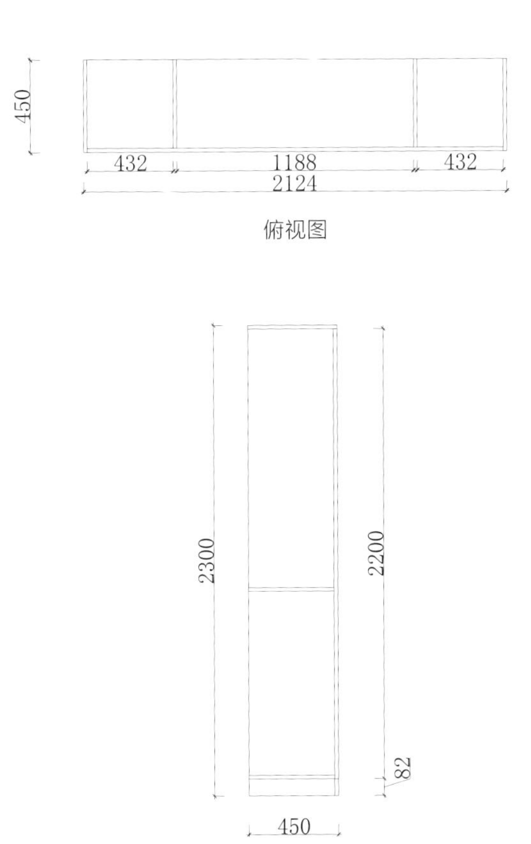

俯视图

侧视图

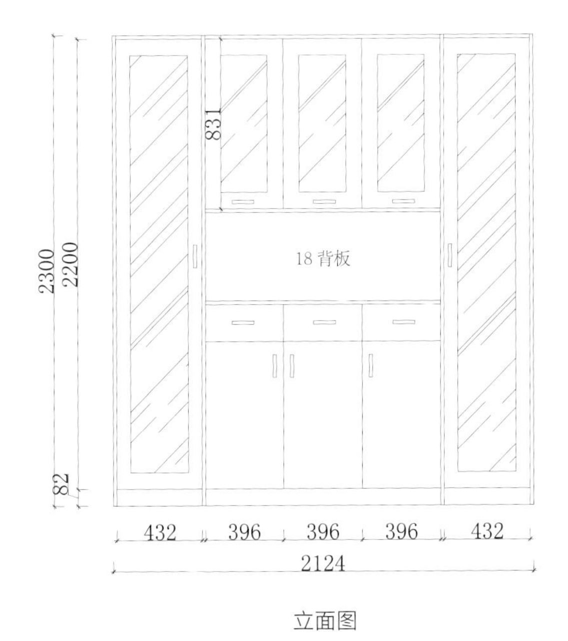

立面图

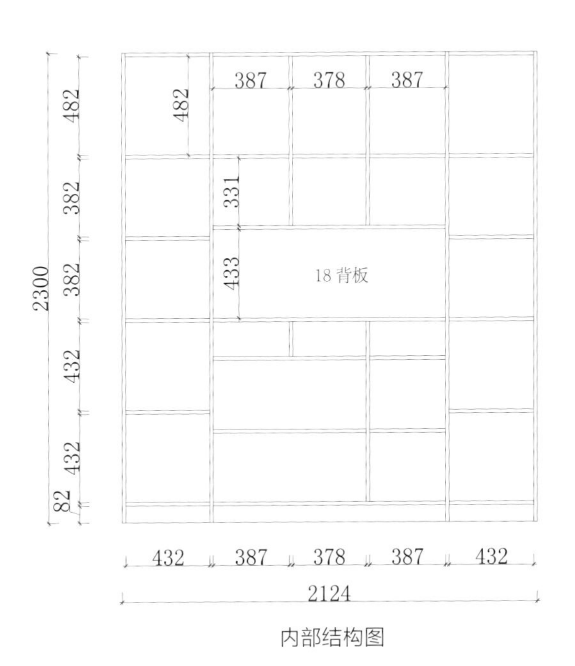

内部结构图

俯视图

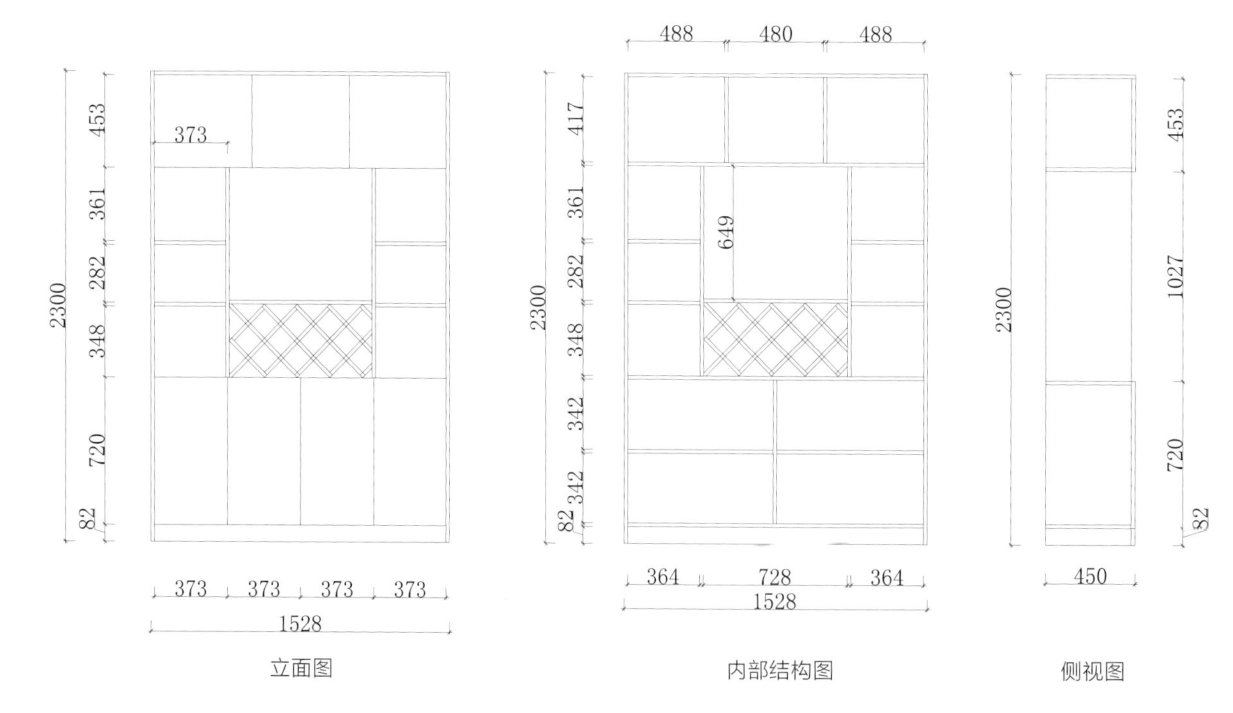

立面图　　内部结构图　　侧视图

450
1628

俯视图

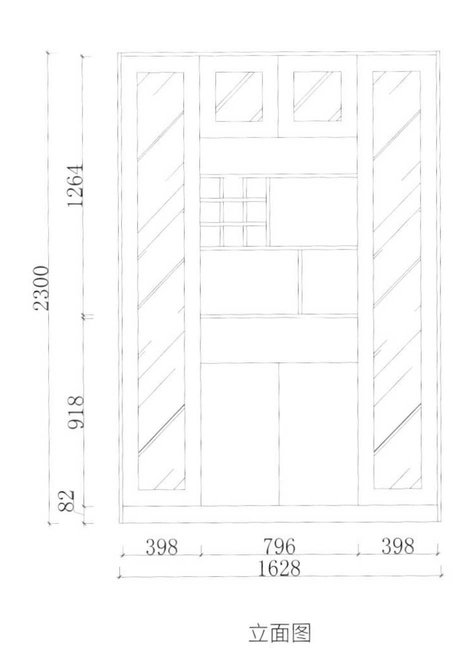

立面图

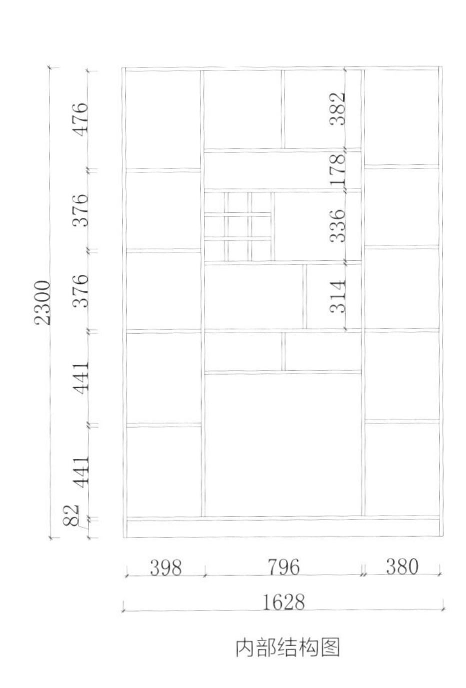

内部结构图

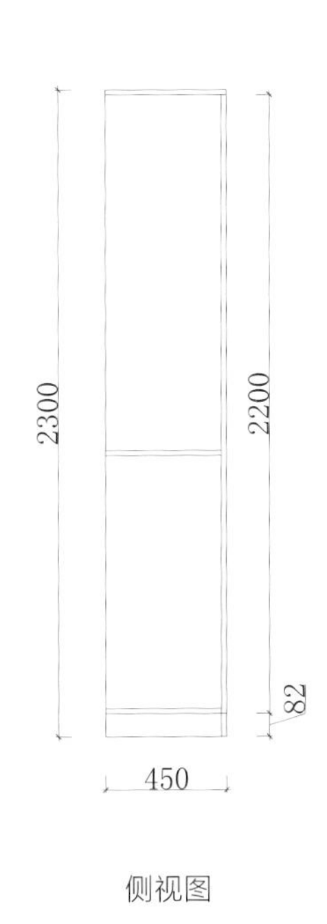

侧视图

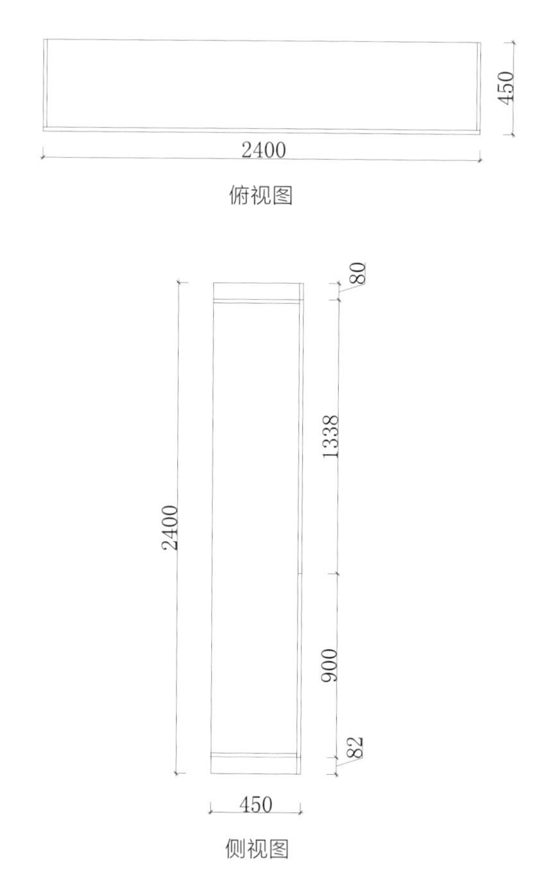

俯视图

侧视图

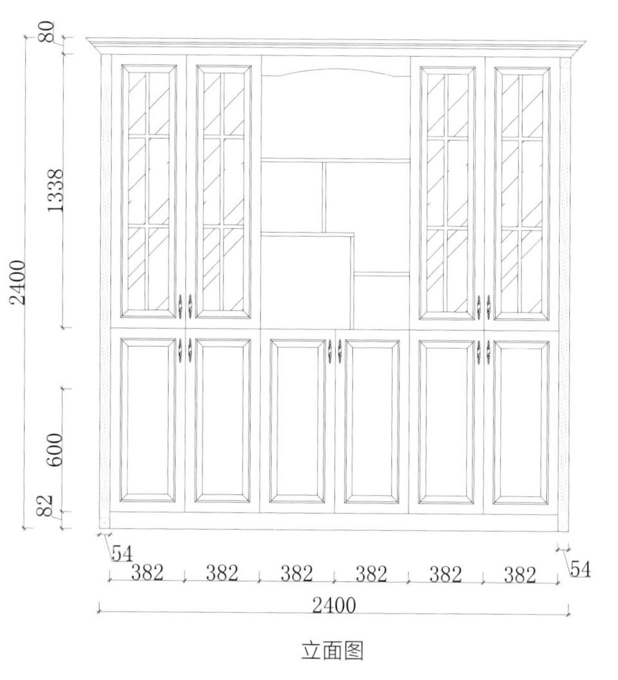

立面图

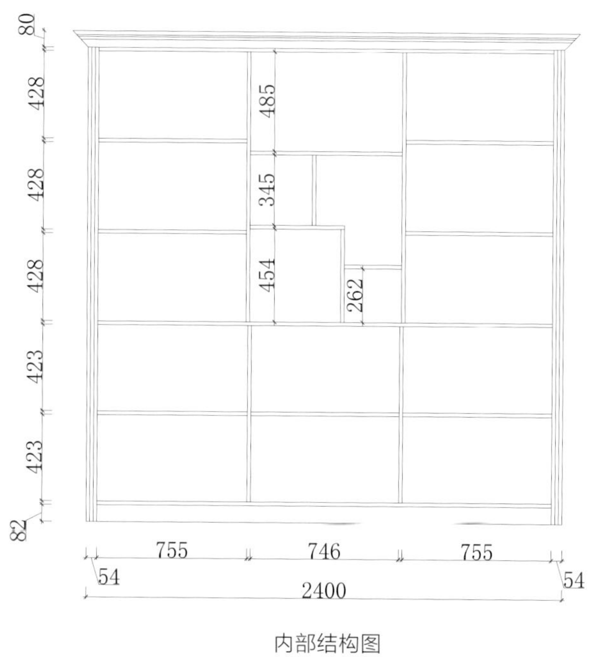

内部结构图

2700
864
864
864
450
俯视图
1130
2480
450
900
430
20
450
侧视图
020
60
1070
2480
450
840
60
900
900
900
2700
立面图
864
864
864
60
333
333
2480
450
328
220
220
60
873
882
873
2700
内部结构图

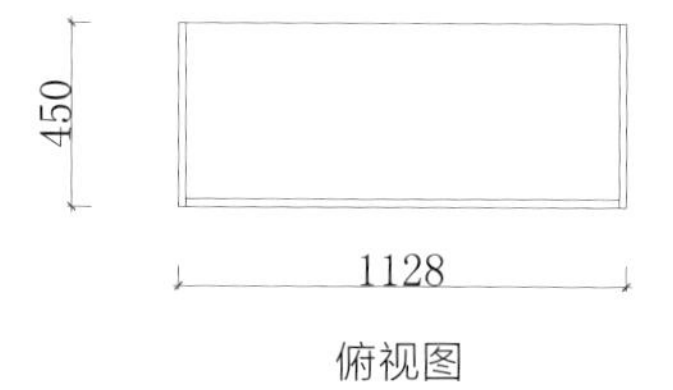

俯视图

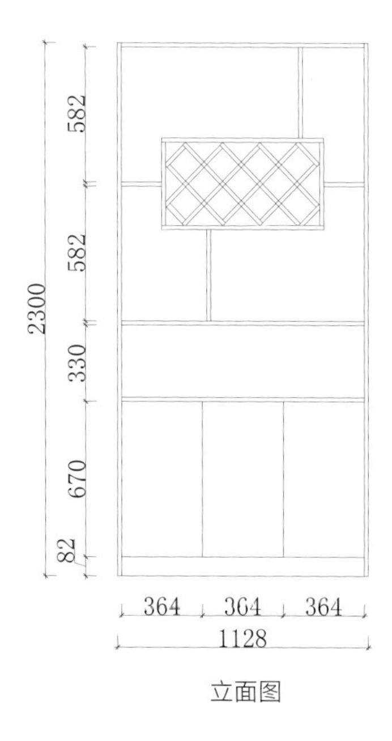

立面图

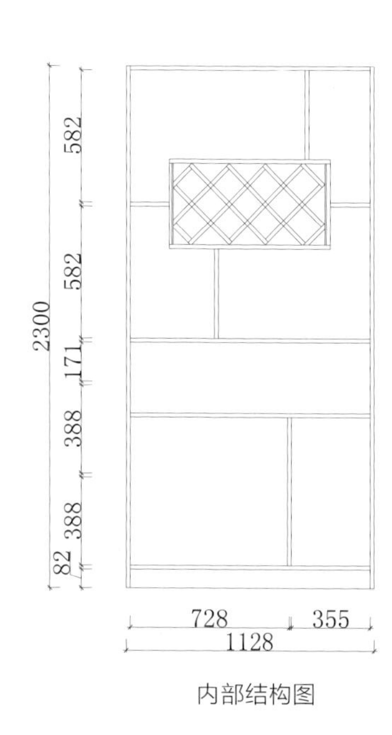

内部结构图

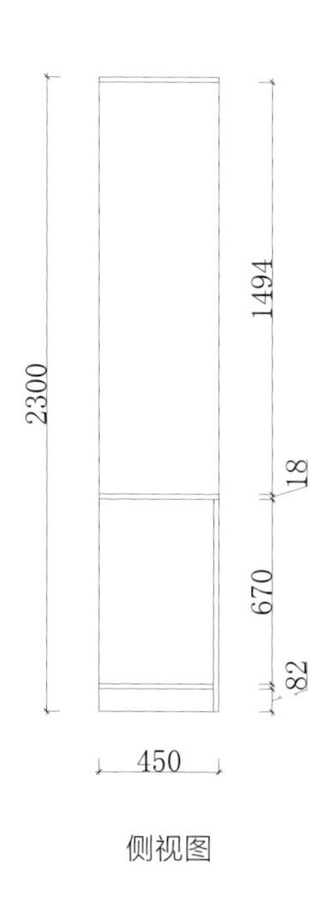

侧视图

俯视图

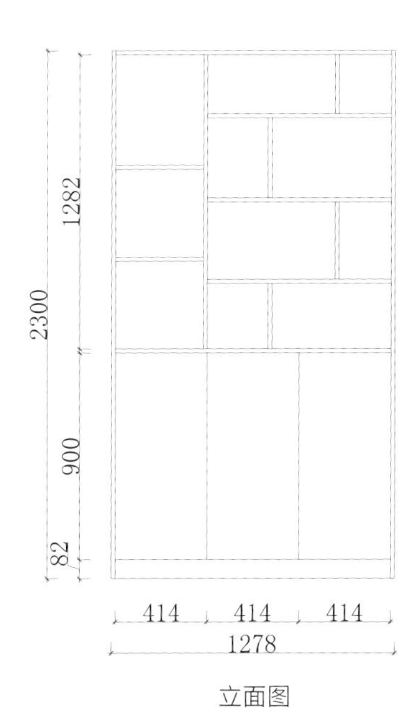

立面图

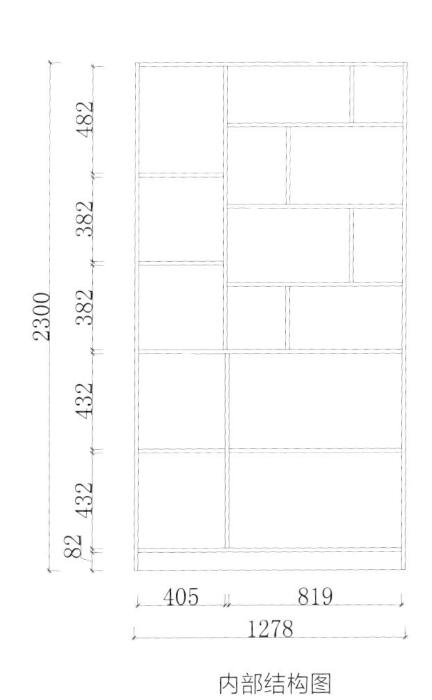

内部结构图

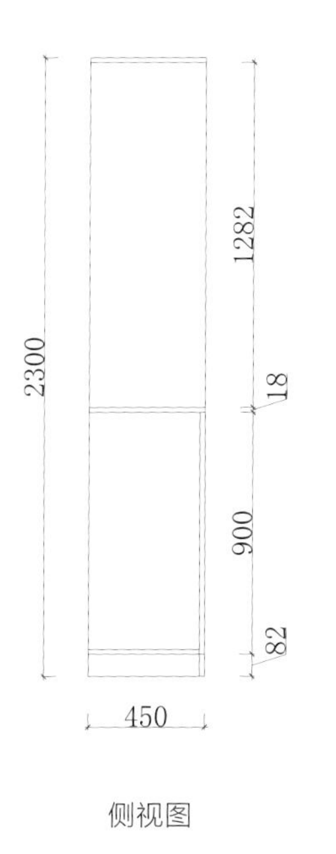

侧视图

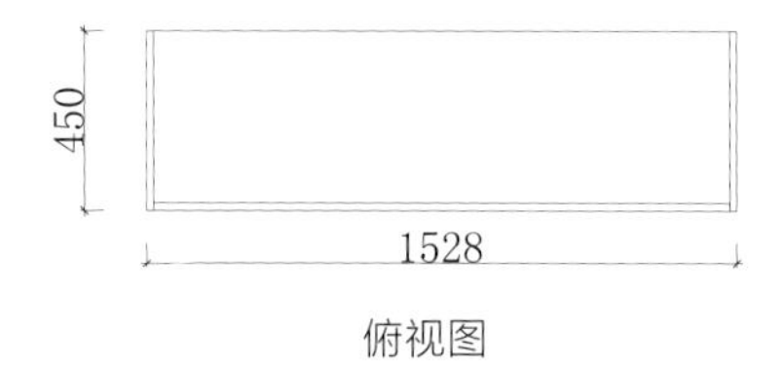

俯视图

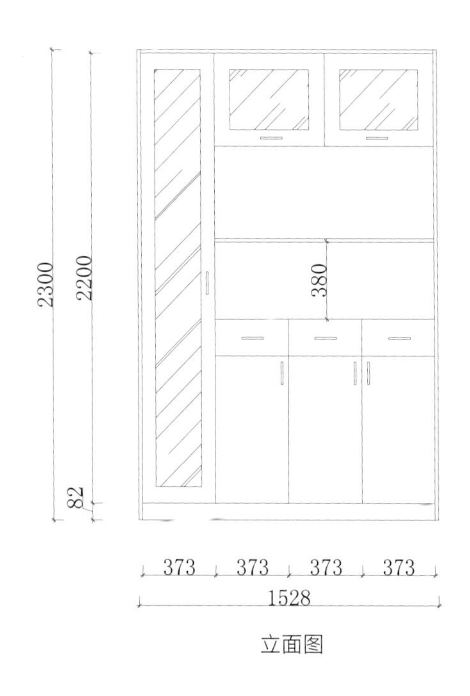

立面图

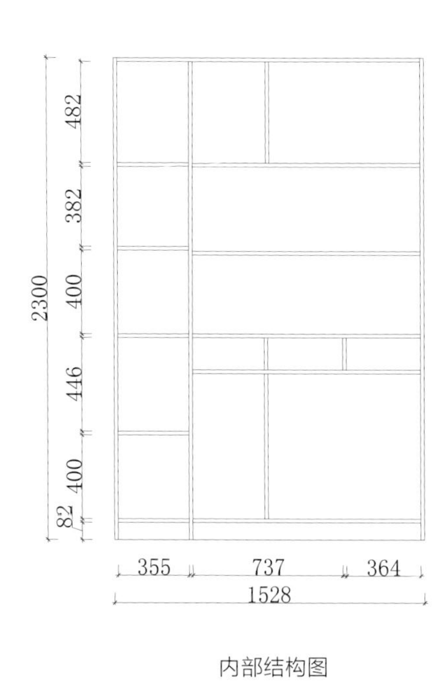

内部结构图

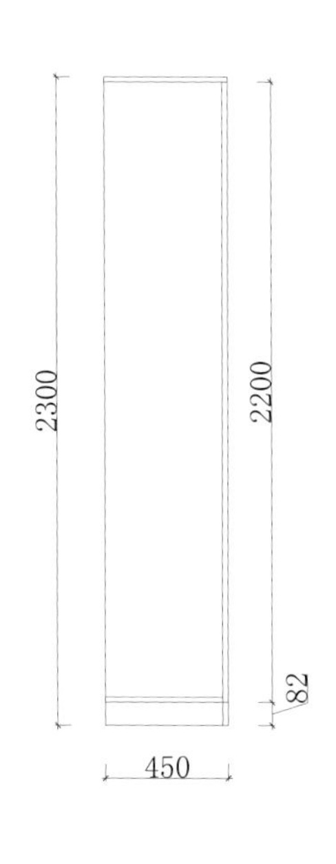

侧视图

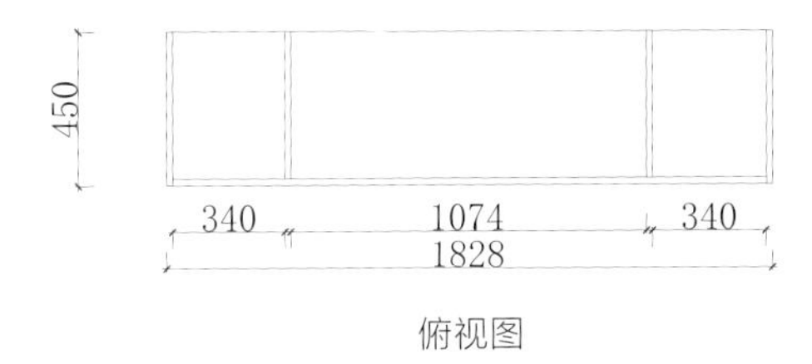

俯视图

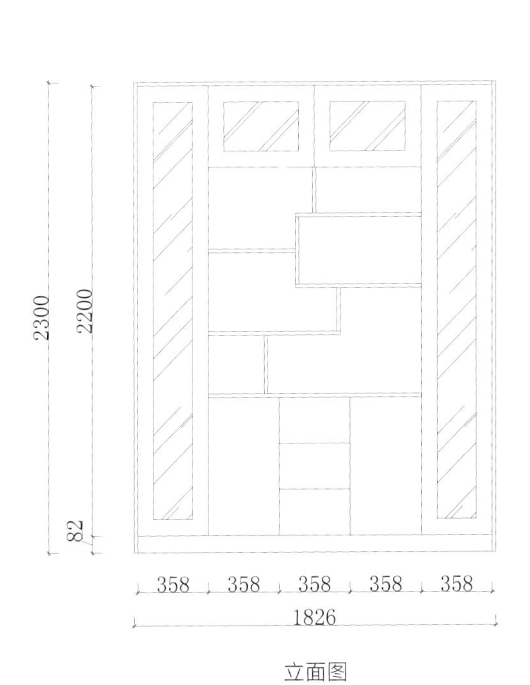

立面图

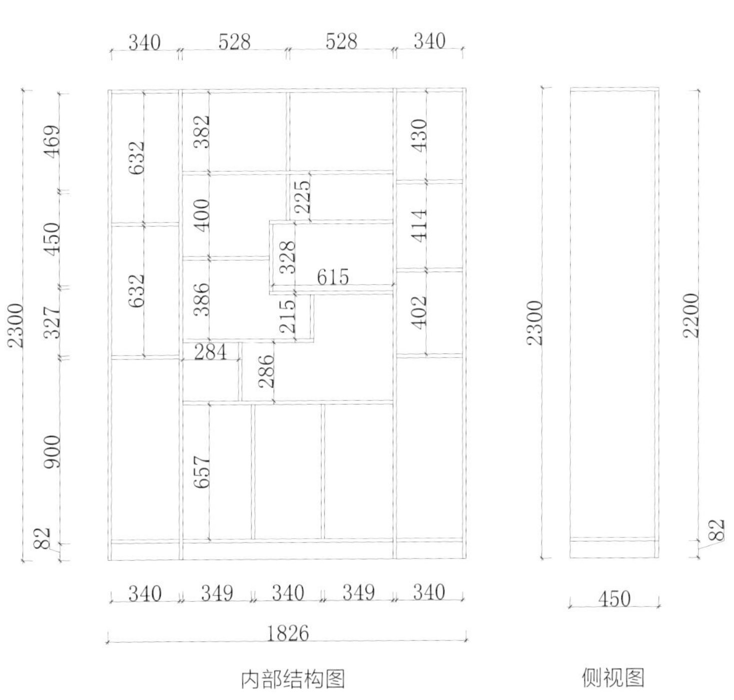

内部结构图

侧视图

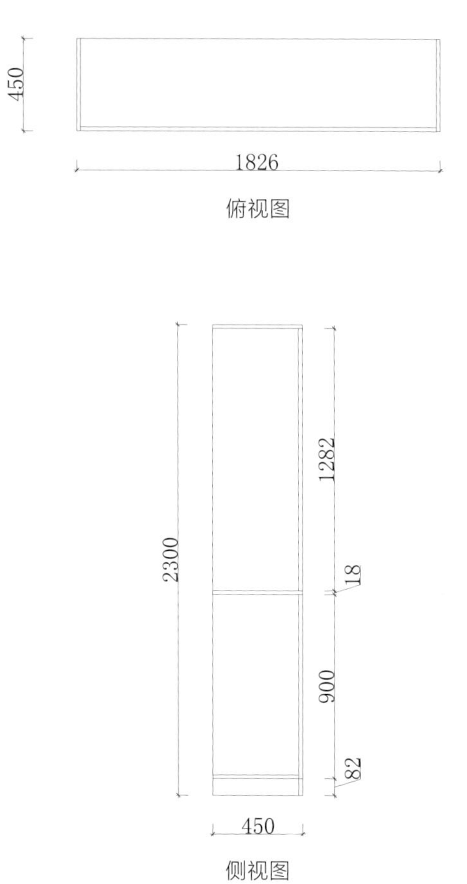

俯视图

侧视图

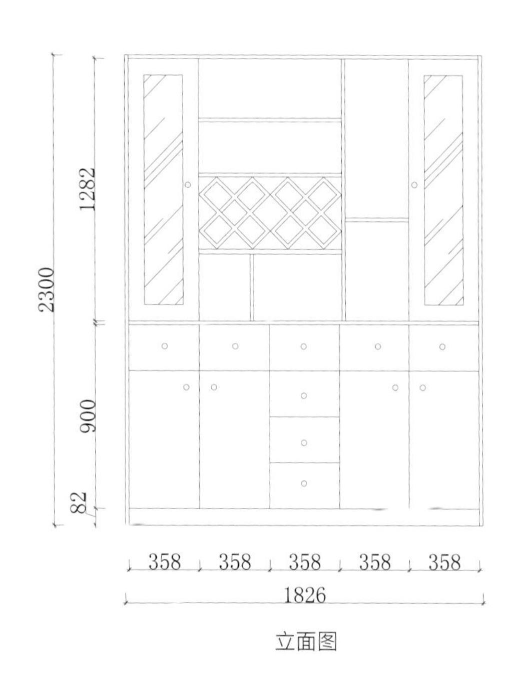

立面图

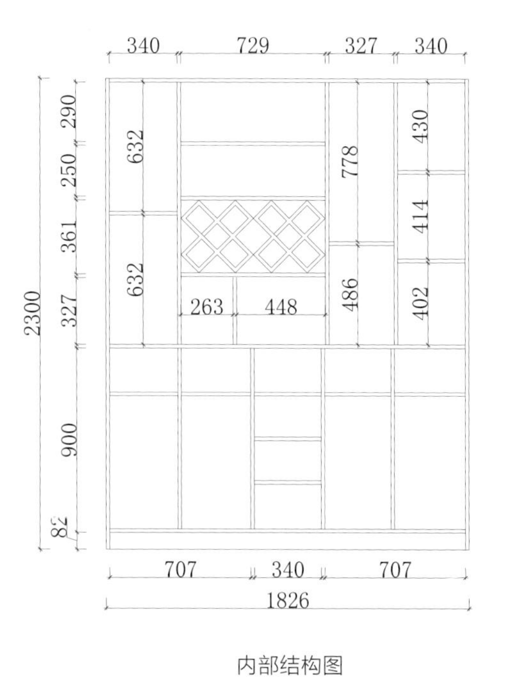

内部结构图

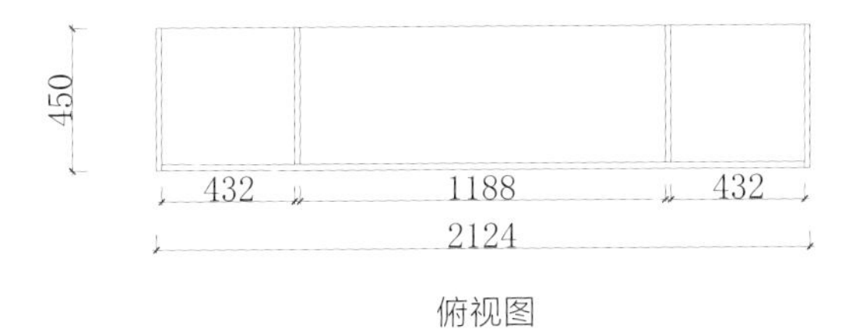

俯视图

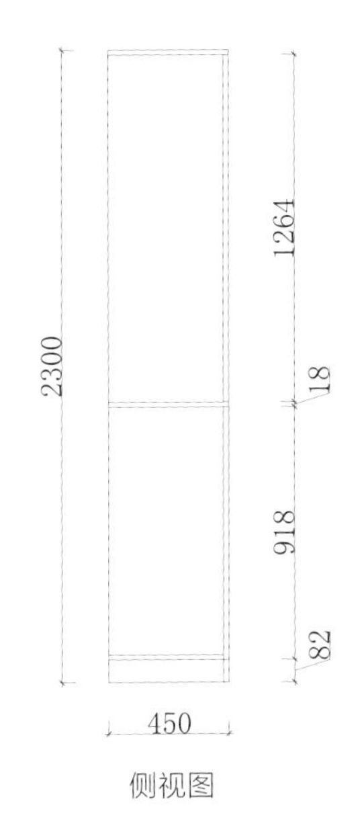

侧视图

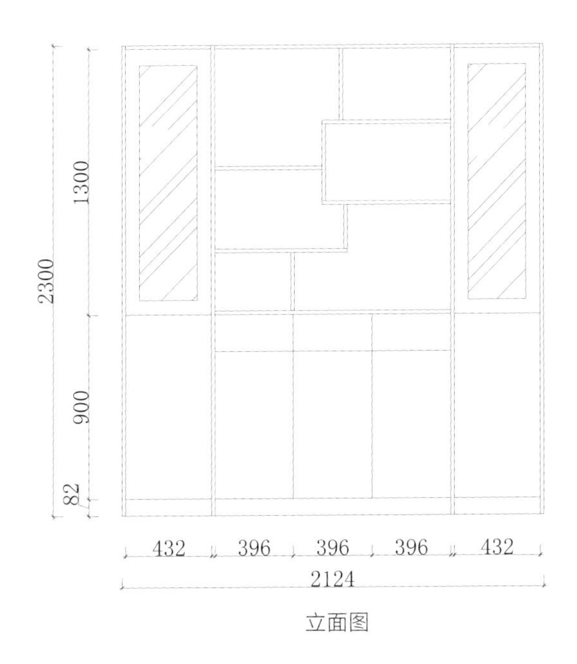

立面图

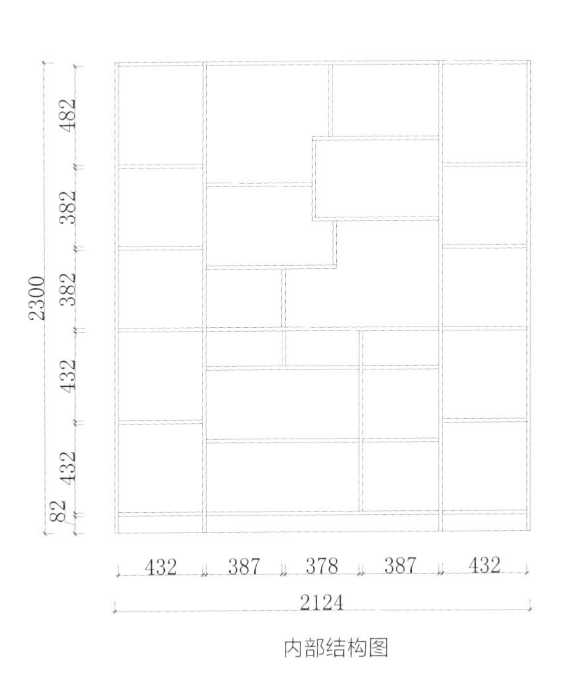

内部结构图

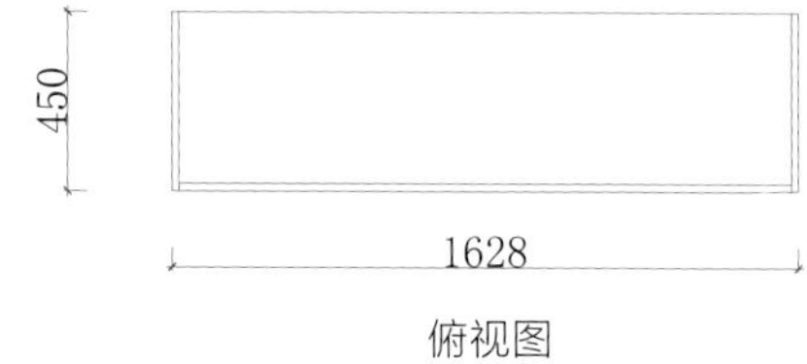

俯视图

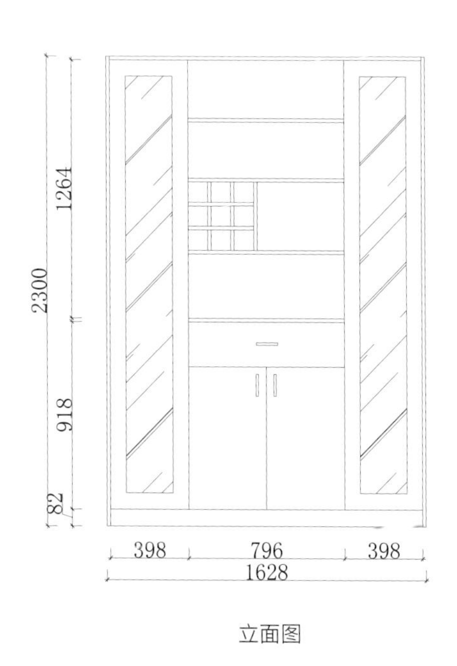

立面图

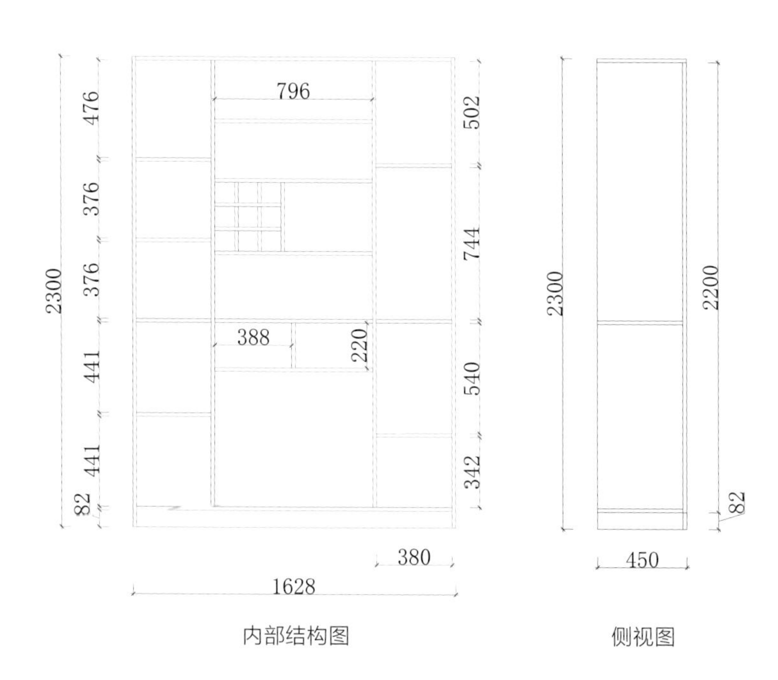

内部结构图

侧视图

俯视图

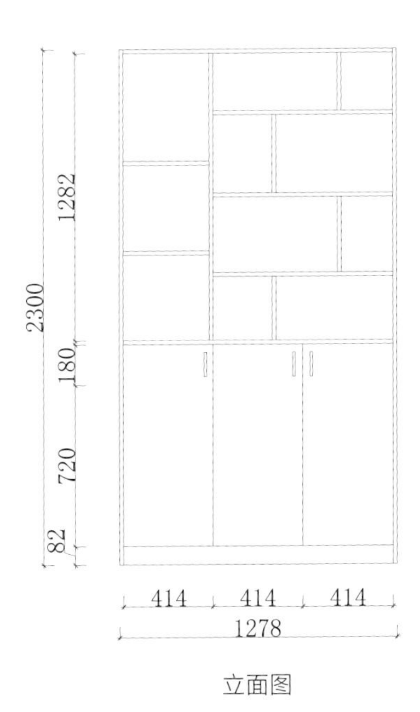

立面图

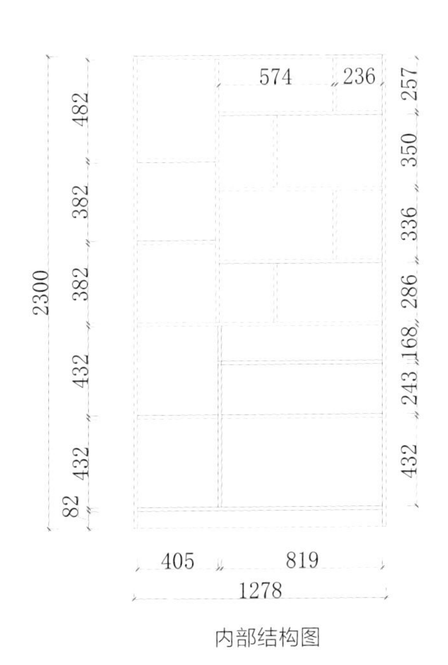

内部结构图

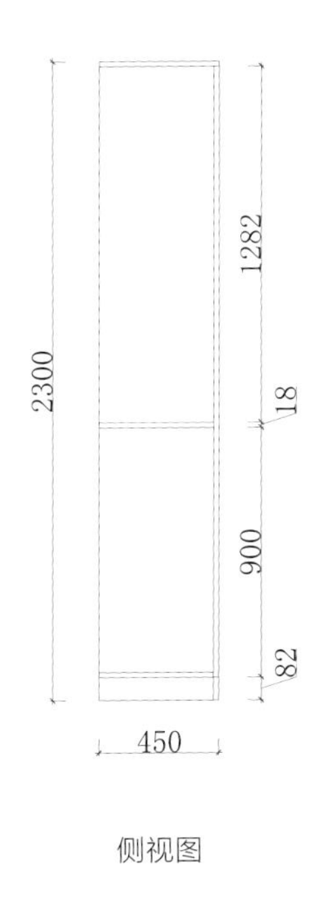

侧视图

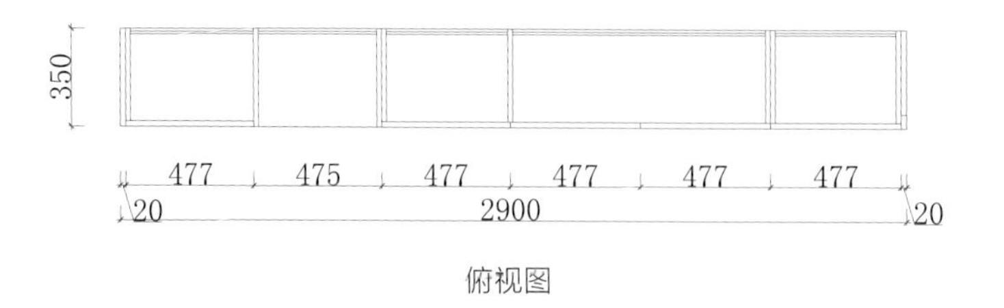

俯视图

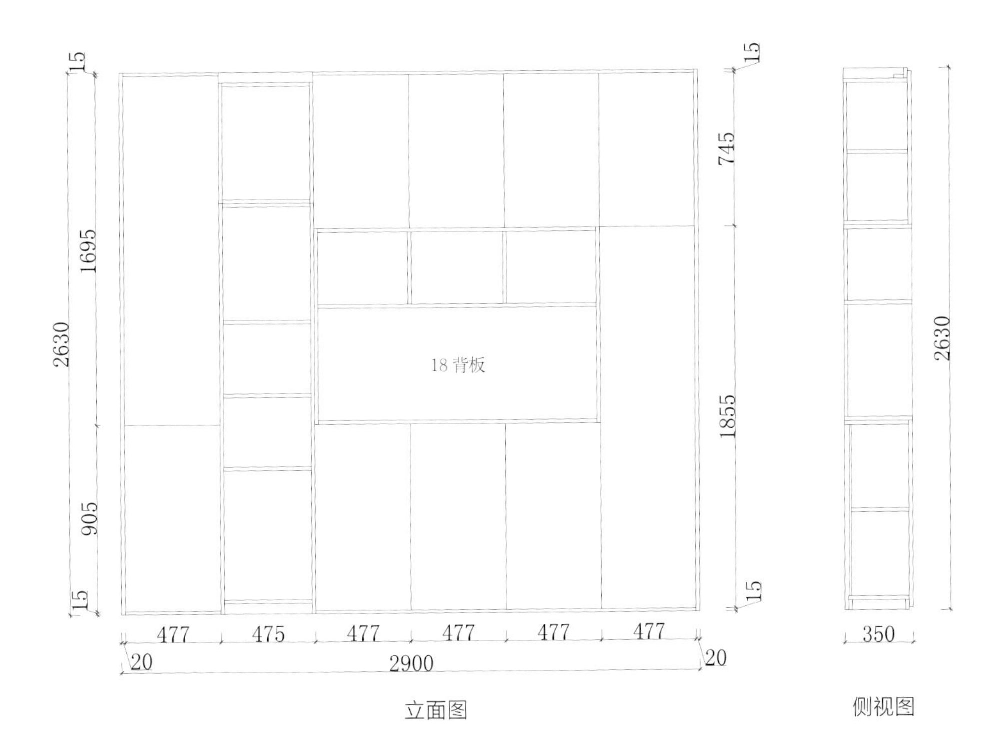

立面图

侧视图

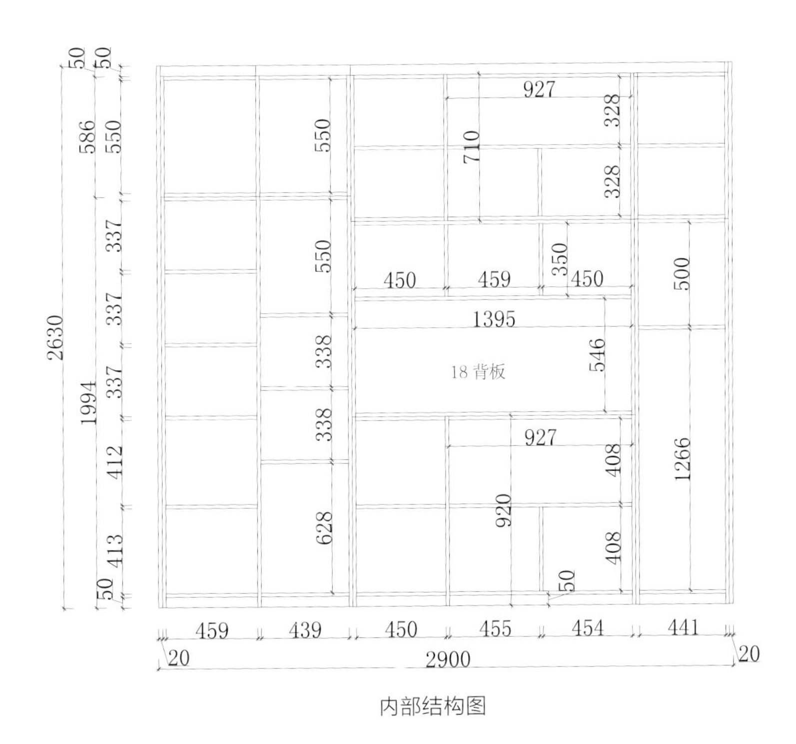

内部结构图

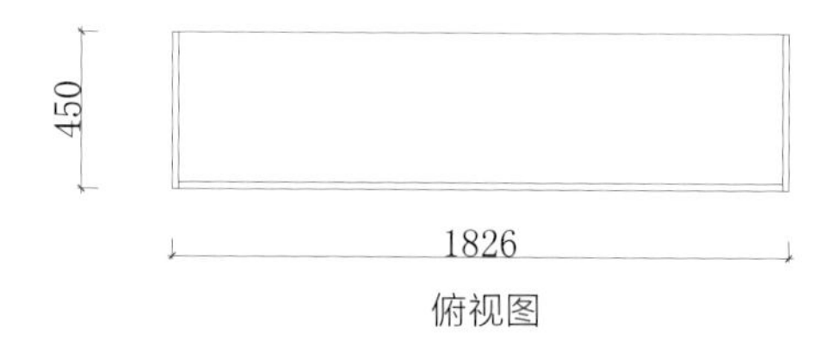

俯视图

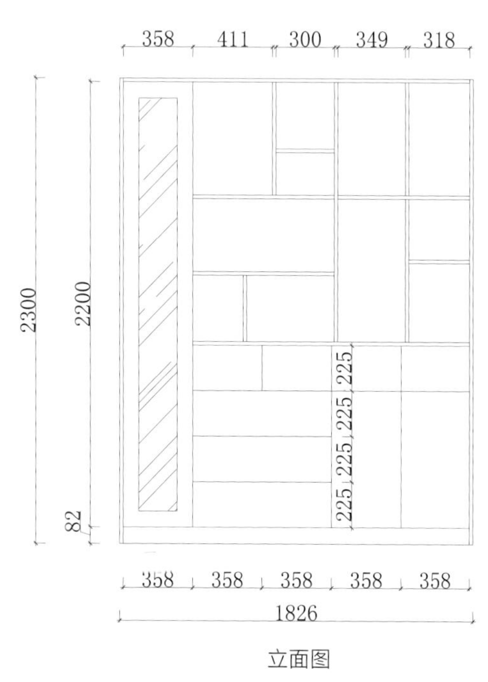

立面图

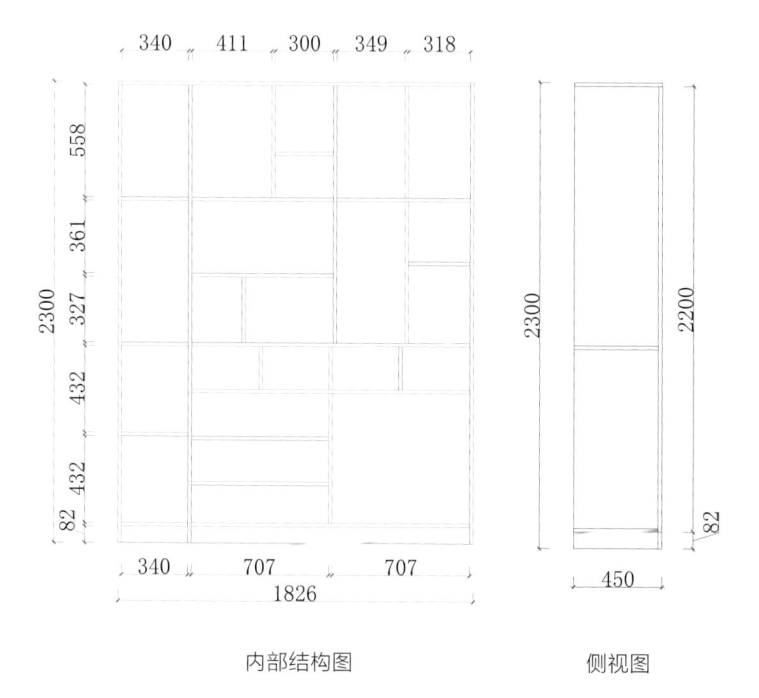

内部结构图

侧视图

第4章
厨柜

如果在做完饭后经常出现腰酸背痛的情况，多半是因为厨柜的高度和深度设计得不合理。

一般来说，吊柜的深度设计为 35 cm，地柜的深度设计为 60 cm，吊柜顶部距离地面的高度设计为 225 cm，吊柜底部距离地面的高度设计为 160 ~ 165 cm。否则，吊柜太高东西不好拿，太低又容易碰到头。

以厨房主要使用者的身高来决定地柜的高度。为了保证使用者操作舒适，一般建议非灶台区的地柜高度为其身高的一半加上 5 cm。考虑到炒锅把手的高度，建议灶台区地柜的高度为使用者身高的一半减去 3 cm。

001

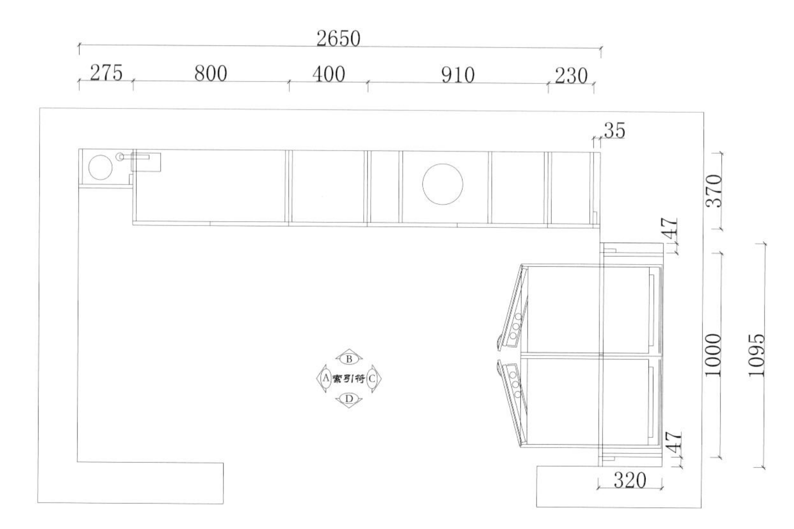
2650
275
800
400
910
230
35
370
47
1000
1095
47
320
B
A
C
D

吊柜俯视图

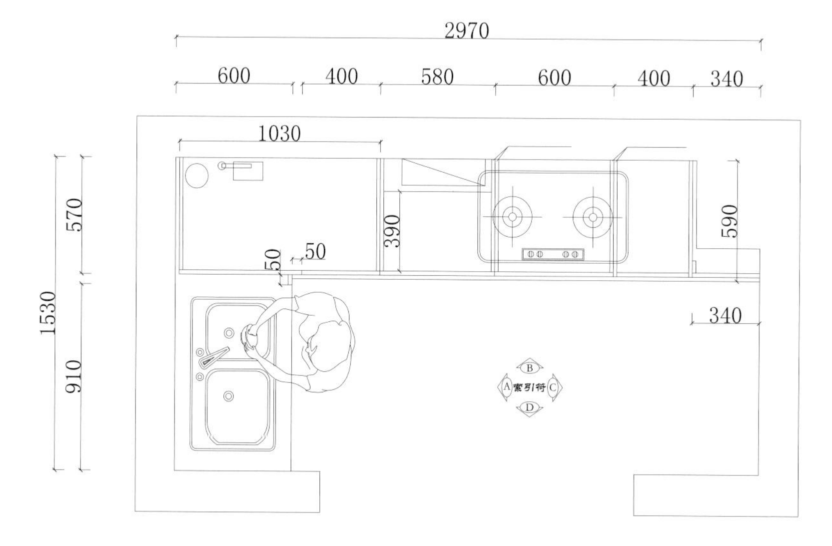
2970
600
400
580
600
400
340
1030
570
390
590
50
50
1530
340
910
B
A
C
D

地柜俯视图

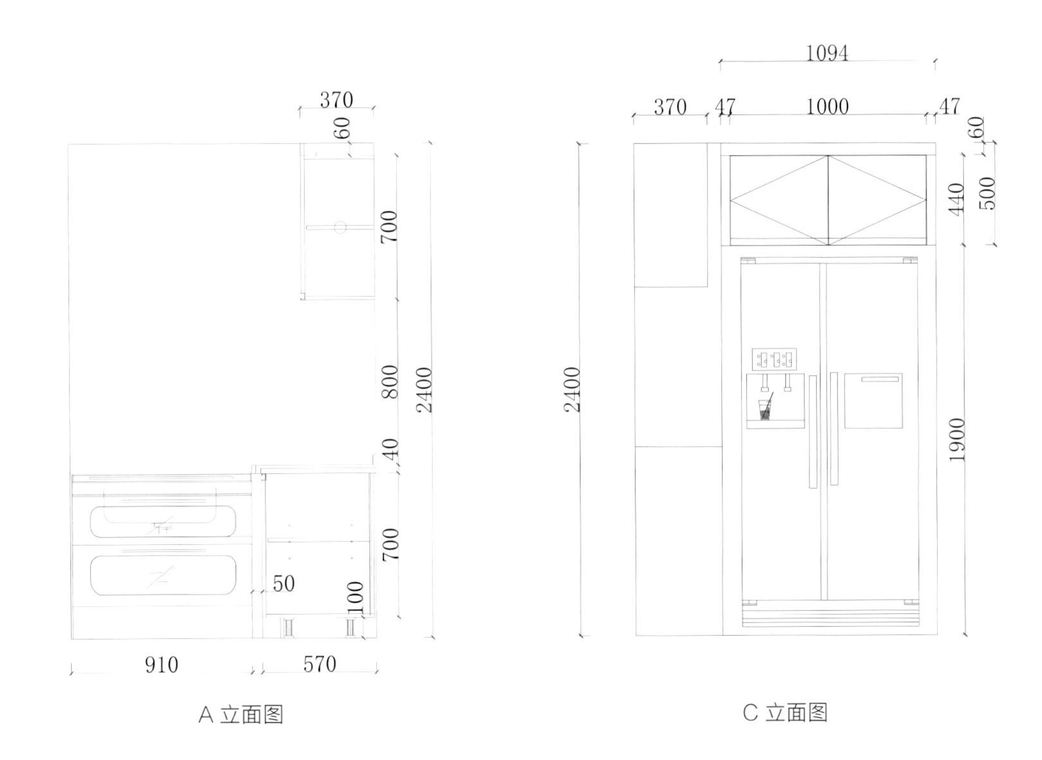

A 立面图　　C 立面图

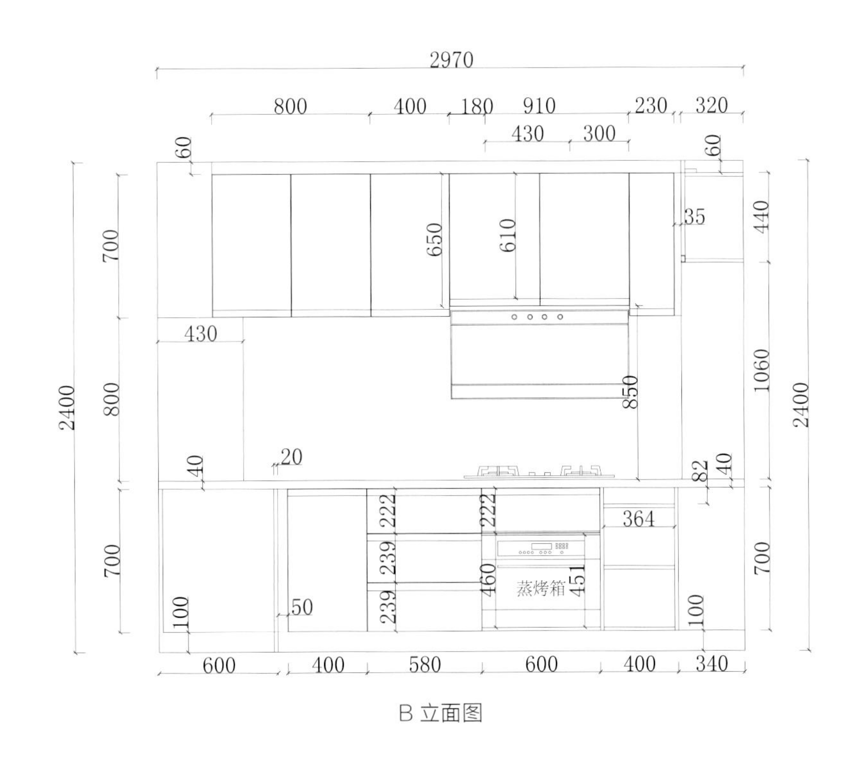

B 立面图

002

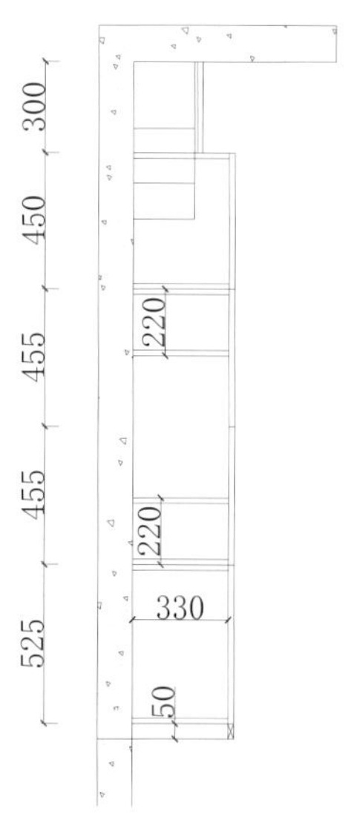
300
450
220
455
455
220
330
525
50

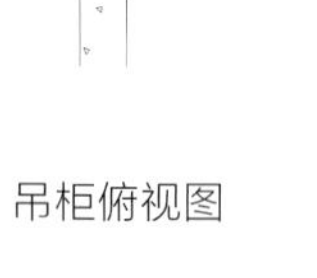
吊柜俯视图

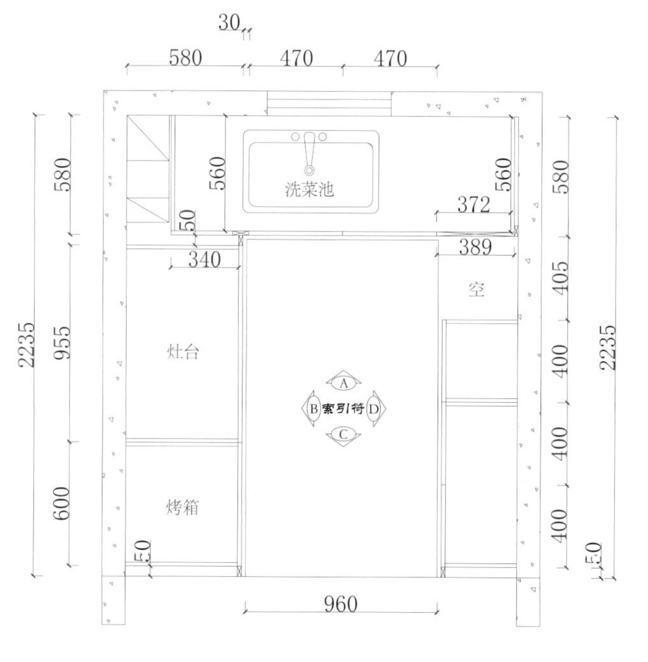
30
580
470
470
580
560
洗菜池
560
580
372
50
340
389
空
405
2235
955
灶台
索引符
A
B
C
D
400
2235
400
600
烤箱
400
50
50
960

地柜俯视图

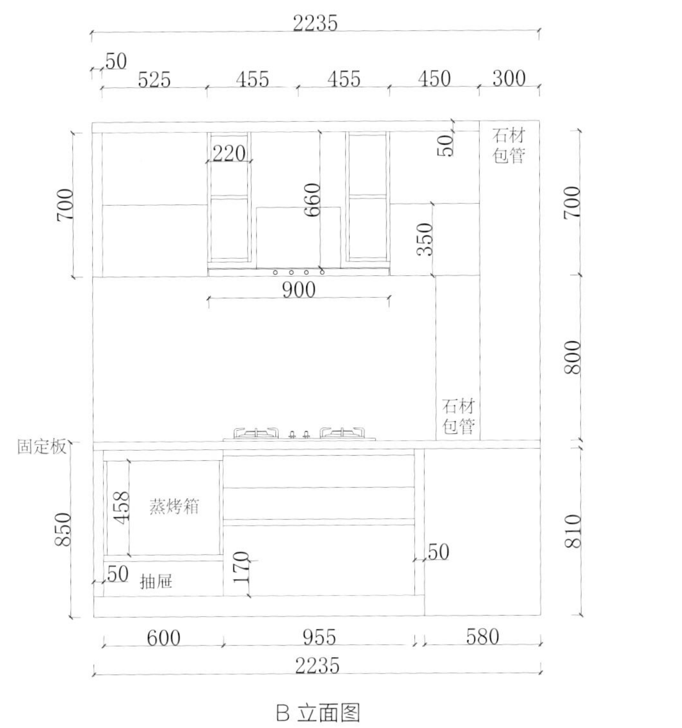

B 立面图

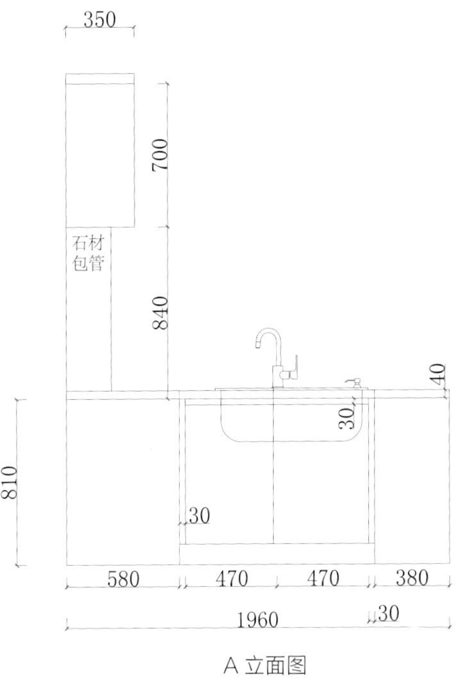

A 立面图

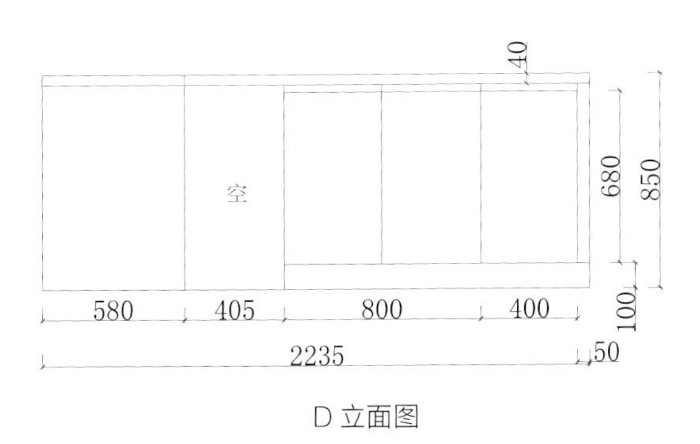

D 立面图

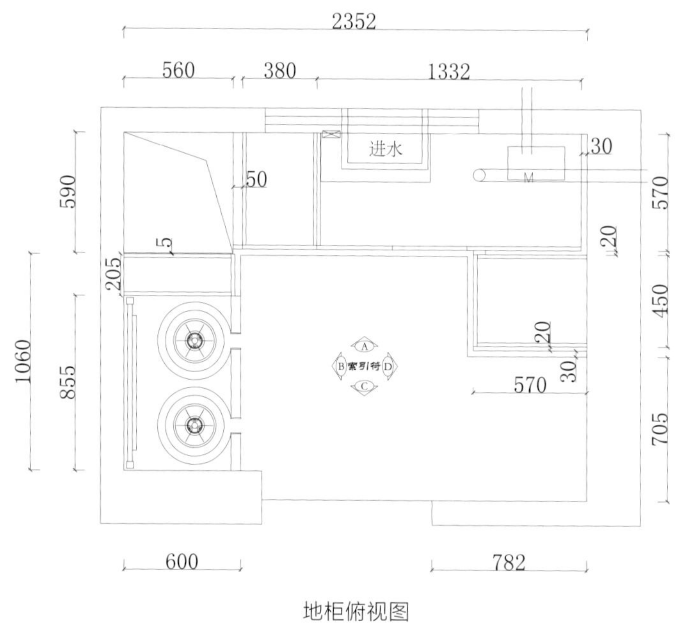

地柜俯视图

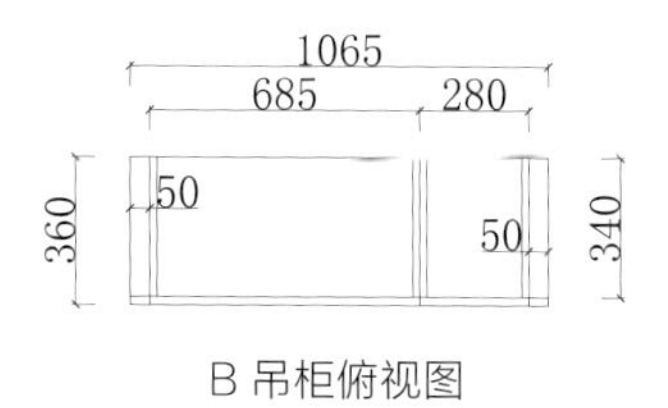

B 吊柜俯视图

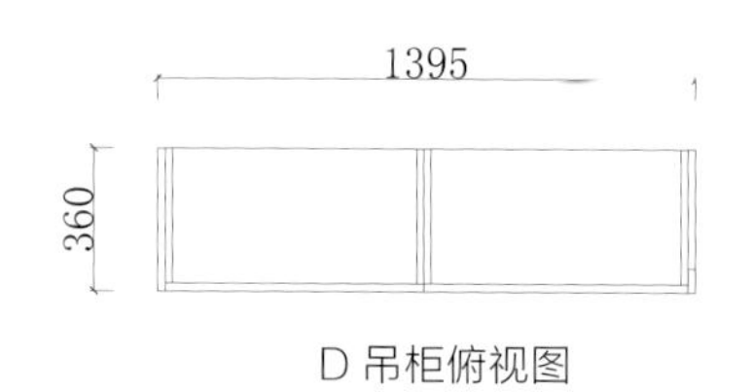

D 吊柜俯视图

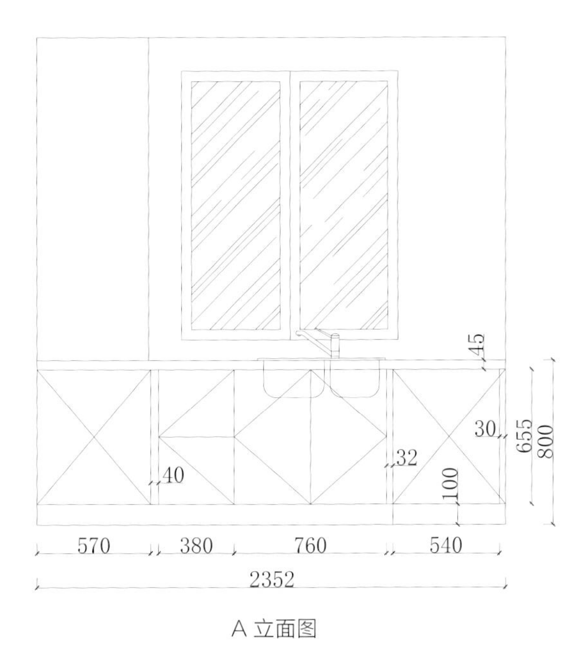

A 立面图

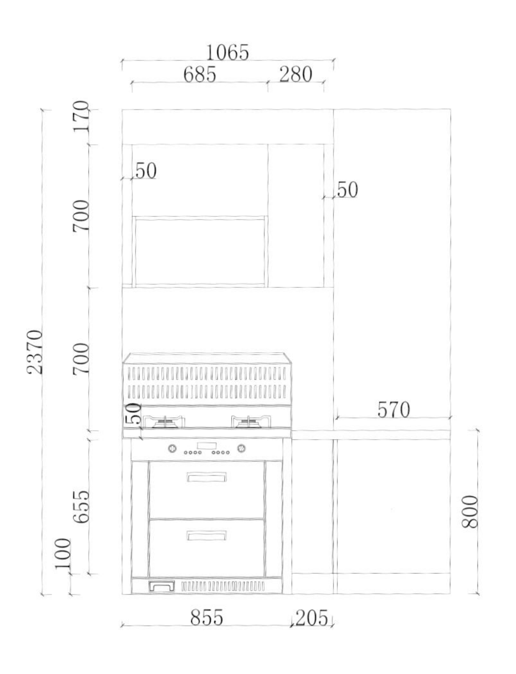

B 立面图

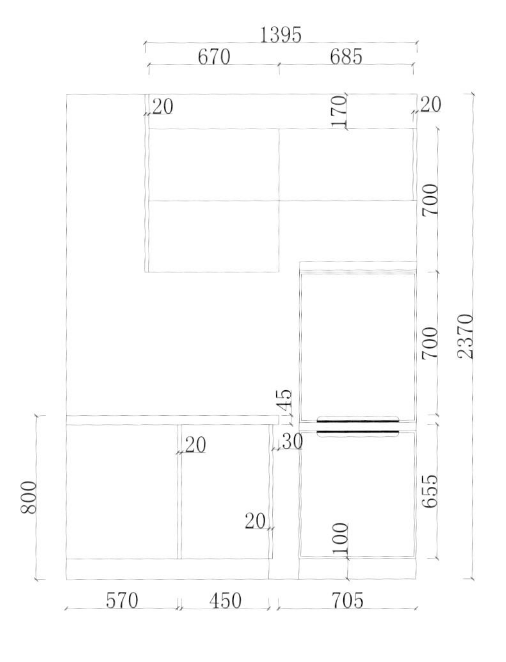

D 立面图

004

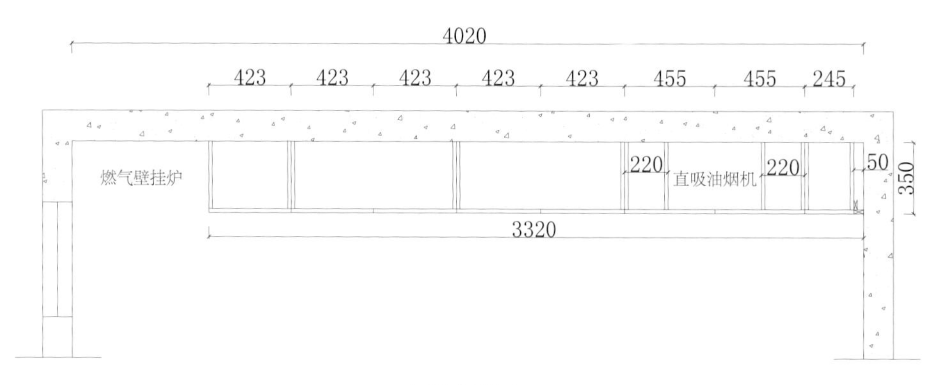
4020
423
423
423
423
423
455
455
245
燃气壁挂炉
220
直吸油烟机
220
50
350
3320

吊柜俯视图

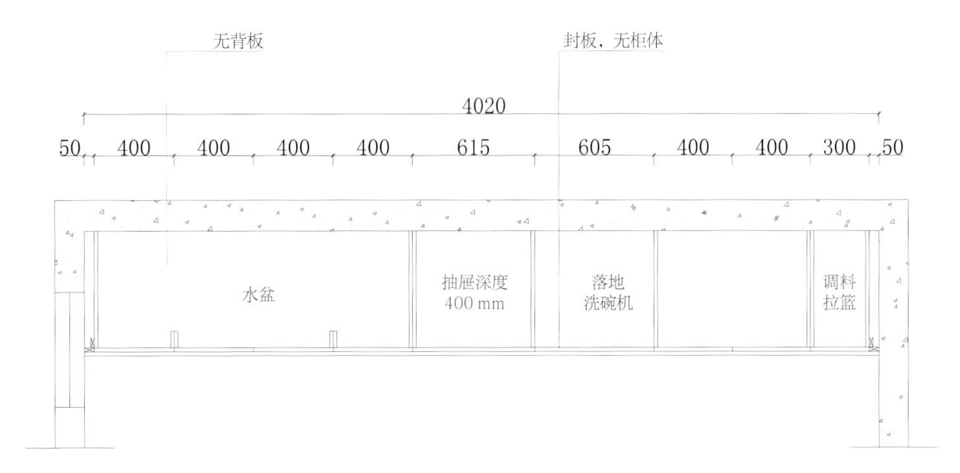
无背板
封板，无柜体
4020
50 400 400 400 400 615 605 400 400 300 50
水盆
抽屉深度
400 mm
落地
洗碗机
调料
拉篮

地柜俯视图

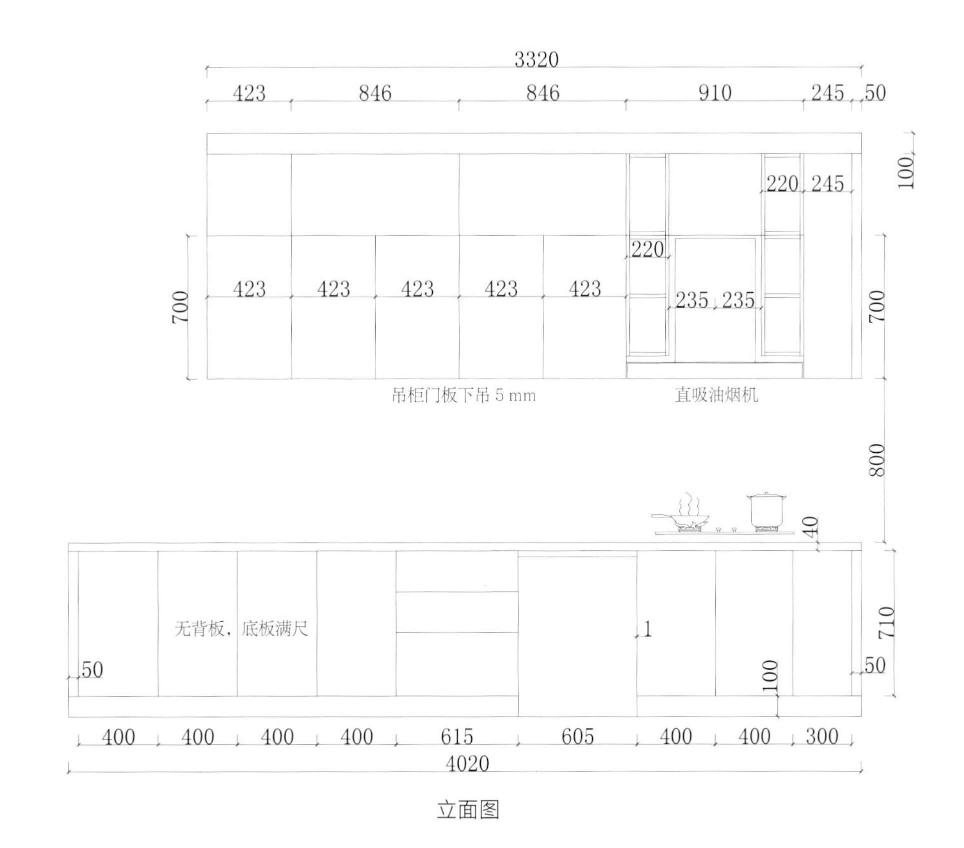
3320
423 846 846 910 245 50
220 245
100
220
423 423 423 423 423
235 235
700
700
吊柜门板下吊 5 mm
直吸油烟机
800
40
无背板，底板满尺
1
50
100
50
710
400 400 400 400 615 605 400 400 300
4020

立面图

005

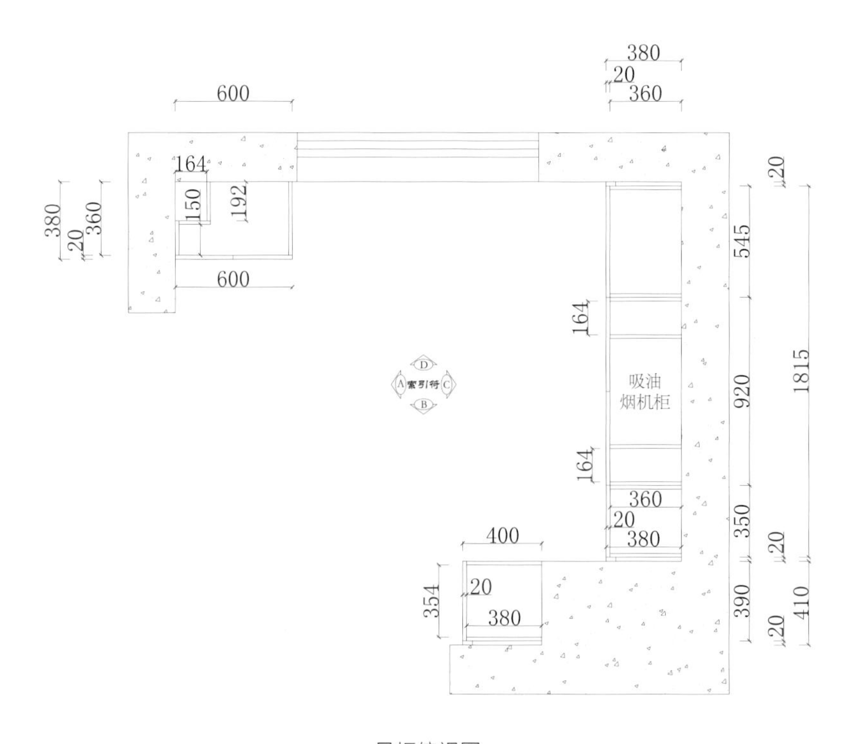
380
20
360
600
164
150
192
380
20
360
600
20
545
164
吸油
烟机柜
920
1815
164
360
20
350
380
400
20
20
354
380
390
410
20

吊柜俯视图

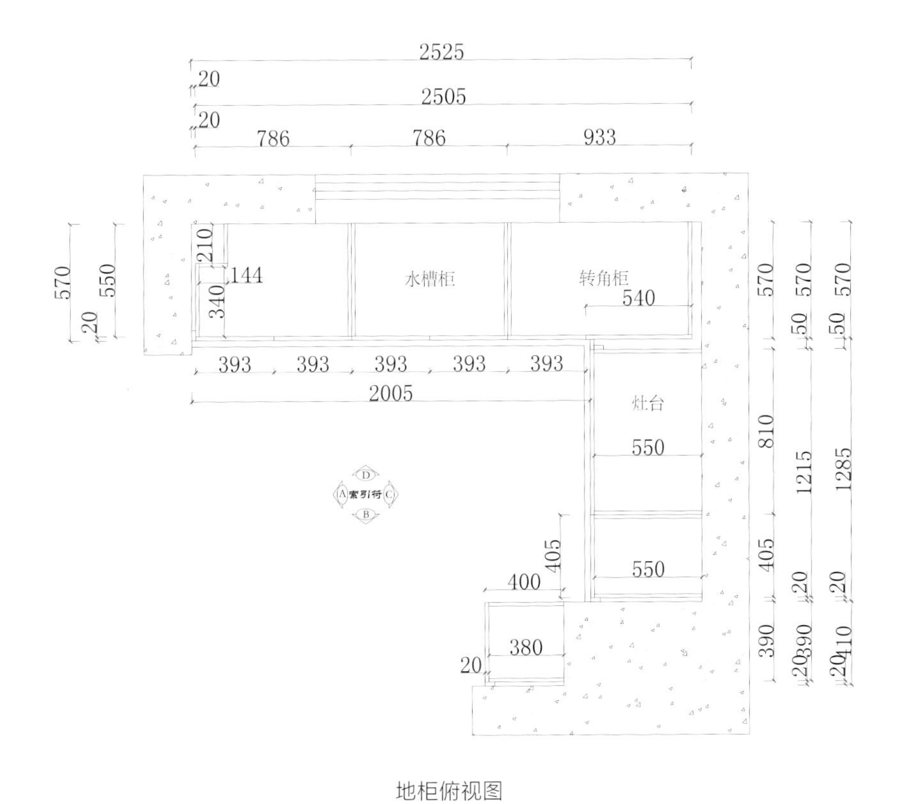

地柜俯视图

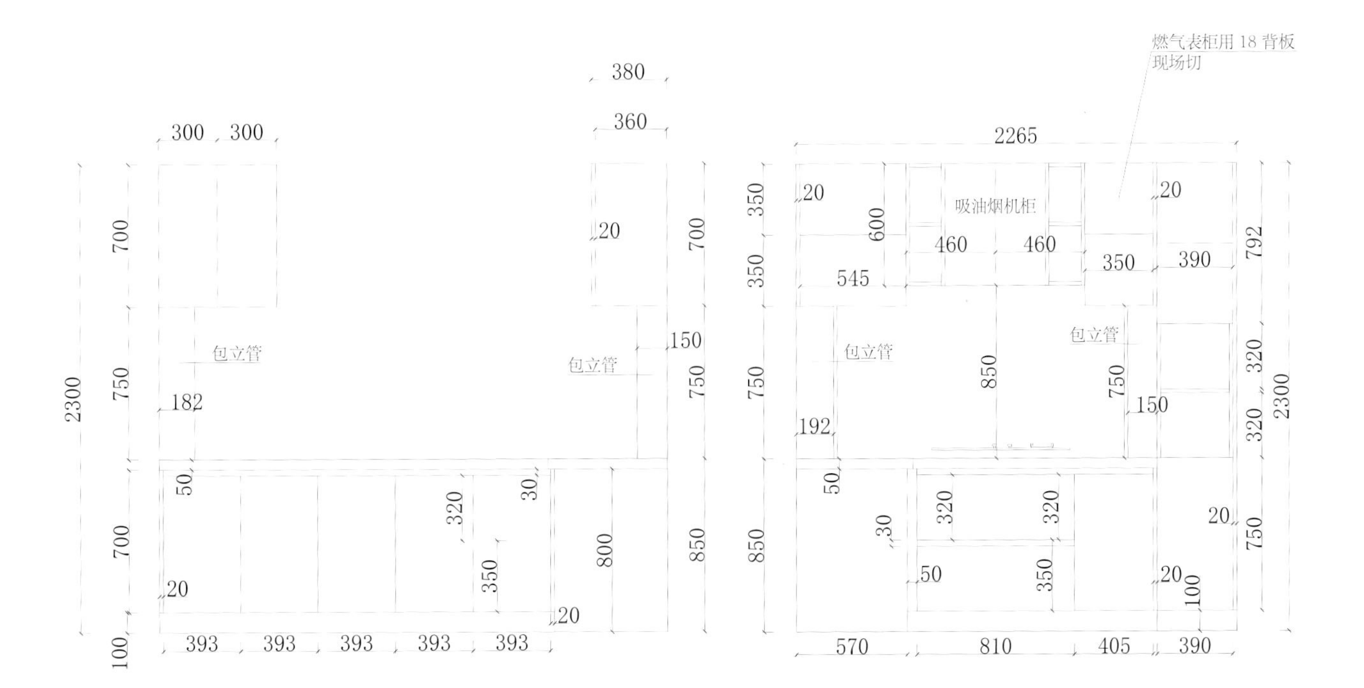

B 立面图

C 立面图

006

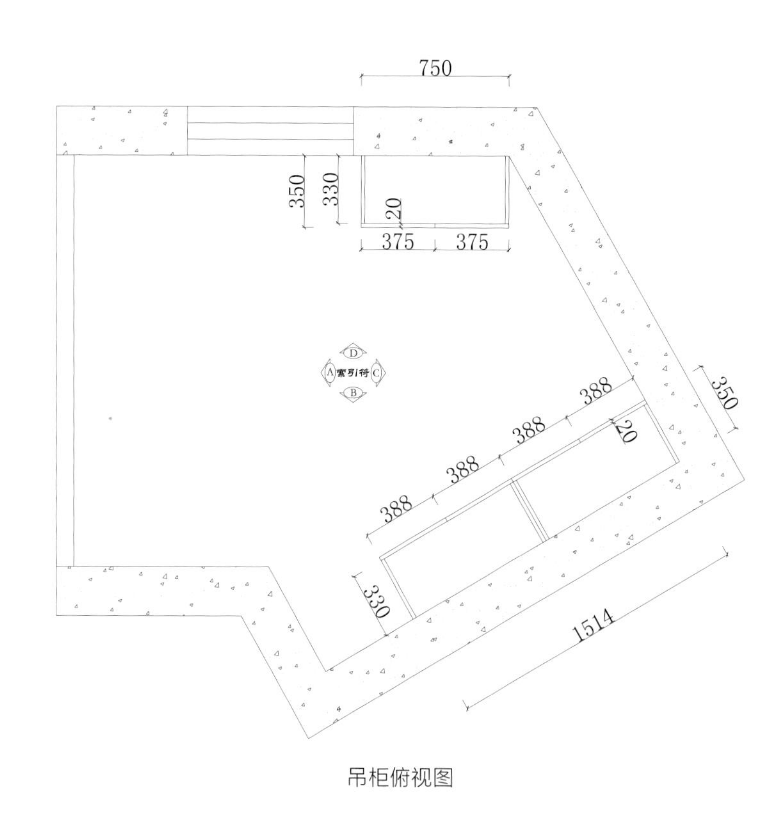
750
350
330
20
375
375
索引符
A
B
C
D
388
388
388
388
350
20
330
1514

吊柜俯视图

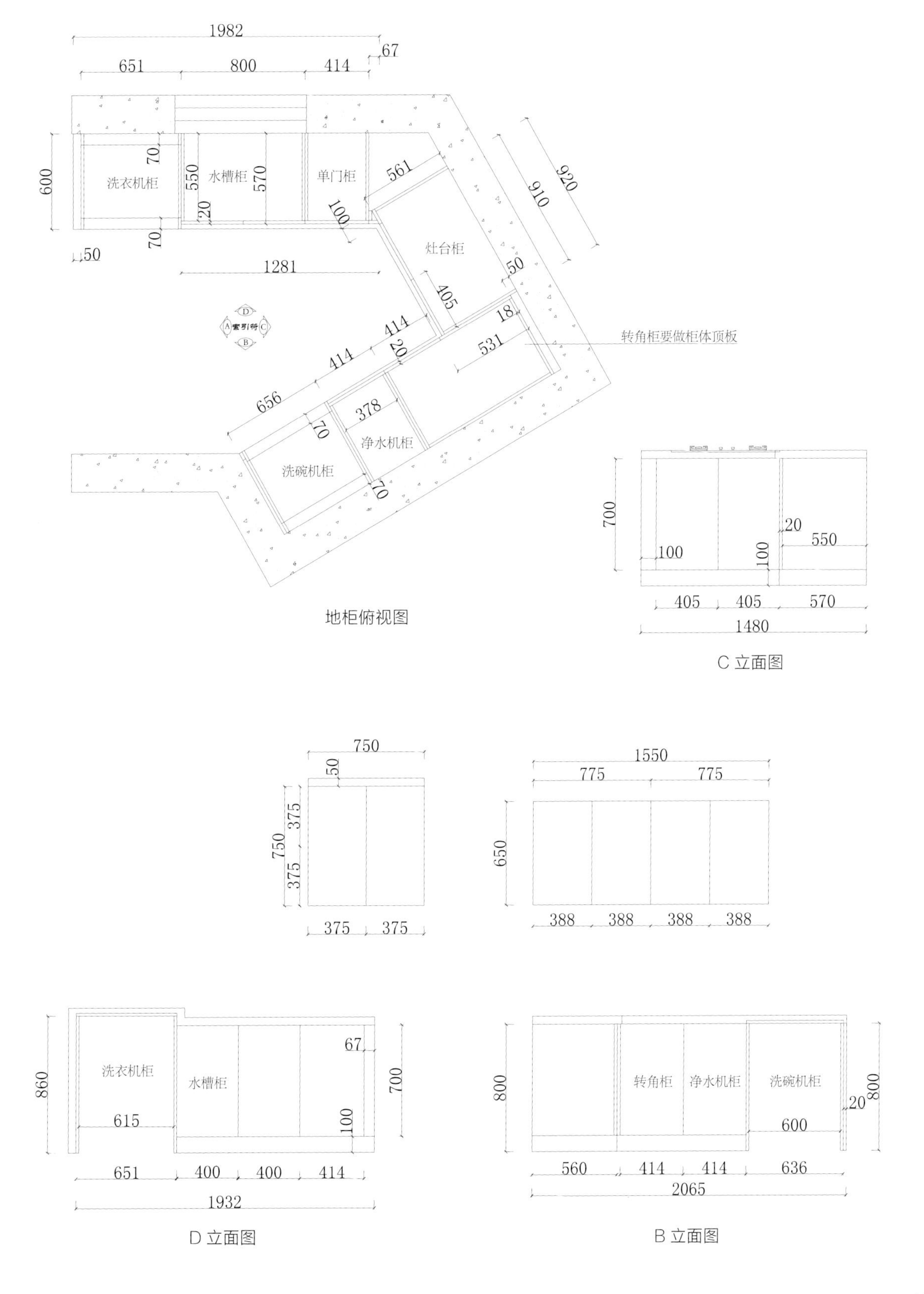
洗衣机柜
水槽柜
单门柜
灶台柜
转角柜要做柜体顶板
净水机柜
洗碗机柜
地柜俯视图
C 立面图
D 立面图
转角柜
B 立面图

007

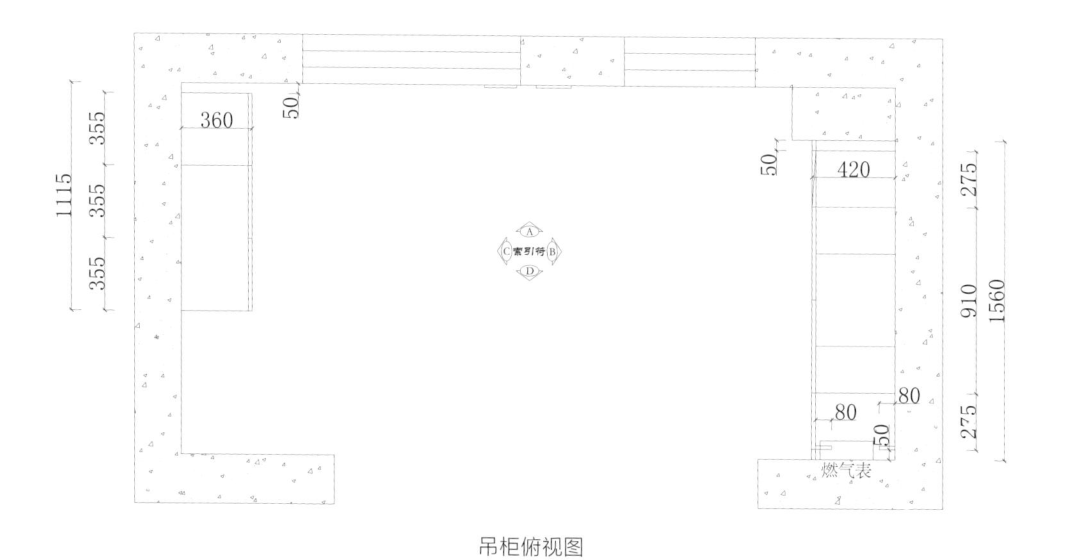
360
50
355
355
355
1115
50
420
275
910
1560
275
80
80
50
燃气表
A
B
C
D
索引符

吊柜俯视图

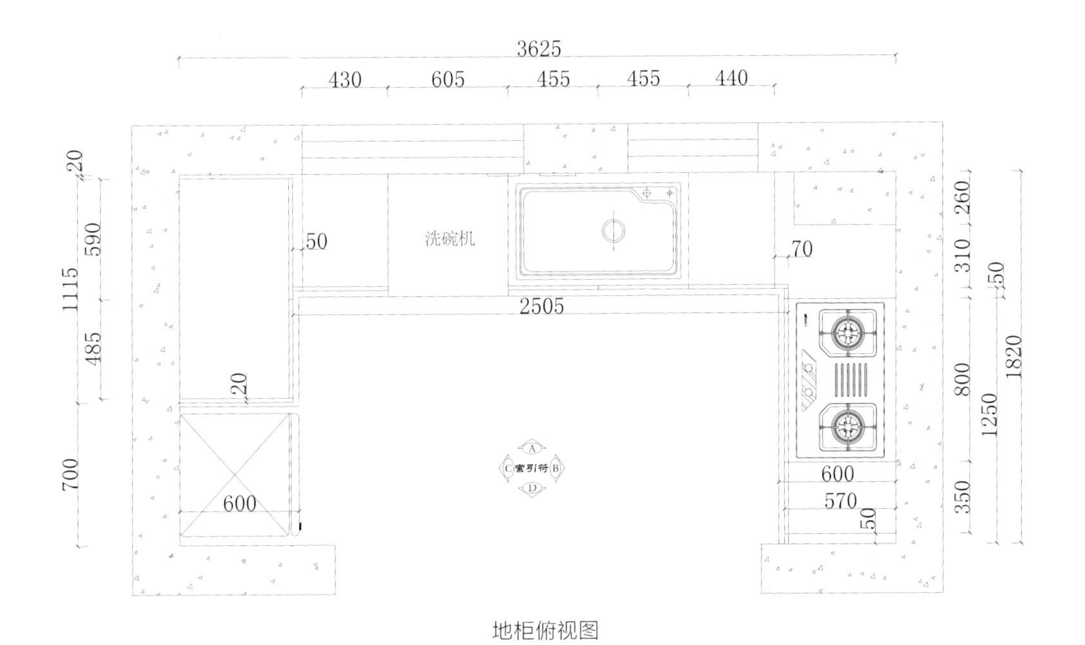
3625
430
605
455
455
440
20
590
1115
485
20
700
600
50
洗碗机
70
2505
260
310
50
800
1820
1250
600
350
570
50

地柜俯视图

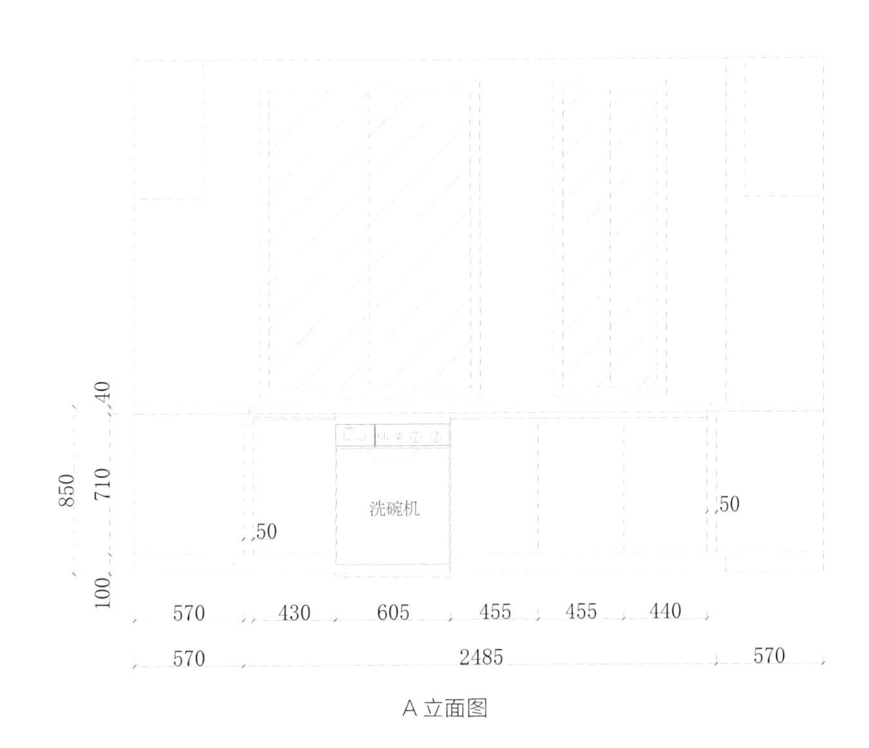
40
850
710
100
洗碗机
50
50
570
430
605
455
455
440
570
2485
570

A 立面图

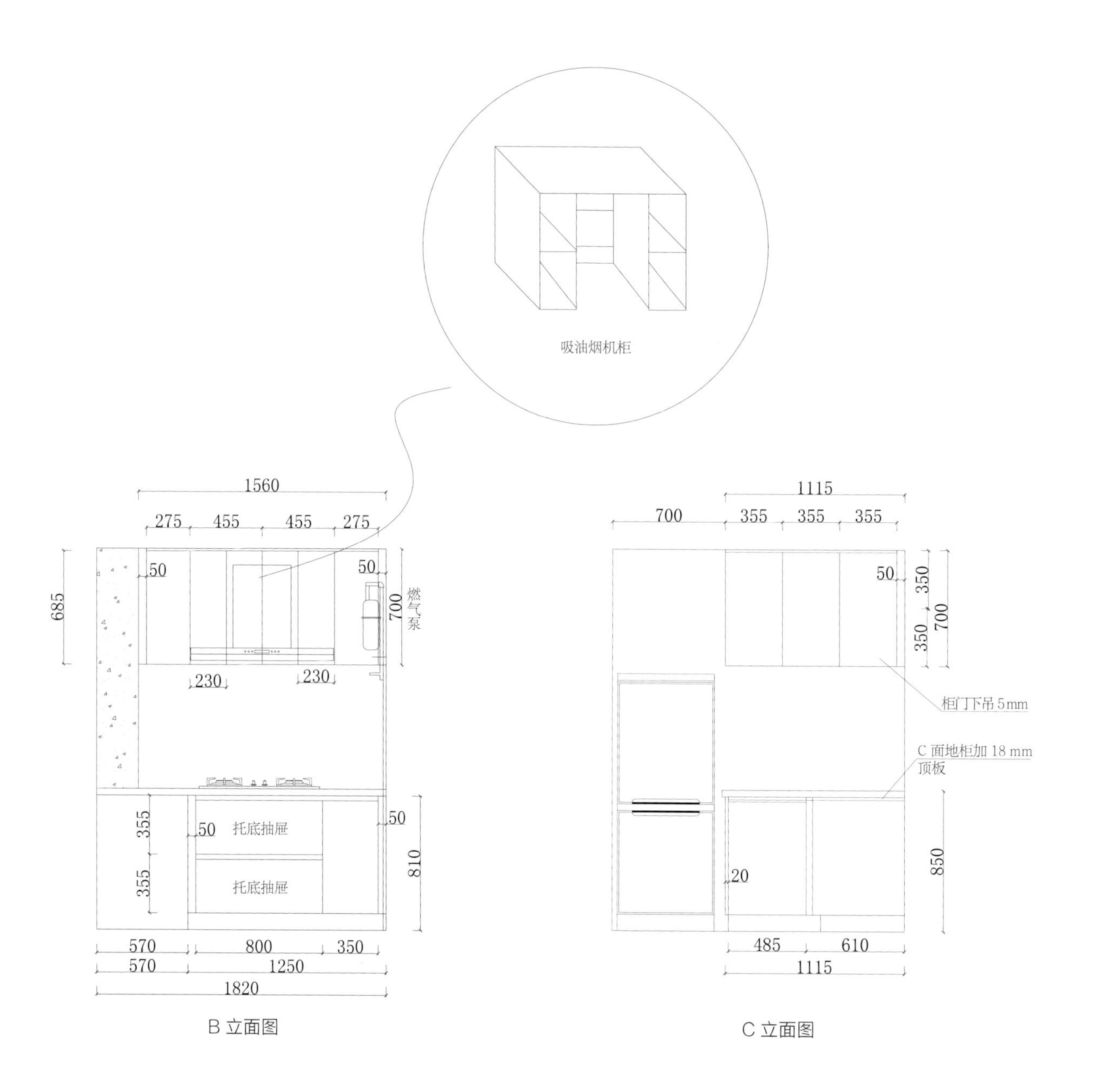
吸油烟机柜
1560
275 455 455 275
685
50
50
700
燃气泵
230
230
355
355
50
托底抽屉
托底抽屉
50
810
570 800 350
570 1250
1820
1115
700 355 355 355
50
350
350
700
柜门下吊 5mm
C 面地柜加 18 mm
顶板
20
850
485 610
1115

B 立面图

C 立面图

008

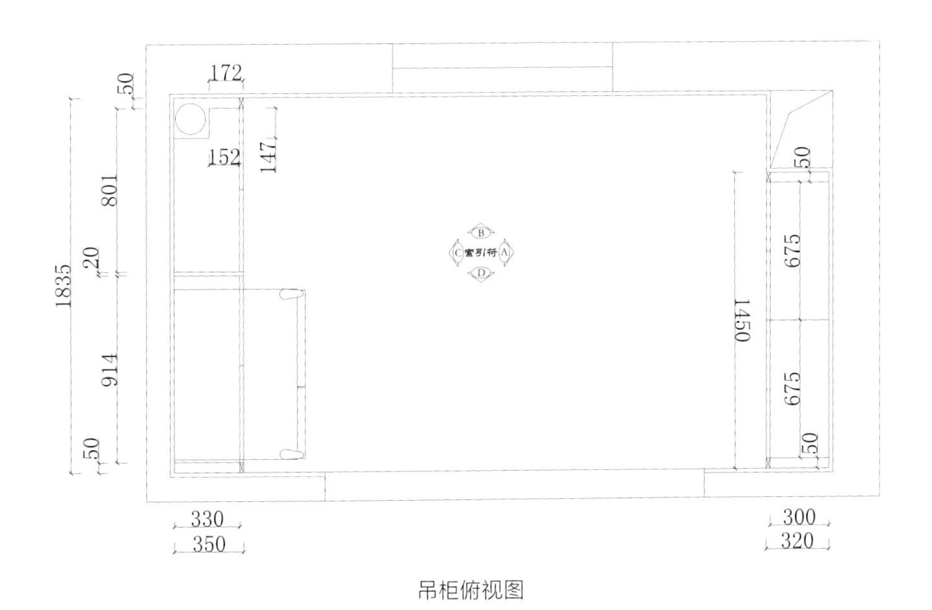
172
50
152
147
801
20
1835
914
50
50
675
1450
675
50
330
350
300
320
索引符
B
C
A
D

吊柜俯视图

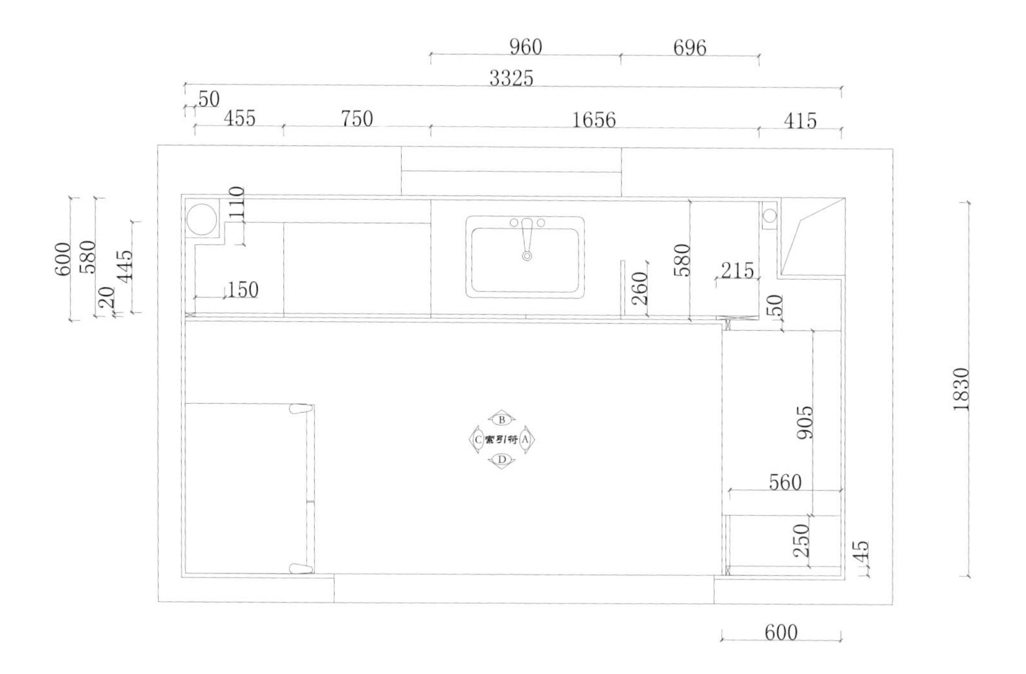
960
696
3325
50
455
750
1656
415
600
580
445
20
110
150
580
260
215
50
1830
905
560
250
45
600
索引符
B
C
A
D

地柜俯视图

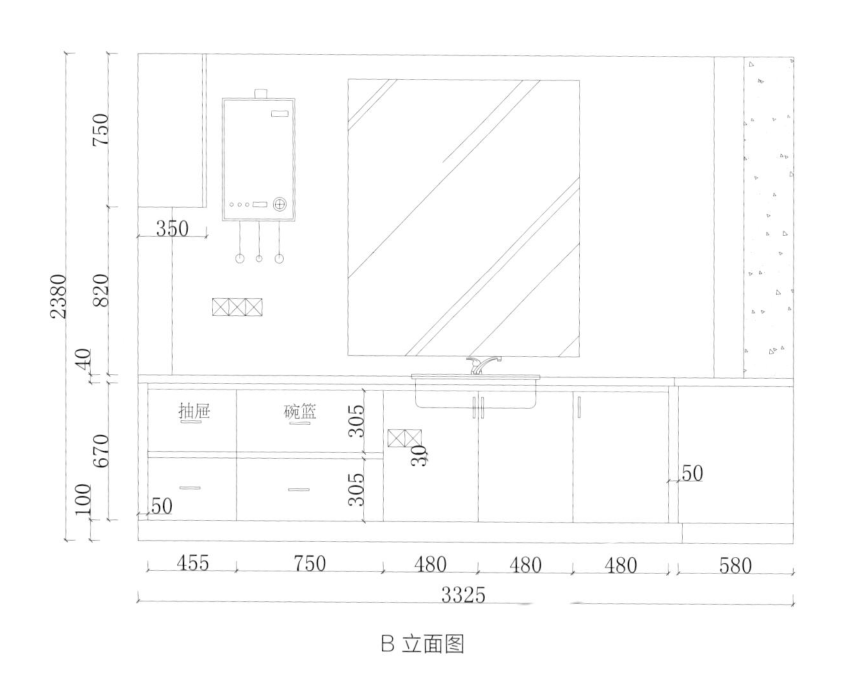
2380
750
350
820
40
670
100
50
抽屉
碗篮
305
305
30
50
455
750
480
480
480
580
3325

B 立面图

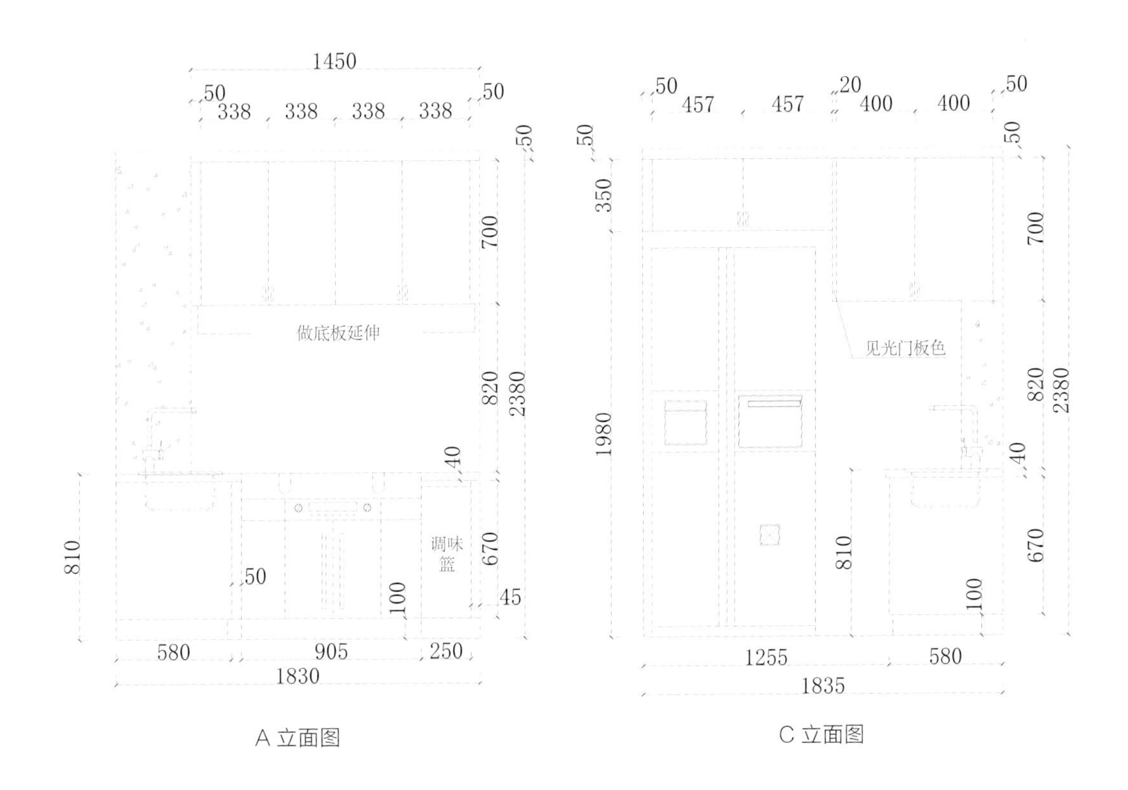
1450
50
338
338
338
338
50
50
700
做底板延伸
820
2380
40
810
调味篮
670
50
100
45
580
905
250
1830
50
457
457
20
400
400
50
50
50
350
700
见光门板色
1980
820
2380
40
810
670
100
1255
580
1835

A 立面图　　C 立面图

009

水盆尺寸不能大于 700 mm
无背板
做 90 mm 深
洗碗机
索引符
A B C D

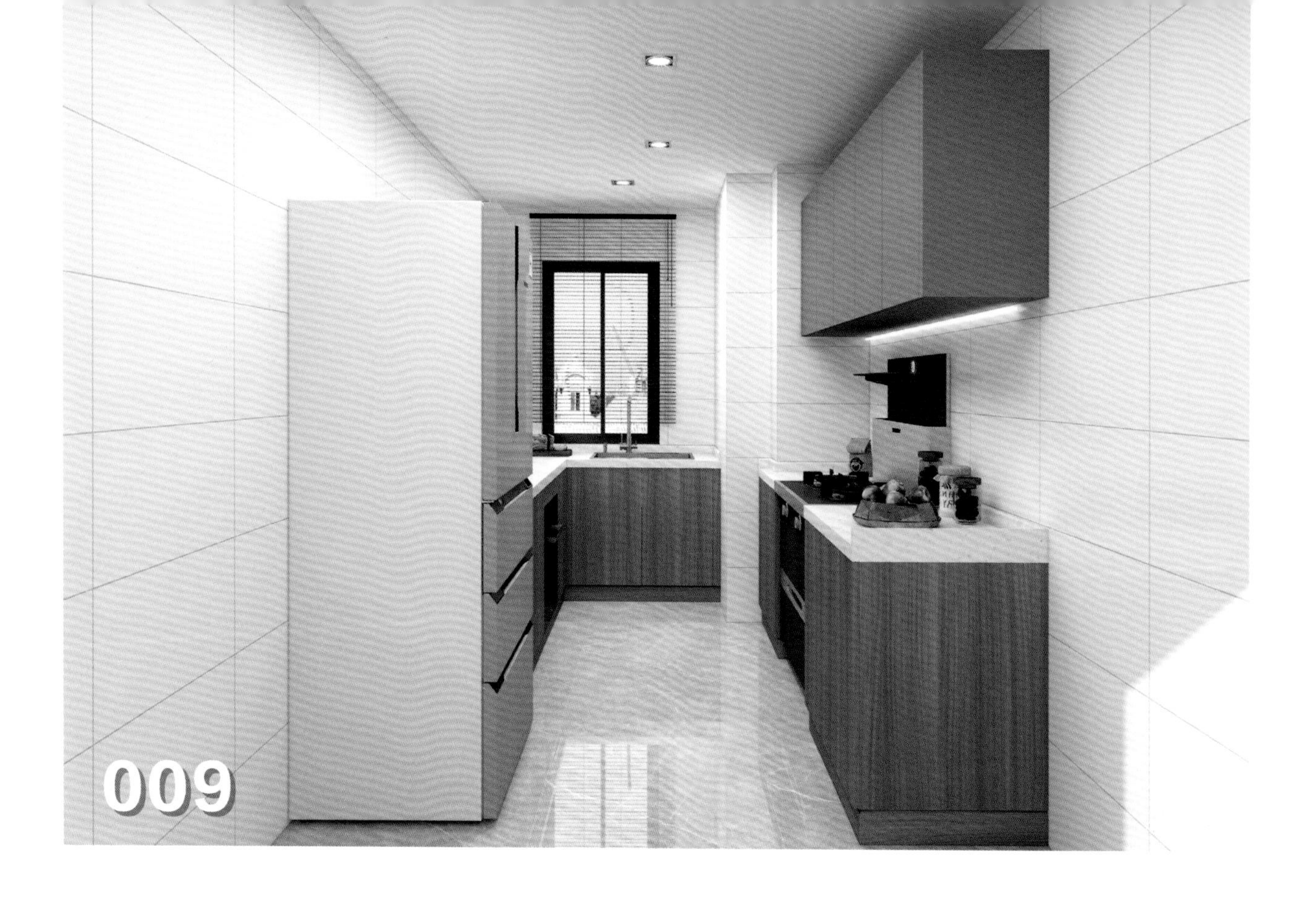

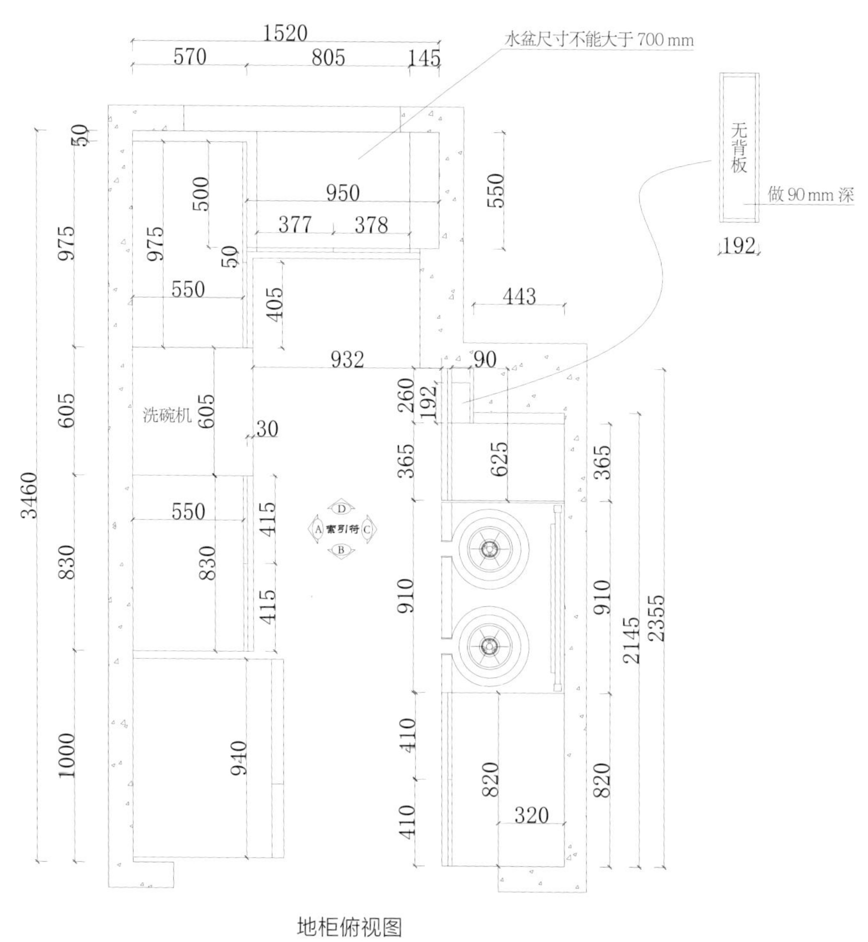

地柜俯视图

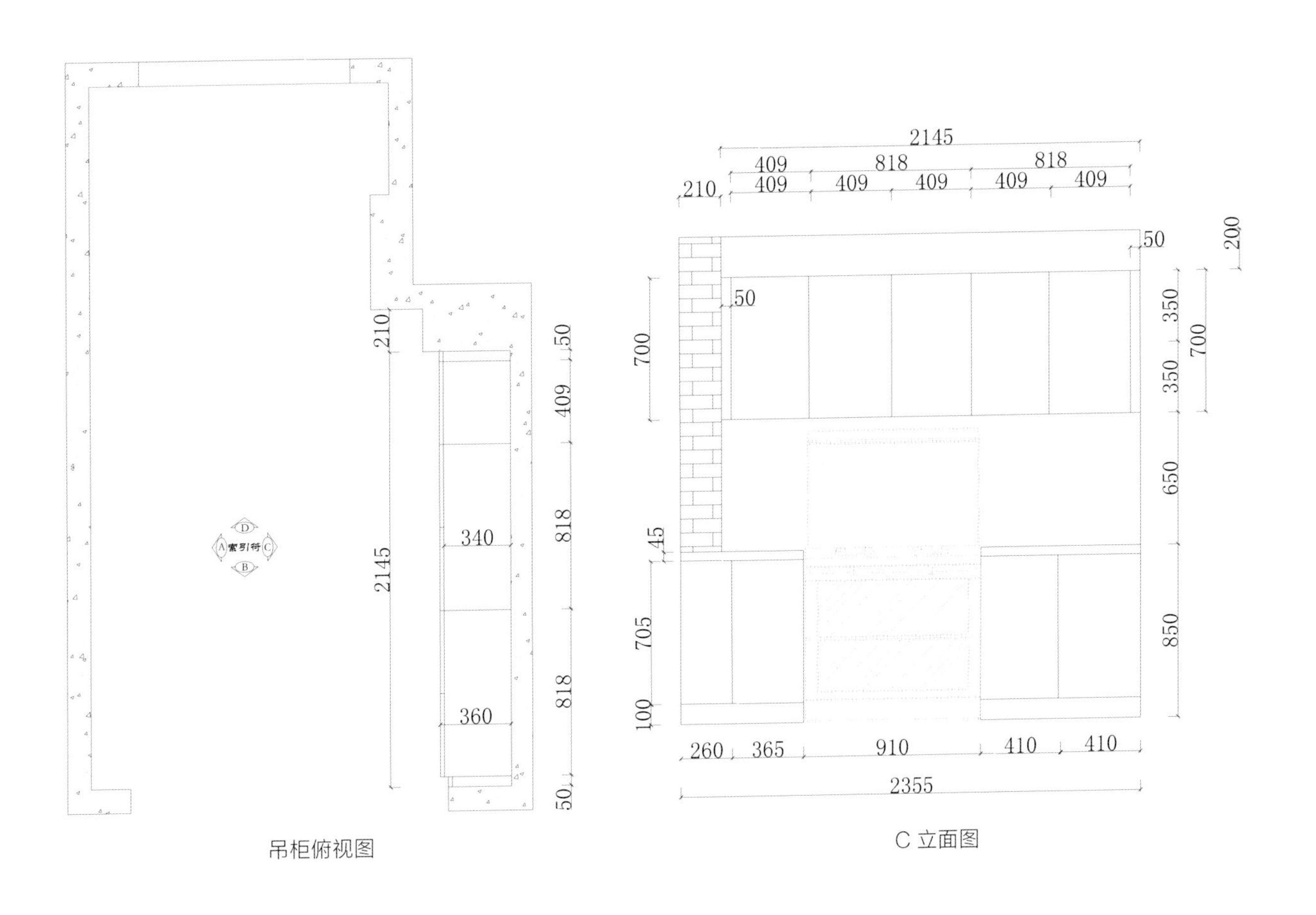

吊柜俯视图

C 立面图

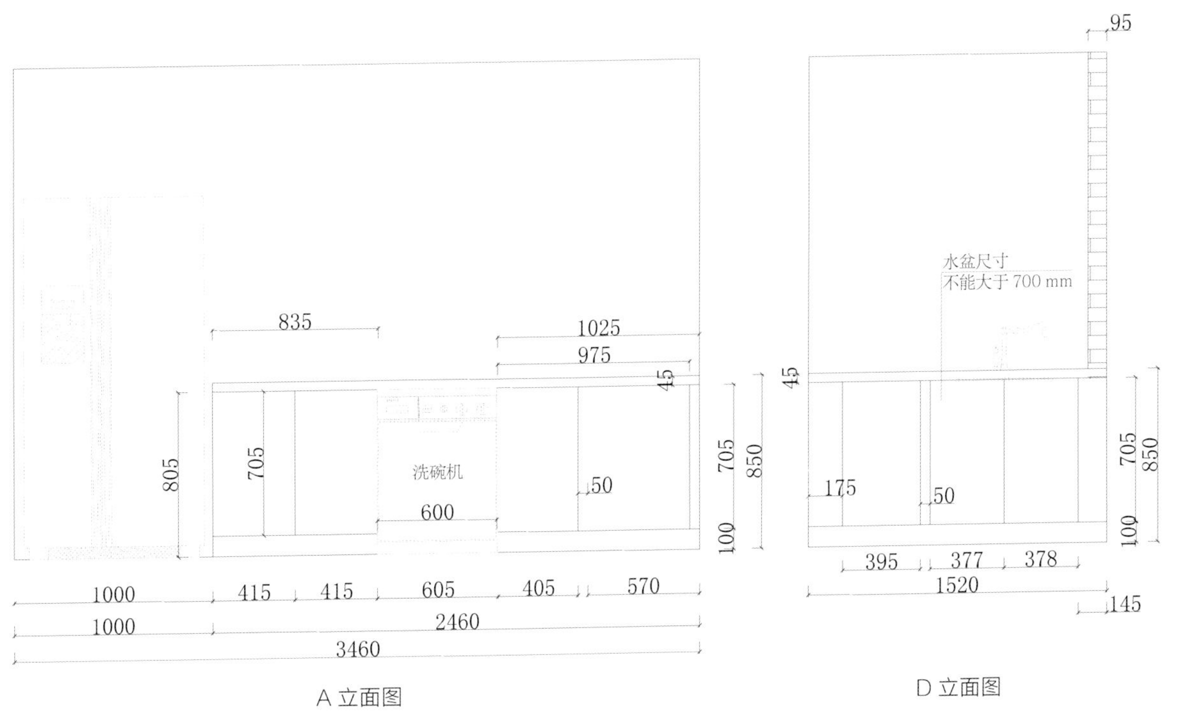

A 立面图

D 立面图

010

1950
445
920
485
50
300
320
50
330
350
D
A 索引符 C
B

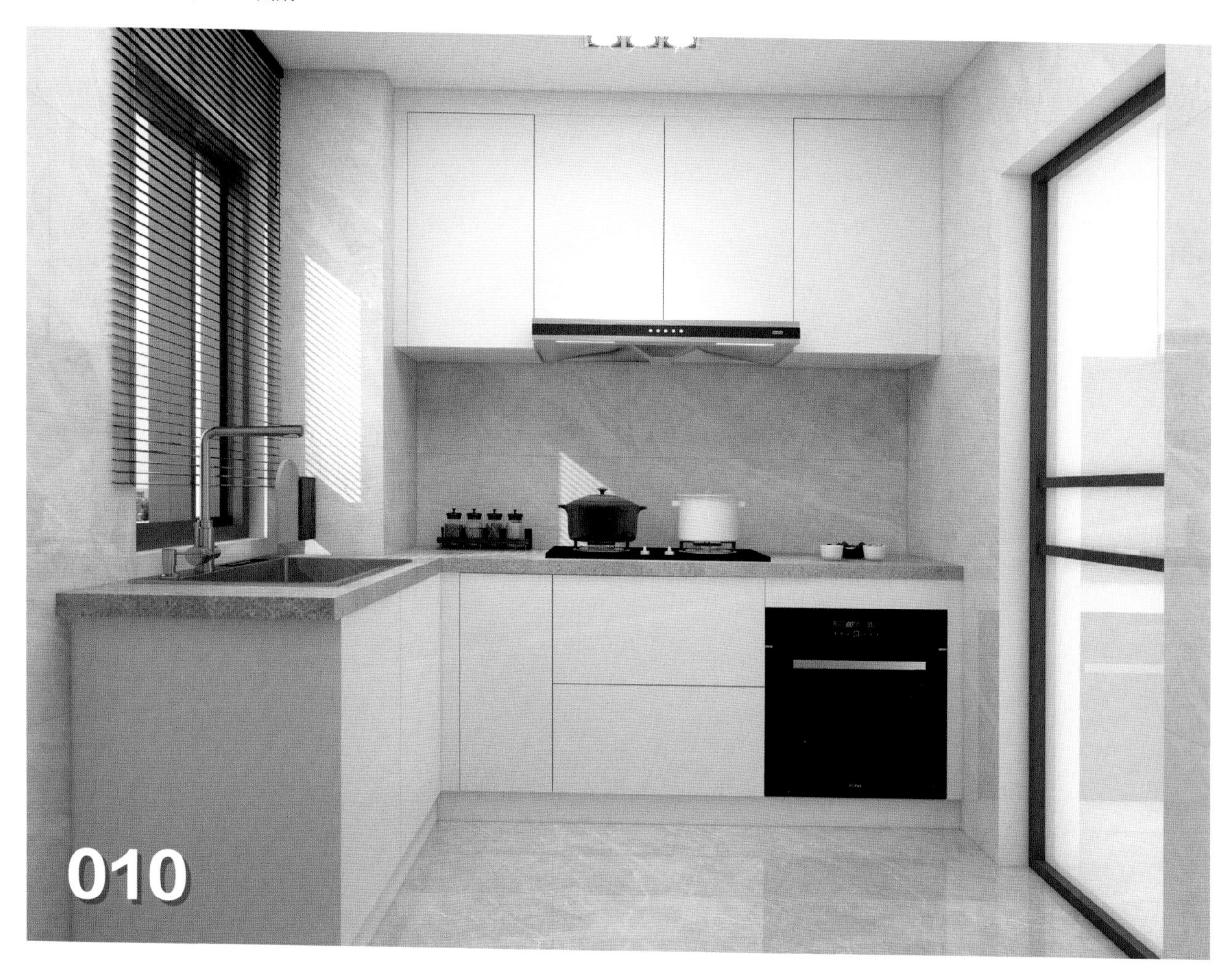

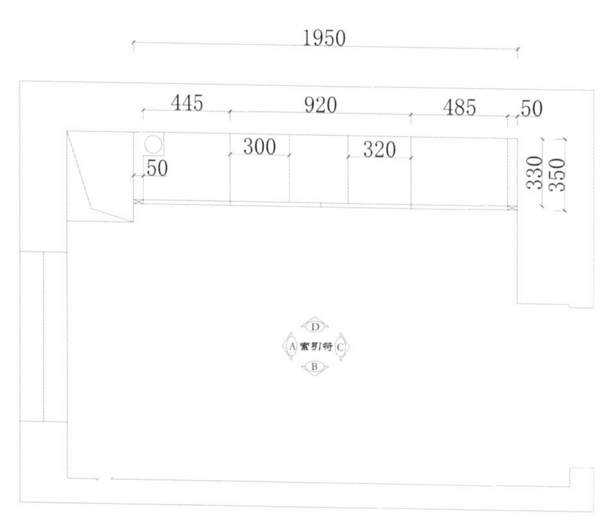

吊柜俯视图

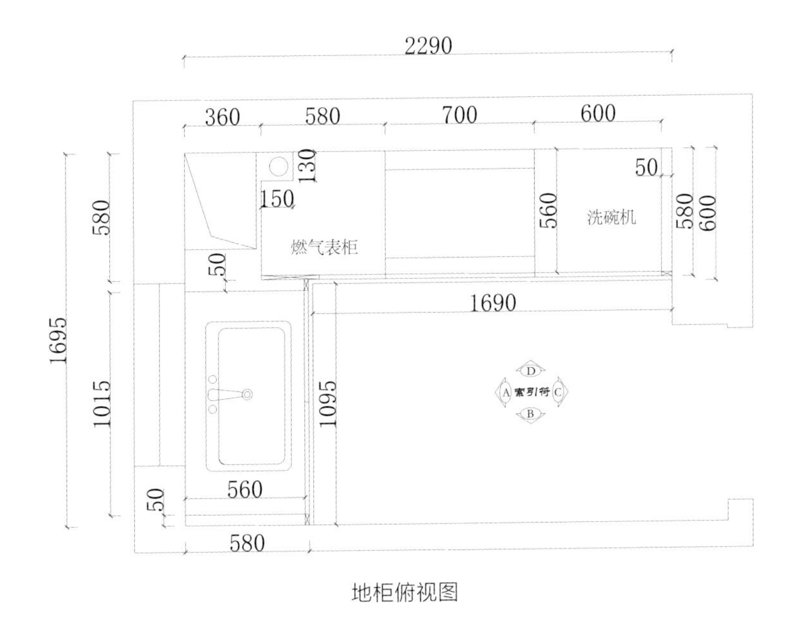

地柜俯视图

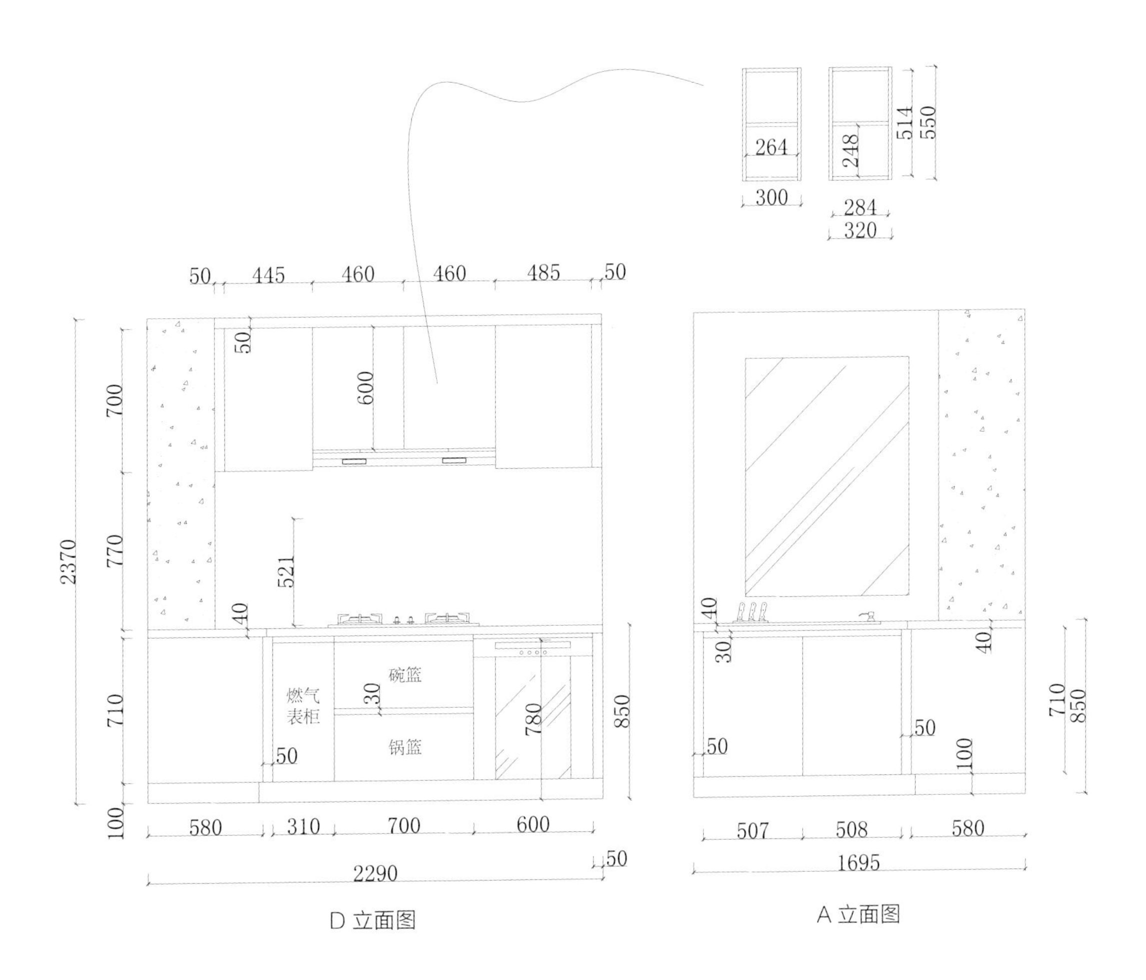

D立面图

A立面图

011

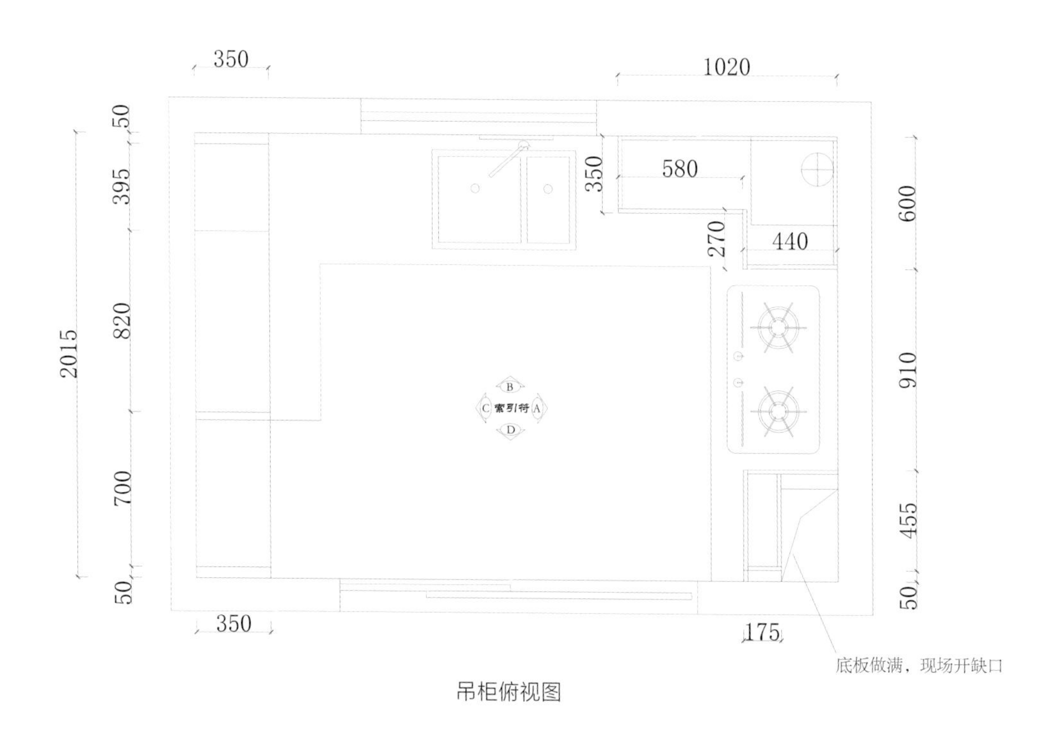
350
1020
50
395
350
580
2015
820
270
440
600
910
索引符
B
C
A
D
700
455
50
50
350
175
底板做满，现场开缺口

吊柜俯视图

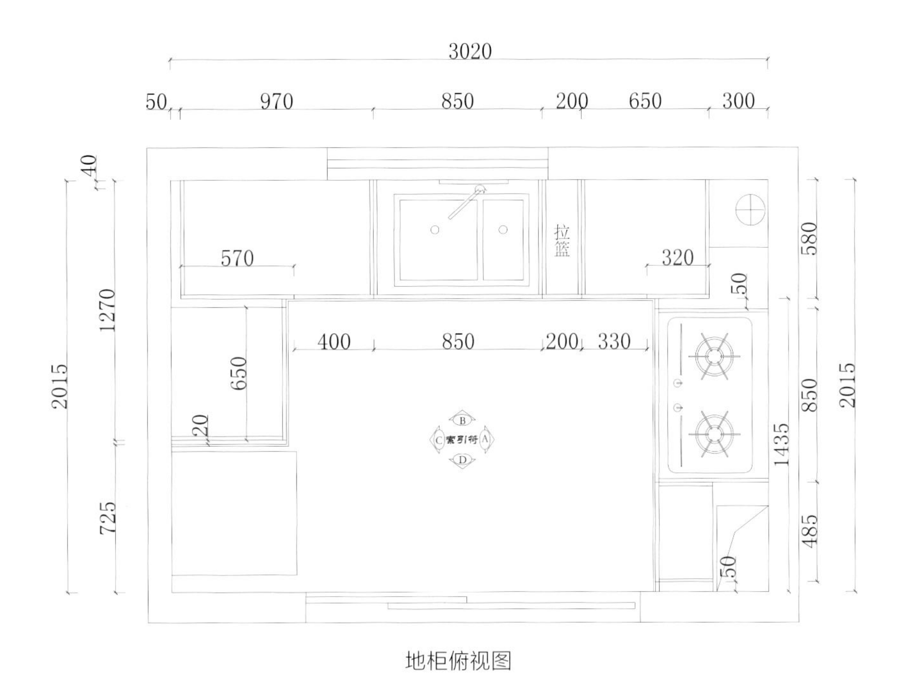
3020
50
970
850
200
650
300
40
570
拉篮
320
580
50
1270
400
850
200
330
650
2015
850
2015
20
索引符
1435
725
485
50

地柜俯视图

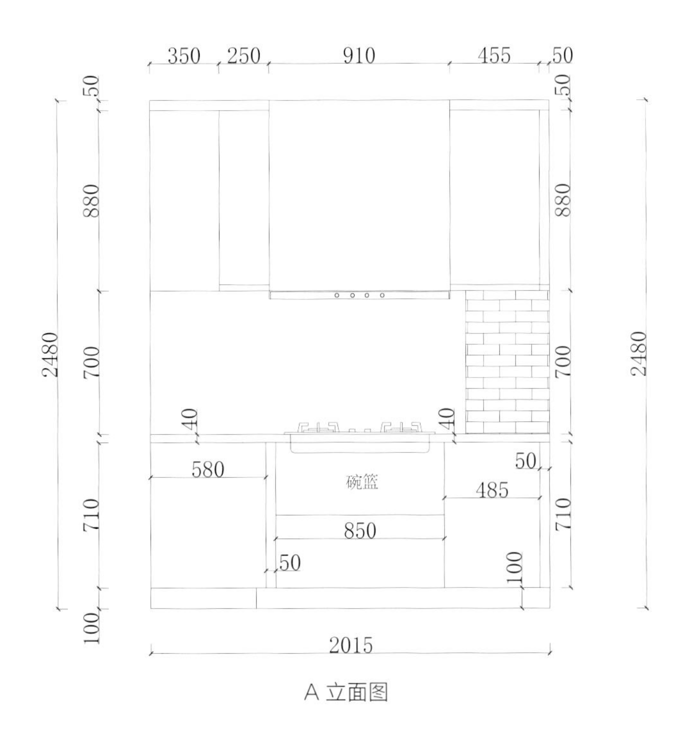
350
250
910
455
50
50
50
880
880
2480
700
700
2480
40
40
580
50
碗篮
485
710
850
710
50
100
100
2015

A 立面图

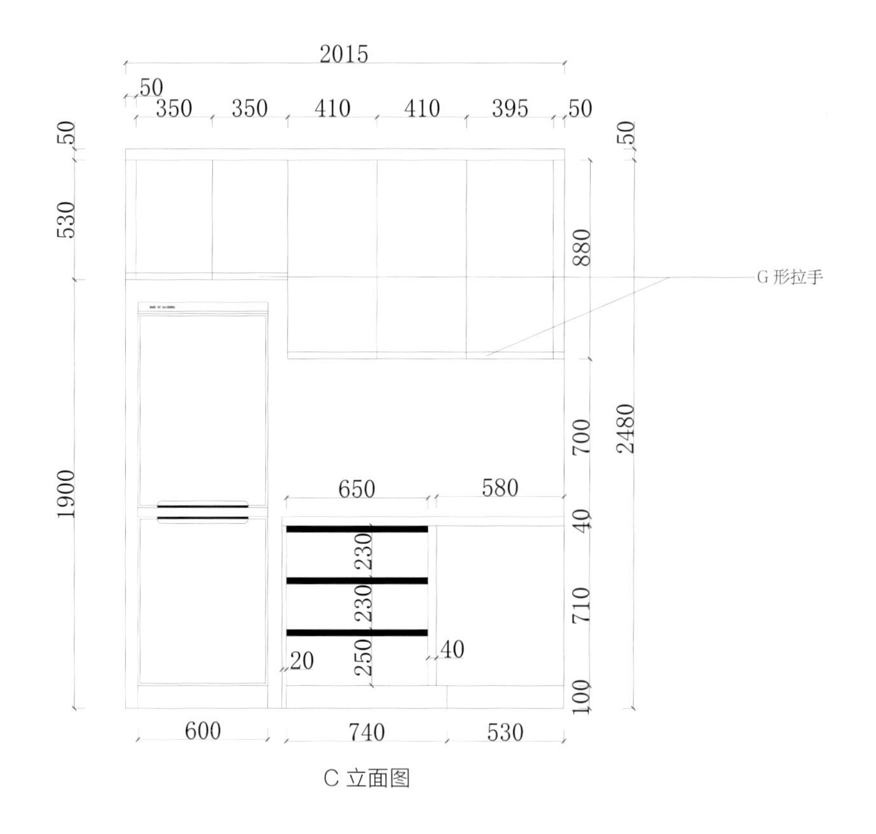
2015
50
350
350
410
410
395
50
50
530
880
G 形拉手
1900
700
2480
650
580
40
230
230
710
20
250
40
100
600
740
530

C 立面图

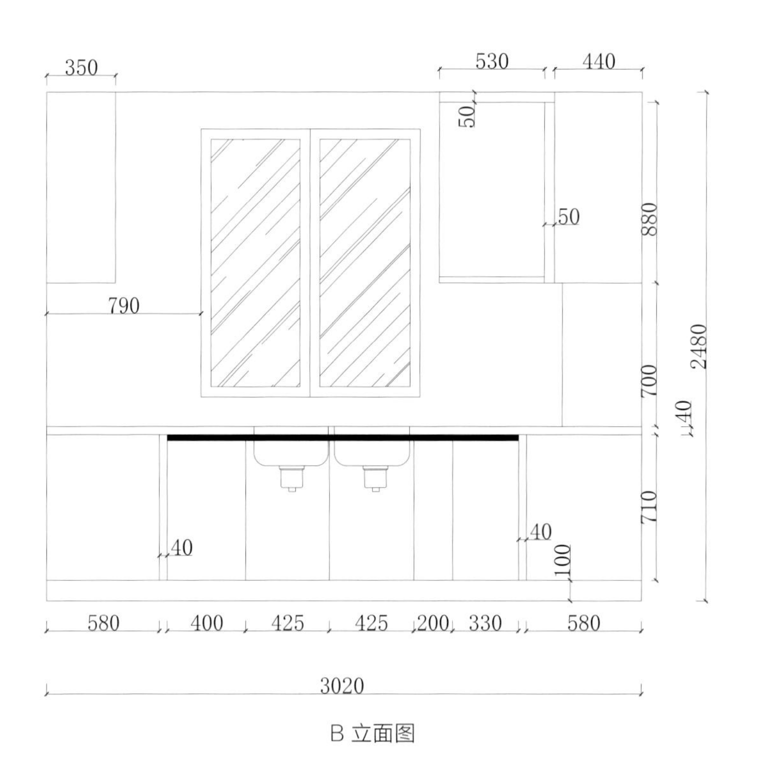
350
530
440
50
50
880
790
700
2480
40
710
40
40
100
580
400
425
425
200
330
580
3020

B 立面图

012

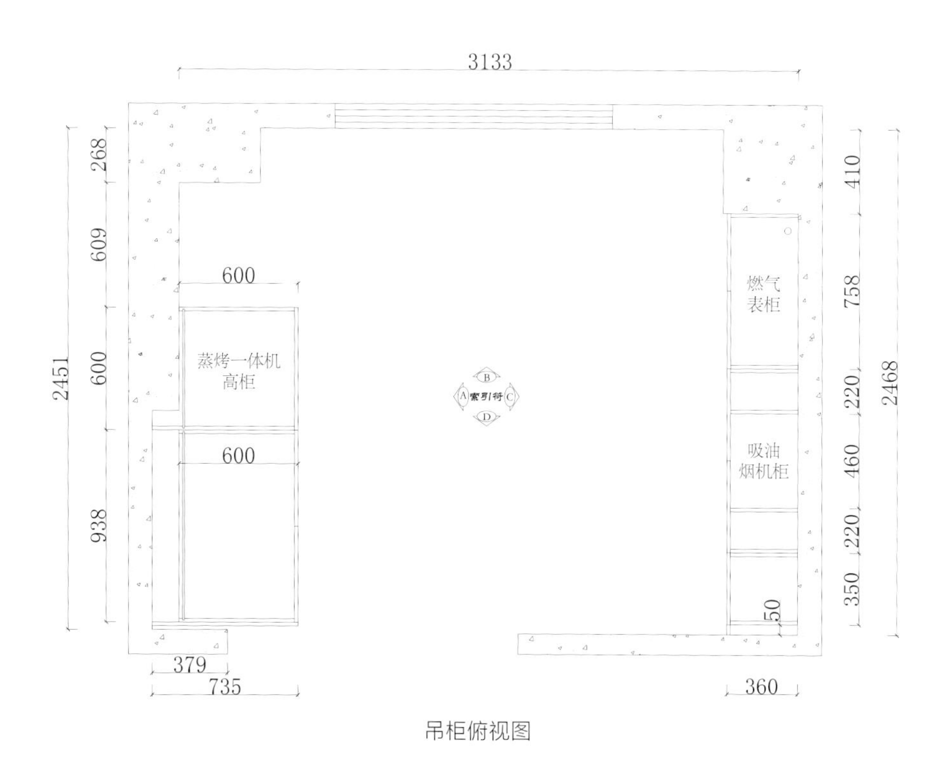
3133
268
609
600
938
2451
600
蒸烤一体机
高柜
600
379
735
燃气
表柜
吸油
烟机柜
410
758
220
460
220
350
50
2468
360

吊柜俯视图

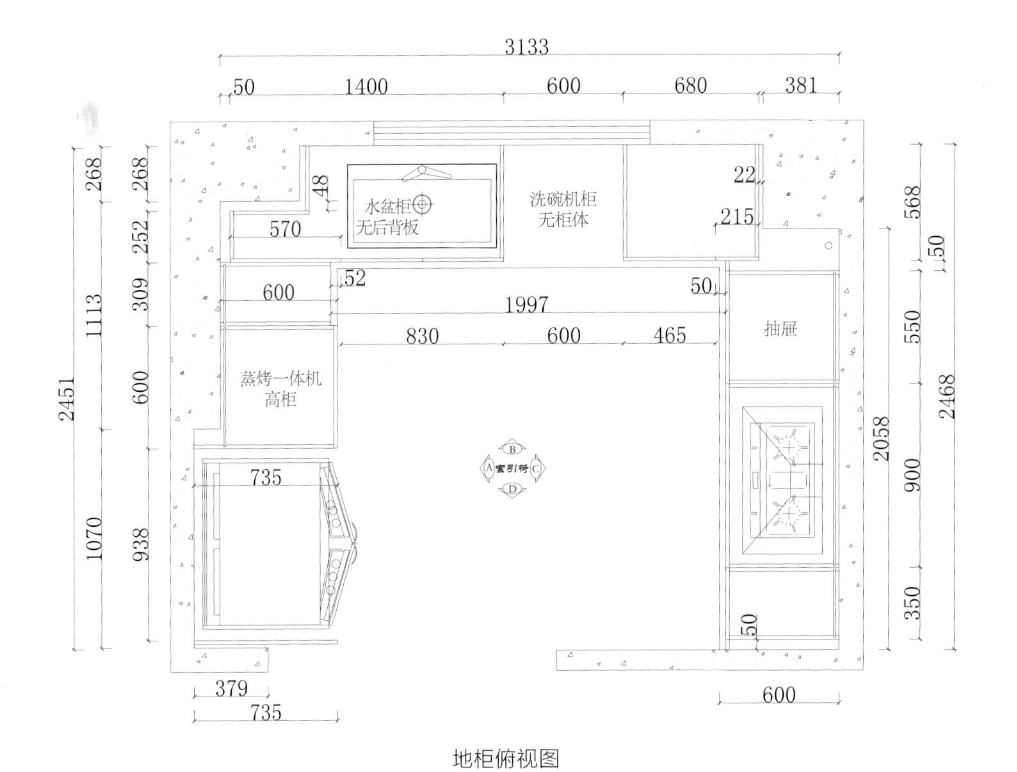
3133
50
1400
600
680
381
268
268
48
水盆柜
无后背板
洗碗机柜
无柜体
22
215
568
252
570
50
309
600
52
50
1113
1997
830
600
465
抽屉
550
2451
600
蒸烤一体机
高柜
2468
2058
735
900
1070
938
350
50
379
735
600

地柜俯视图

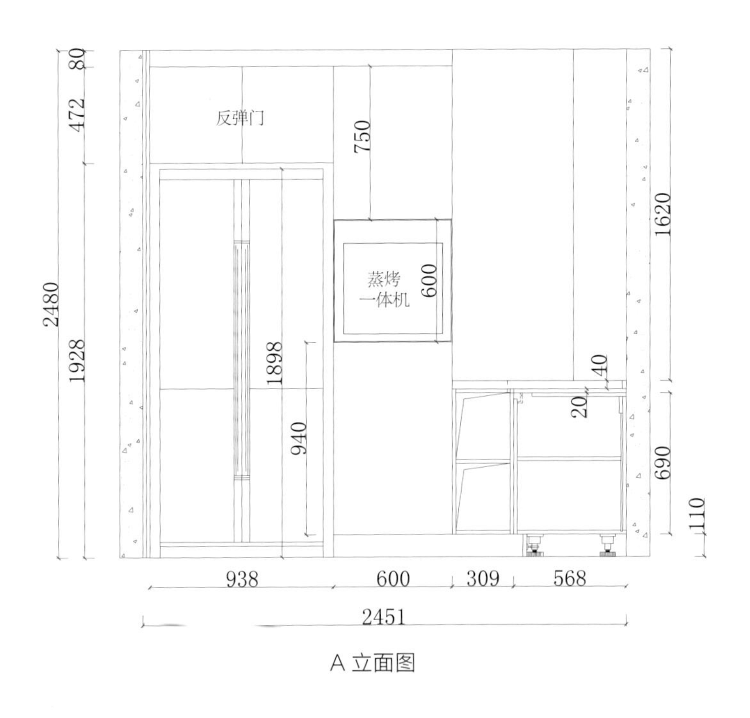
80
472
反弹门
750
1620
2480
蒸烤
一体机
600
1928
1898
40
20
940
690
110
938
600
309
568
2451

A 立面图

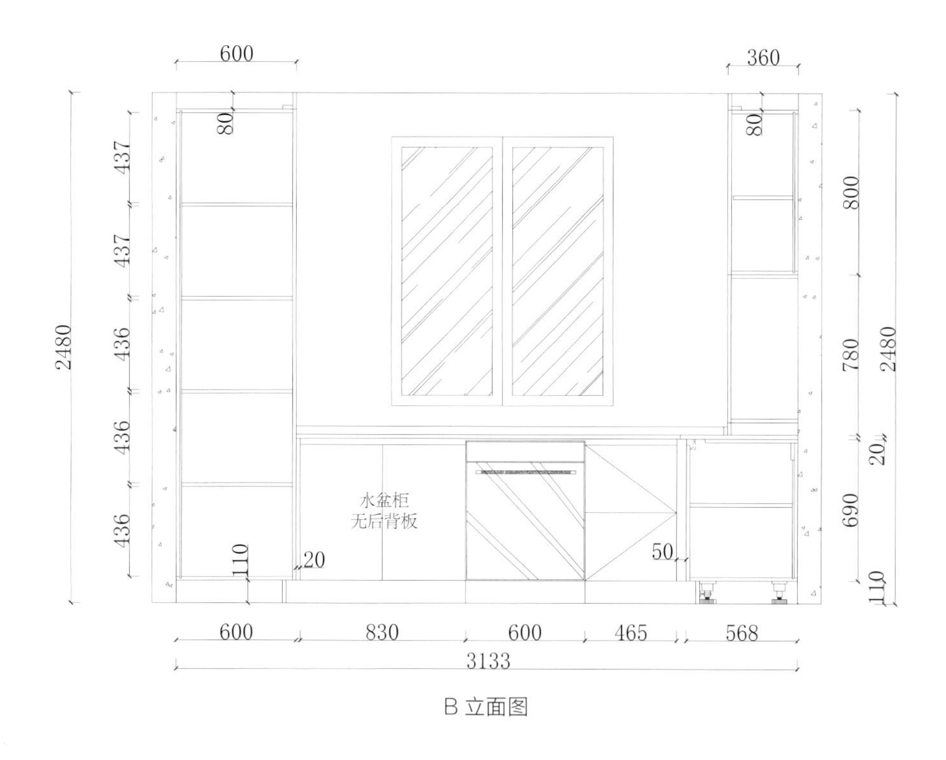

B 立面图

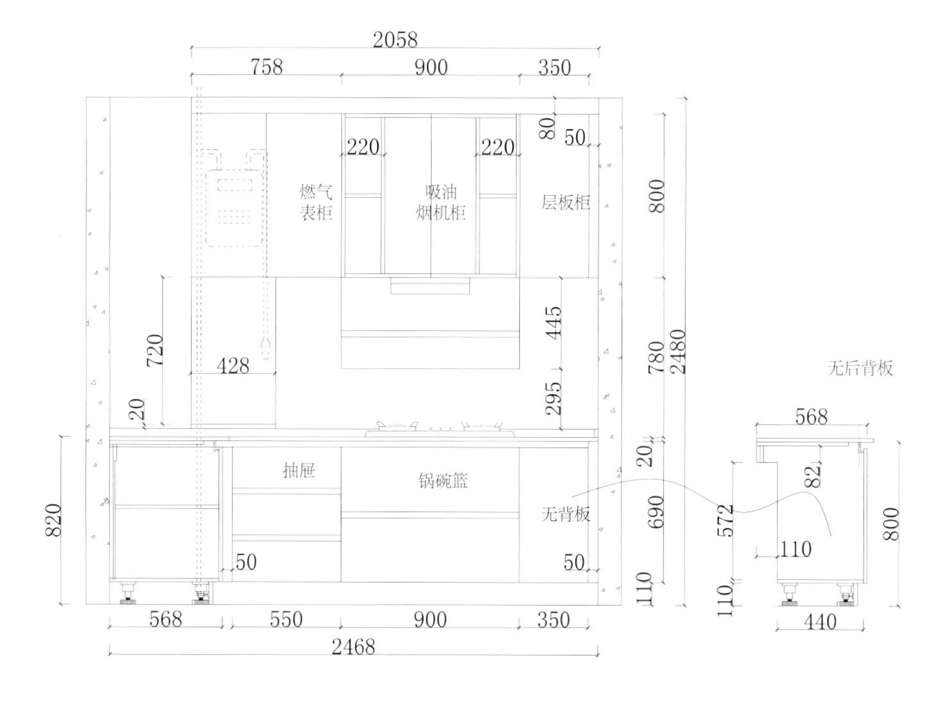

C 立面图

锅碗篮柜右侧板，层板柜
左侧板按此图裁口

013

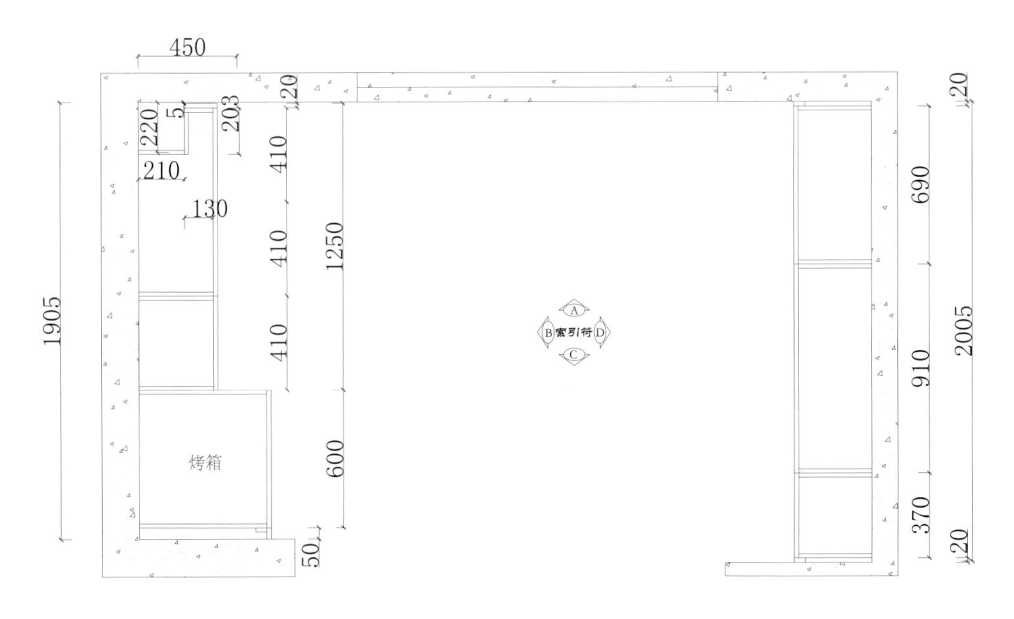
450
20
203
220
5
210
130
410
410
410
1250
1905
烤箱
600
50
索引符
A
B
C
D
20
690
910
2005
370
20

吊柜俯视图

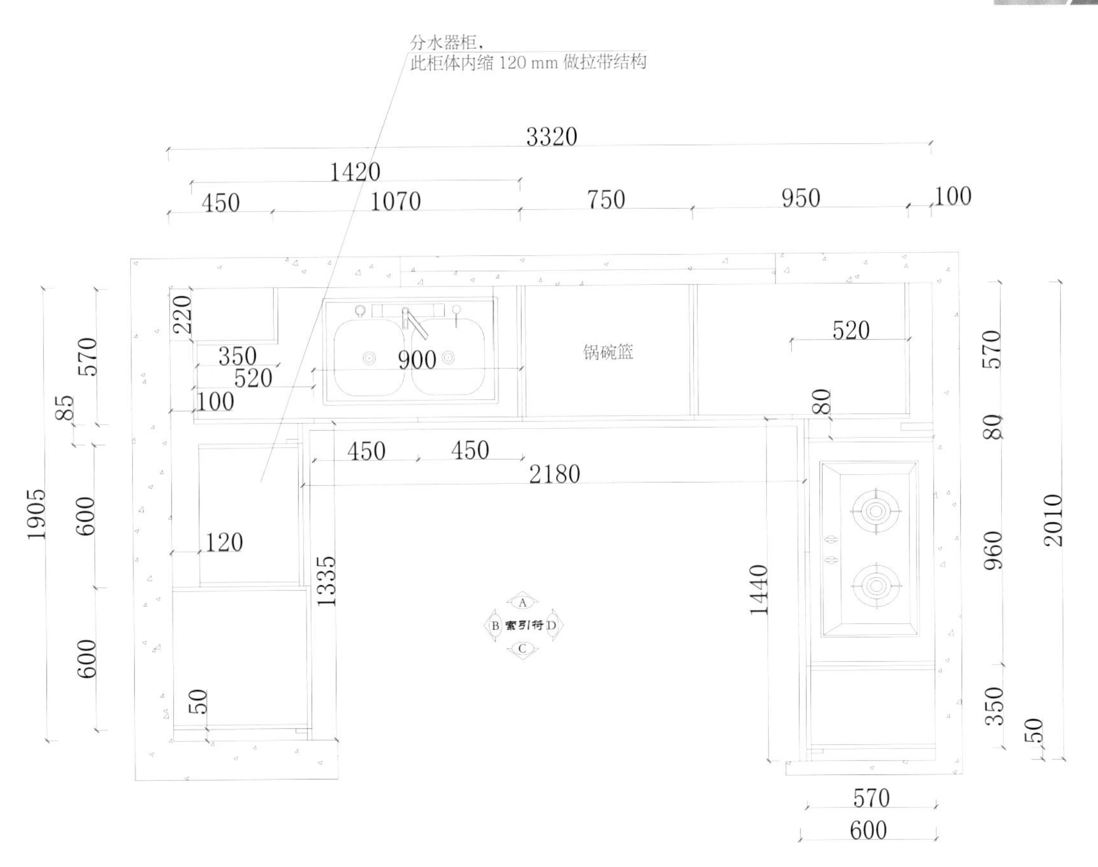
分水器柜，
此柜体内缩 120 mm 做拉带结构
3320
1420
450
1070
750
950
100
220
350
520
100
900
锅碗篮
520
80
570
85
1905
600
600
450
450
2180
120
1335
1440
960
2010
80
570
350
50
50
570
600

A
B 索引符 D
C

地柜俯视图

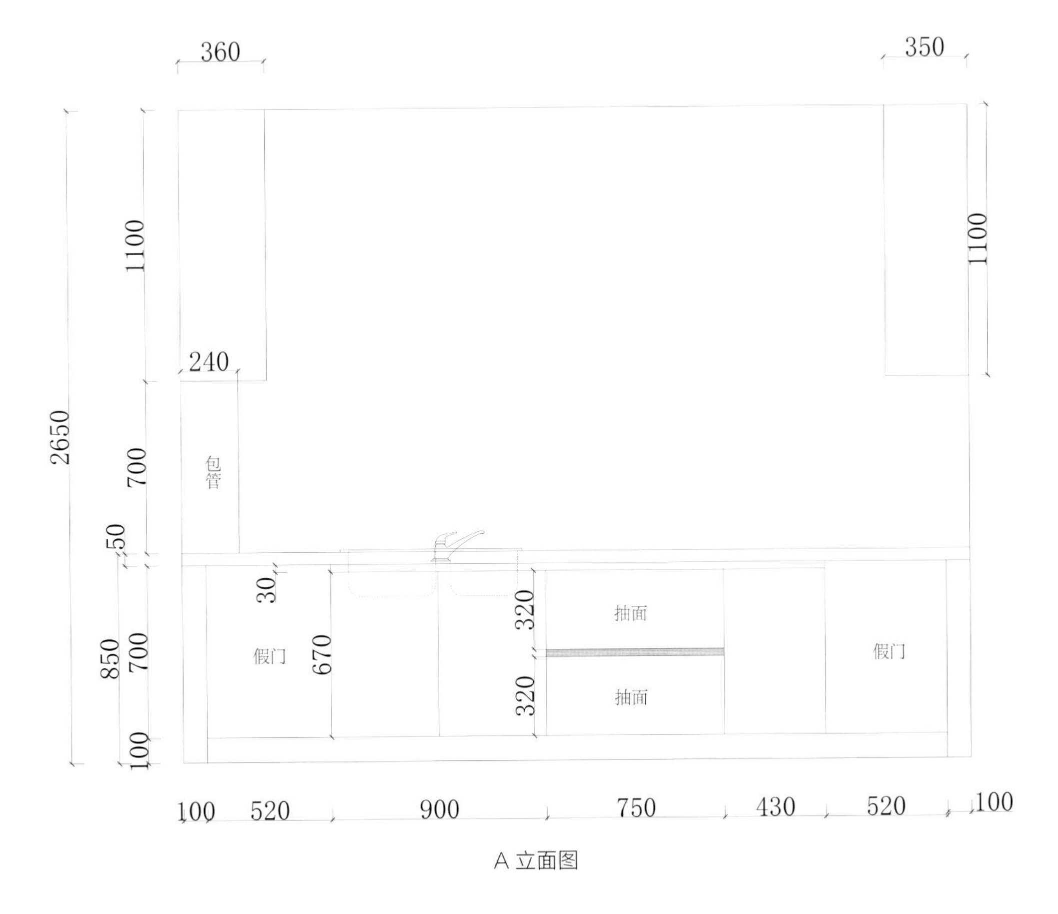
360
350
1100
1100
240
2650
700
包管
50
30
320
抽面
假门
670
850
700
320
抽面
假门
100
100
520
900
750
430
520
100

A 立面图

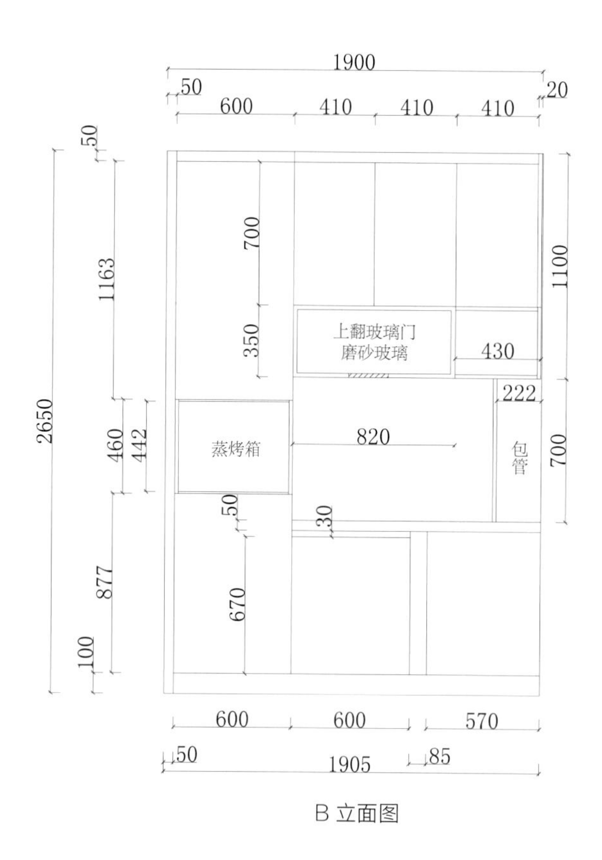
1900
50
600
410
410
410
20
50
1163
700
350
上翻玻璃门
磨砂玻璃
430
1100
2650
222
蒸烤箱
820
包管
460
442
700
50
30
877
670
100
600
600
570
50
1905
85

B 立面图

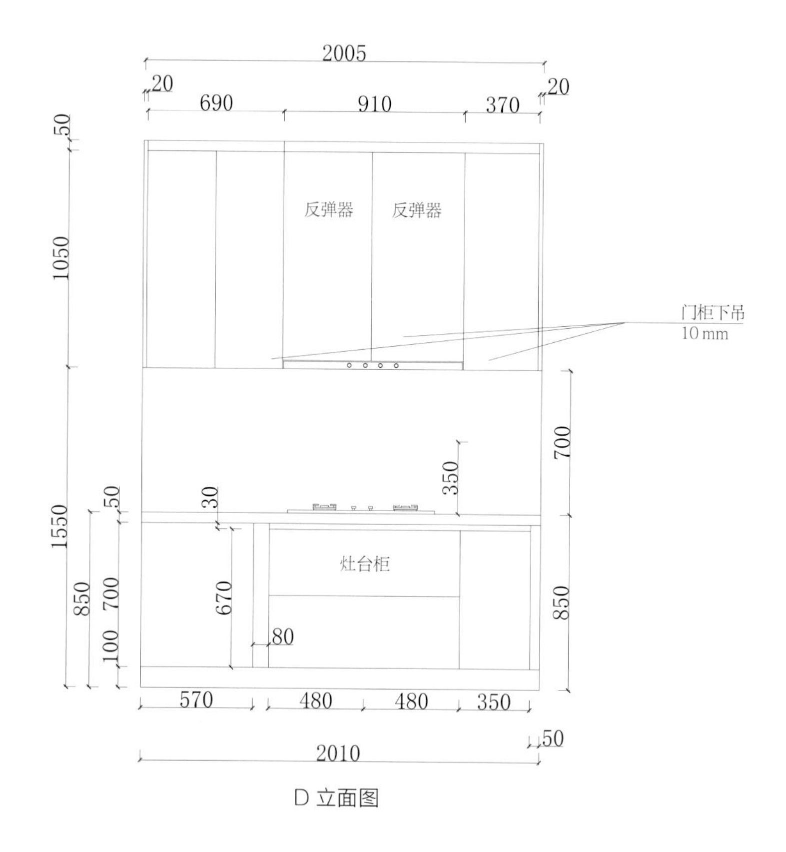
2005
20
690
910
370
20
50
反弹器
反弹器
1050
门柜下吊
10 mm
700
350
1550
50
30
灶台柜
850
700
670
850
100
80
570
480
480
350
2010
50

D 立面图

014

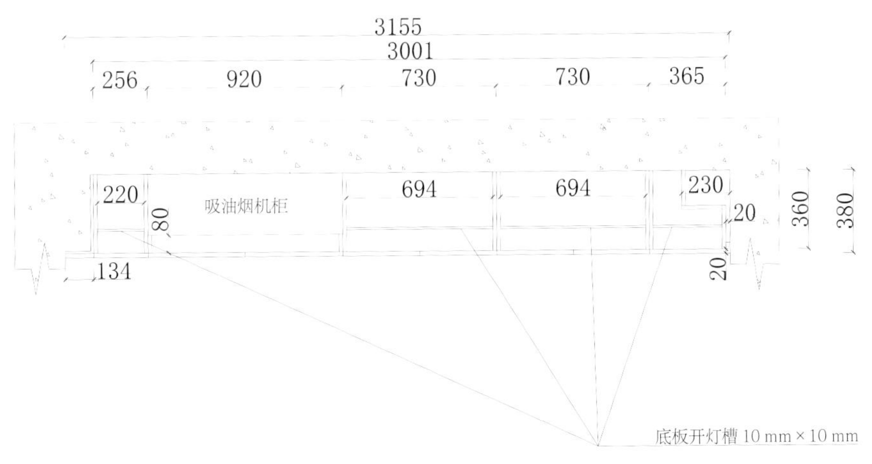
3155
3001
256
920
730
730
365
220
吸油烟机柜
80
694
694
230
20
360
380
134
20
底板开灯槽 10 mm × 10 mm

吊柜俯视图

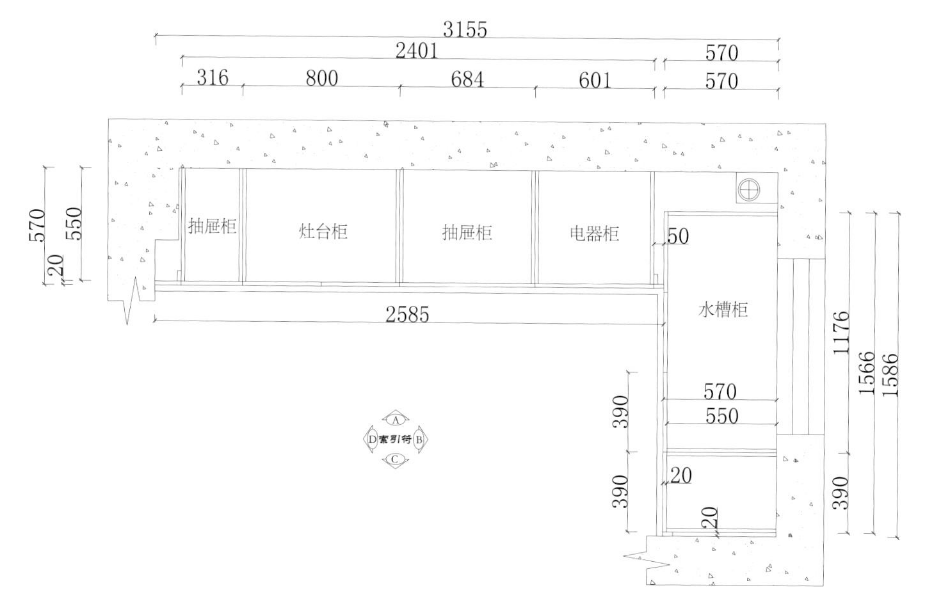

地柜俯视图

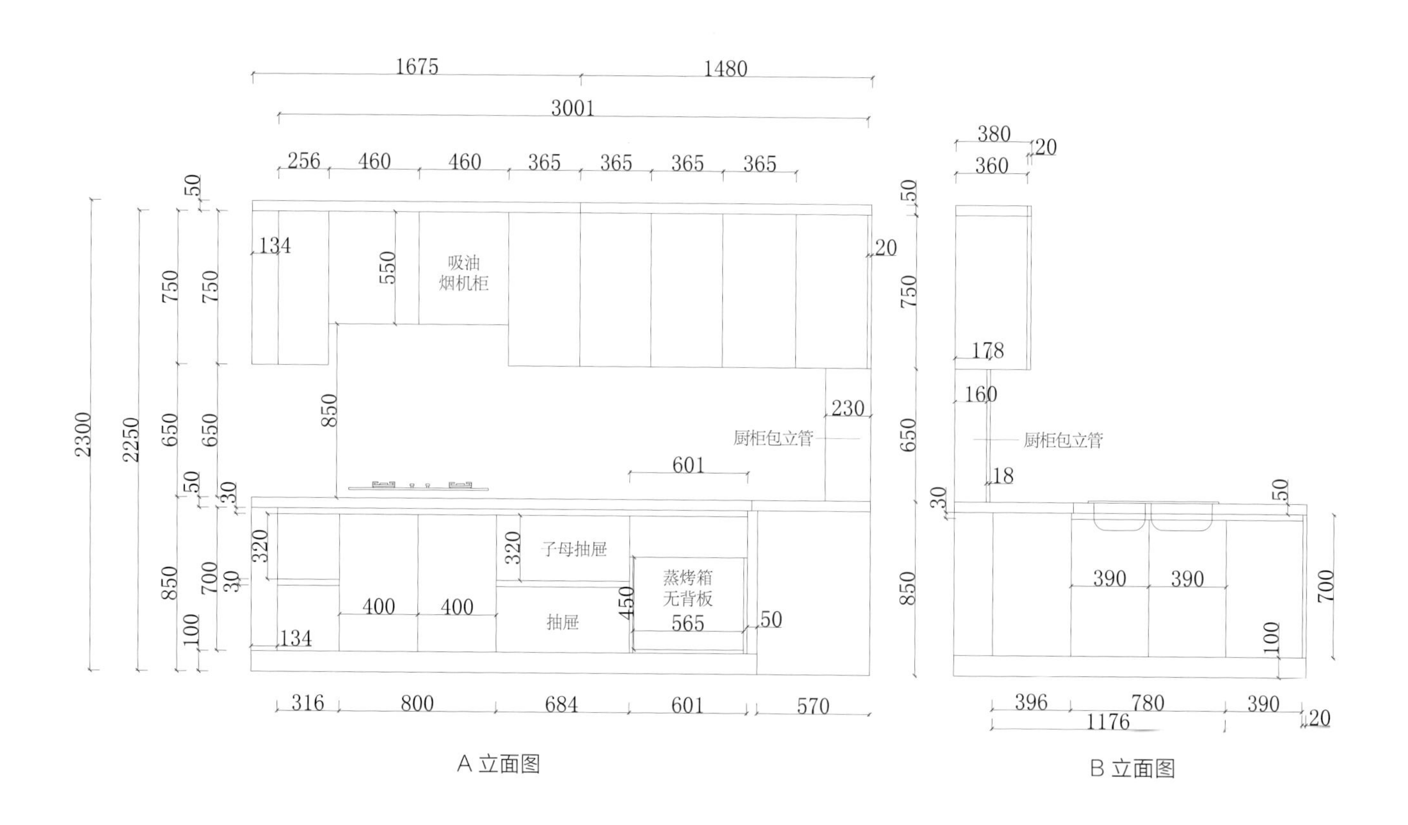

A 立面图

B 立面图

第5章
衣柜

年轻夫妇的衣服类型比较多样化，一般建议男女主人拥有各自独立的衣柜。如果两人一定要共用衣柜的话，建议在衣柜里划分出各自的衣柜空间。

如果连衣裙较多，就要预留更多的区域。老年人的衣服多为纯棉质地，他们更喜欢叠衣，所以针对老年人的衣柜可以多设计些叠衣区和抽屉区。包柜的层板高度可以根据手提包的尺寸来设计，随着手提包的高度变化来调整（包柜侧面需要预留侧排孔）。

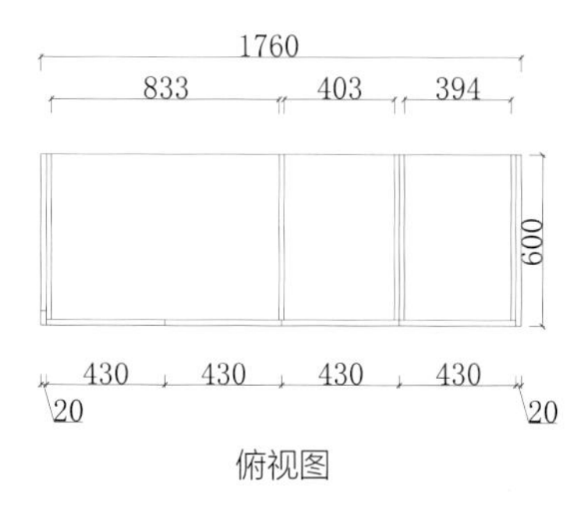

俯视图

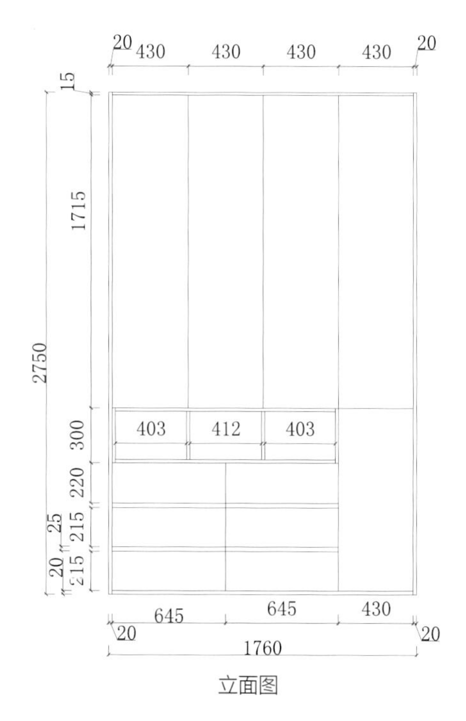

立面图

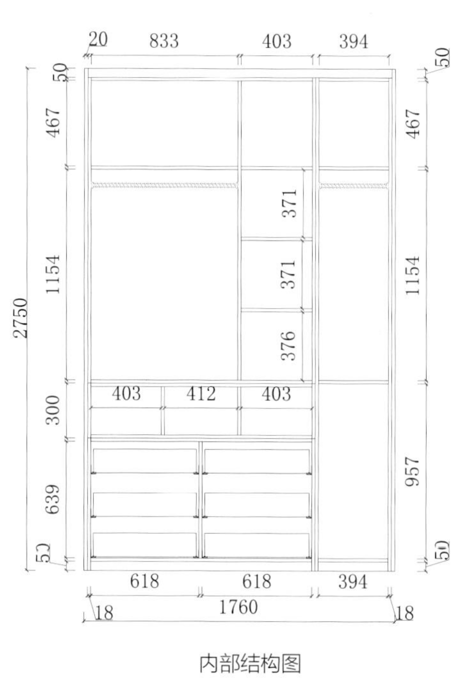

内部结构图

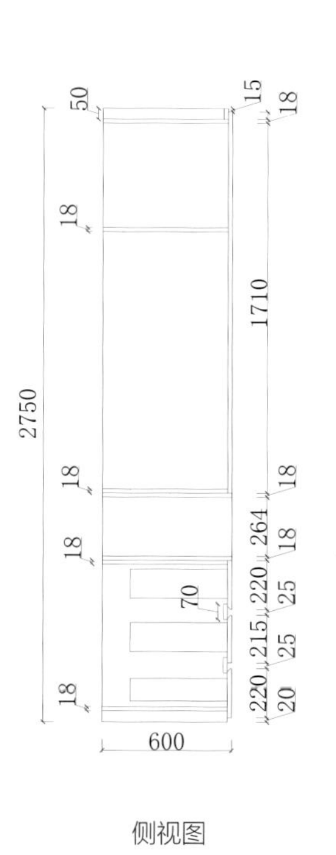

侧视图

002

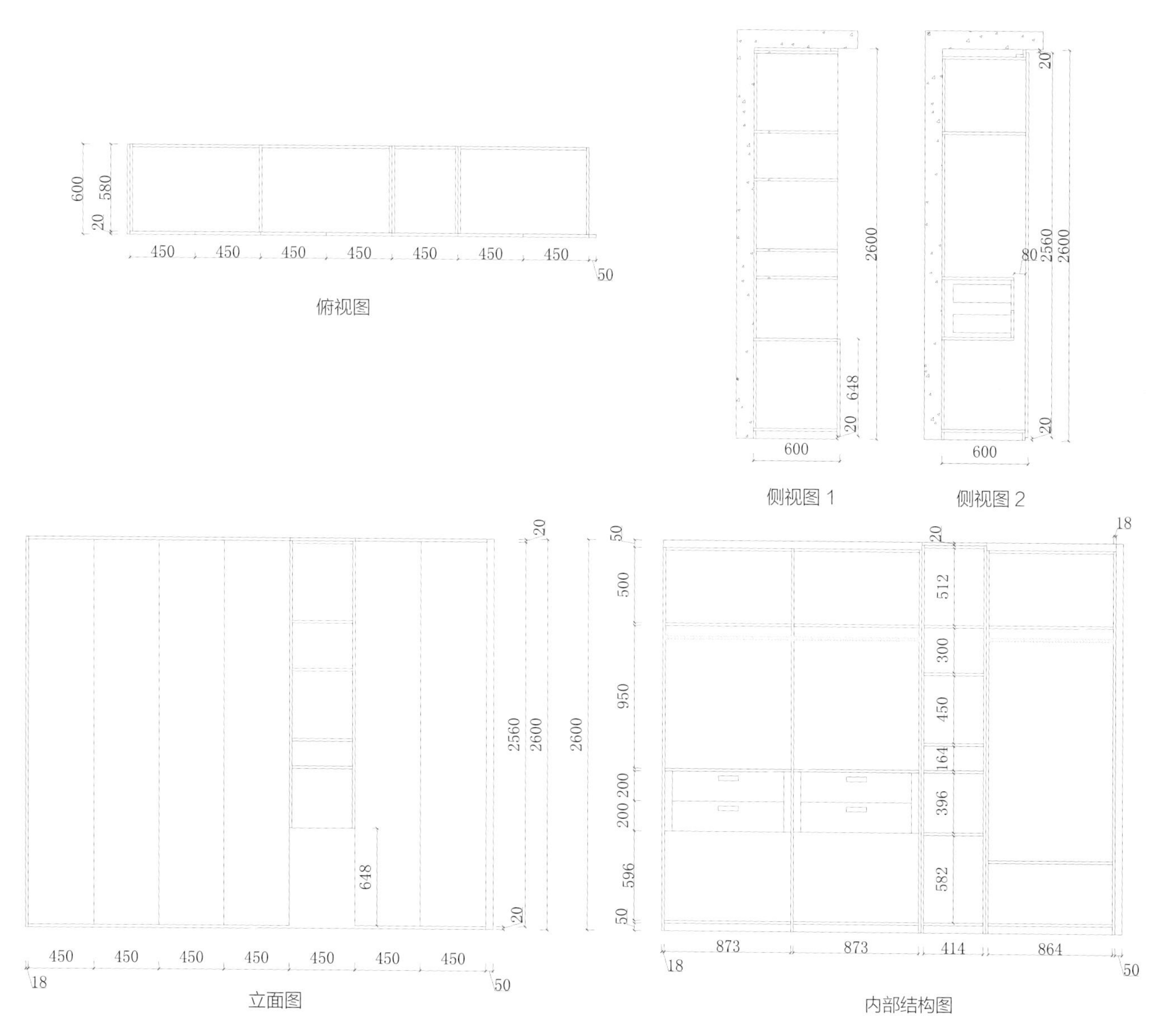
600
580
20
450 450 450 450 450 450 450
50
俯视图
2600
648
20
600
侧视图 1
20
80
2560
2600
20
600
侧视图 2
20
2560
2600
648
20
450 450 450 450 450 450 450
18
50
立面图
50
500
950
200 200
596
50
2600
20
512
300
450
164
396
582
18
873 873 414 864
18
50
内部结构图

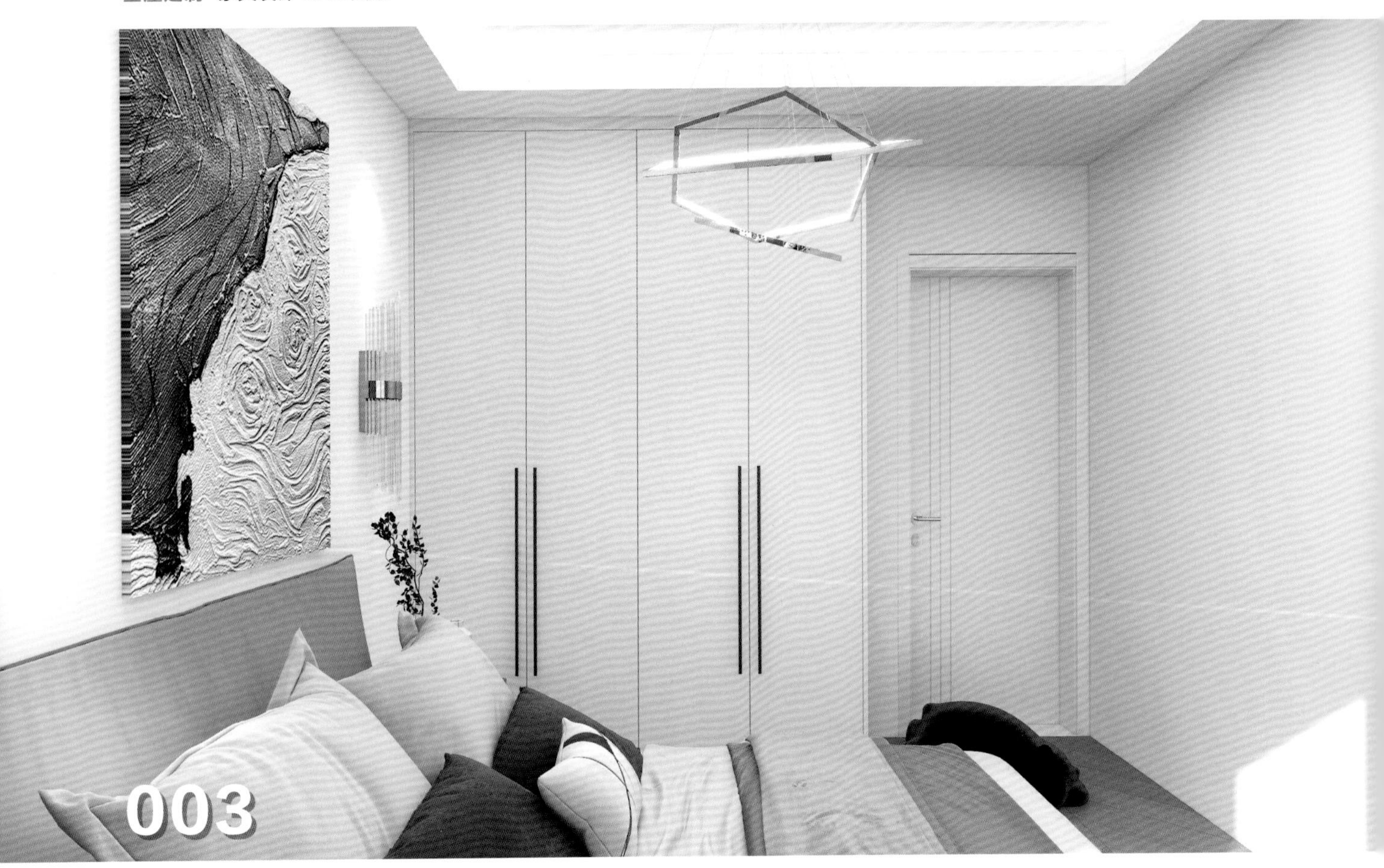
003

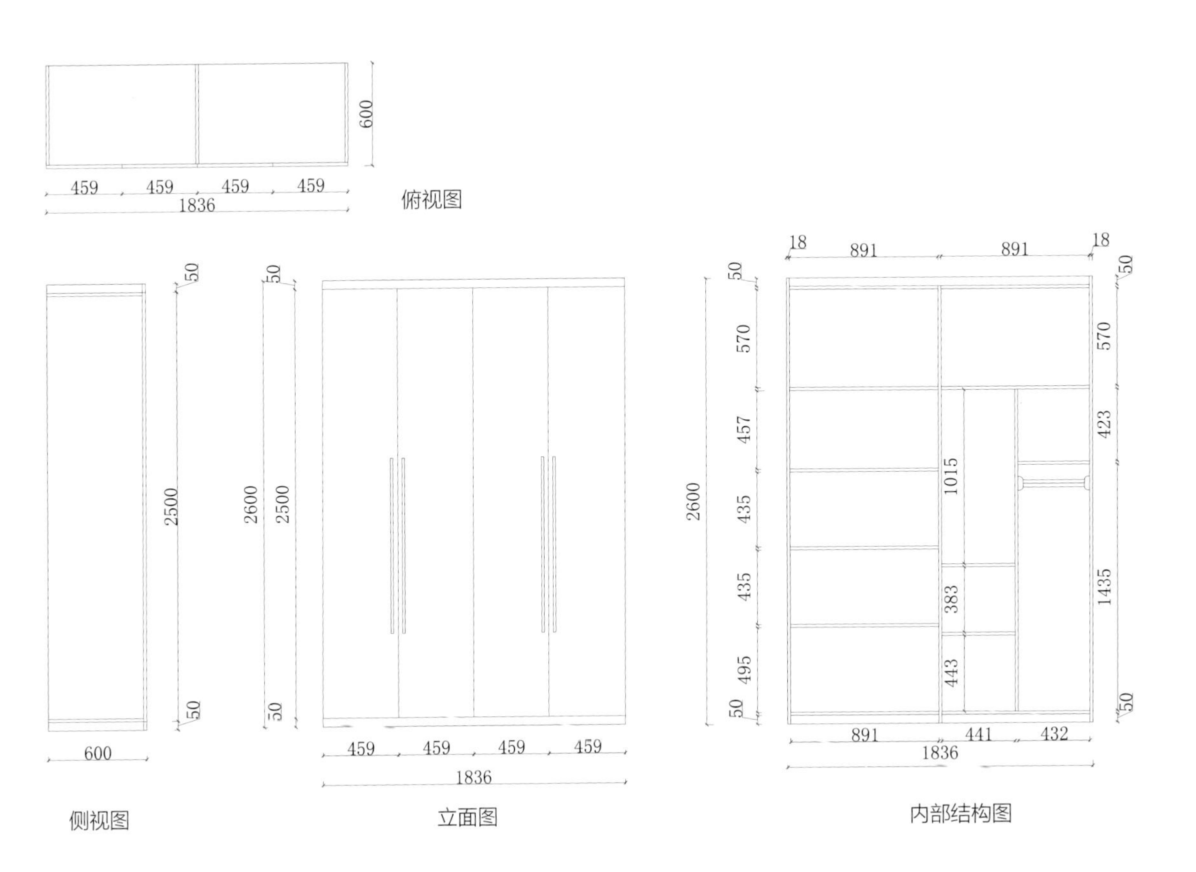
600
459
459
459
459
1836
俯视图
50
2500
50
600
侧视图
50
2600
2500
50
459
459
459
459
1836
立面图
18
891
891
18
50
570
457
435
435
495
50
2600
1015
383
443
570
423
1435
50
891
441
432
1836
内部结构图

004

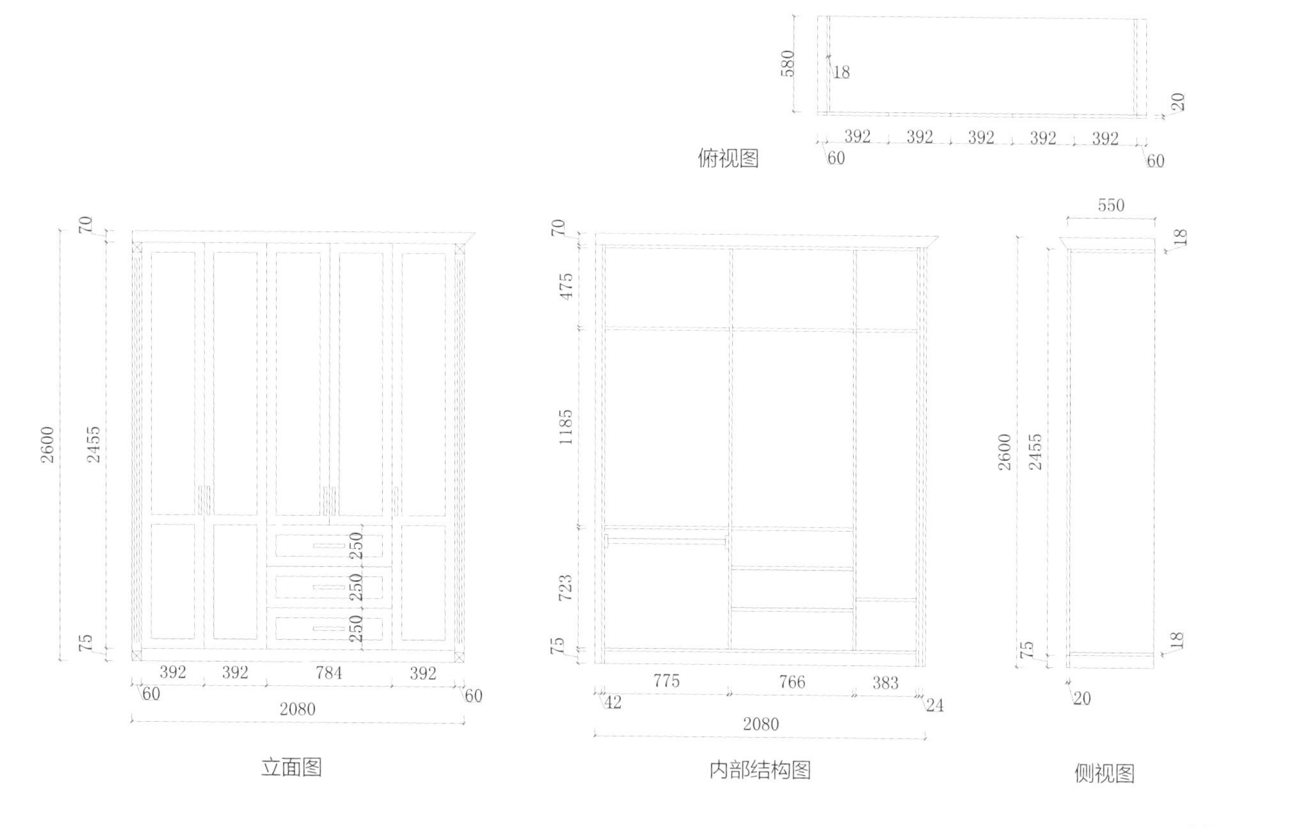
2080
580
18
20
392 392 392 392 392
60
60
俯视图
70
2600
2455
75
392 392 784 392
60
60
2080
250
250
250
立面图
70
475
1185
723
75
775 766 383
42
24
2080
内部结构图
550
18
2600
2455
75
18
20
侧视图

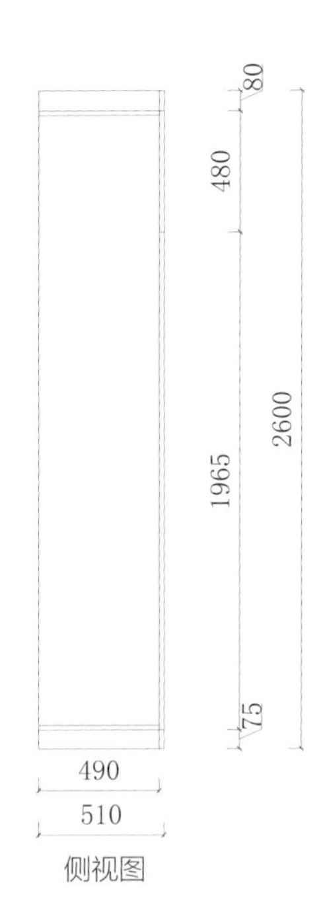

侧视图

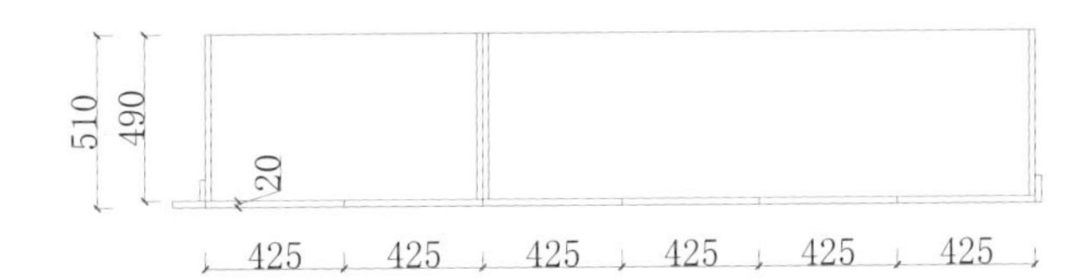

俯视图

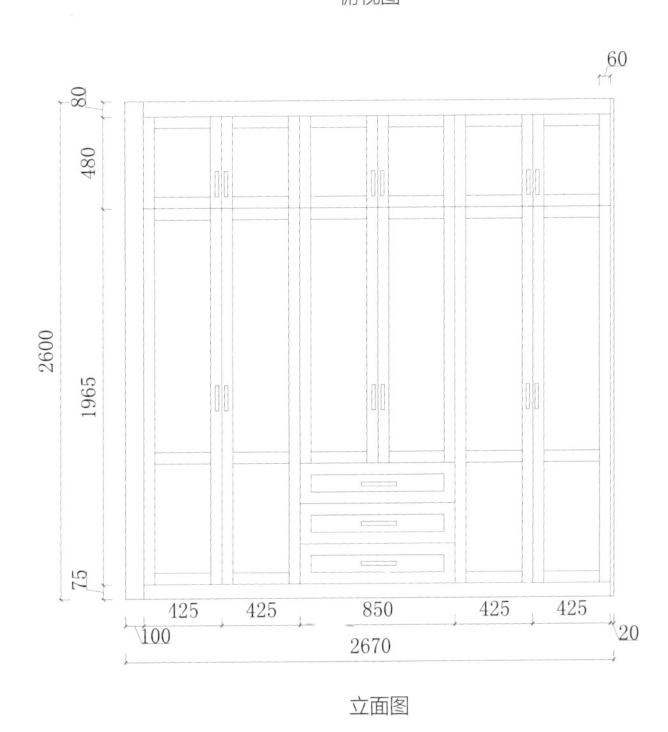

立面图

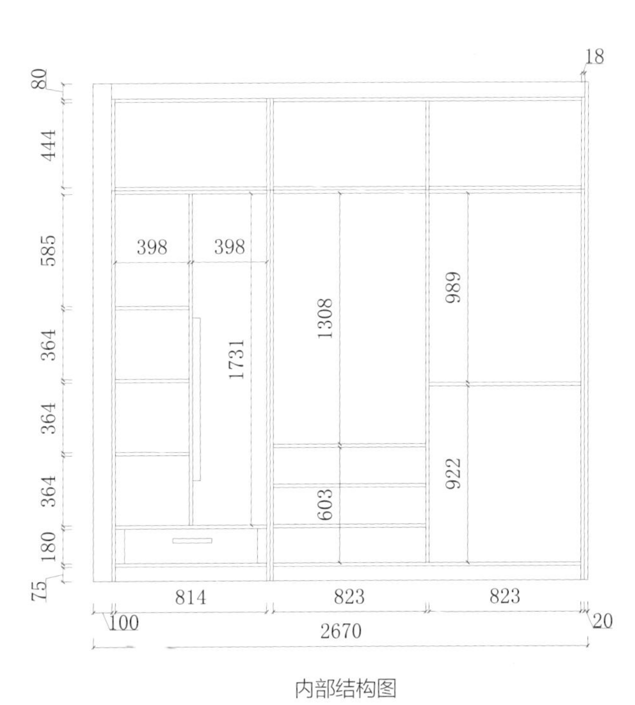

内部结构图

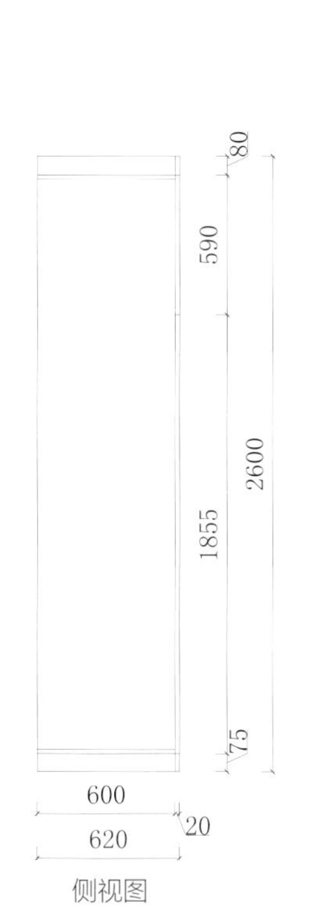

侧视图

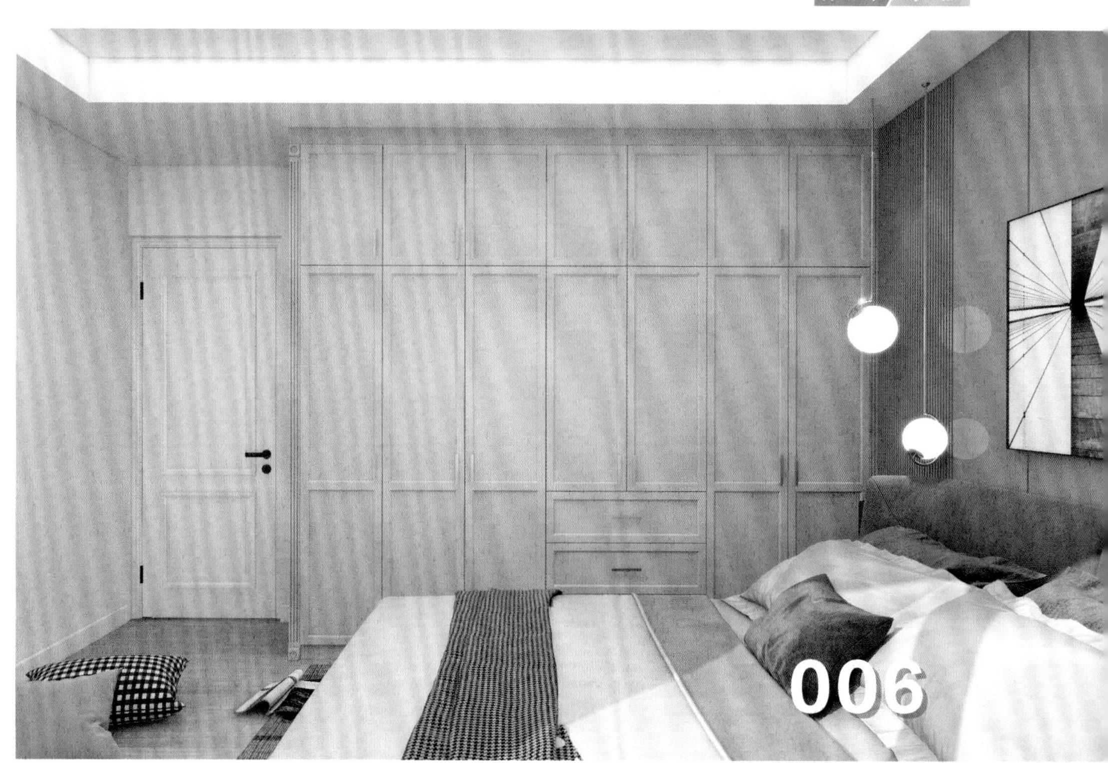

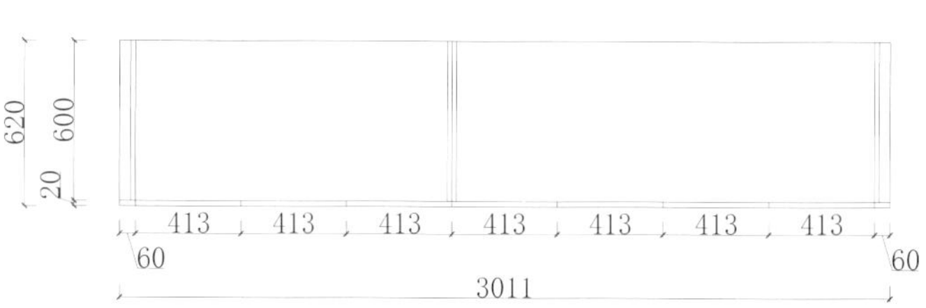

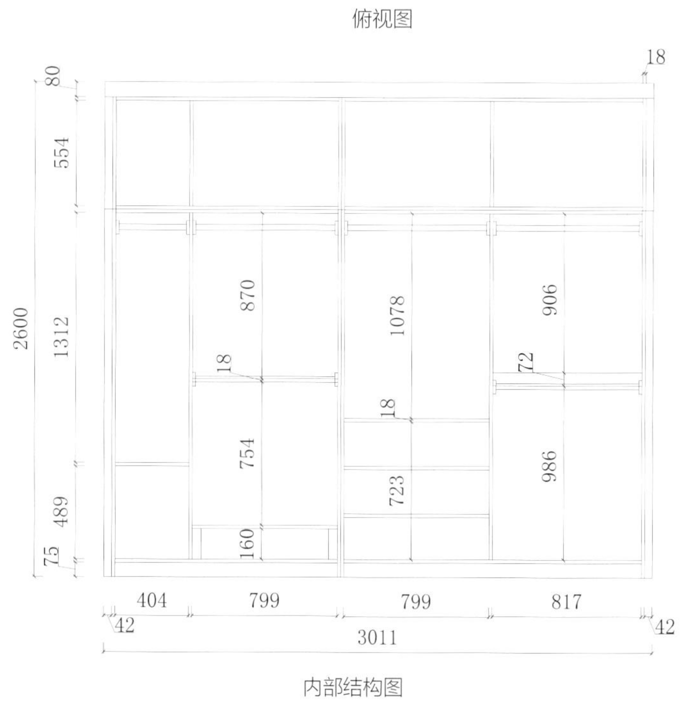

俯视图

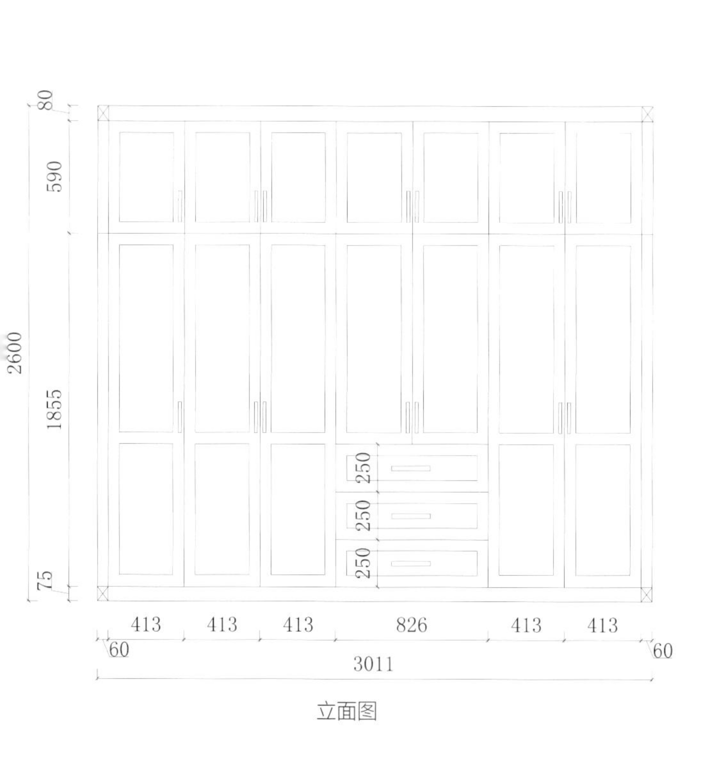

立面图

内部结构图

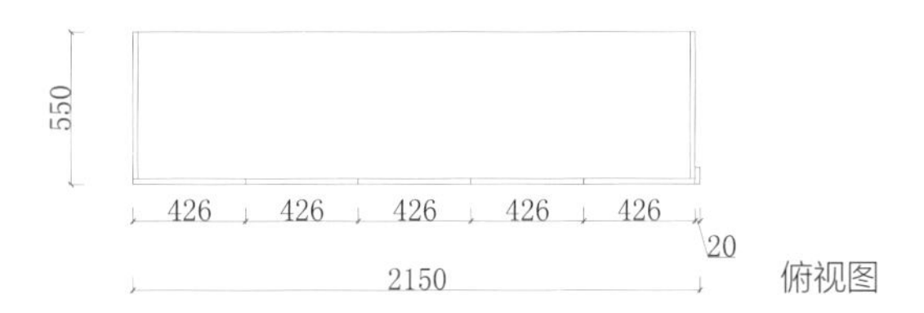

俯视图

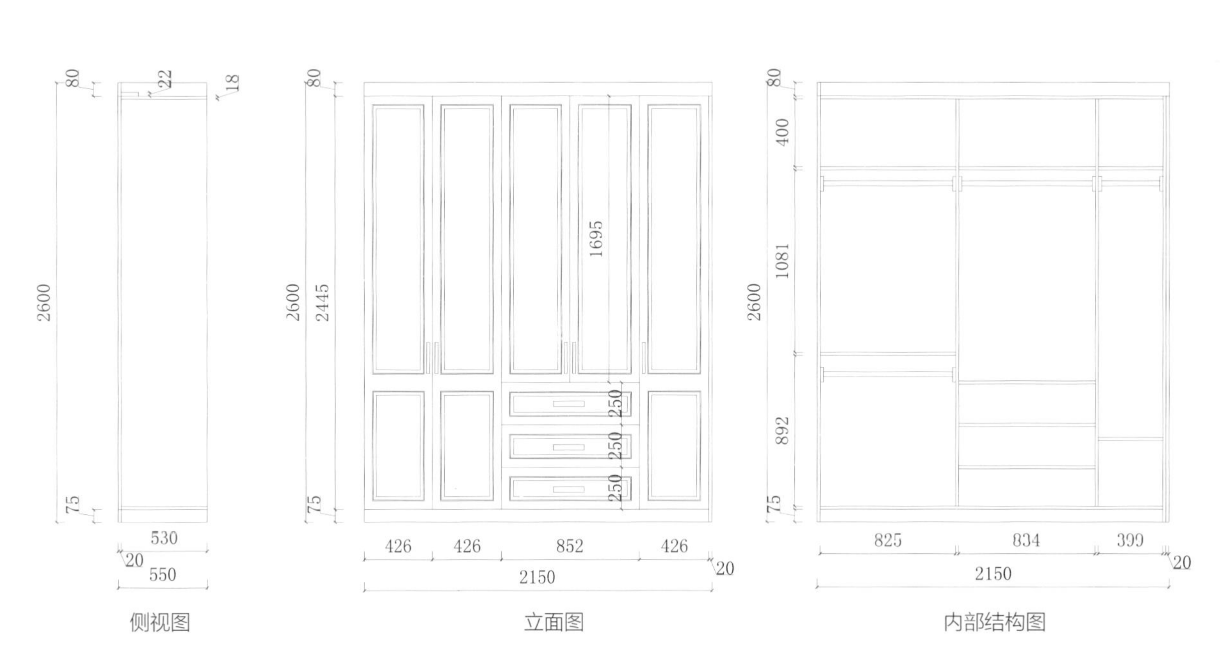

侧视图　立面图　内部结构图

008

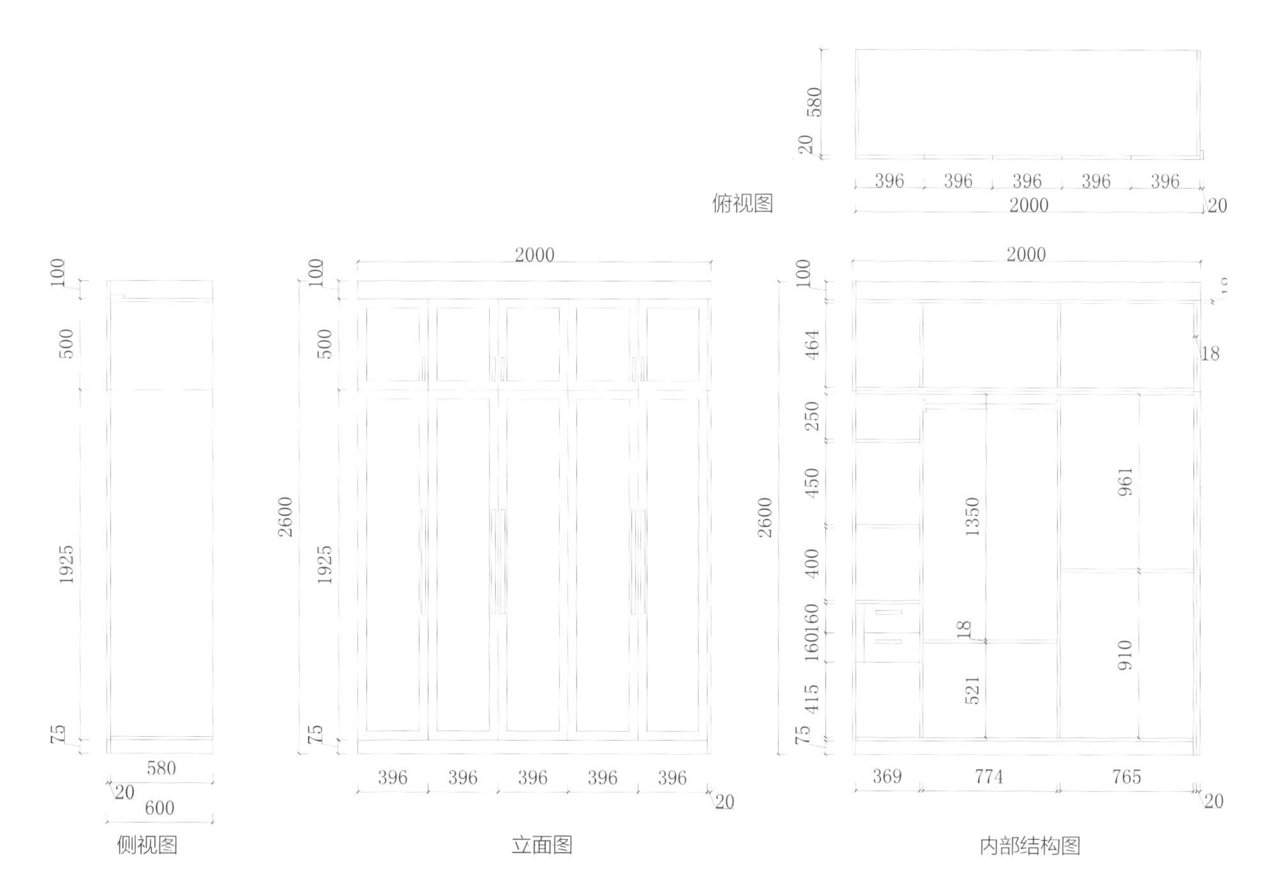
580
20
396
396
396
396
396
2000
20
俯视图
100
500
1925
75
580
20
600
侧视图
2000
100
500
2600
1925
75
396
396
396
396
396
20
立面图
2000
100
464
18
250
450
400
160
160
415
75
2600
1350
961
18
521
910
369
774
765
20
内部结构图

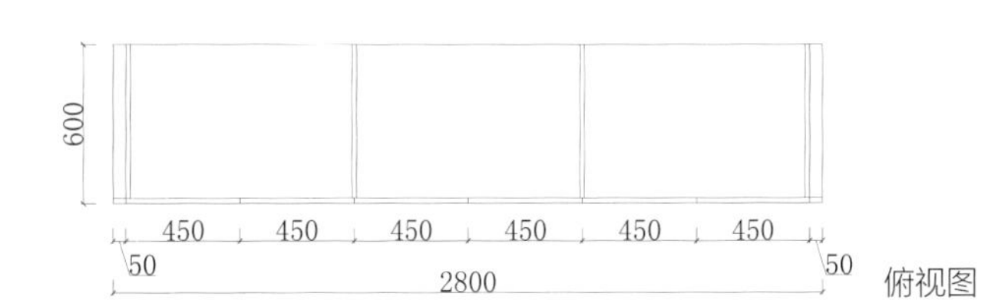

俯视图

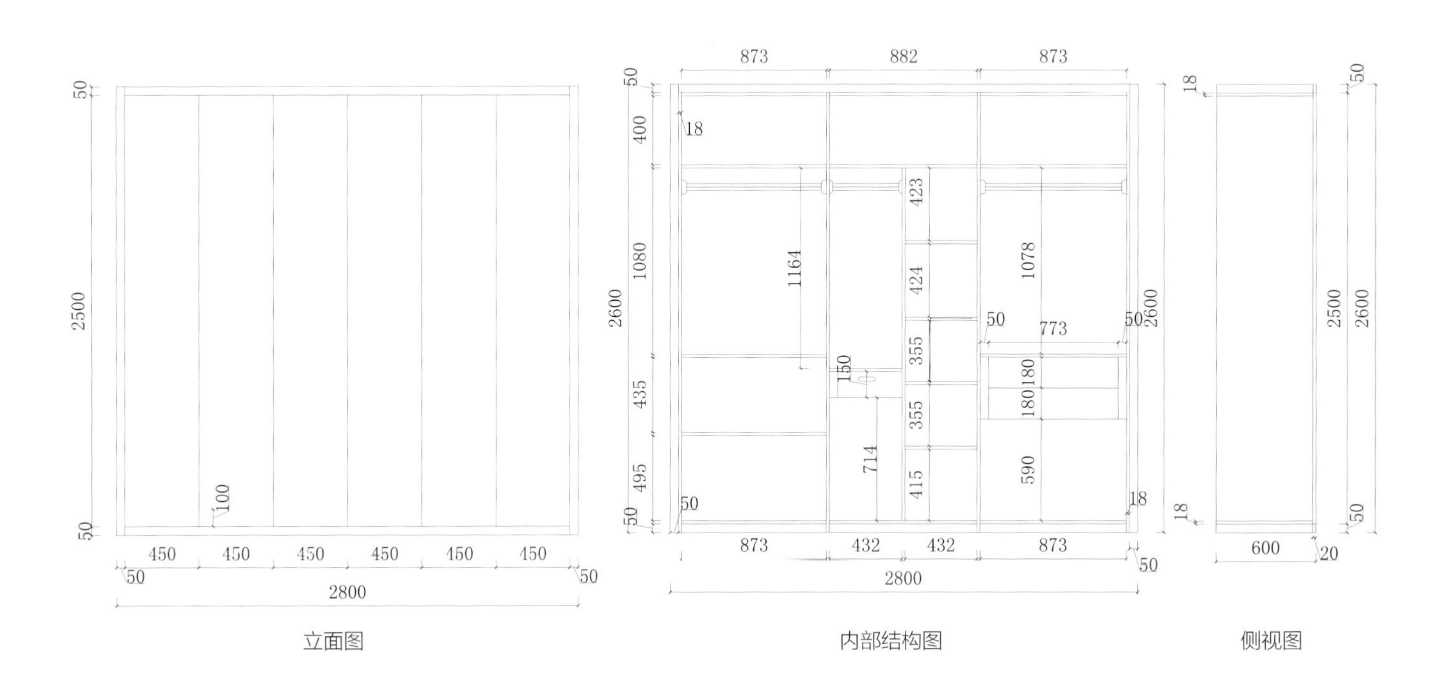

立面图　　内部结构图　　侧视图

010

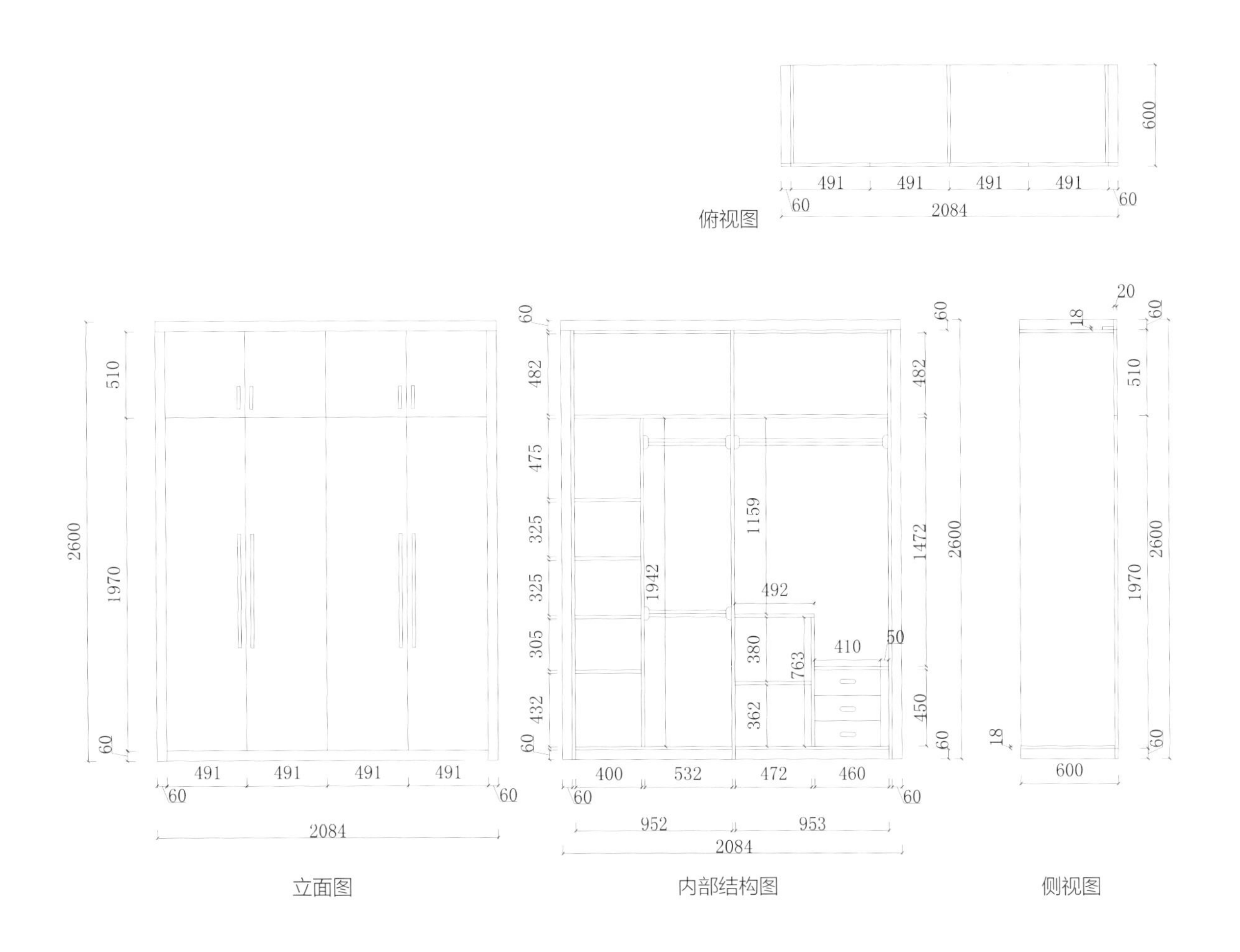
俯视图
立面图
内部结构图
侧视图

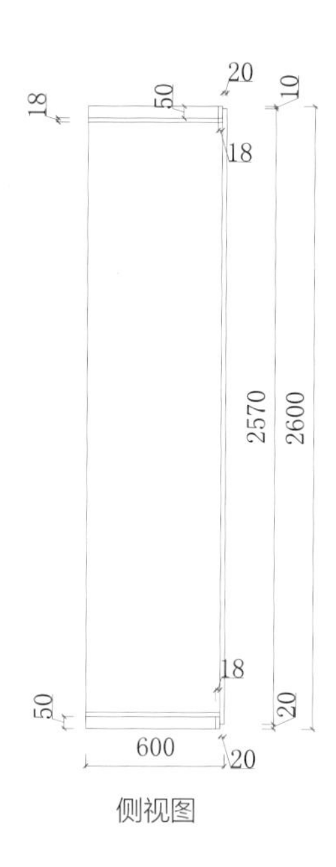

侧视图

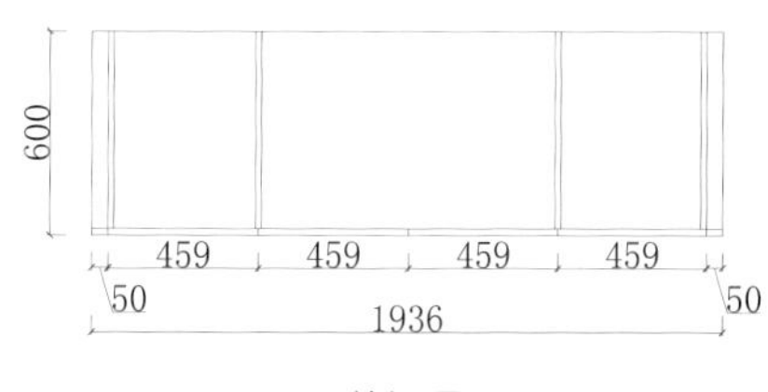

俯视图

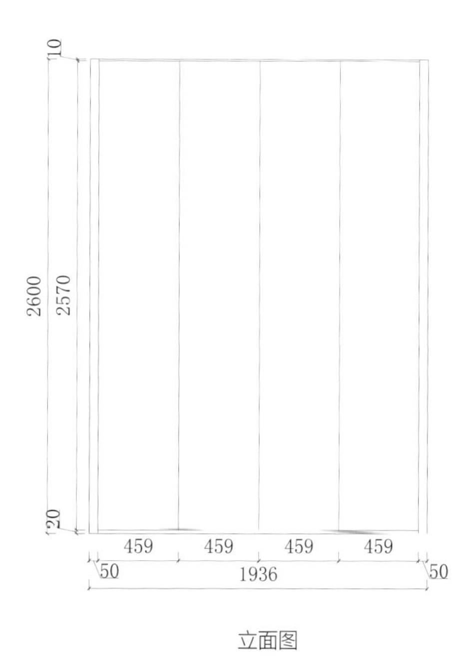

立面图

内部结构图

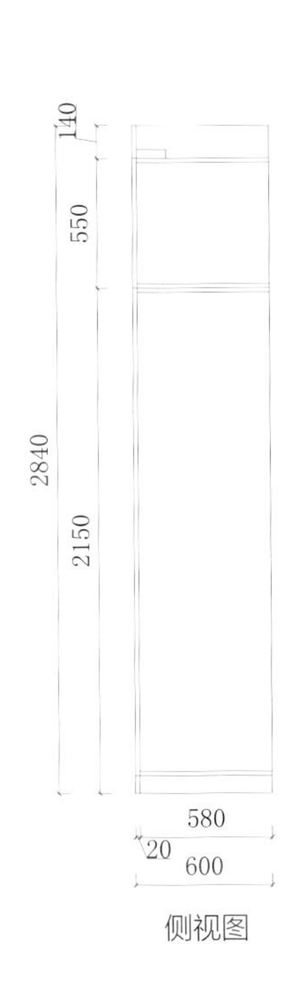

侧视图

600 580 20

485 485 490 415 415 415 415

50 50

3220

俯视图

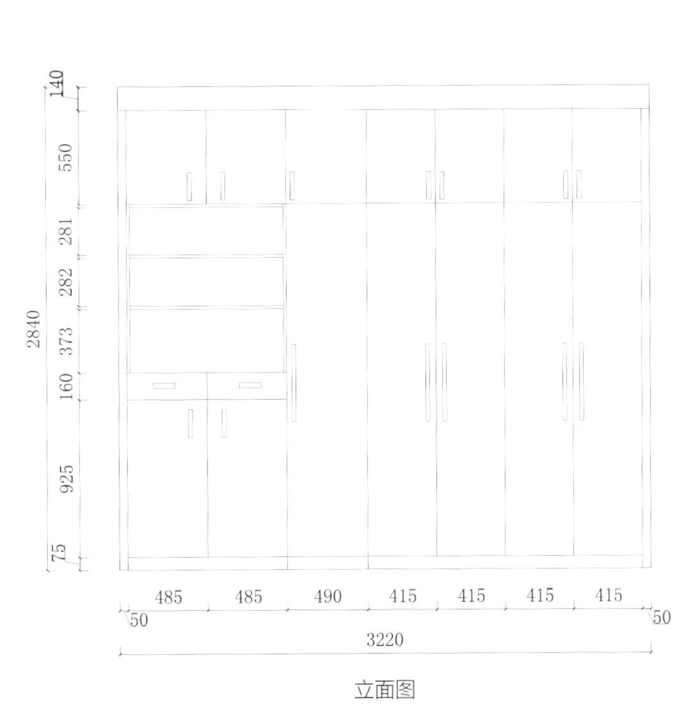

立面图

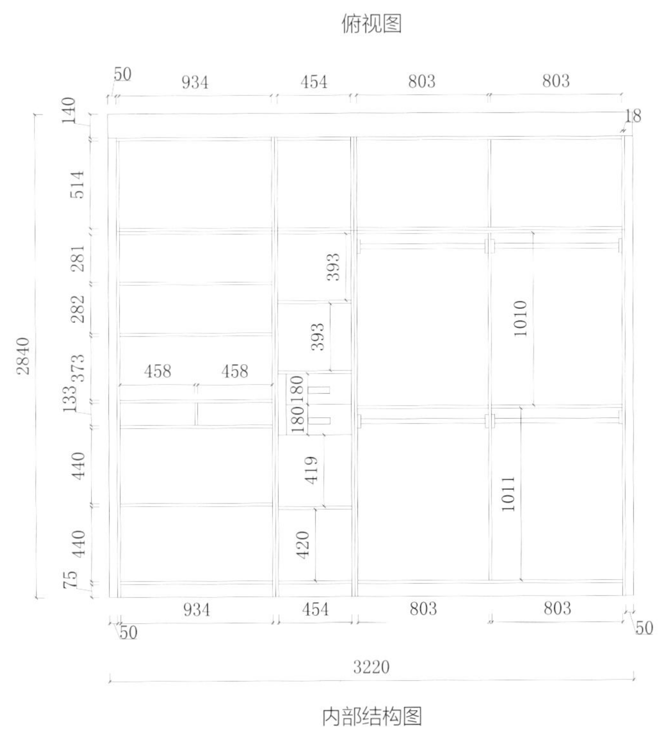

内部结构图

侧视图

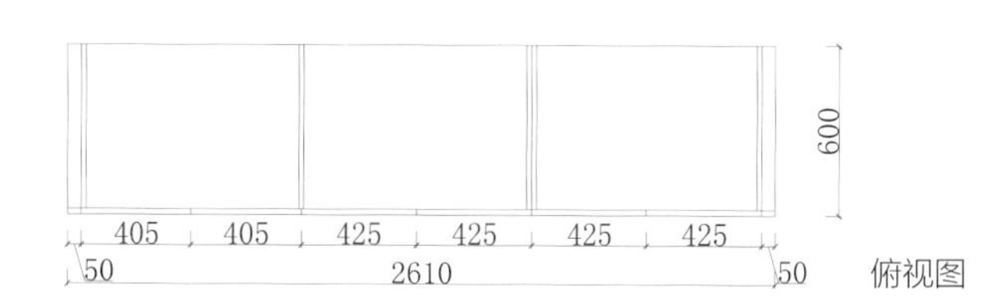

俯视图

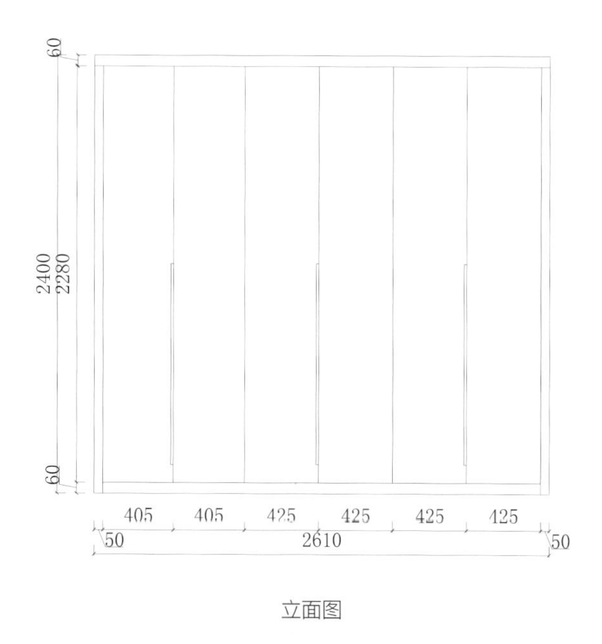

立面图

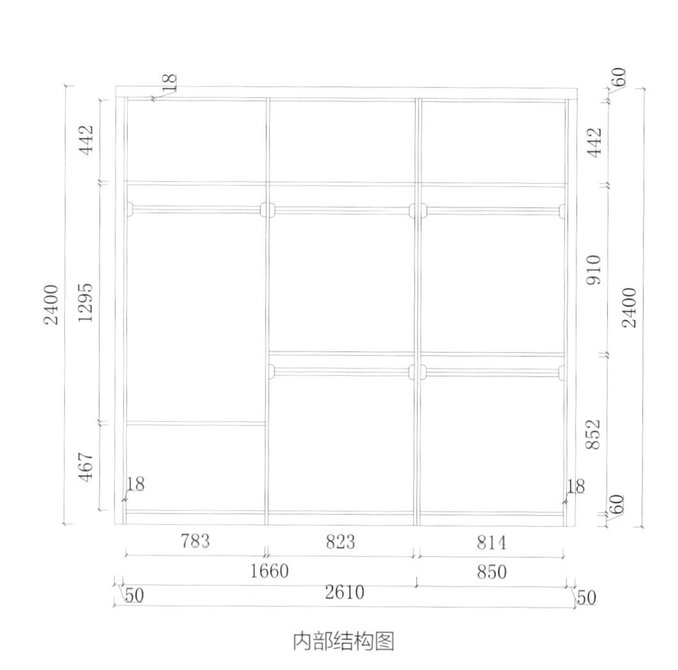

内部结构图

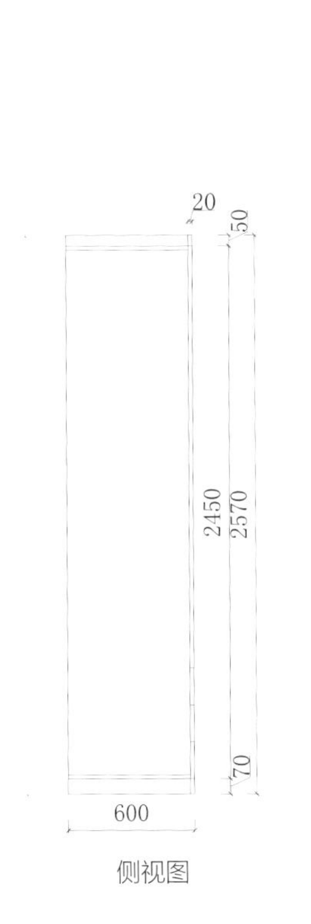

侧视图

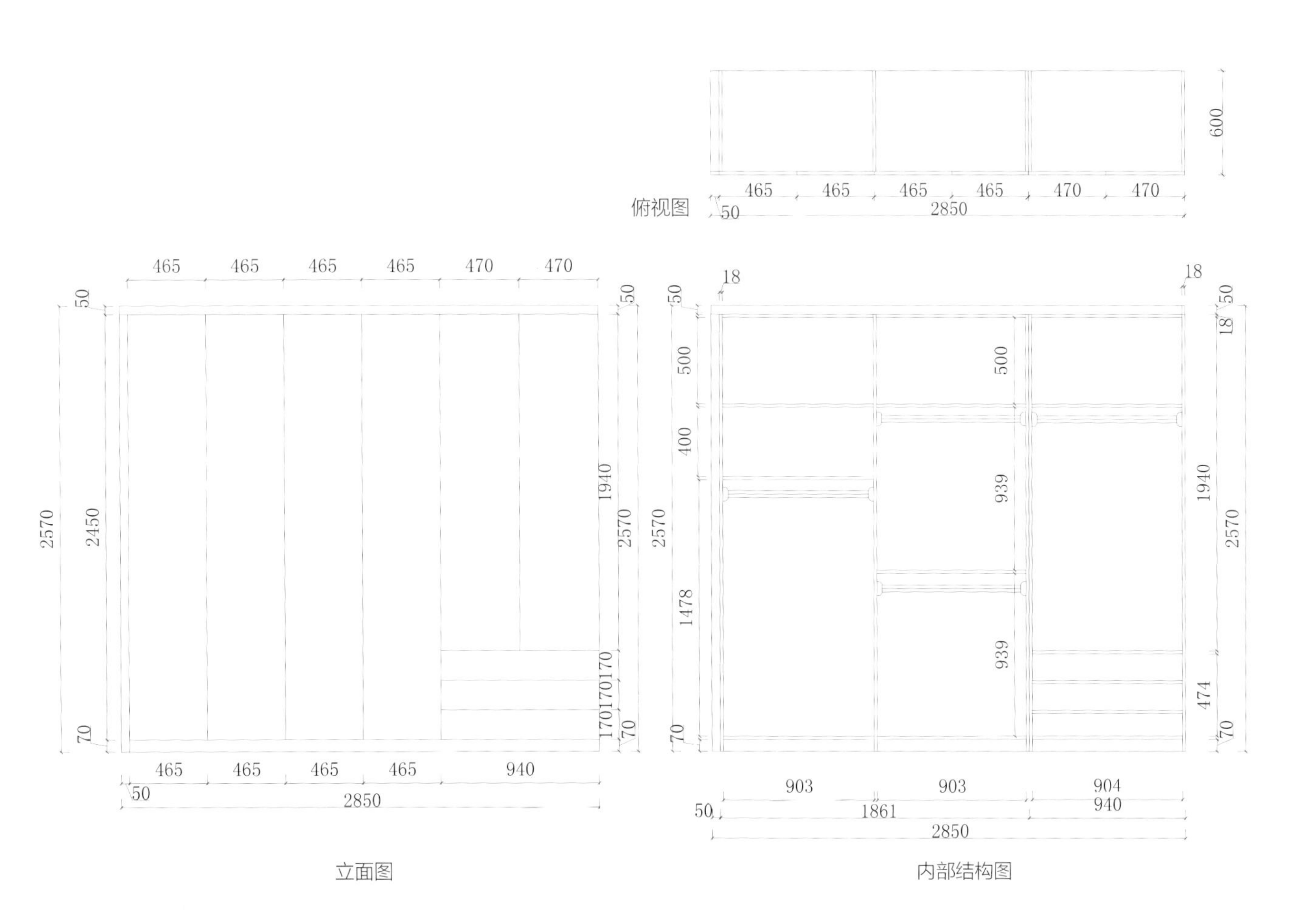

俯视图

立面图

内部结构图

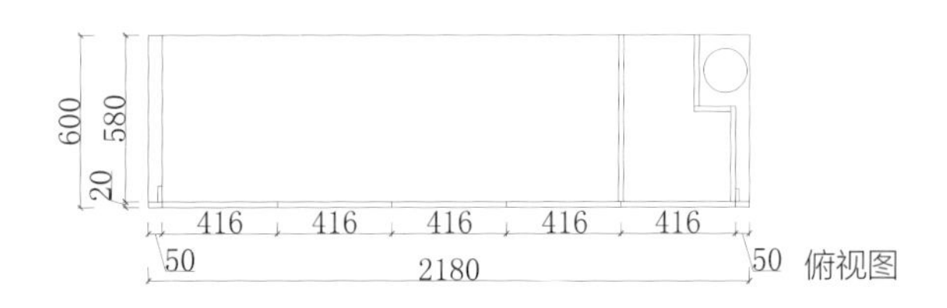

俯视图

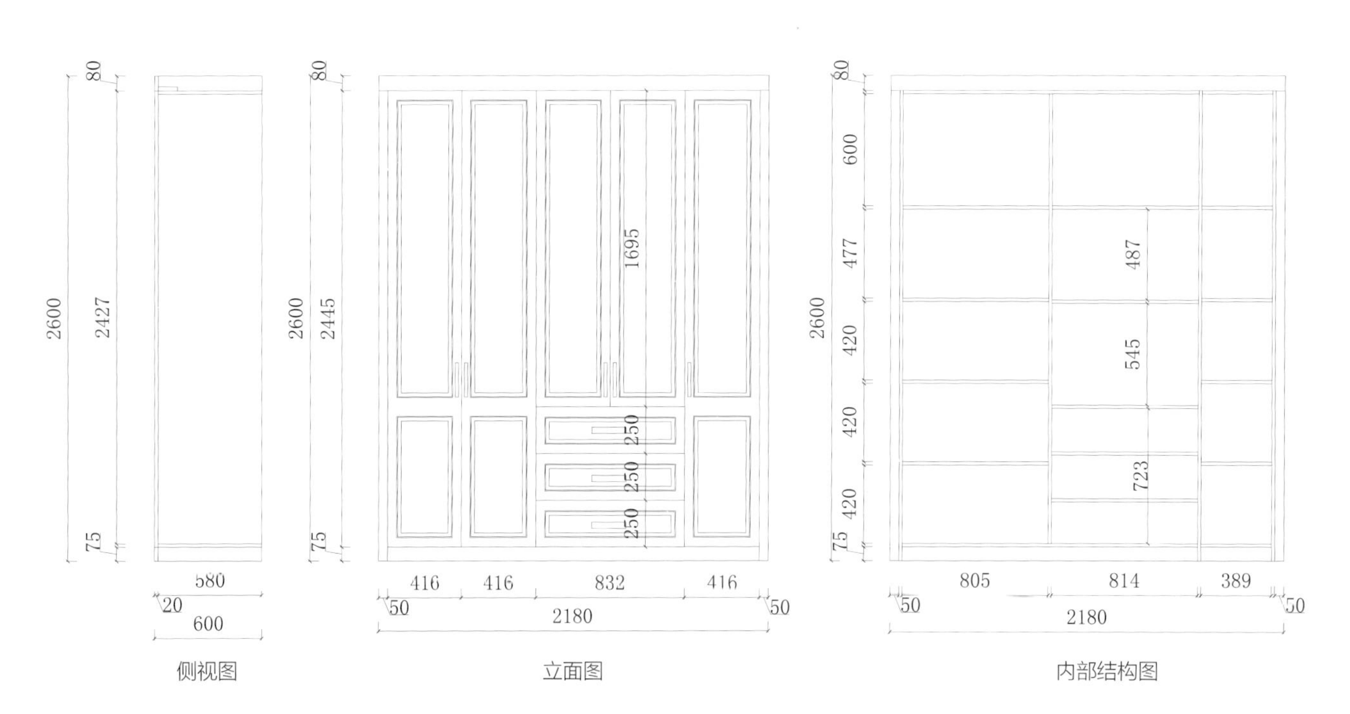

侧视图

立面图

内部结构图

第6章
储物柜

储物柜主要收纳包含清洁类的家务用具、户外运动用品、不常用的纪念品、日常生活用品等。很多家庭会将这些物品散落在家中的各个角落，既不美观又碍事。储物柜分为单独的储物柜和阳台柜，大部分家庭有一个 3 m 宽的柜子就可以满足基本的储物需求了。

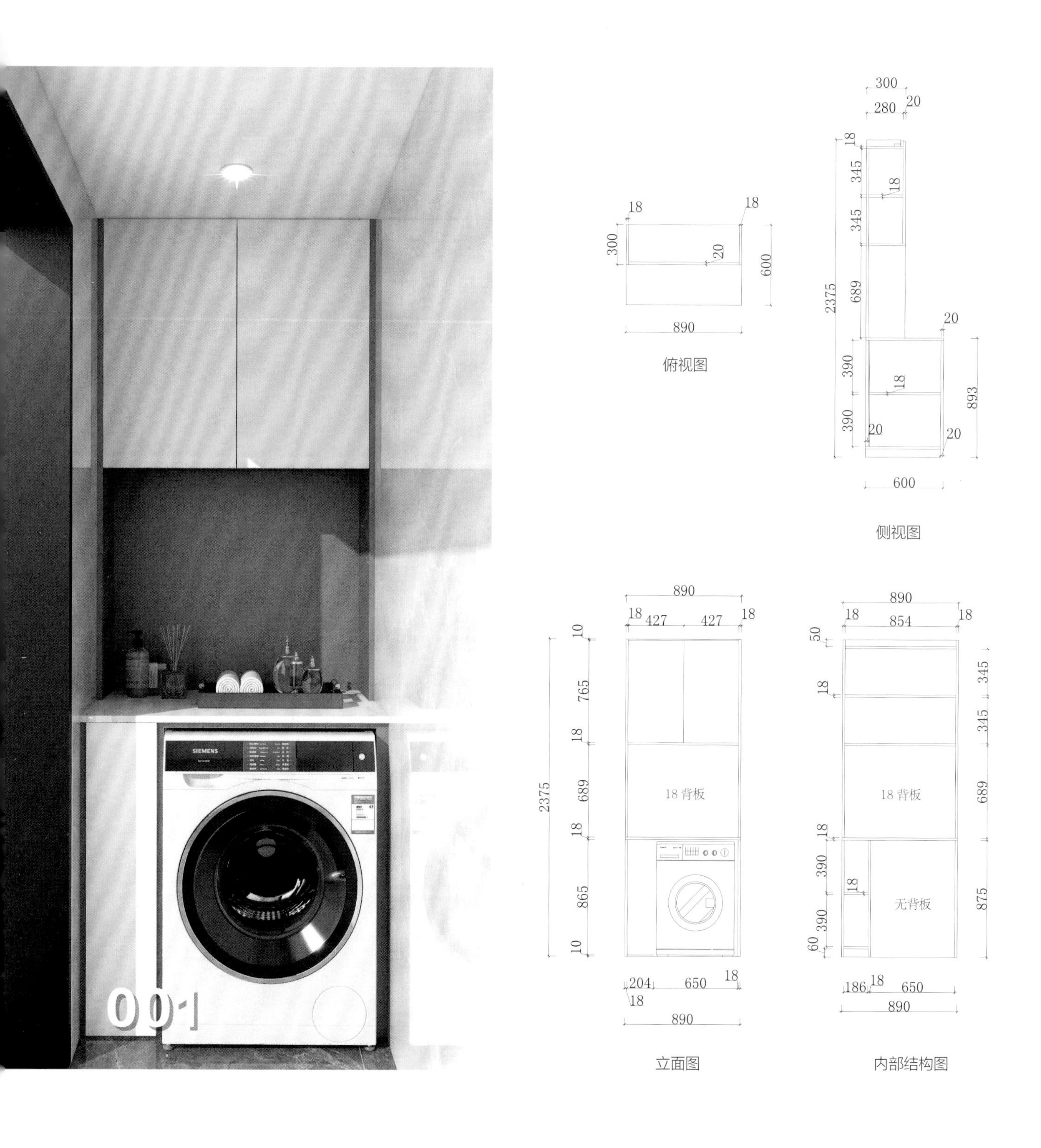
001
300
280
20
18
345
18
345
2375
689
20
390
18
893
390
20
20
600
侧视图
18
18
300
20
600
890
俯视图
890
18
427
427
18
10
765
18
2375
689
18 背板
18
865
10
204
650
18
18
890
立面图
890
18
854
18
50
345
18
345
18 背板
689
18
390
18
无背板
875
390
60
186
18
650
890
内部结构图

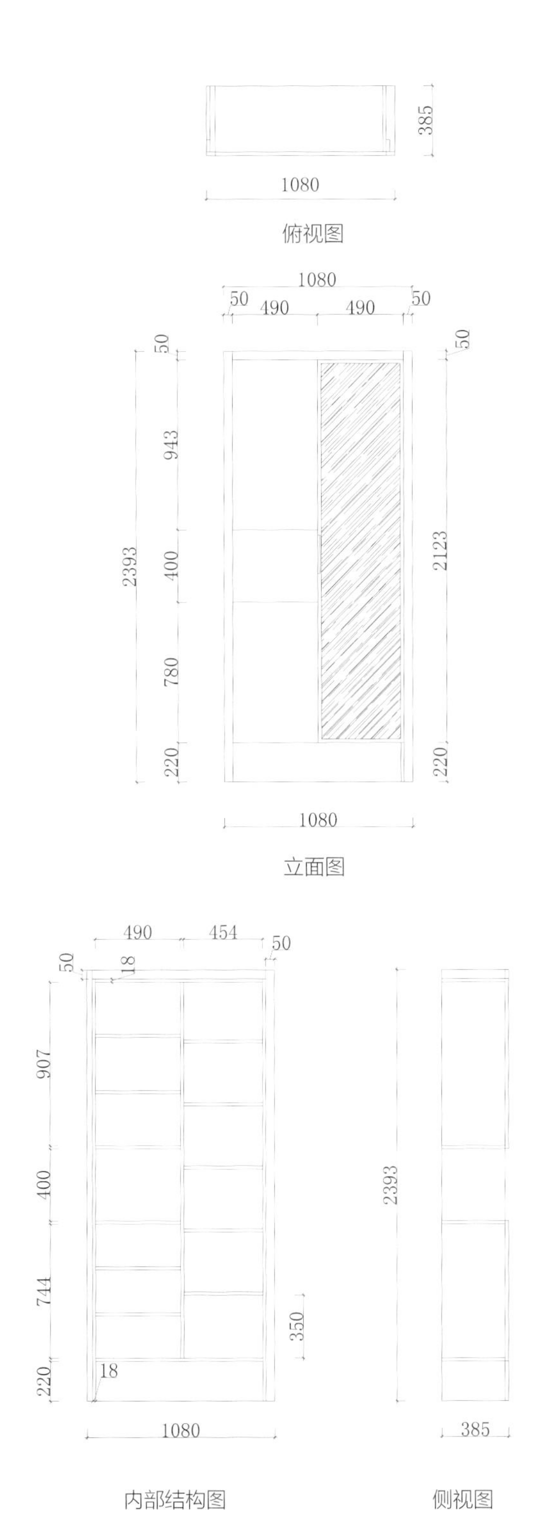

俯视图
立面图
内部结构图
侧视图

003

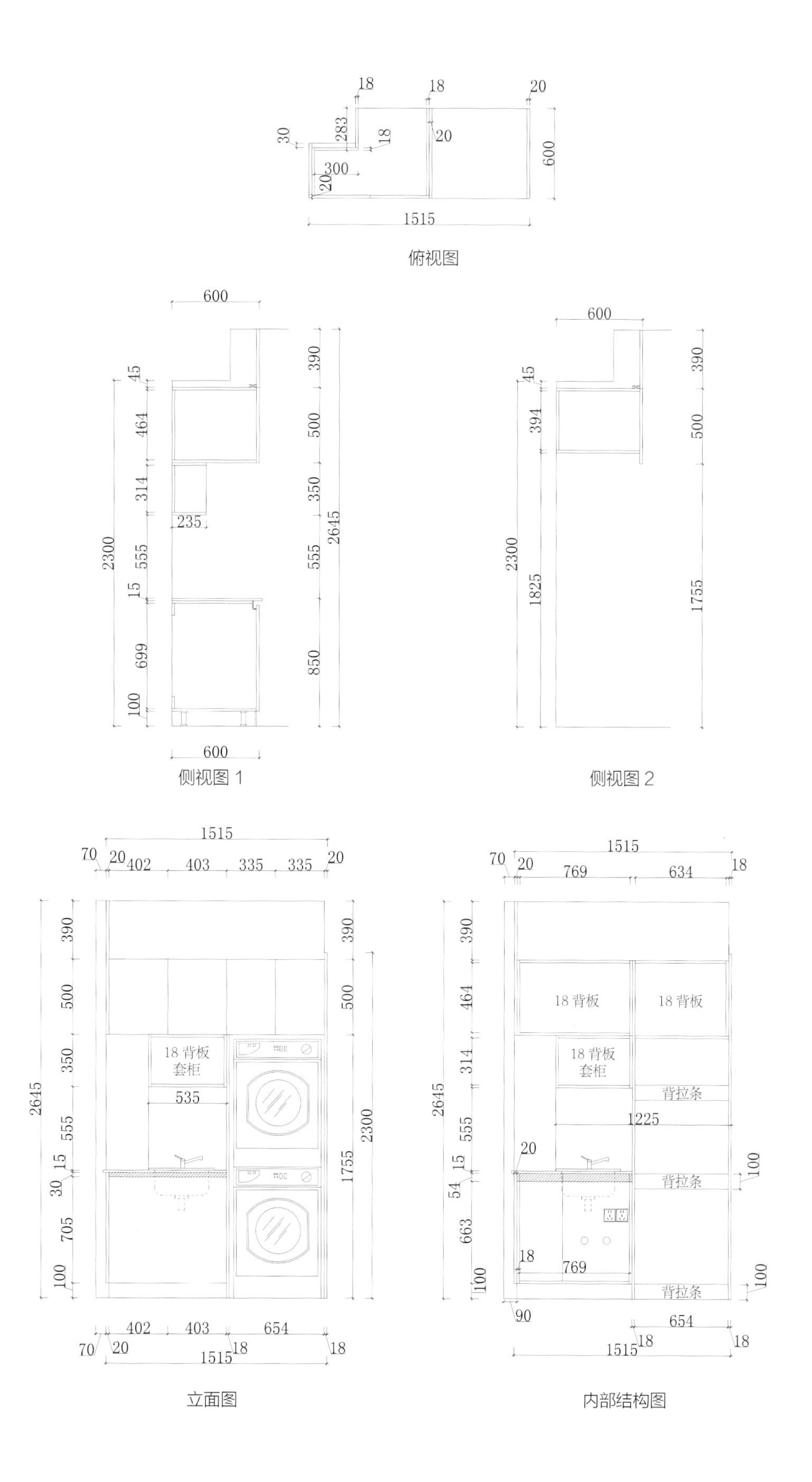

俯视图

侧视图 1

侧视图 2

立面图

内部结构图

004

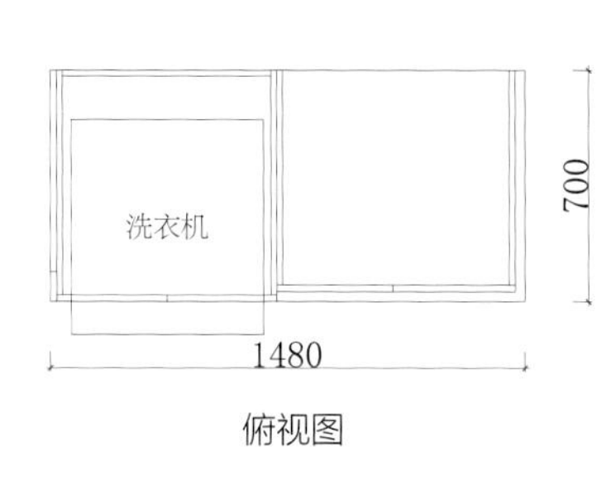

俯视图

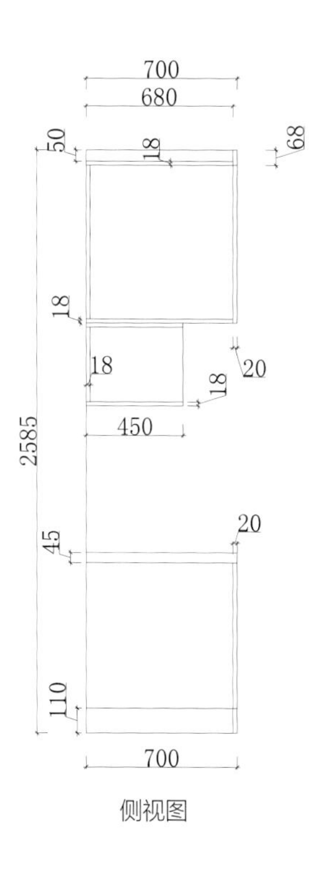

侧视图

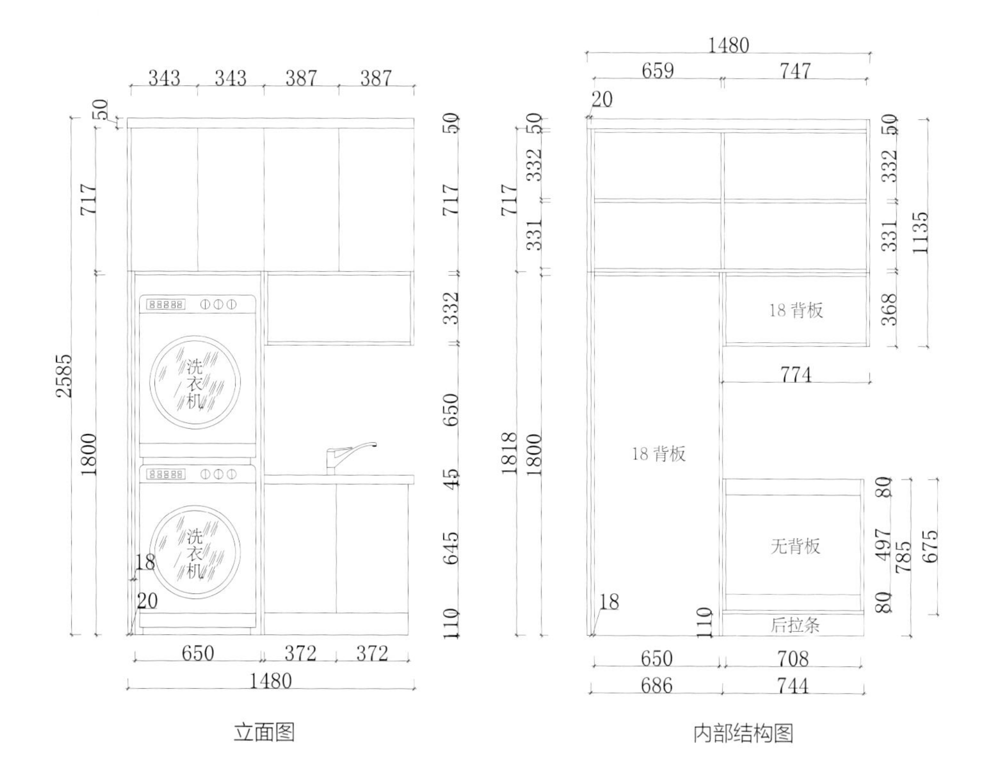

立面图

内部结构图

Haier
005

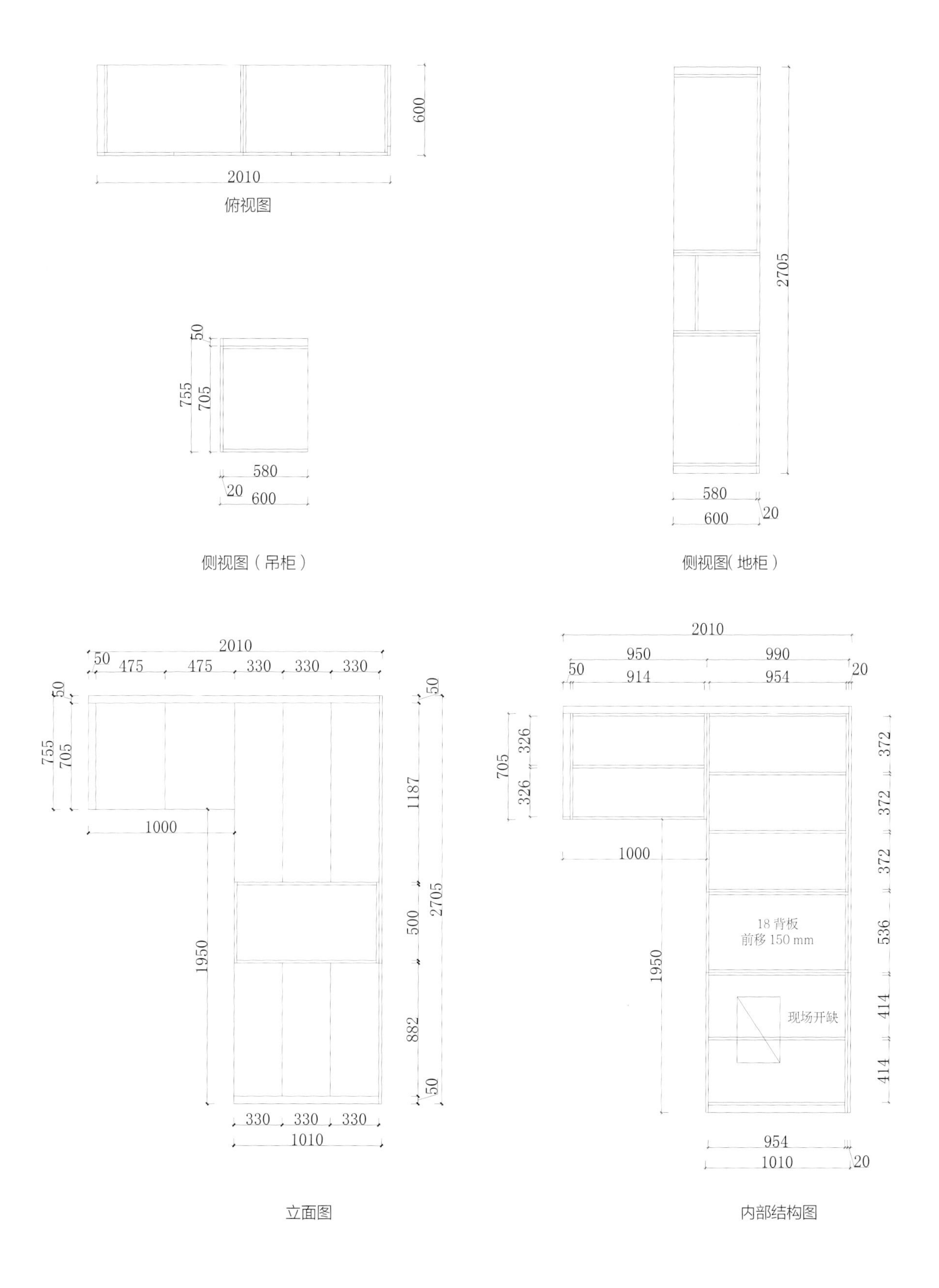
2010
600
俯视图
2705
50
755
705
580
20
600
侧视图（吊柜）
580
600
20
侧视图(地柜)
2010
50
475
475
330
330
330
1000
1950
1187
500
882
50
330
330
330
1010
立面图
950
990
914
954
20
705
326
326
372
372
372
536
414
414
18 背板
前移 150 mm
现场开缺
954
1010
内部结构图

SIEMENS
006

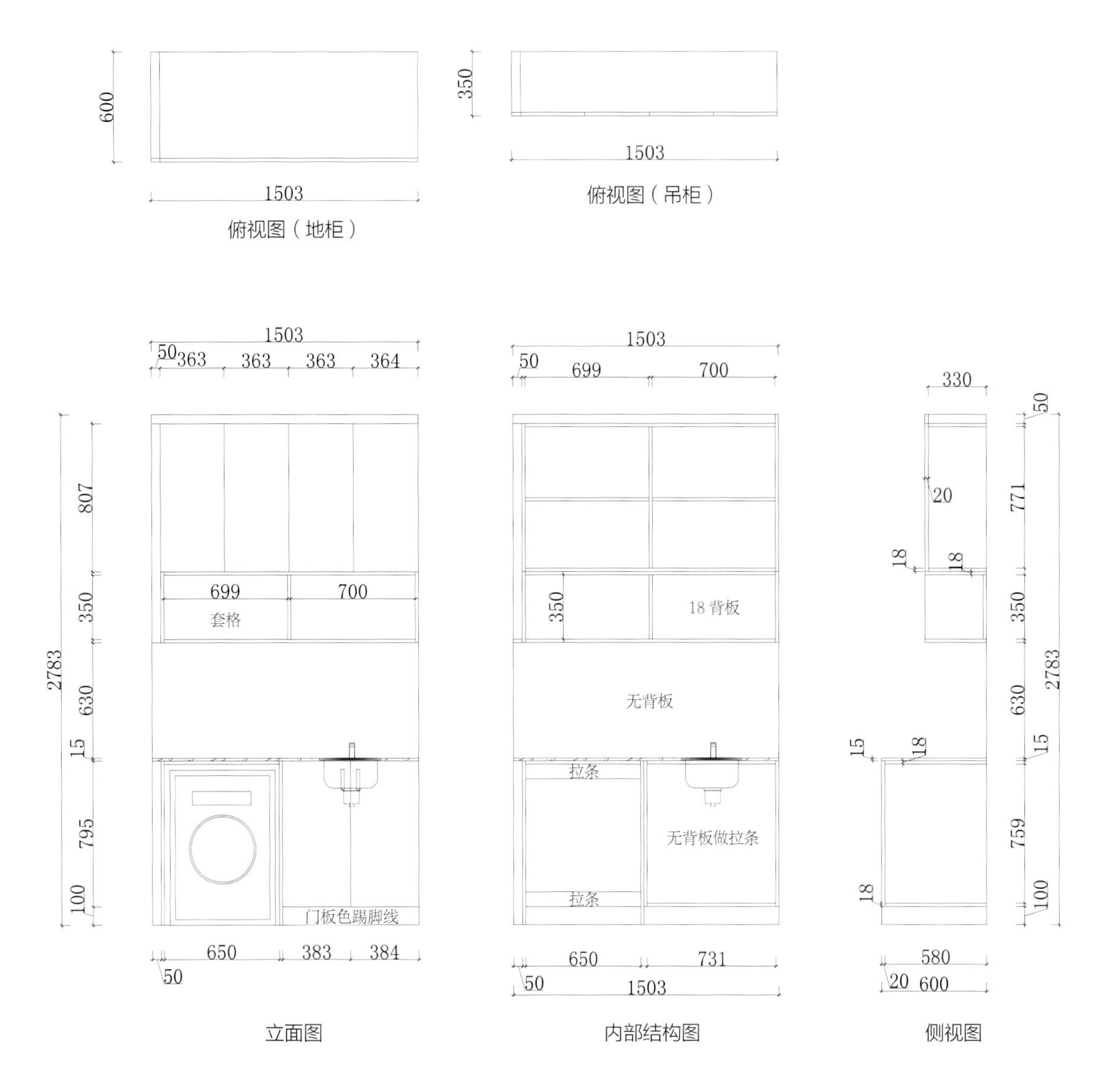
600
1503
俯视图（地柜）
350
1503
俯视图（吊柜）
1503
50 363 363 363 364
2783
807
350
630
15
795
100
699
700
套格
门板色踢脚线
650 383 384
50
立面图
1503
50 699 700
350
18 背板
无背板
拉条
无背板做拉条
拉条
650 731
50 1503
内部结构图
330
50
20
771
18
18
350
2783
630
15
18
15
759
18
100
580
20 600
侧视图

SIEMENS
007

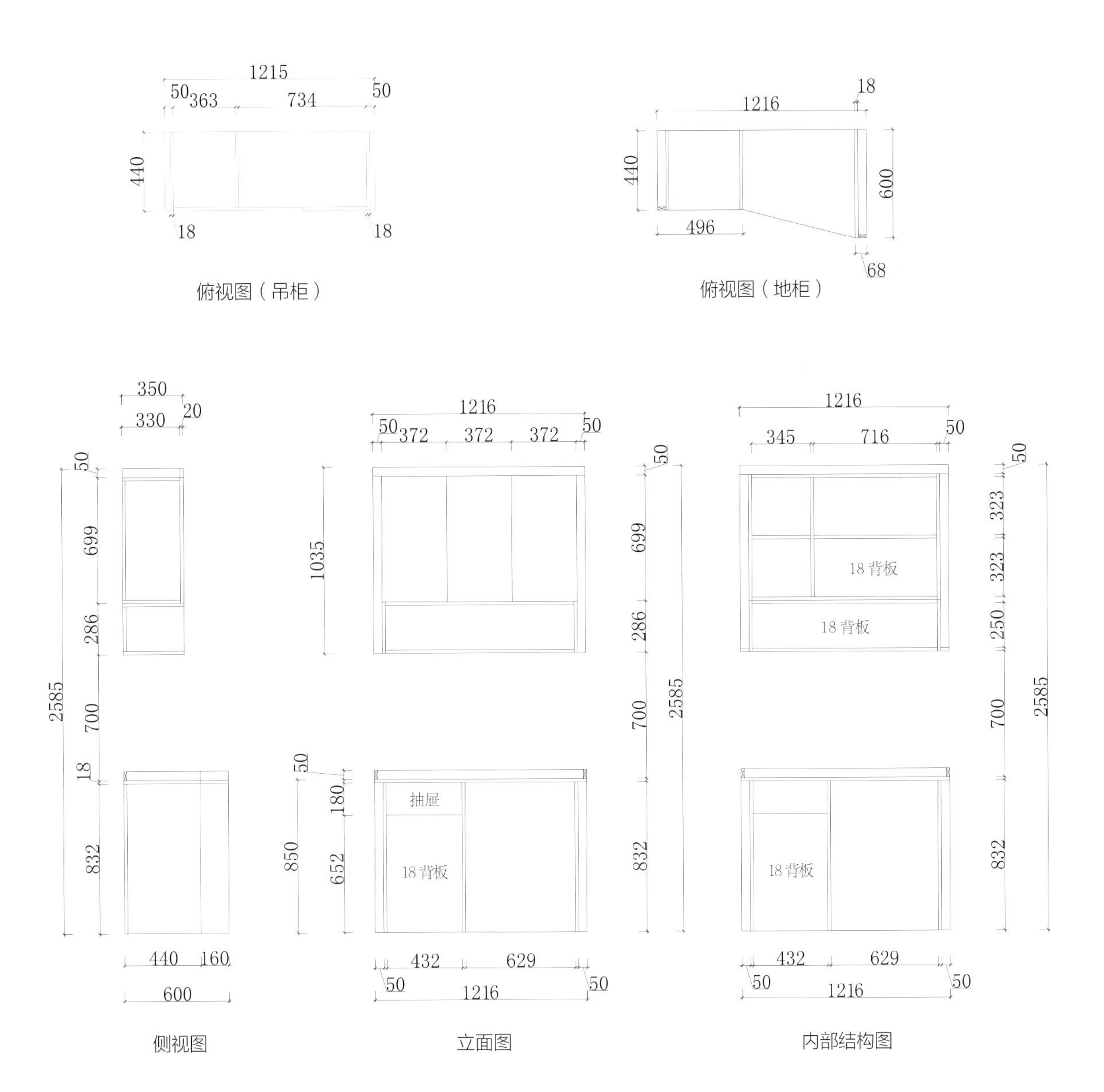

俯视图（吊柜）

俯视图（地柜）

侧视图

立面图

内部结构图

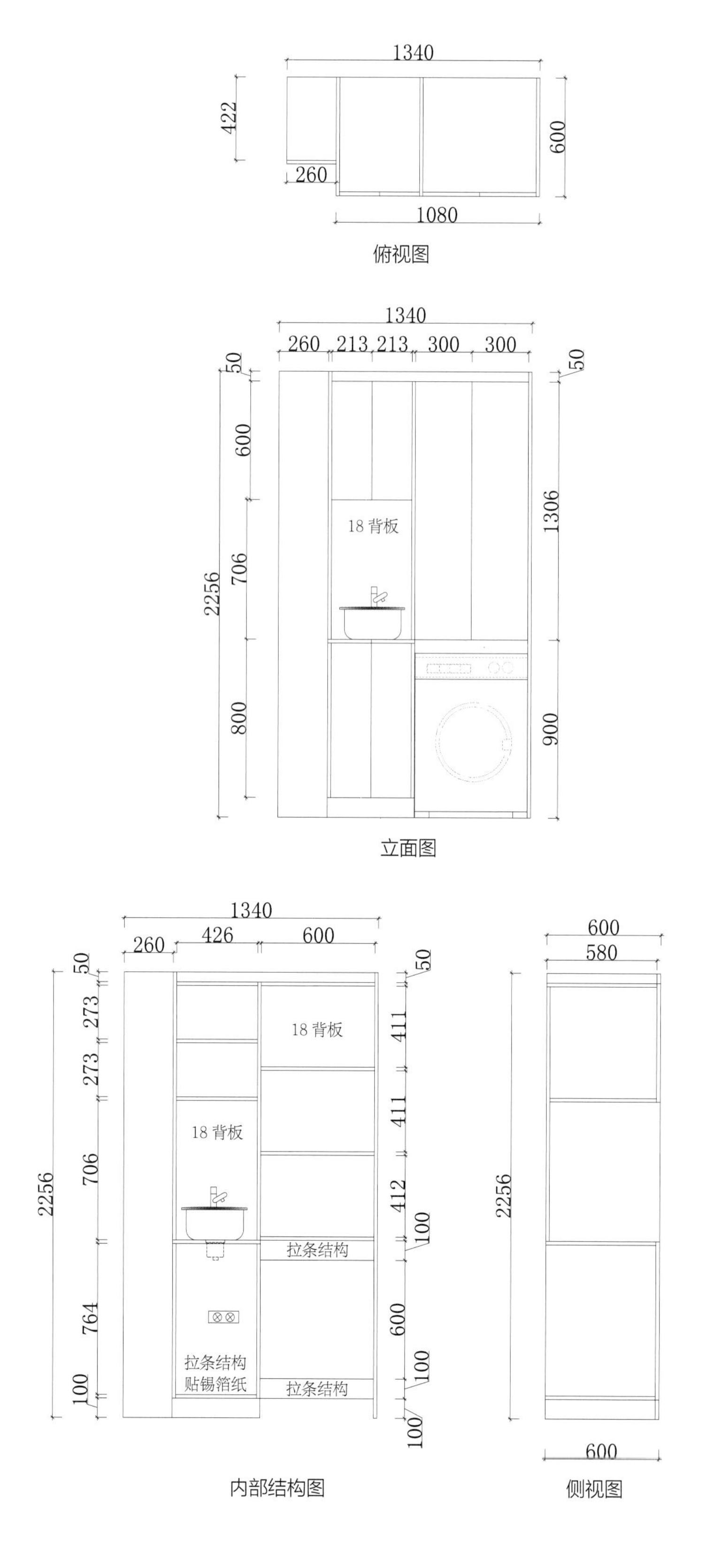
1340
422
600
260
1080
俯视图
1340
260 213 213 300 300
50
50
600
18 背板
1306
2256
706
800
900
立面图
1340
260 426 600
50
50
273
273
18 背板
411
411
2256
706
412
100
拉条结构
764
600
拉条结构
贴锡箔纸
100
拉条结构
100
100
内部结构图
600
580
2256
600
侧视图

008

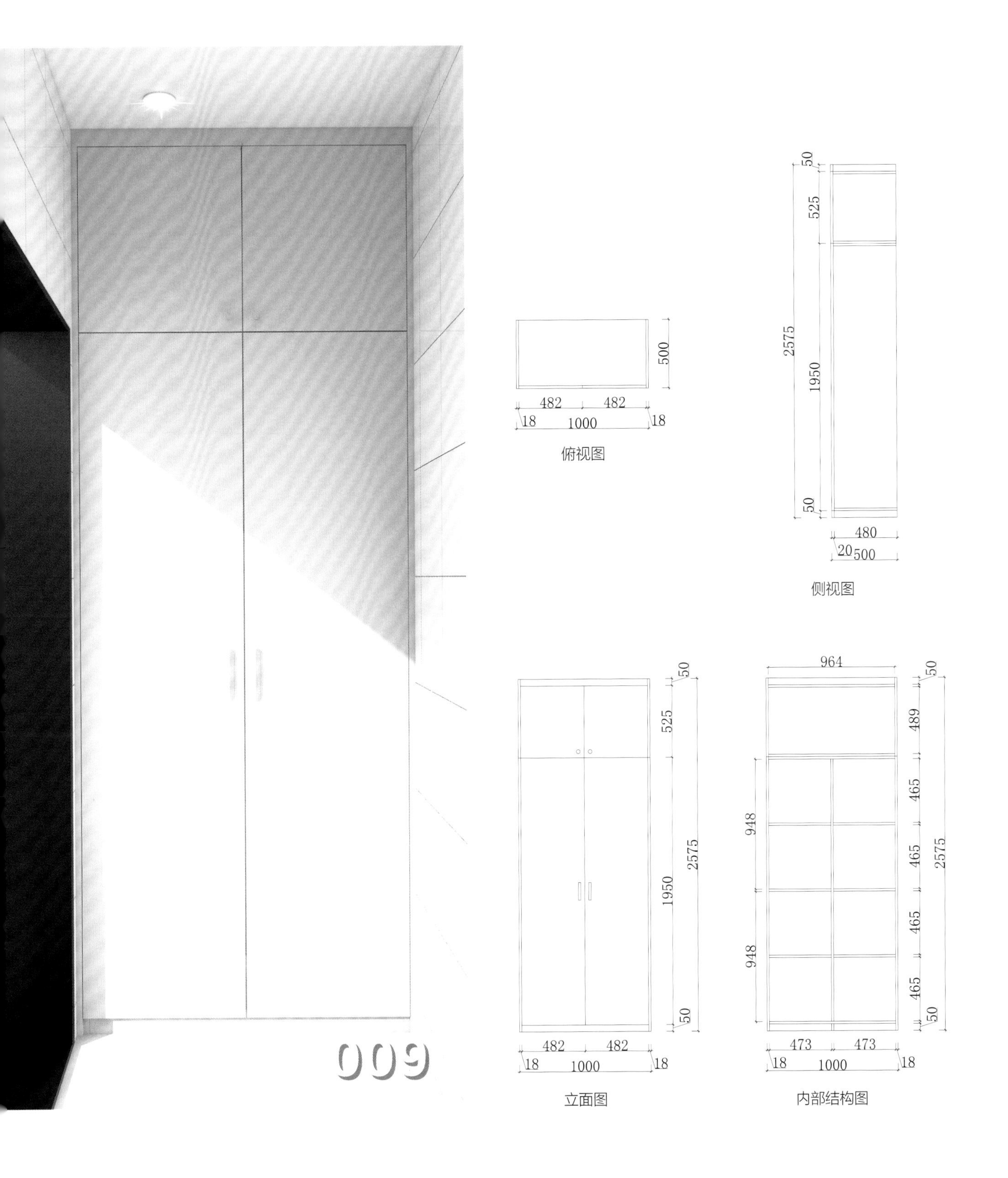

009
500
482
482
18
1000
18
俯视图
50
525
2575
1950
50
480
20
500
侧视图
50
525
2575
1950
50
482
482
18
1000
18
立面图
964
50
489
465
948
465
2575
465
948
465
50
473
473
18
1000
18
内部结构图

010

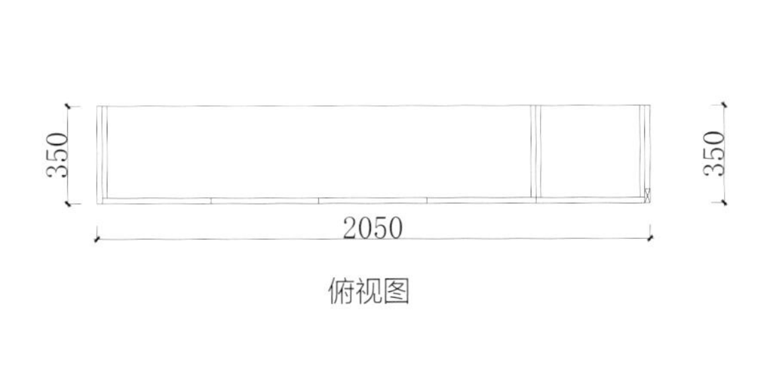

俯视图

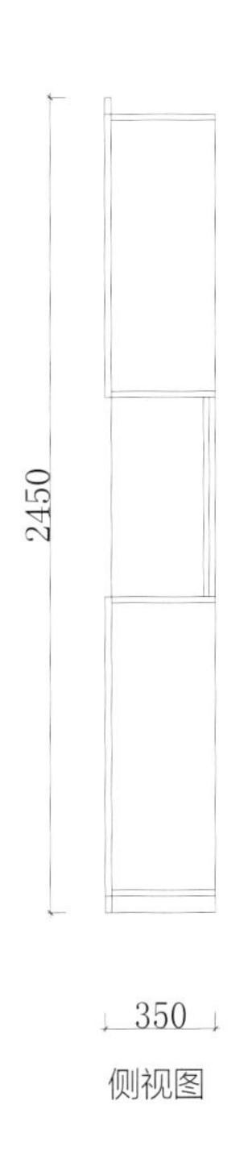

侧视图

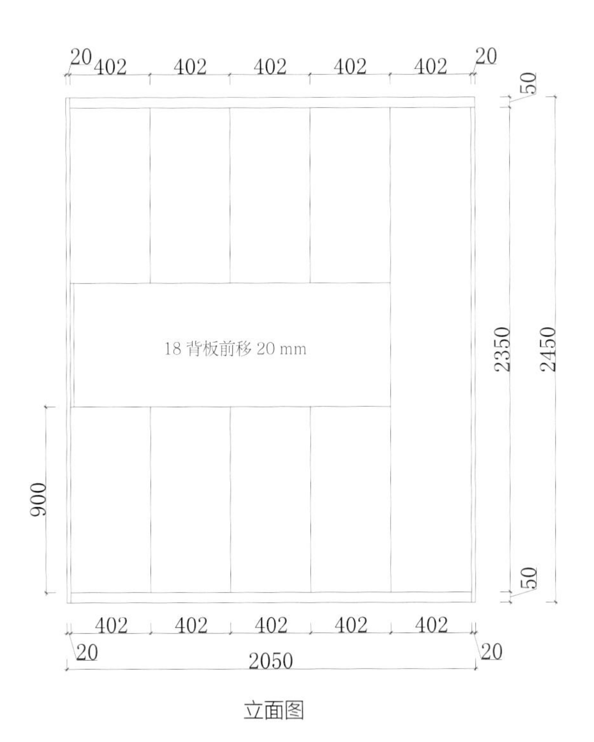

立面图

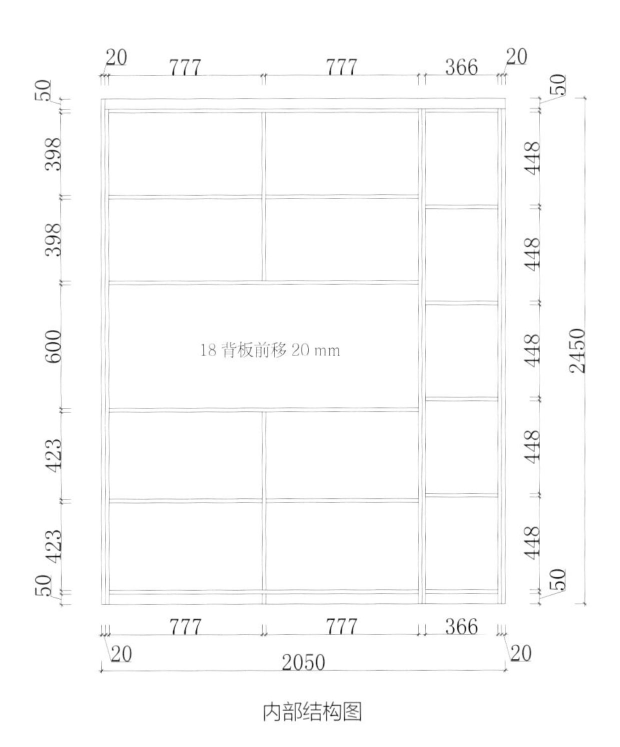

内部结构图

011

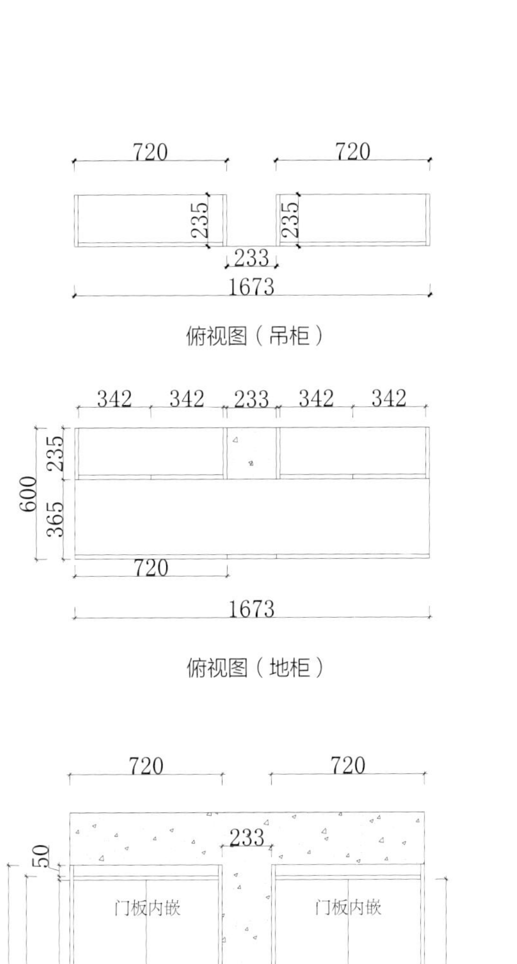

俯视图（吊柜）

俯视图（地柜）

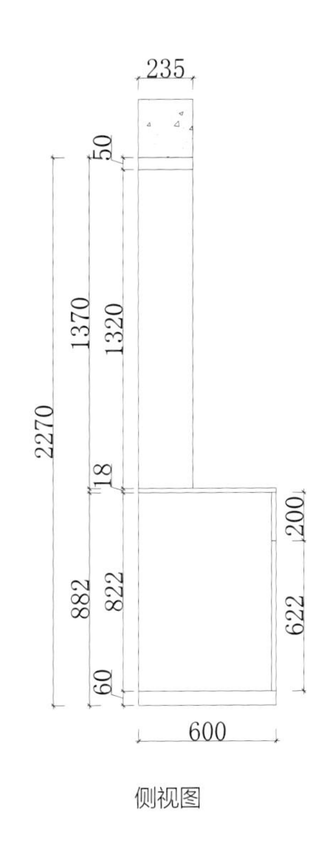

侧视图

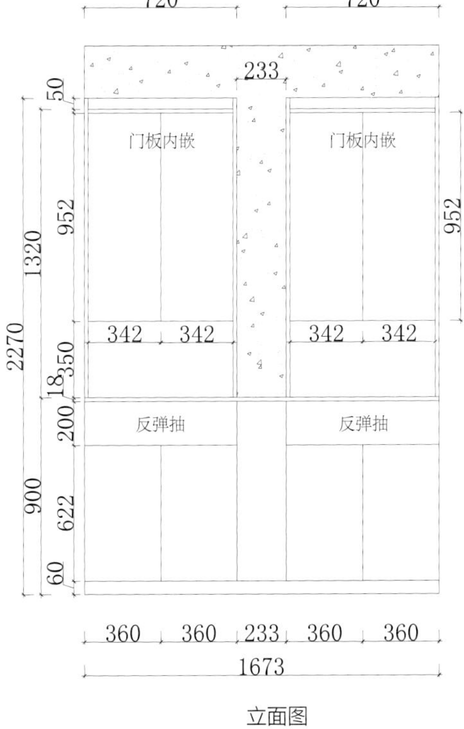

立面图

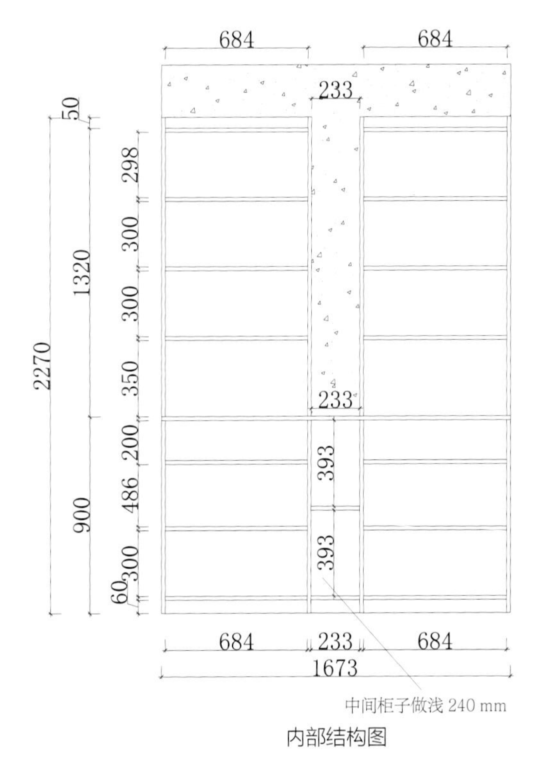

内部结构图

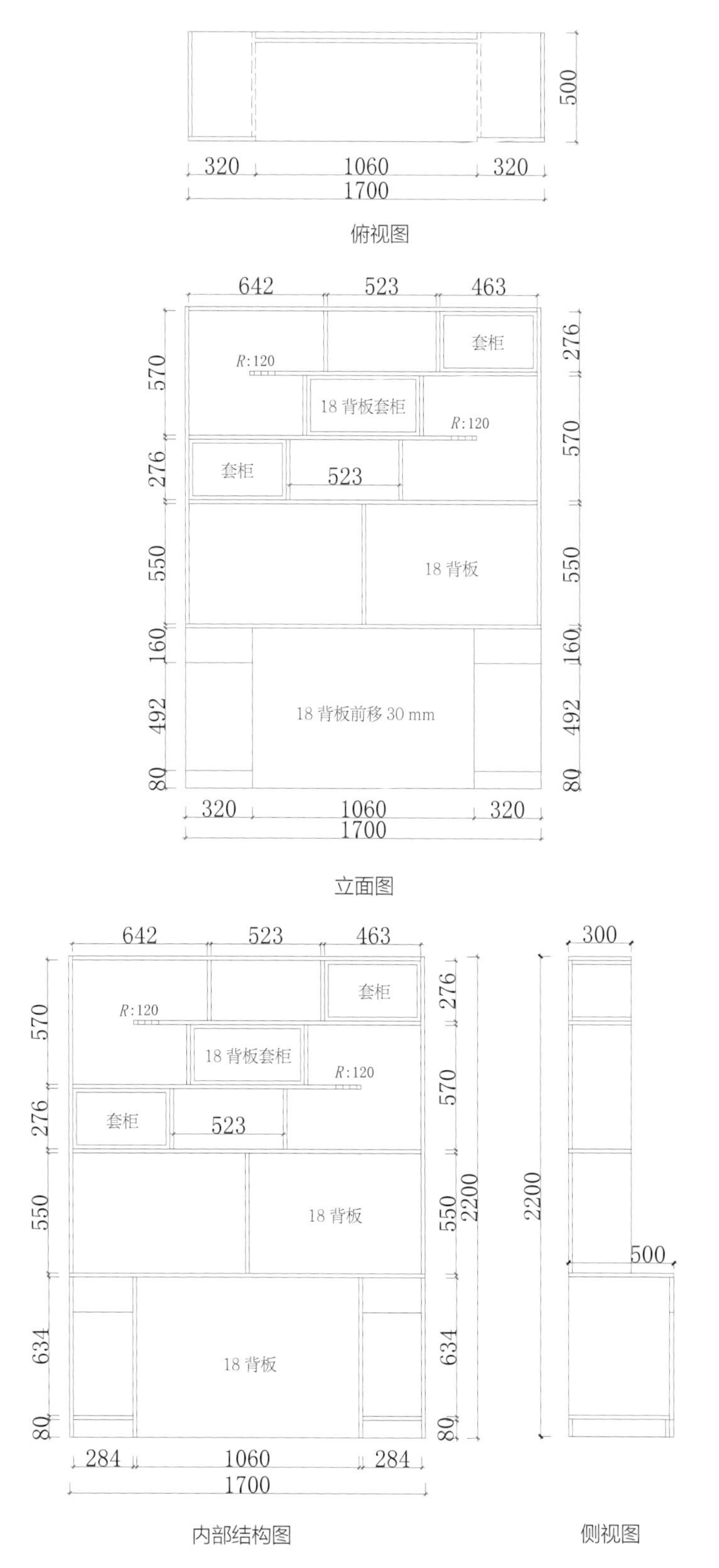
320
1060
320
1700
500
俯视图
642
523
463
套柜
R:120
18 背板套柜
R:120
套柜
523
18 背板
18 背板前移 30 mm
570
276
550
160
492
80
276
570
550
160
492
80
320
1060
320
1700
立面图
642
523
463
套柜
R:120
18 背板套柜
R:120
套柜
523
18 背板
18 背板
570
276
550
634
80
276
570
550
634
80
2200
284
1060
284
1700
内部结构图
300
2200
500
侧视图

012

013

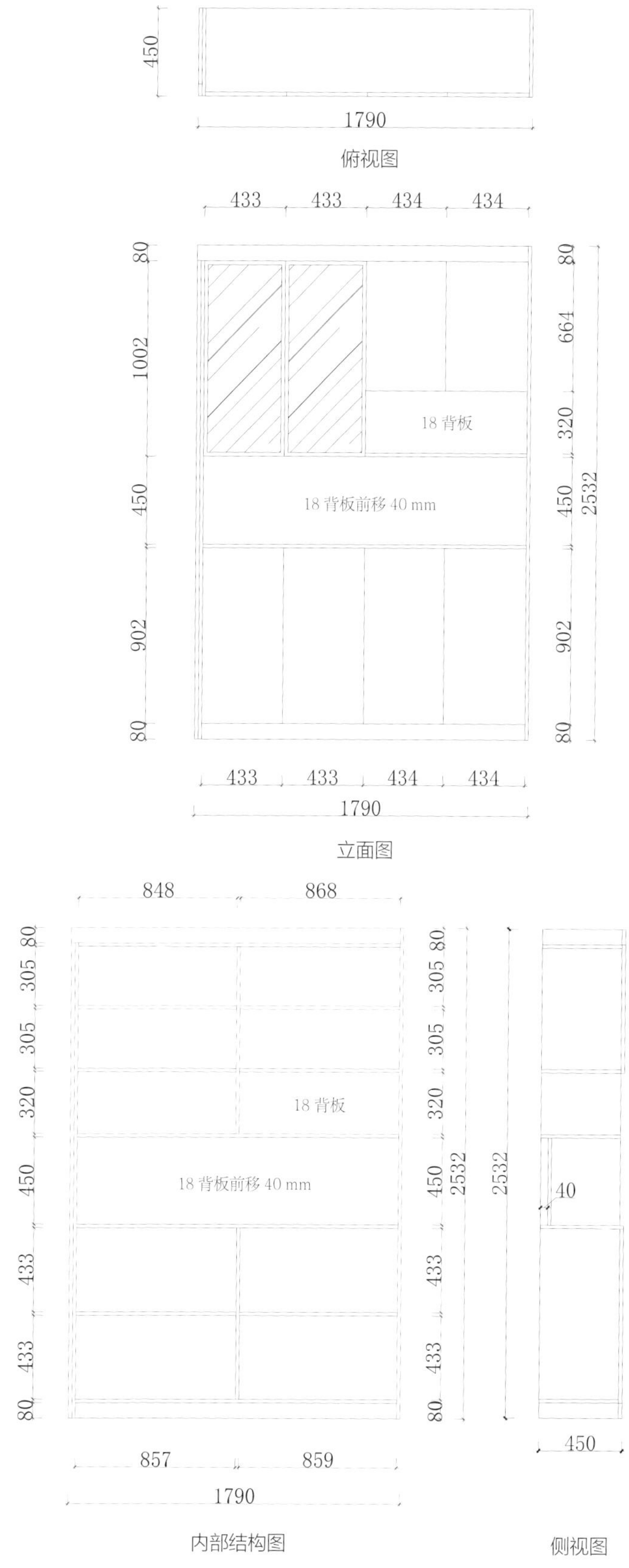
450
1790
俯视图
433
433
434
434
80
1002
450
902
80
18 背板
18 背板前移 40 mm
80
664
320
450
902
80
2532
433
433
434
434
1790
立面图
848
868
80
305
305
320
450
433
433
80
18 背板
18 背板前移 40 mm
2532
2532
40
857
859
1790
450
内部结构图
侧视图

014

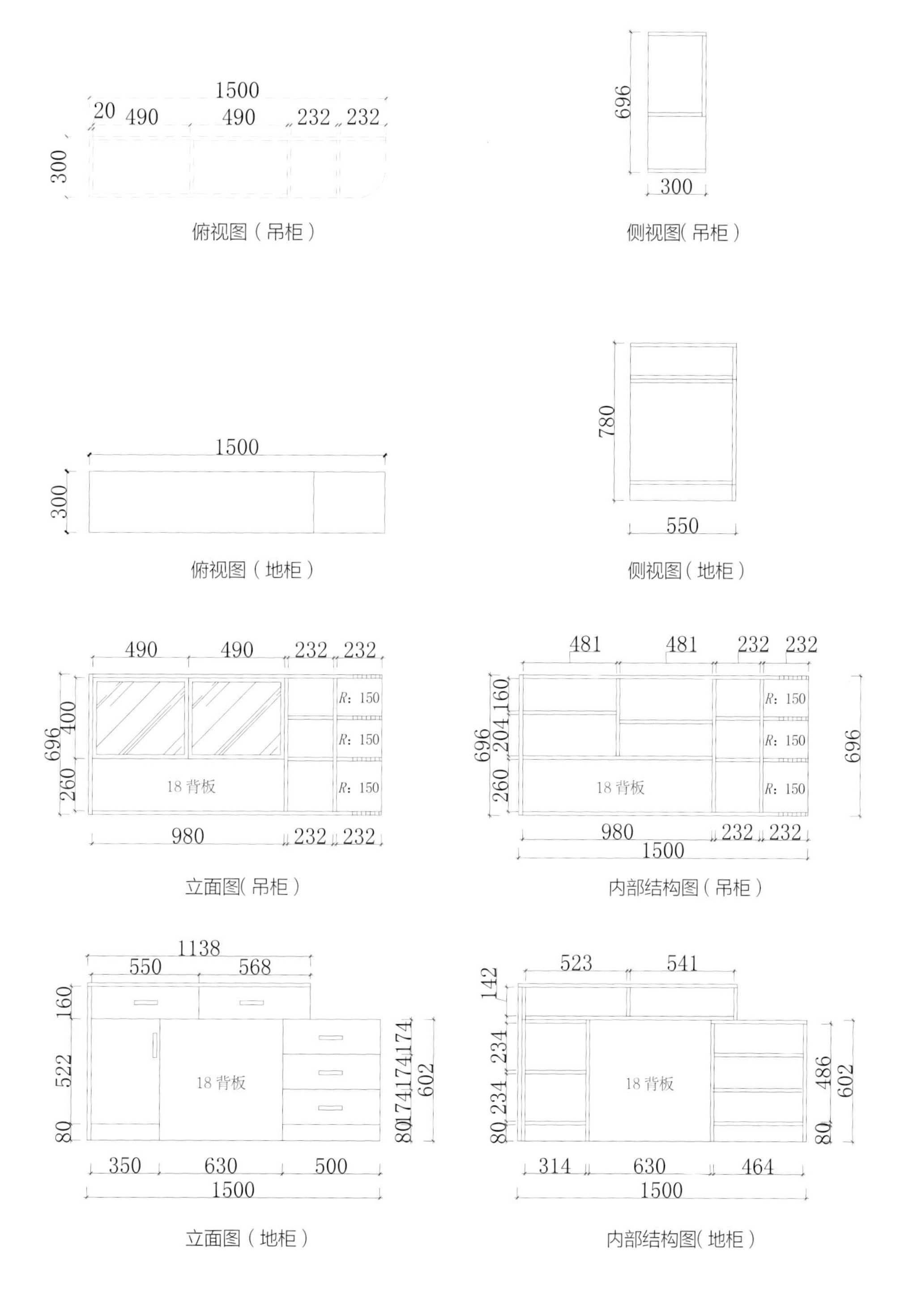

俯视图（吊柜）

侧视图(吊柜）

俯视图（地柜）

侧视图(地柜）

立面图(吊柜）

内部结构图（吊柜）

立面图（地柜）

内部结构图(地柜）

015

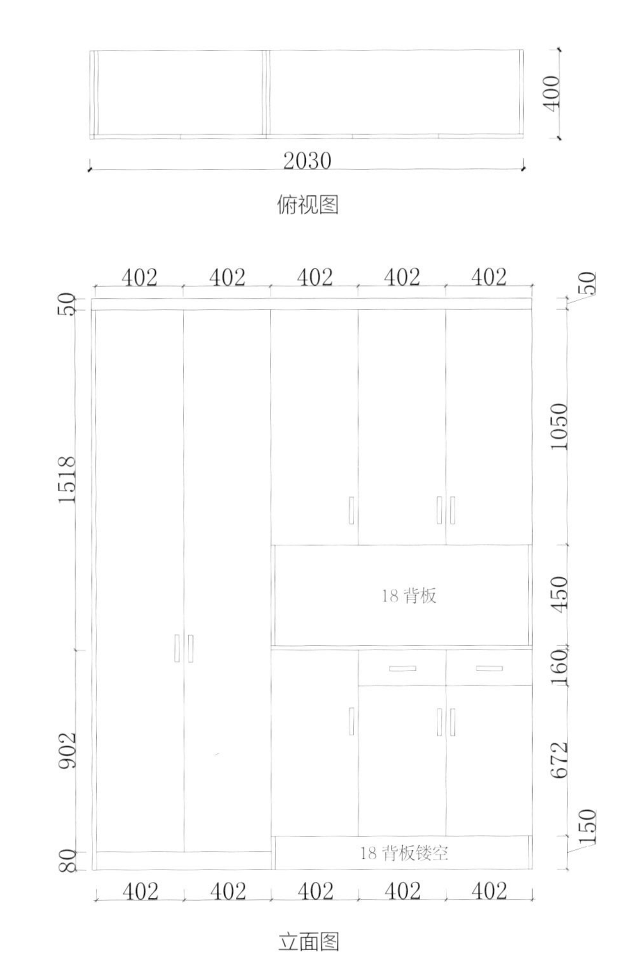

俯视图

立面图

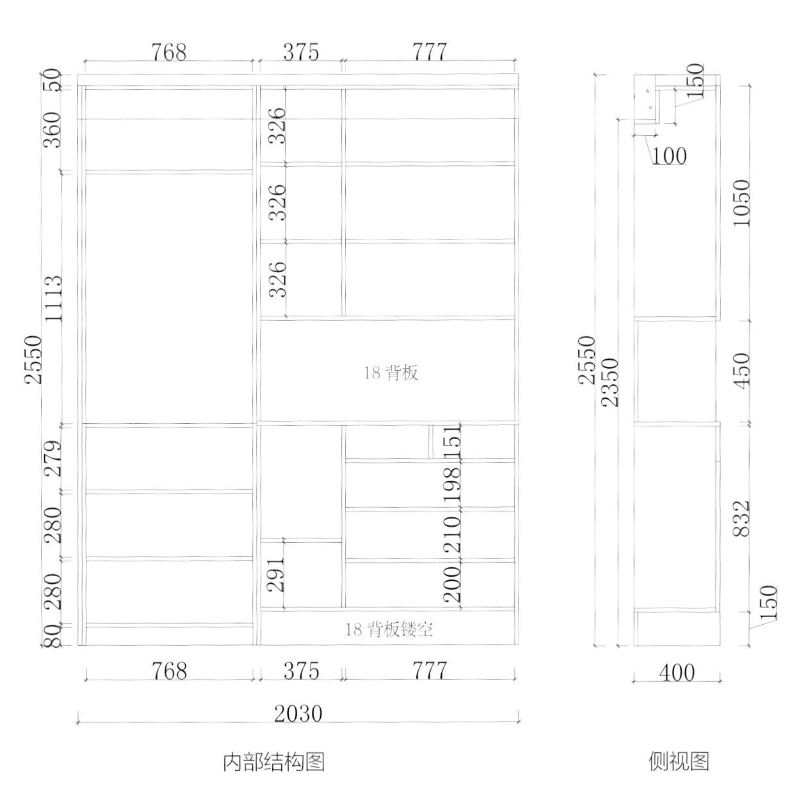

内部结构图

侧视图

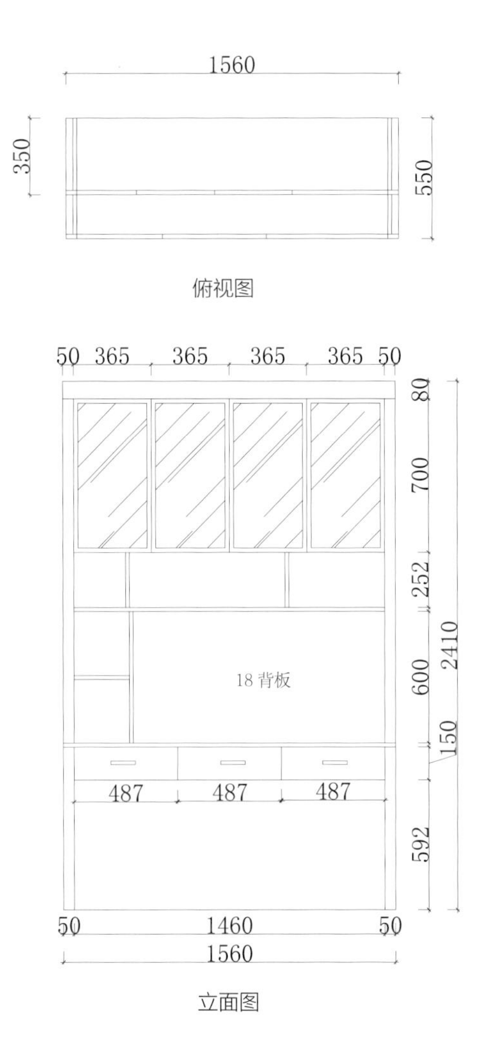

俯视图

立面图

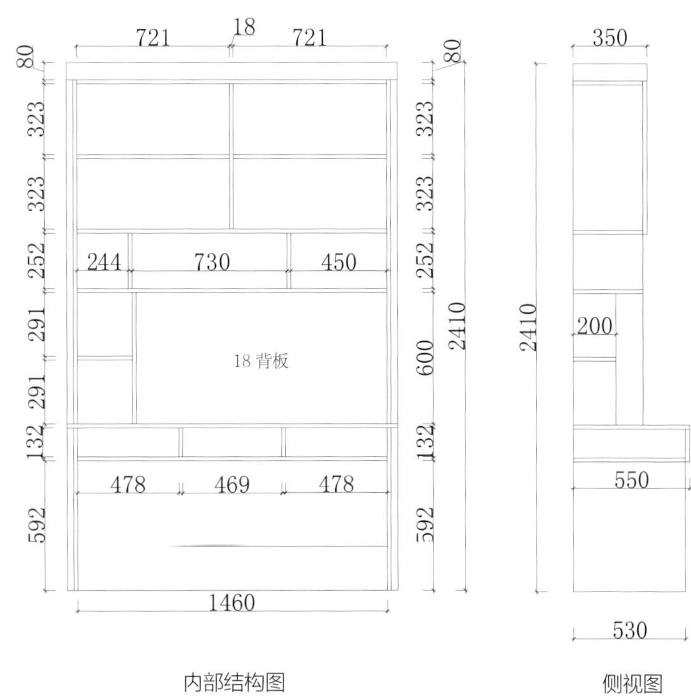

内部结构图

侧视图

第 7 章 书柜

书柜主要满足书房的展示和收纳功能，是书房不可缺少的重要组成部分。市面上成品书柜的常规尺寸深度为 30 cm(不建议选择)，层板间距为 35 ~ 40 cm。层板间距为 35 cm 的书柜，基本可以放下大部分书籍。如果是定制的书柜，不喜欢书柜内空余空间太多的话，可以将层板间距设置为 30 cm，并设计成 30 cm 和 35 cm 两种深度，这样最省空间。

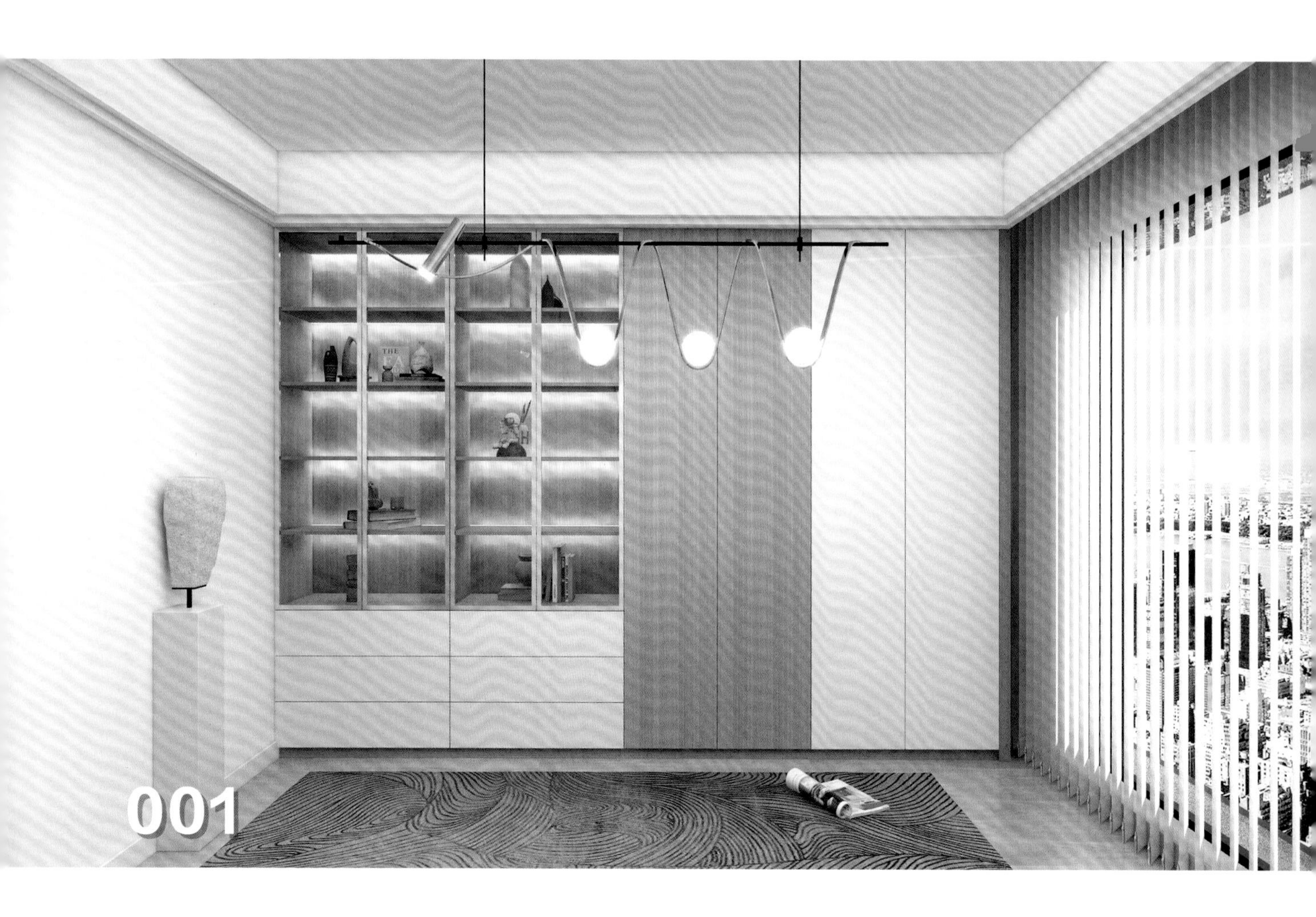

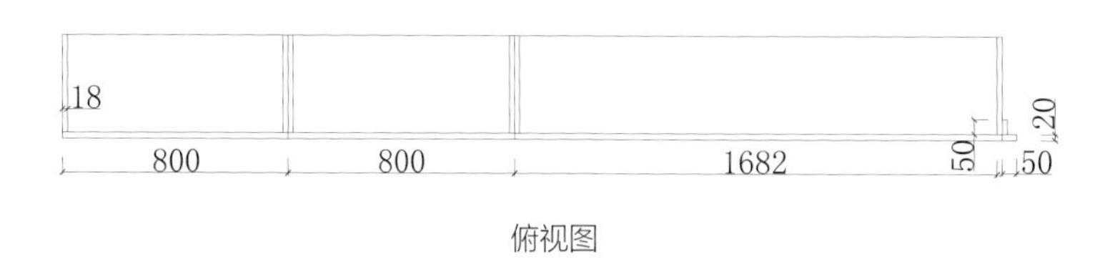

俯视图

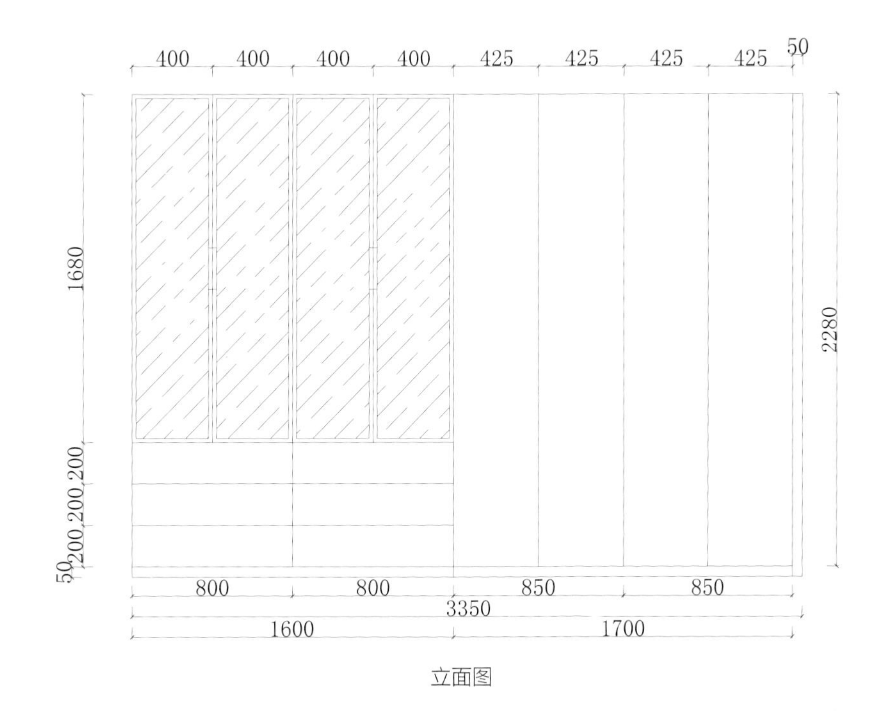

立面图

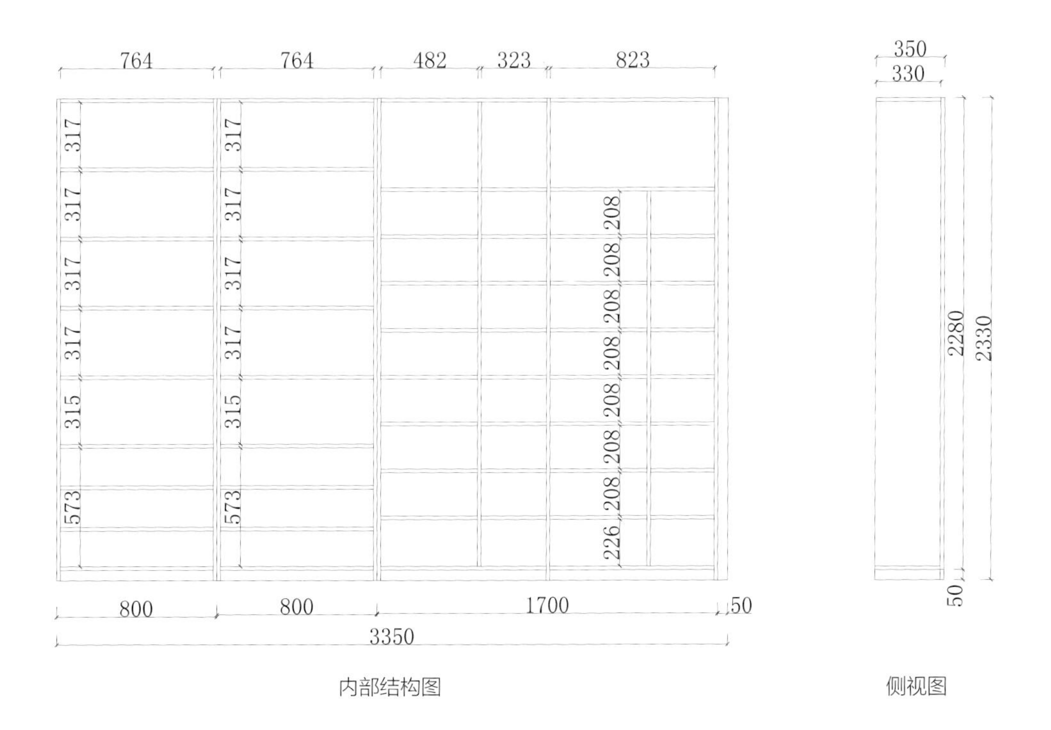

内部结构图

侧视图

002

3260
350
封板
595
1760
见光侧面
1310

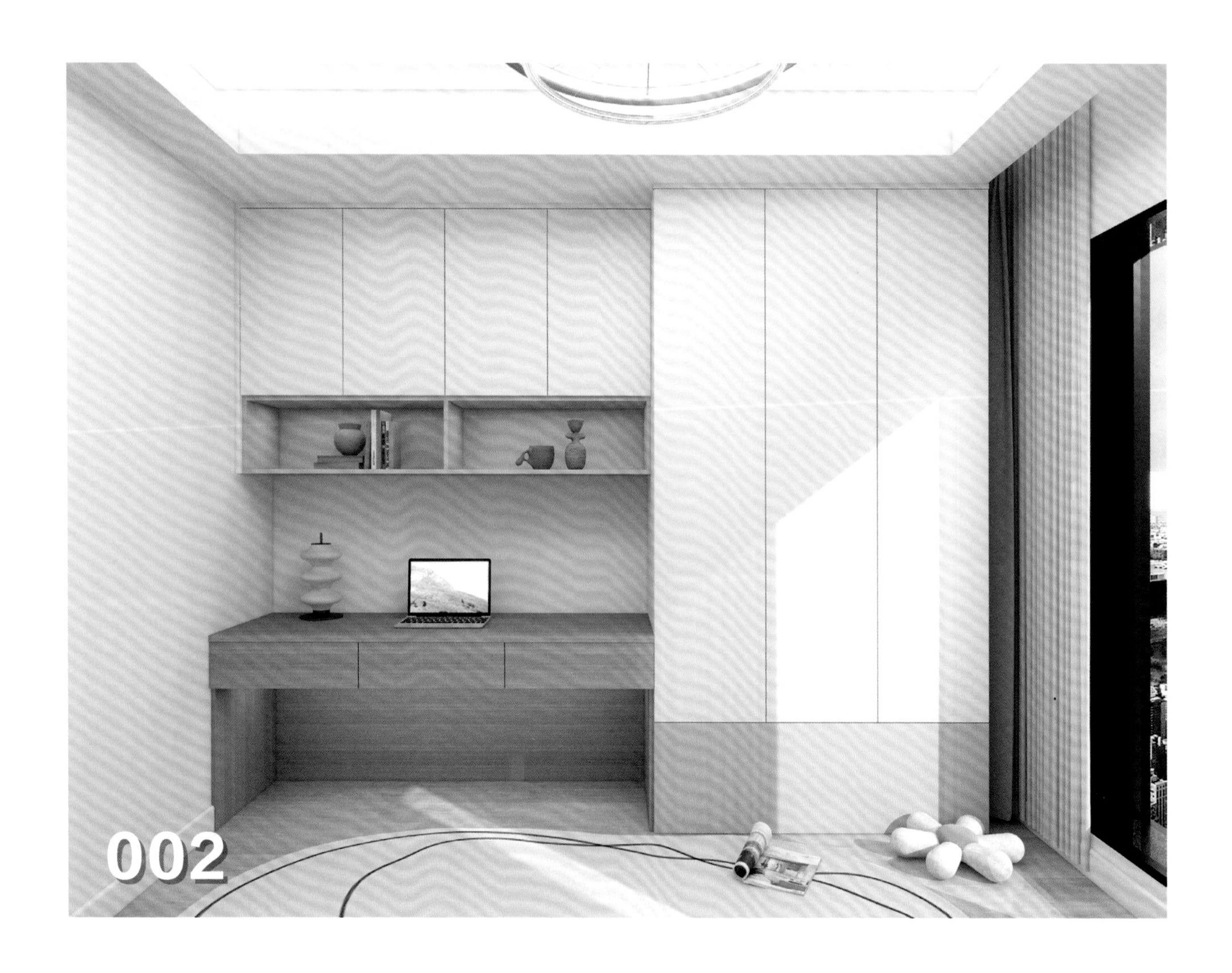

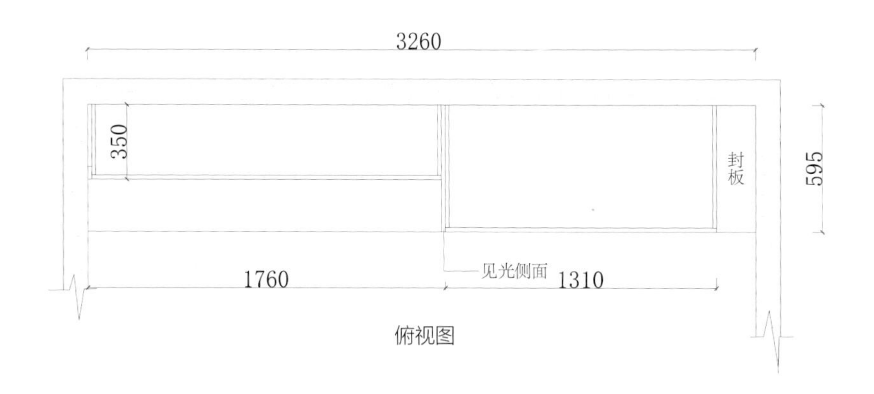

俯视图

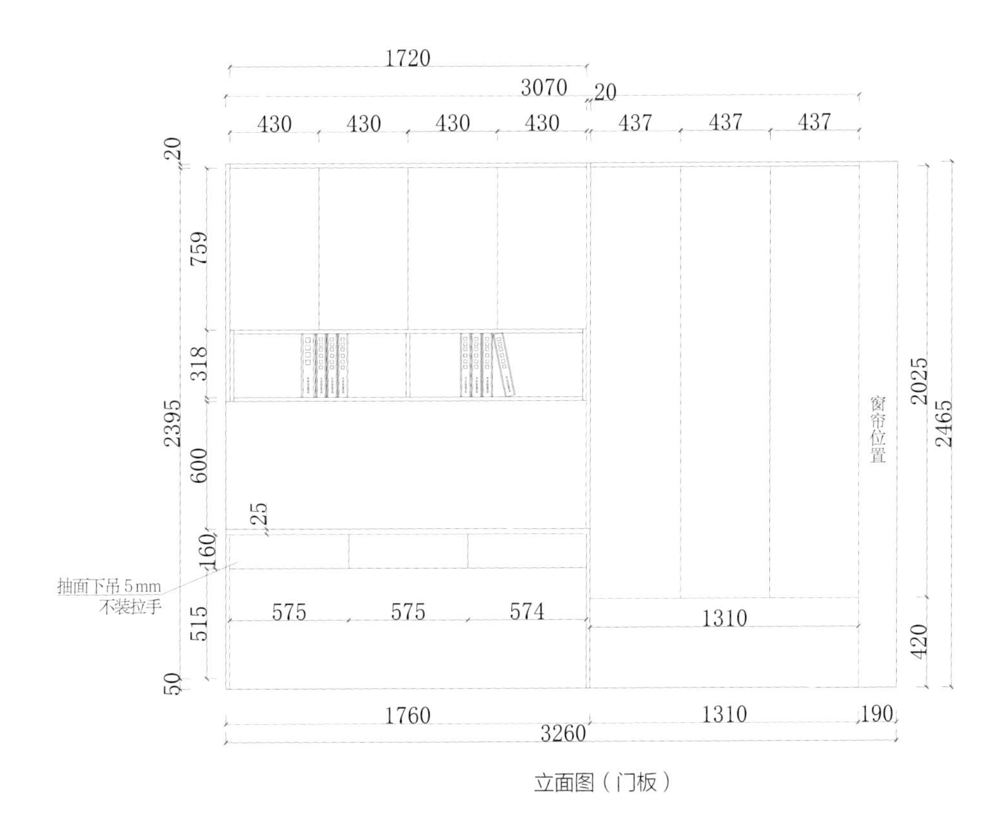

立面图（门板）

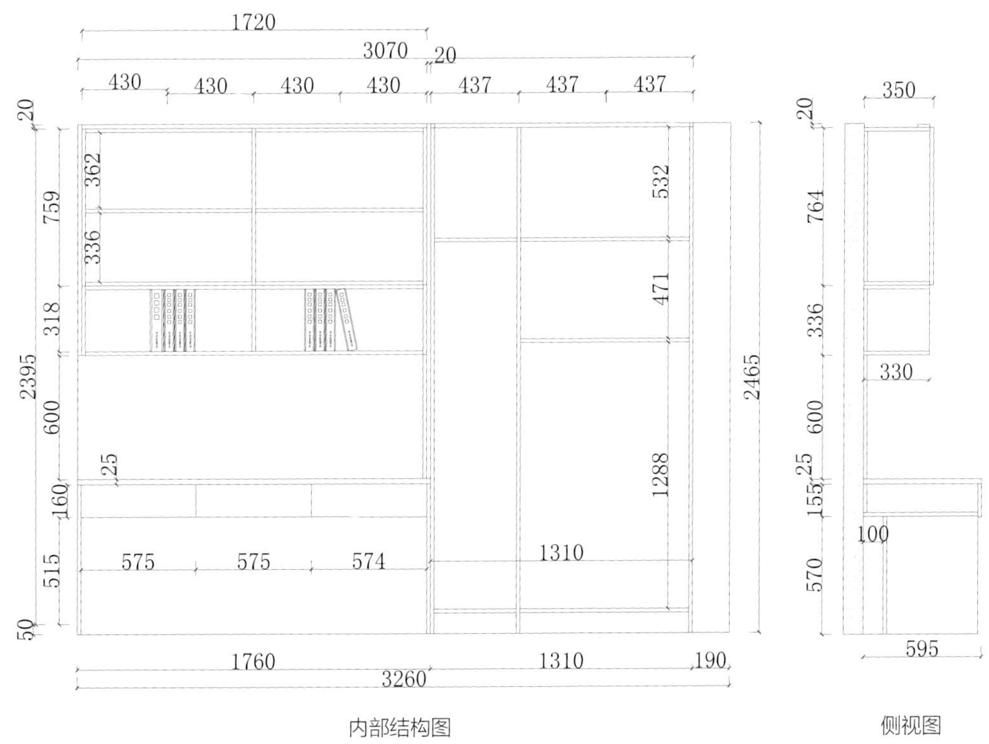

内部结构图　　侧视图

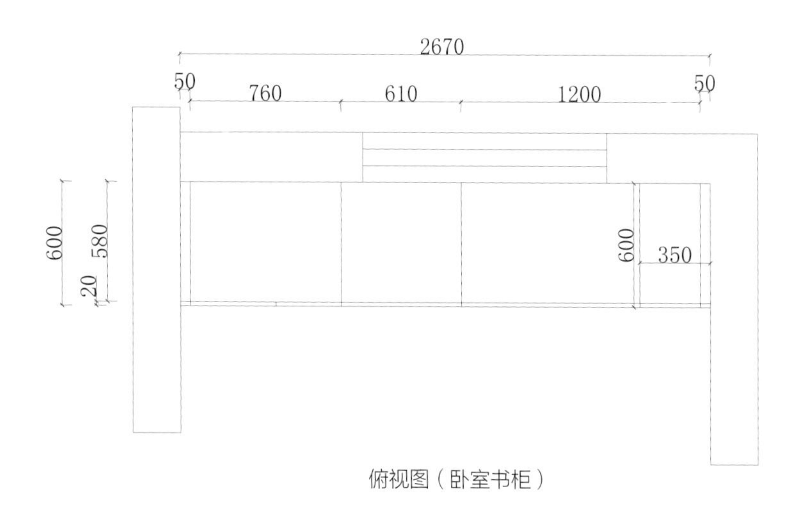

俯视图（卧室书柜）

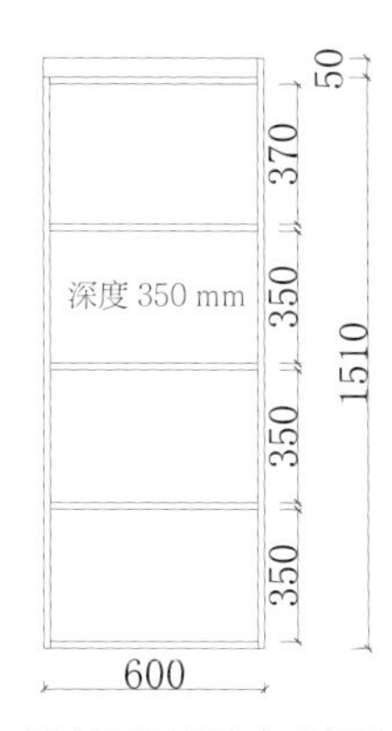

侧立面图（卧室书柜）

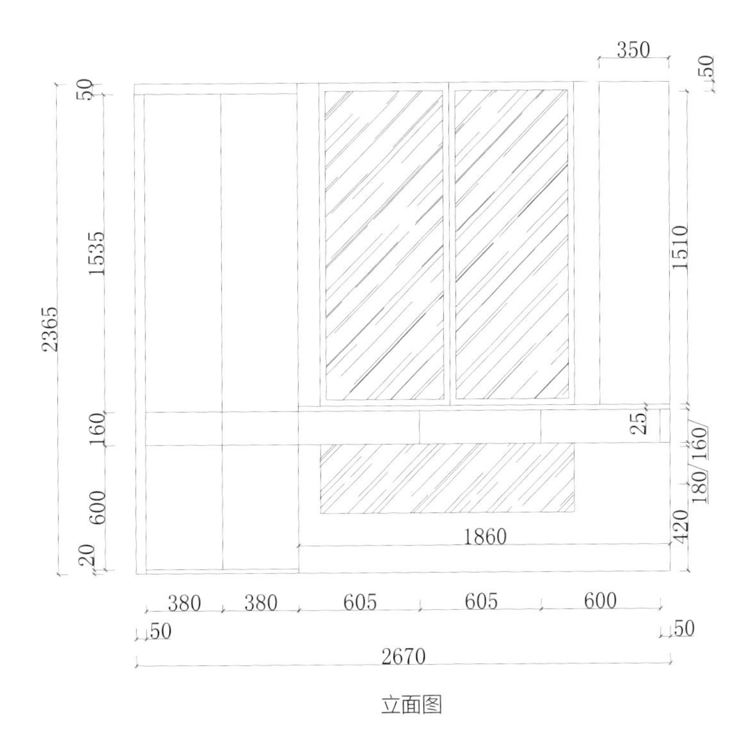
350
50
50
1535
1510
2365
160
25
180/160/
600
420
1860
20
380
380
605
605
600
50
50
2670

立面图

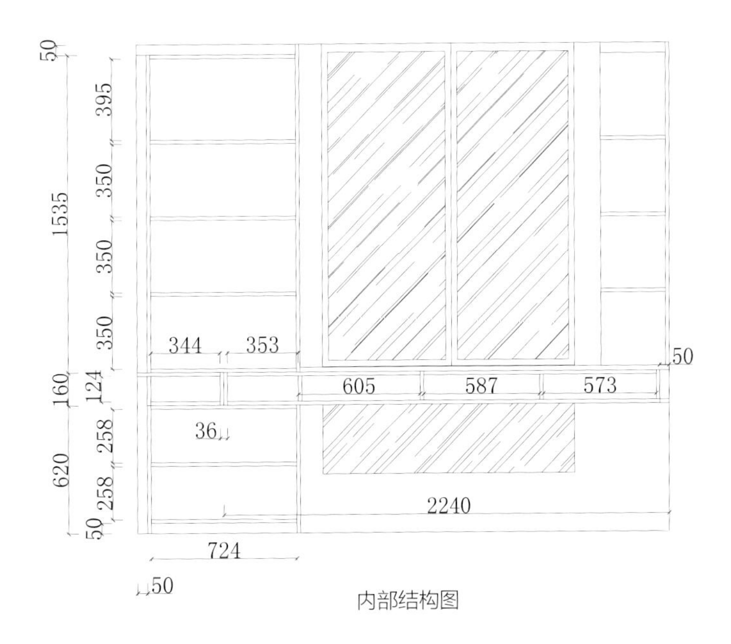
50
395
350
1535
350
350
344
353
50
160
124
605
587
573
36
258
620
258
2240
50
724
50

内部结构图

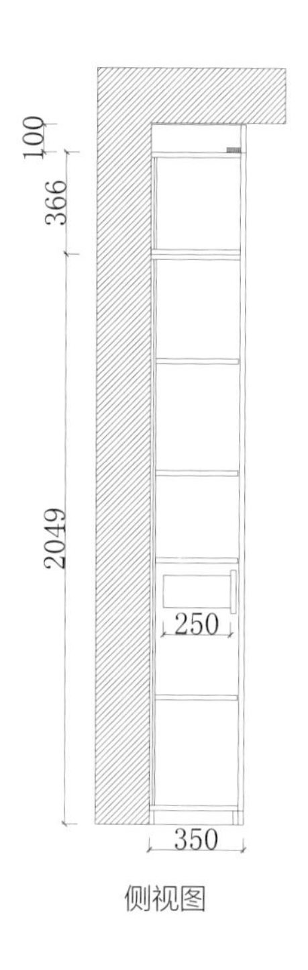

侧视图

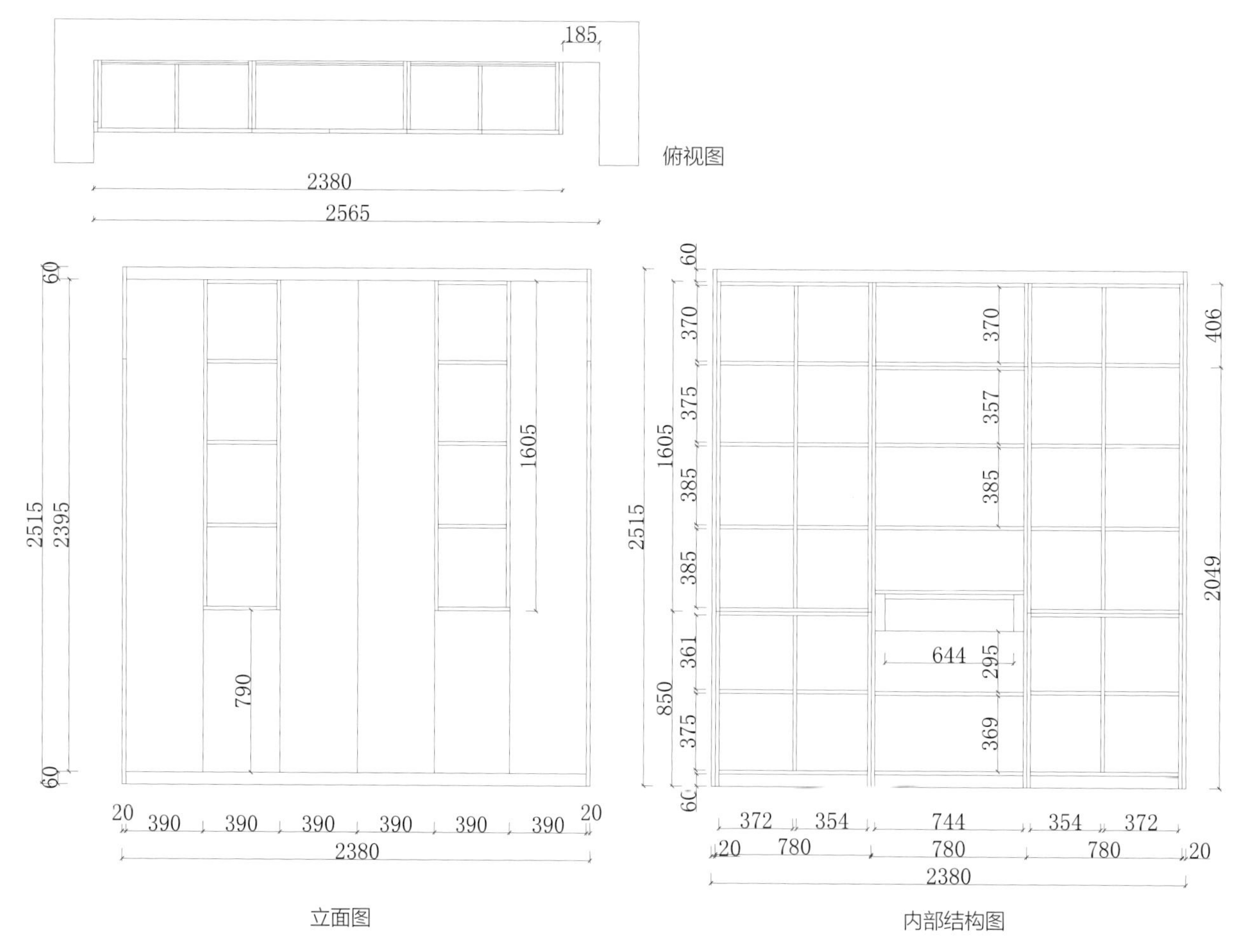

俯视图

立面图

内部结构图

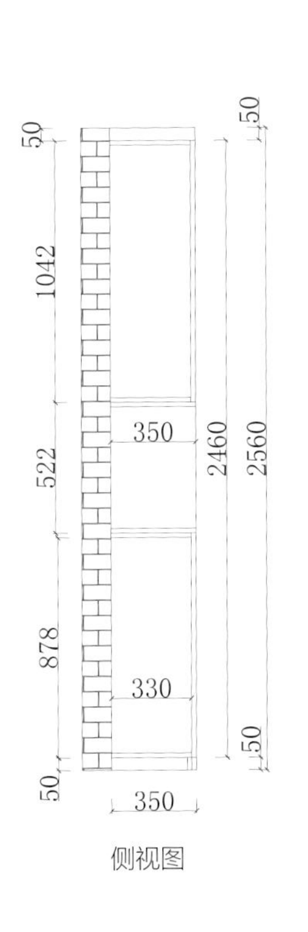

侧视图

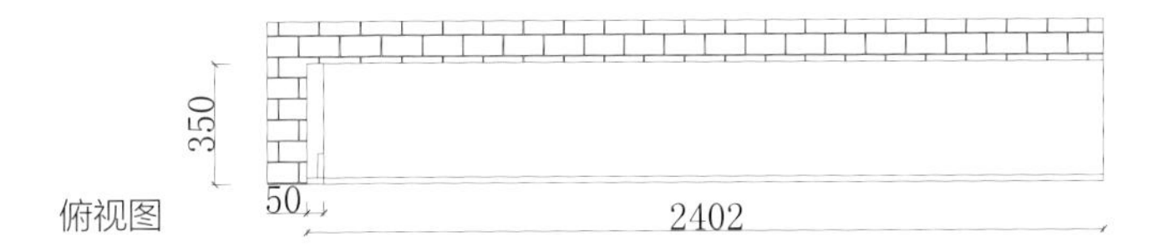

俯视图

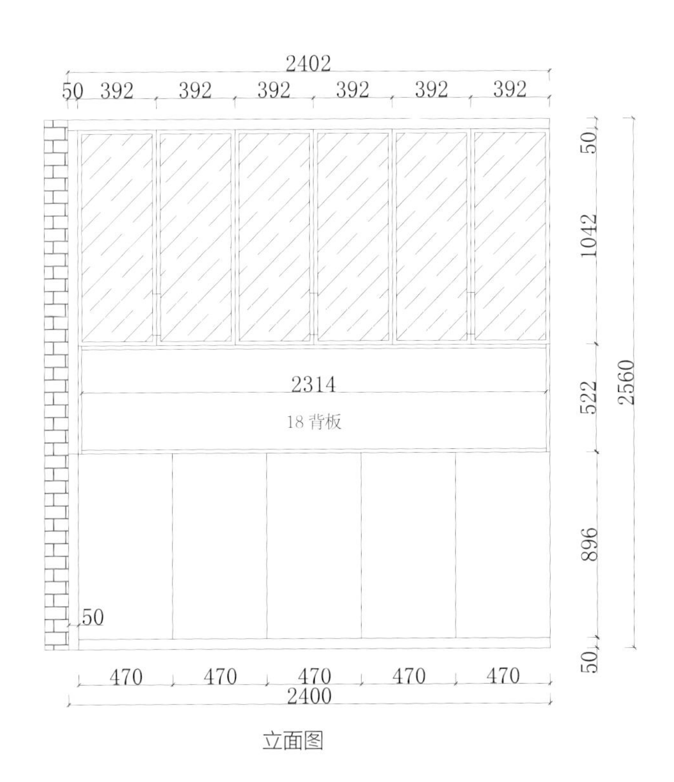

立面图

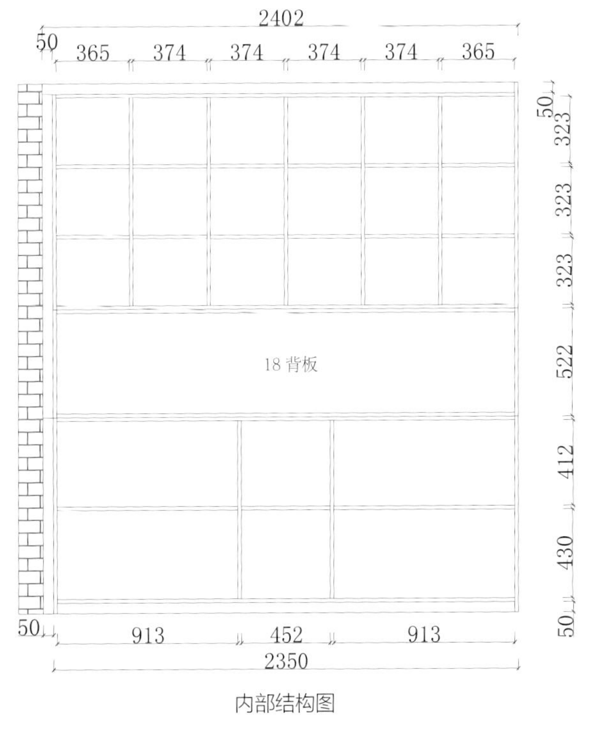

内部结构图

俯视图

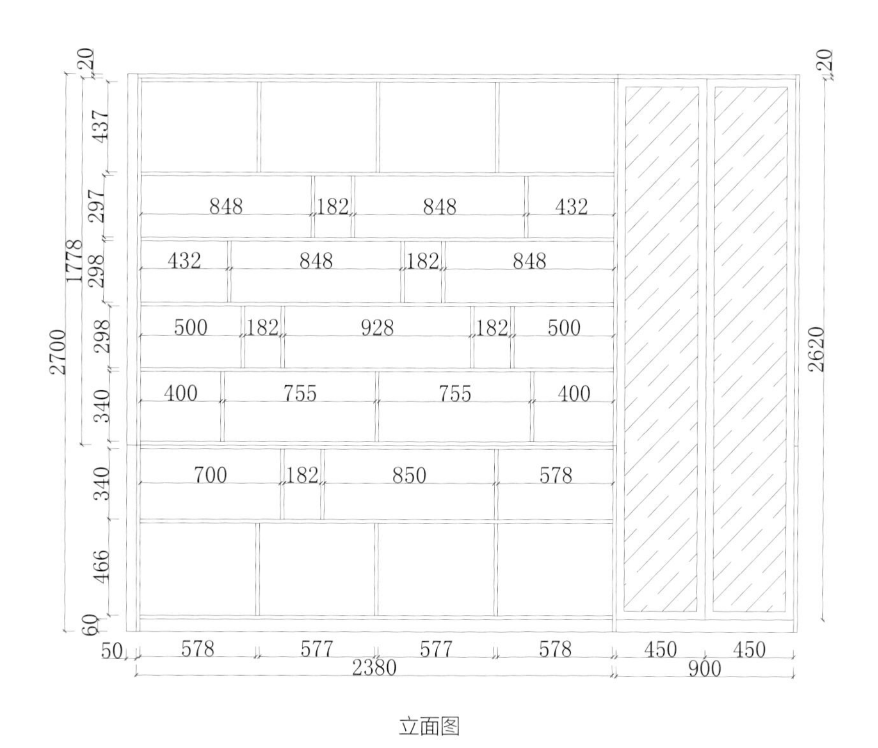

立面图

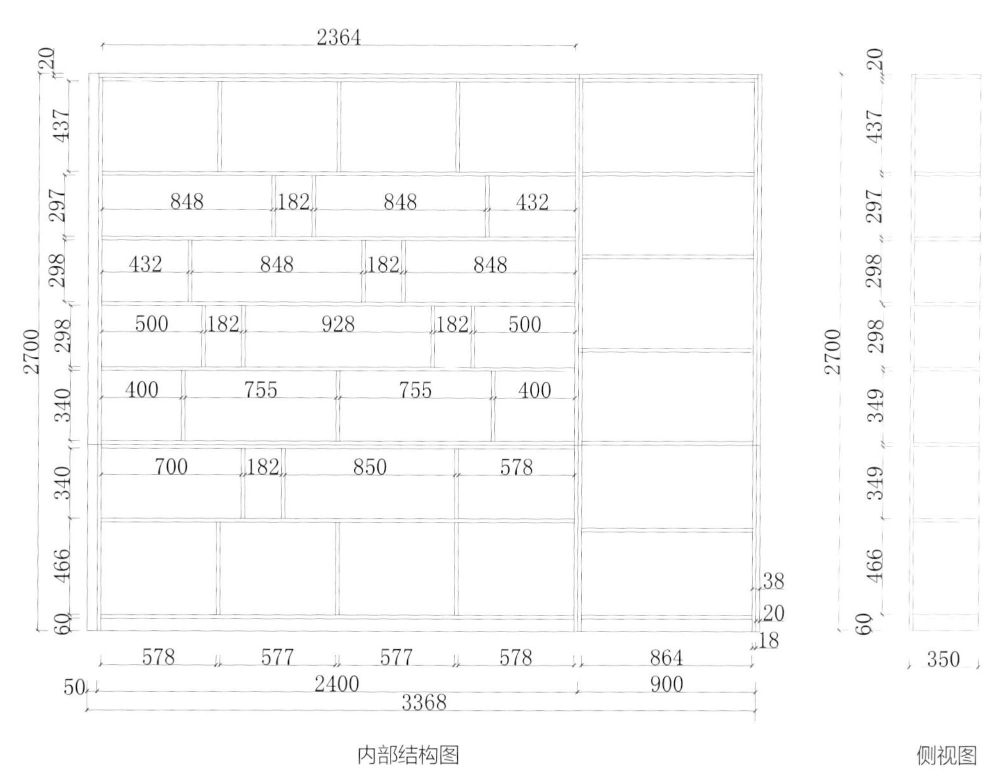

内部结构图

侧视图

007

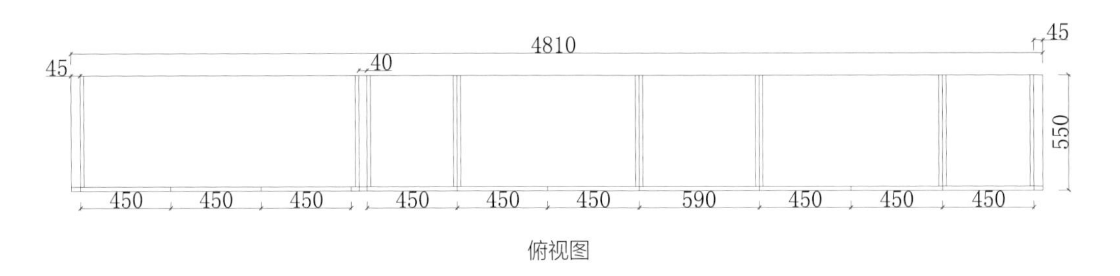
4810
45
45
40
550
450
450
450
450
450
450
590
450
450
450

俯视图

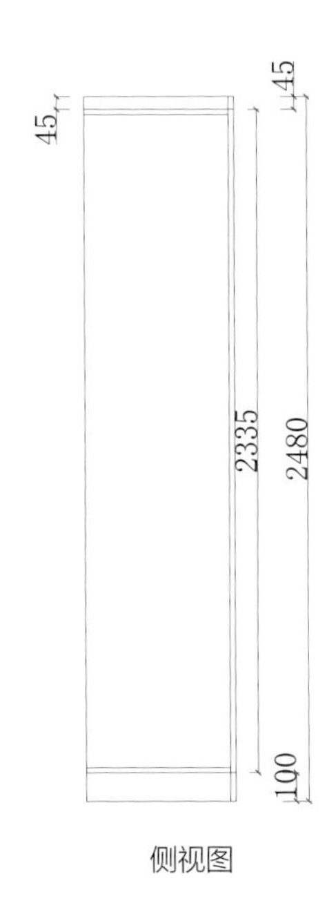
45
45
2335
2480
100

侧视图

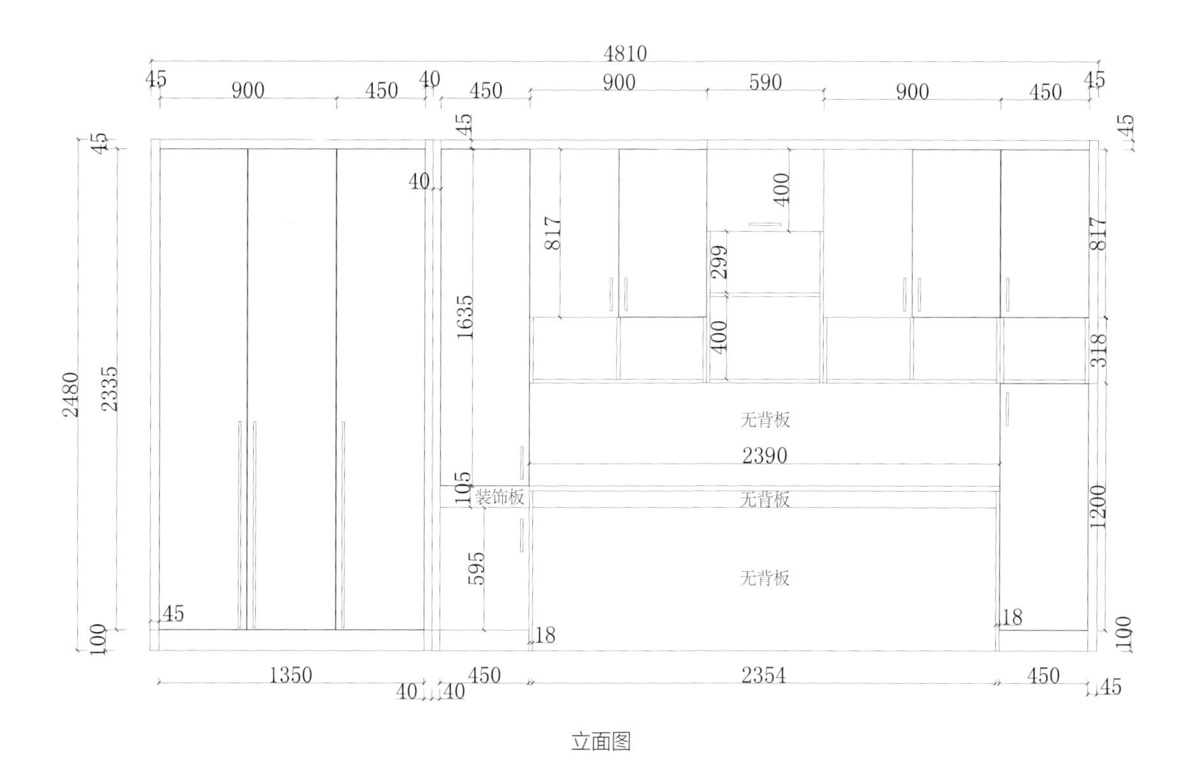
4810
45
900
450
40
450
900
590
900
450
45
817
400
299
1635
400
318
2480
2335
无背板
2390
105
装饰板
无背板
1200
595
无背板
45
18
18
100
1350
40
40
450
2354
450
45
立面图

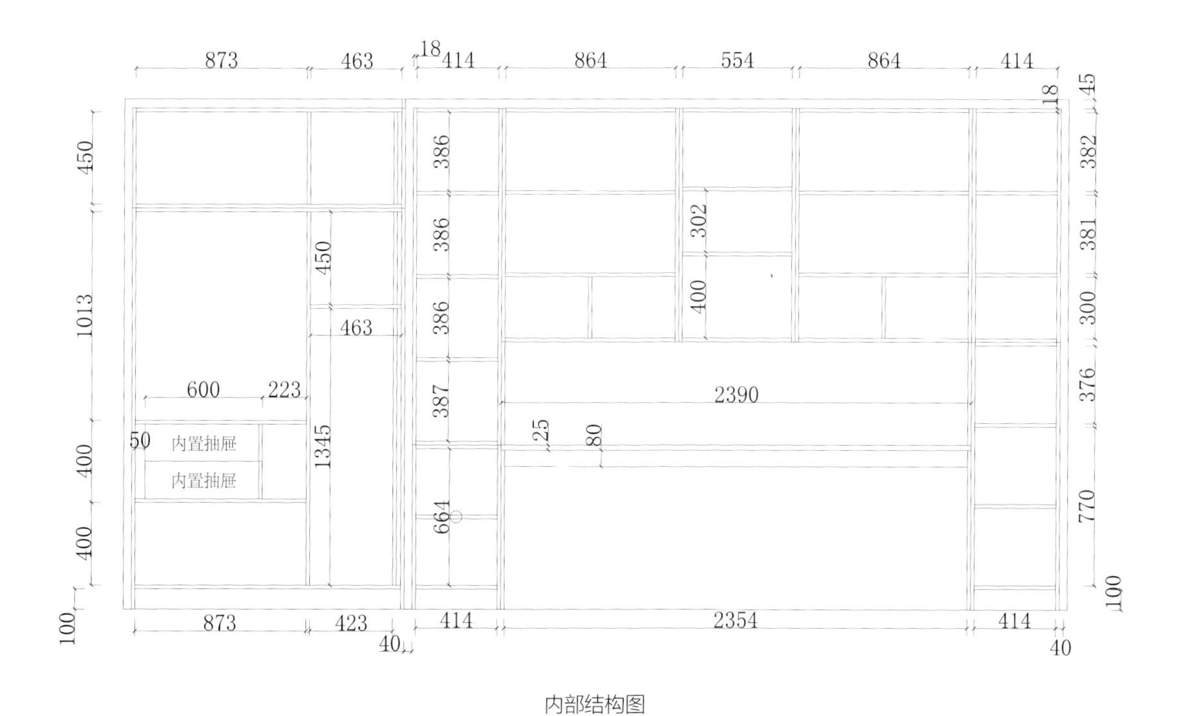
873
463
18
414
864
554
864
414
45
18
450
386
382
386
302
381
450
1013
463
386
400
300
600
223
387
2390
376
50
内置抽屉
25
80
400
内置抽屉
1345
664
770
400
100
100
873
423
414
2354
414
40
40
内部结构图

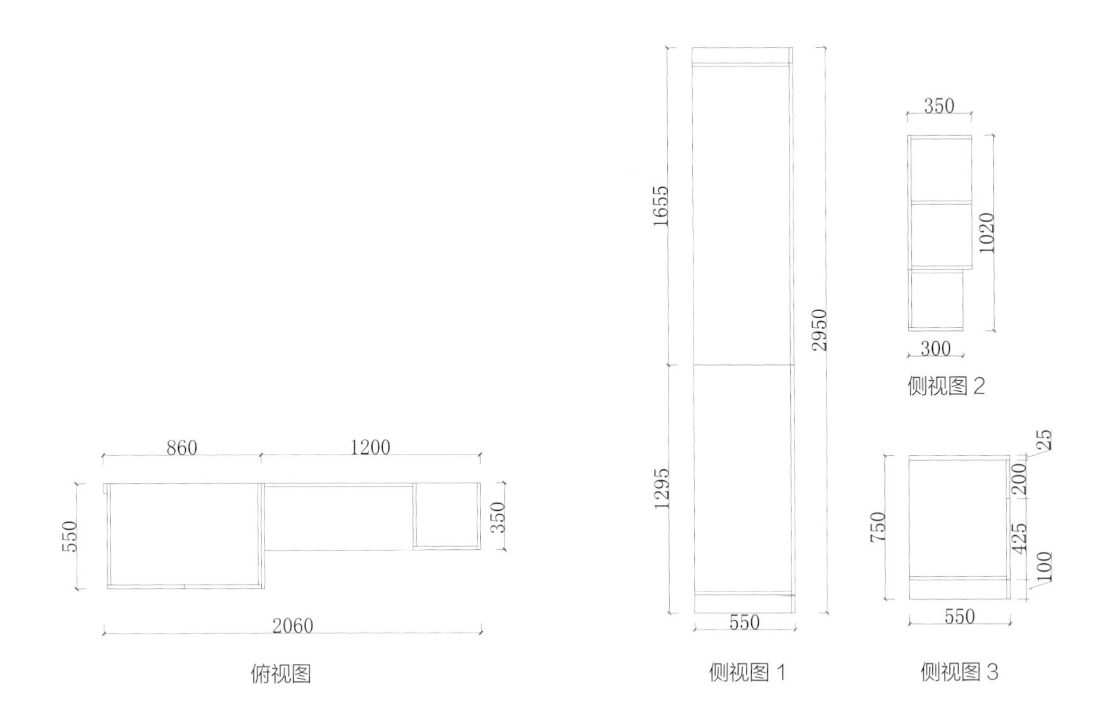

俯视图

侧视图 1

侧视图 2

侧视图 3

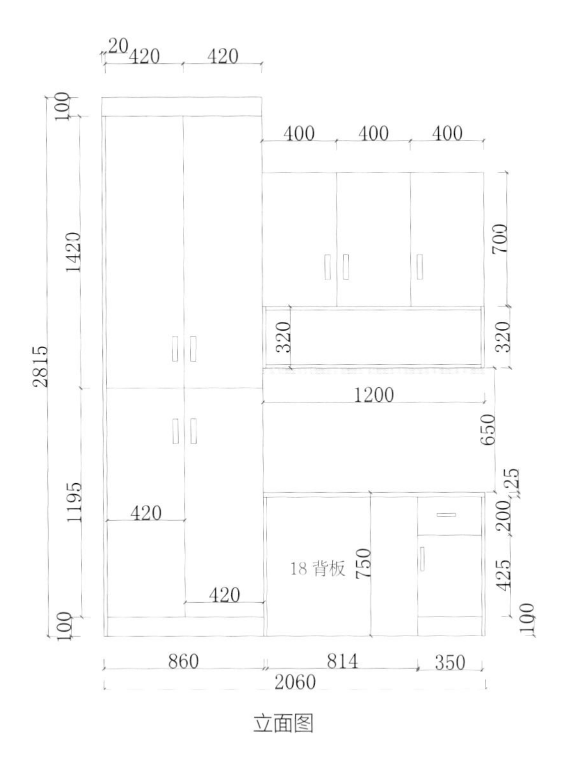
20
420
420
100
400
400
400
700
1420
320
320
2815
1200
650
25
420
200
1195
18 背板
750
425
420
100
100
860
814
350
2060

立面图

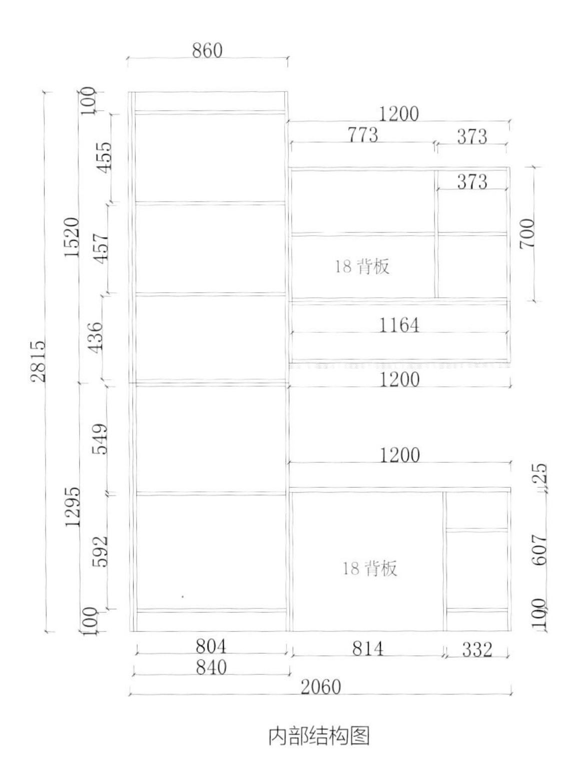
860
100
1200
773
373
455
373
700
1520
457
18 背板
436
1164
2815
1200
549
1200
25
1295
592
18 背板
607
100
100
804
814
332
840
2060

内部结构图

009

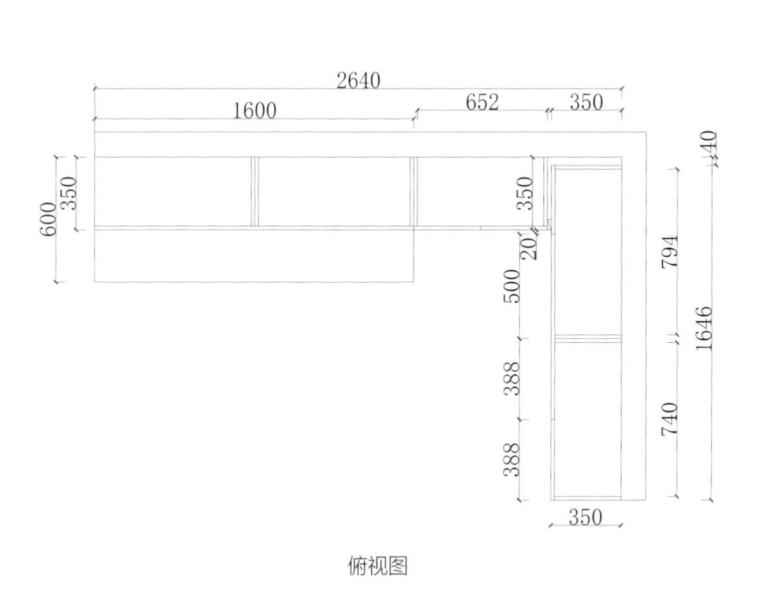
2640
1600
652
350
600
350
350
20
500
388
388
794
740
1646
40
350

俯视图

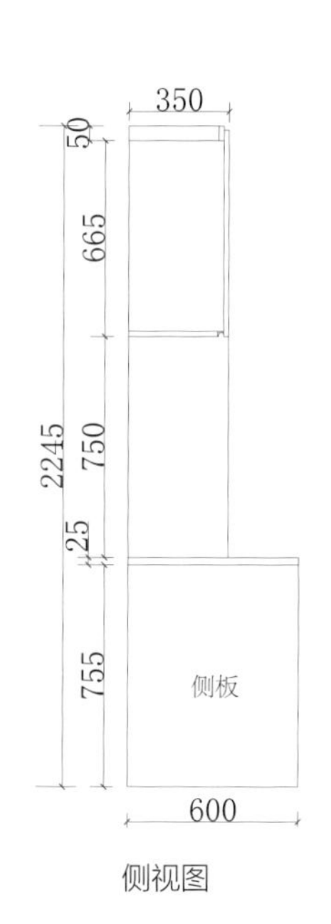
350
50
665
2245
750
25
755
侧板
600

侧视图

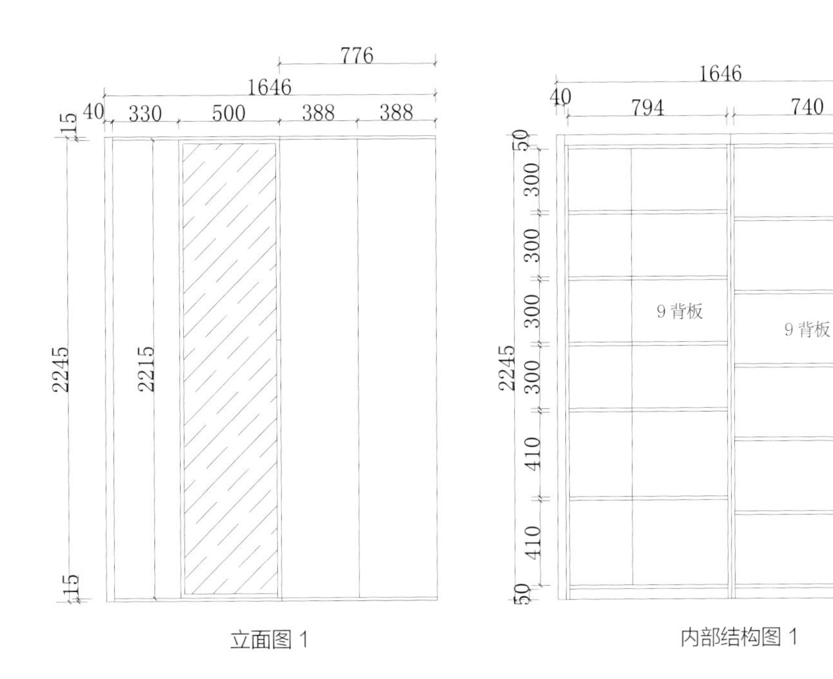

立面图 1　　内部结构图 1

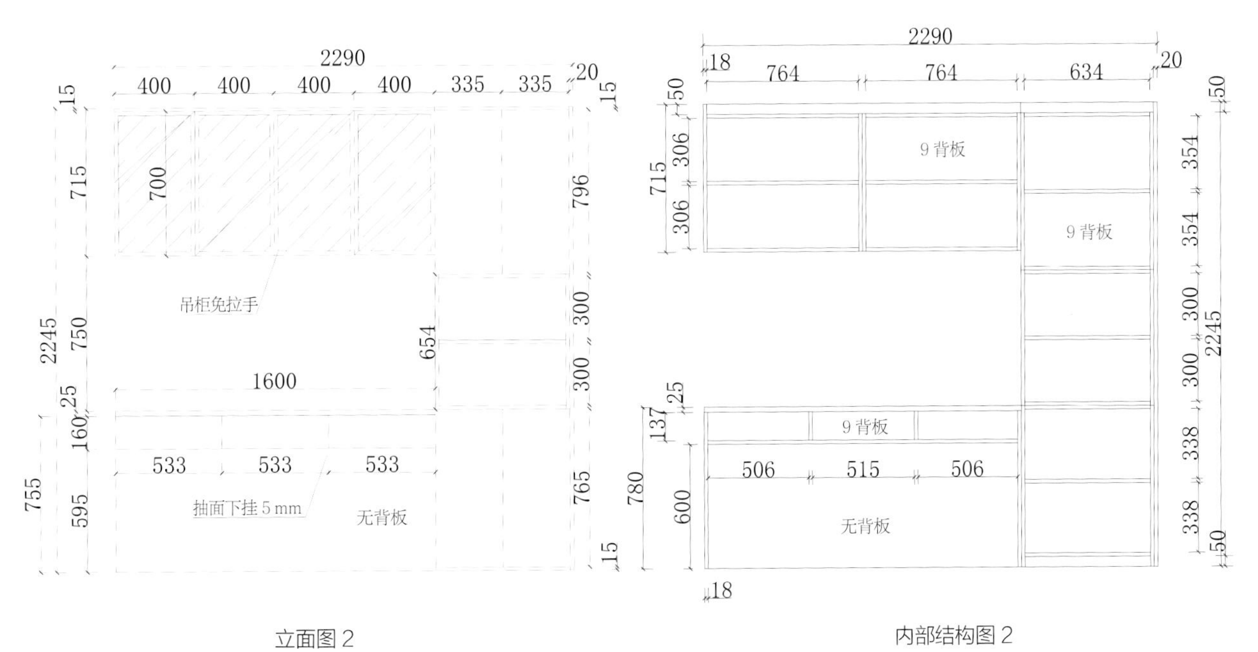

立面图 2　　内部结构图 2

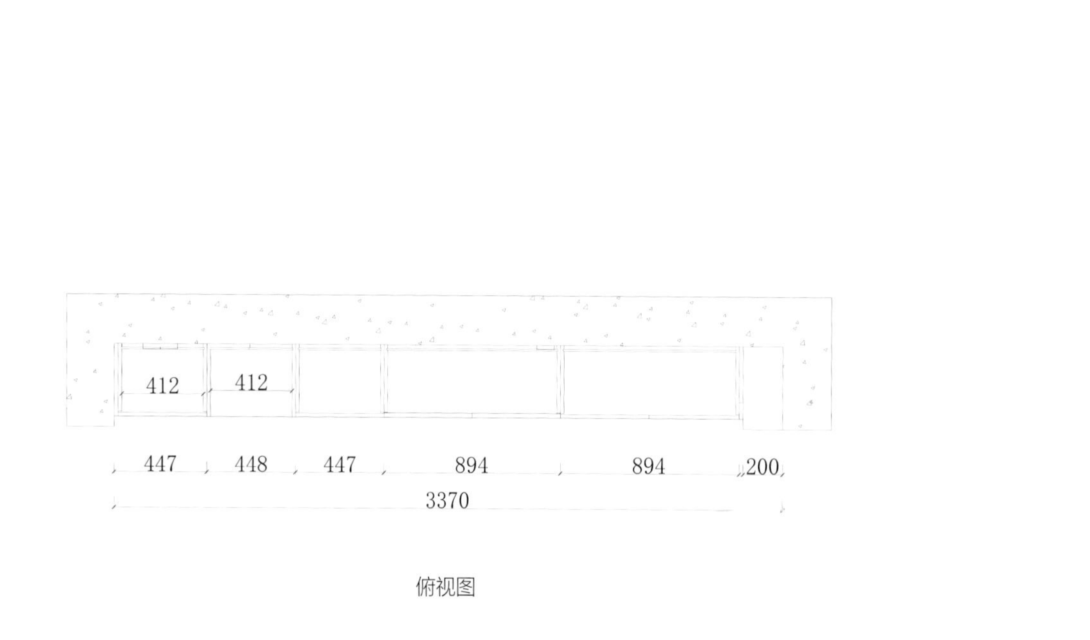

俯视图

50
5
2224
60
15

侧视图

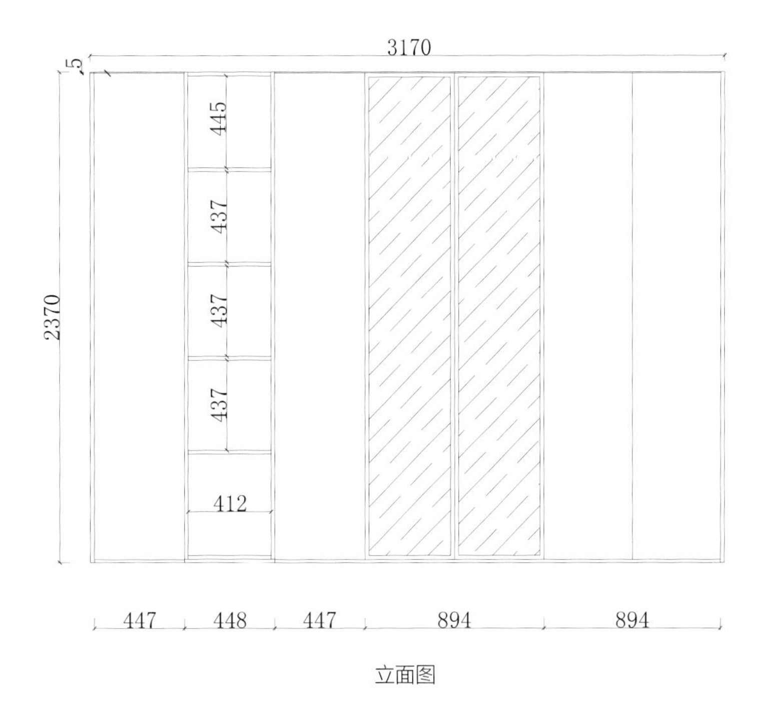
3170
5
2370
445
437
437
437
412
447
448
447
894
894

立面图

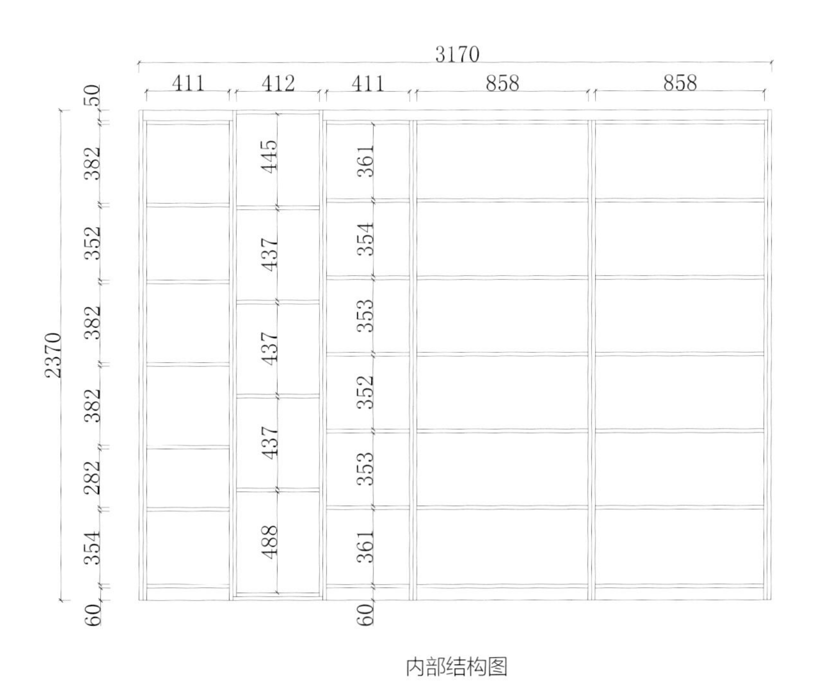
3170
411
412
411
858
858
50
2370
382
352
382
382
282
354
60
445
437
437
437
488
361
354
353
352
353
361
60

内部结构图

011

340
4550
50

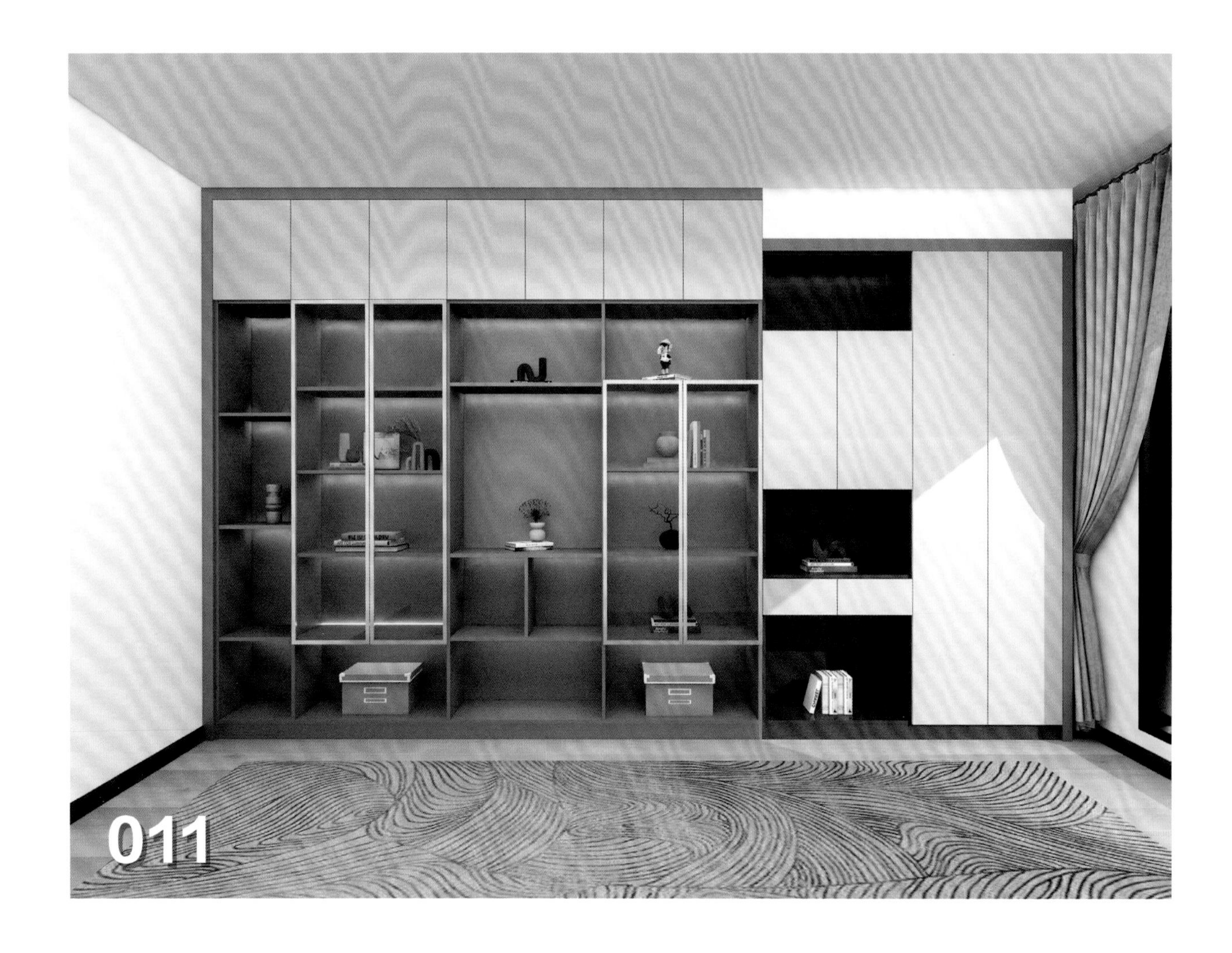

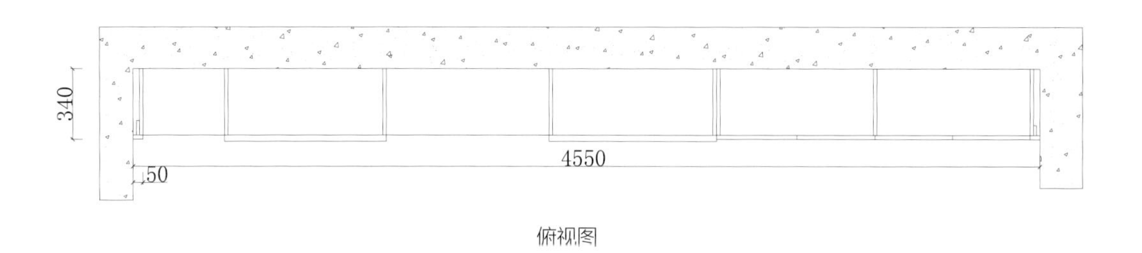

俯视图

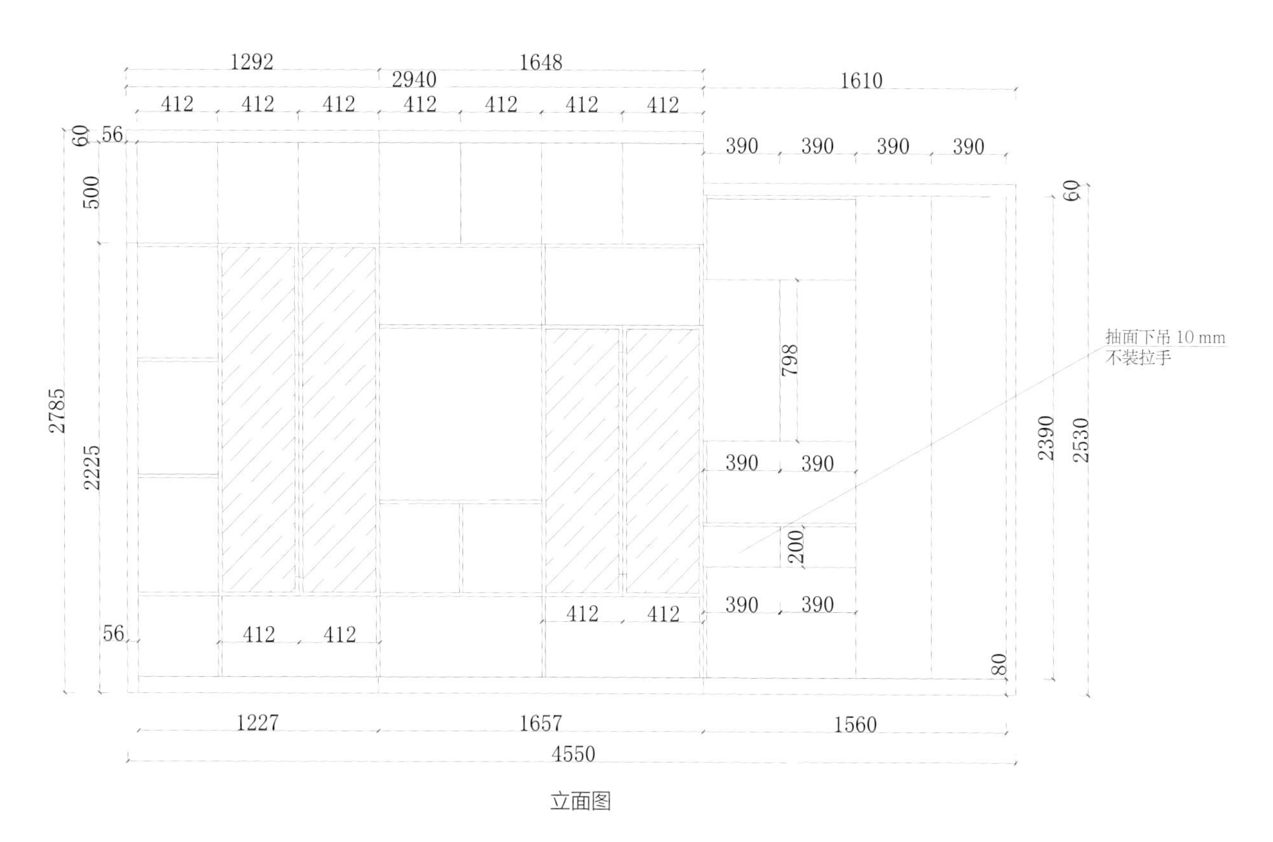

立面图

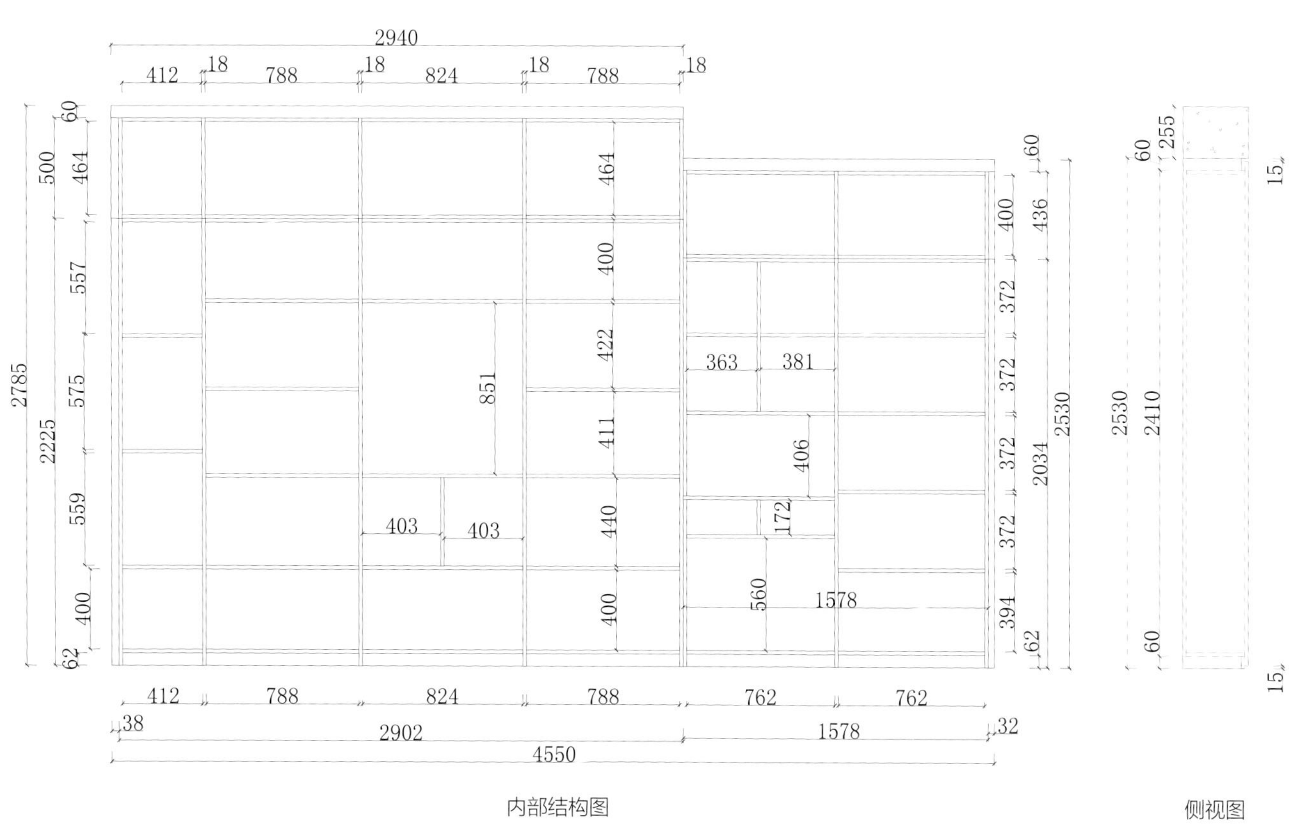

内部结构图

侧视图

012

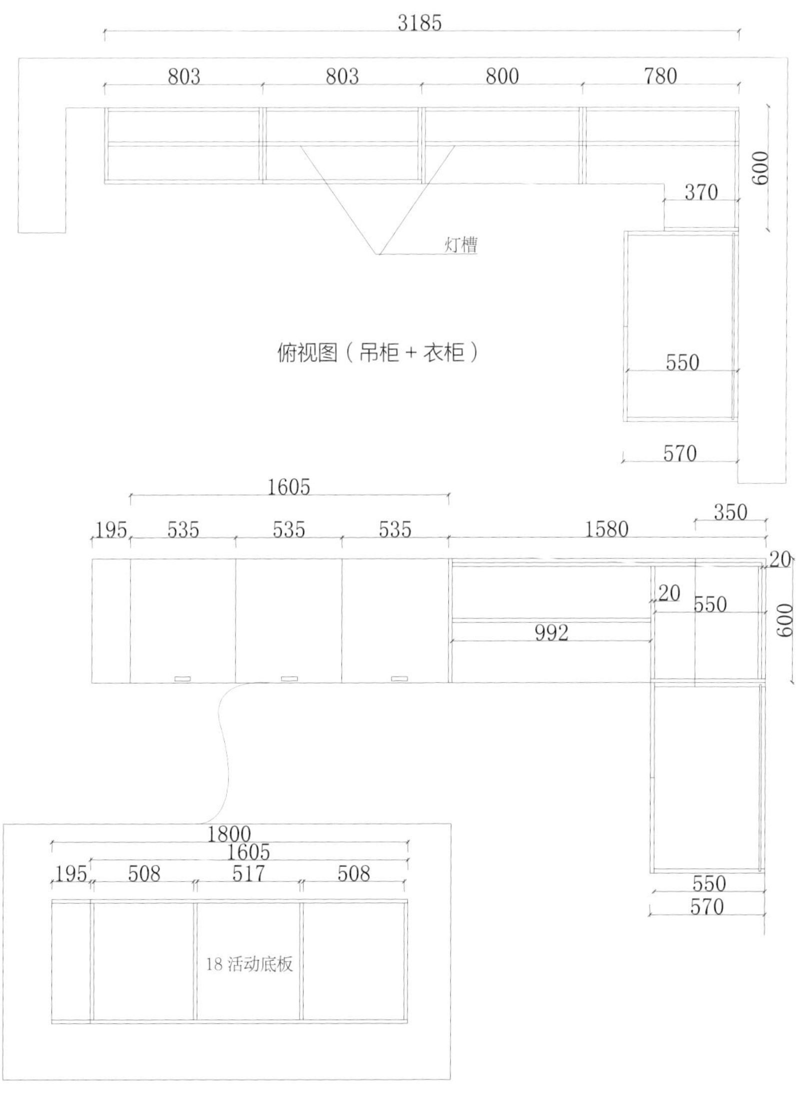
3185
803
803
800
780
600
370
灯槽
俯视图（吊柜 + 衣柜）
550
570
1605
195
535
535
535
1580
350
20
20
550
600
992
1800
1605
195
508
517
508
18 活动底板
550
570

顶视图（吊柜）

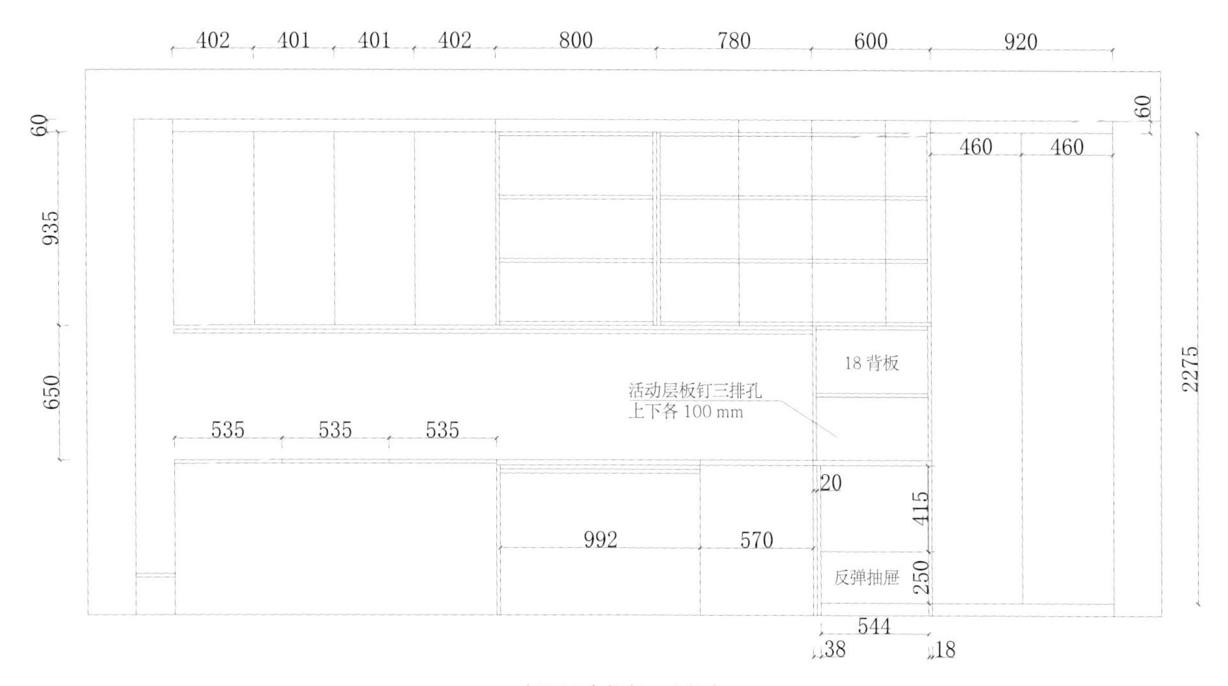

立面图（书桌 + 衣柜）

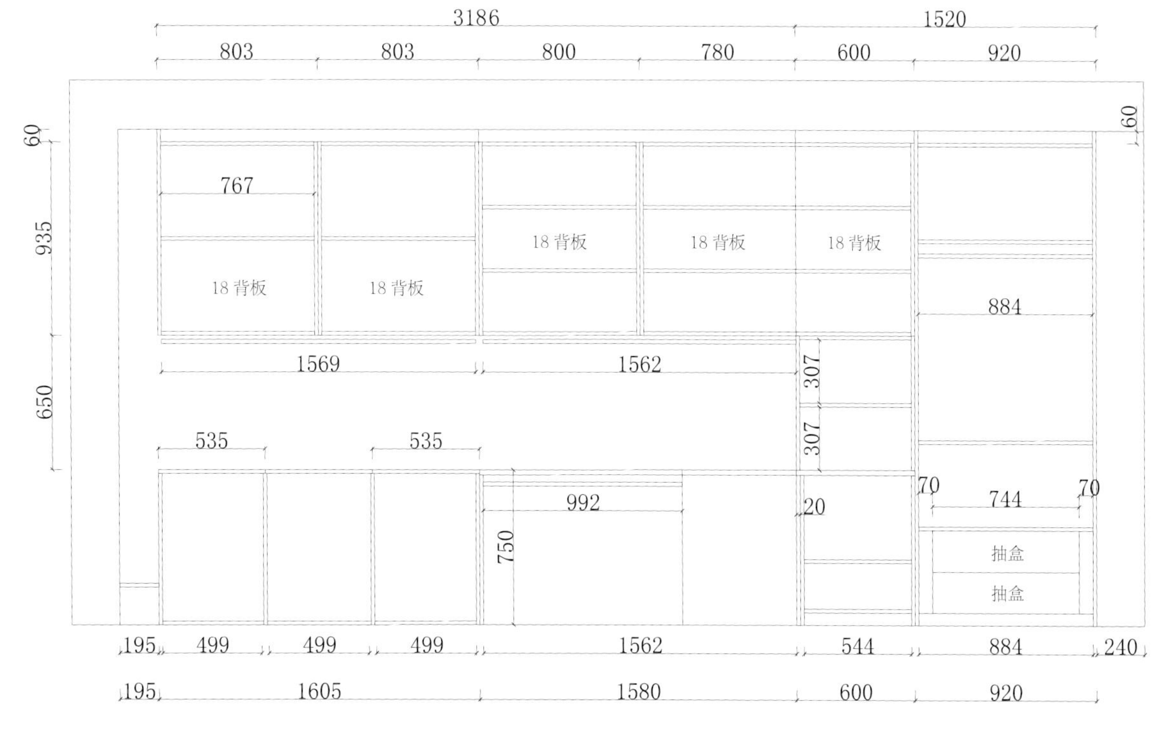

内部结构图（书桌 + 衣柜）

013

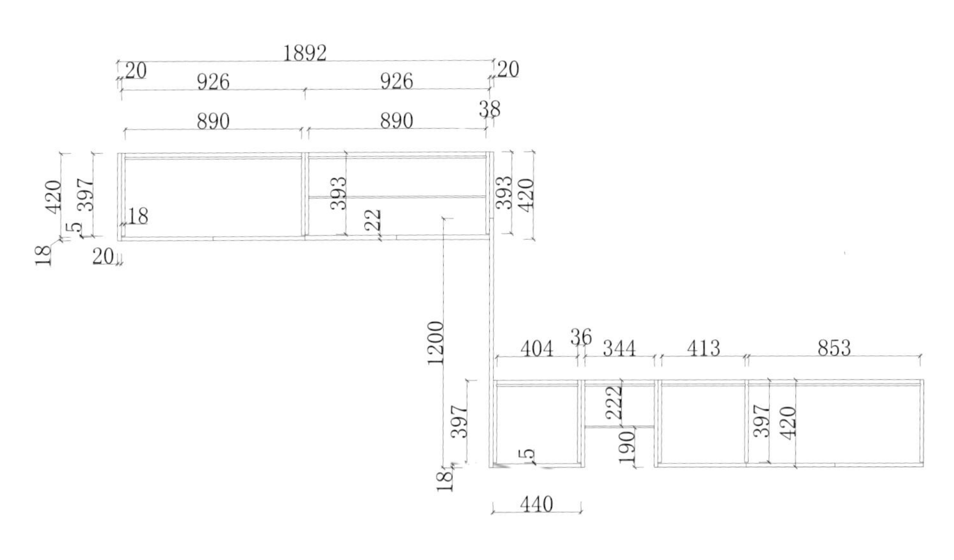
1892
20
926
926
20
890
890
38
420
397
18
393
22
393
420
5
18
20
1200
404
36
344
413
853
397
222
397
420
5
190
18
440

俯视图

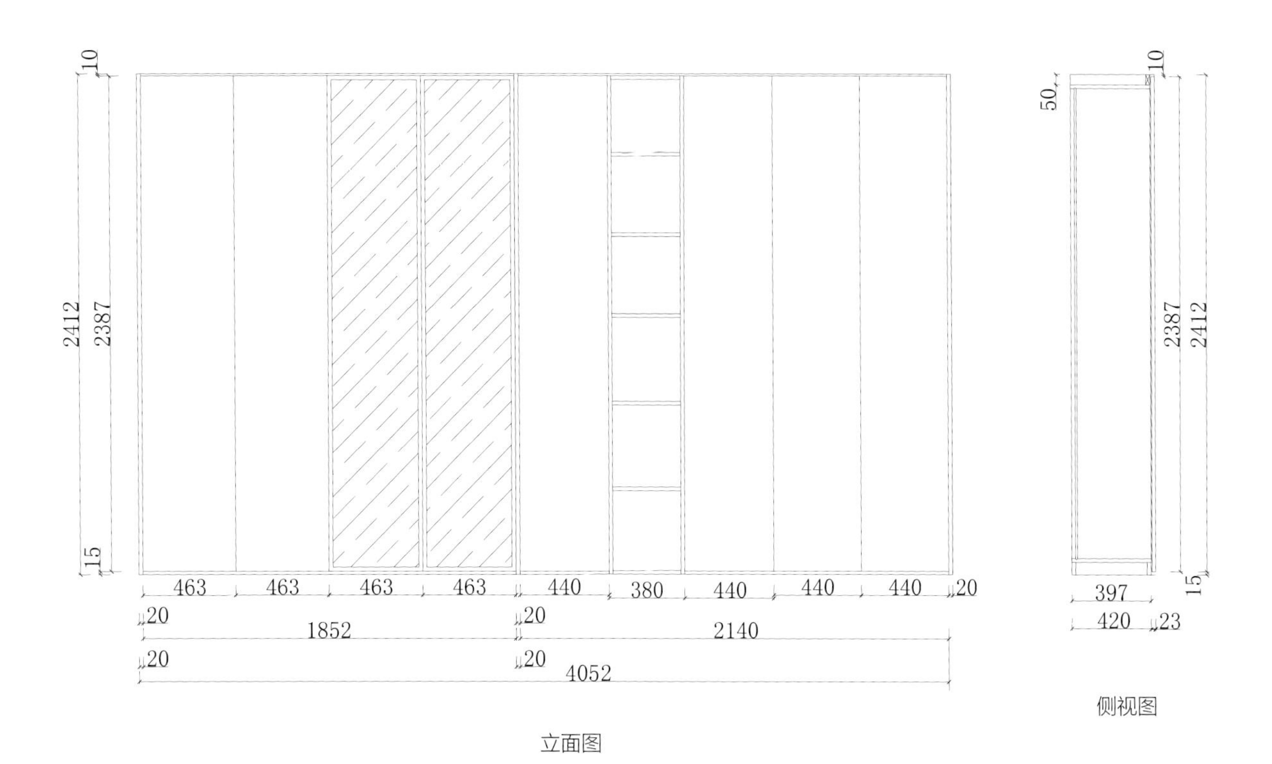

立面图

侧视图

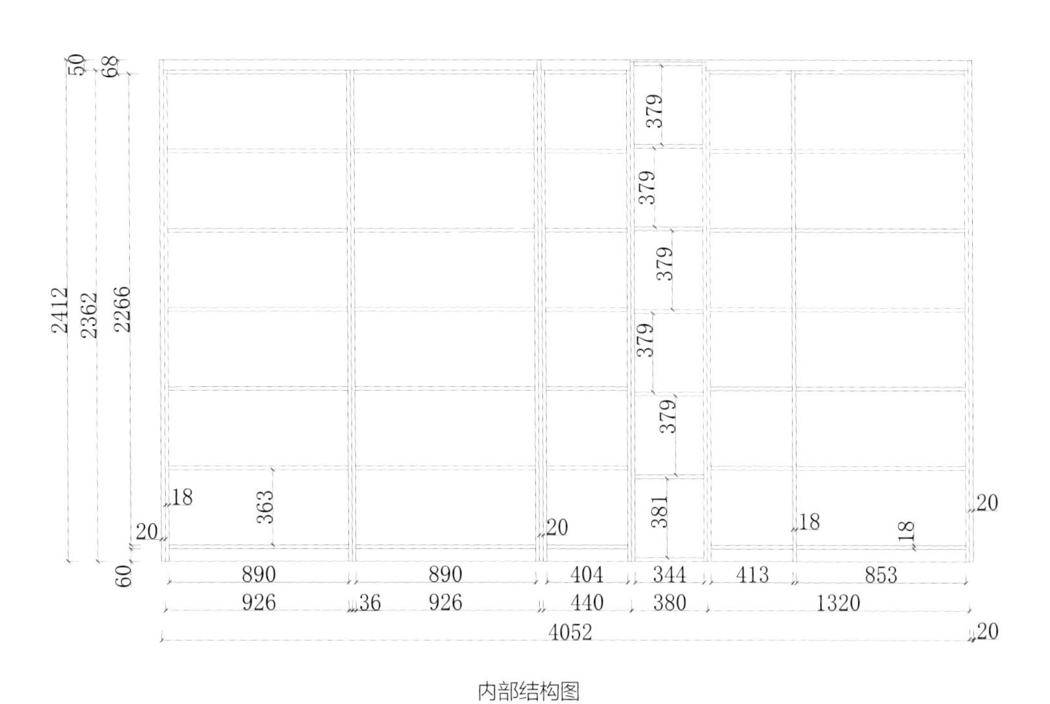

内部结构图

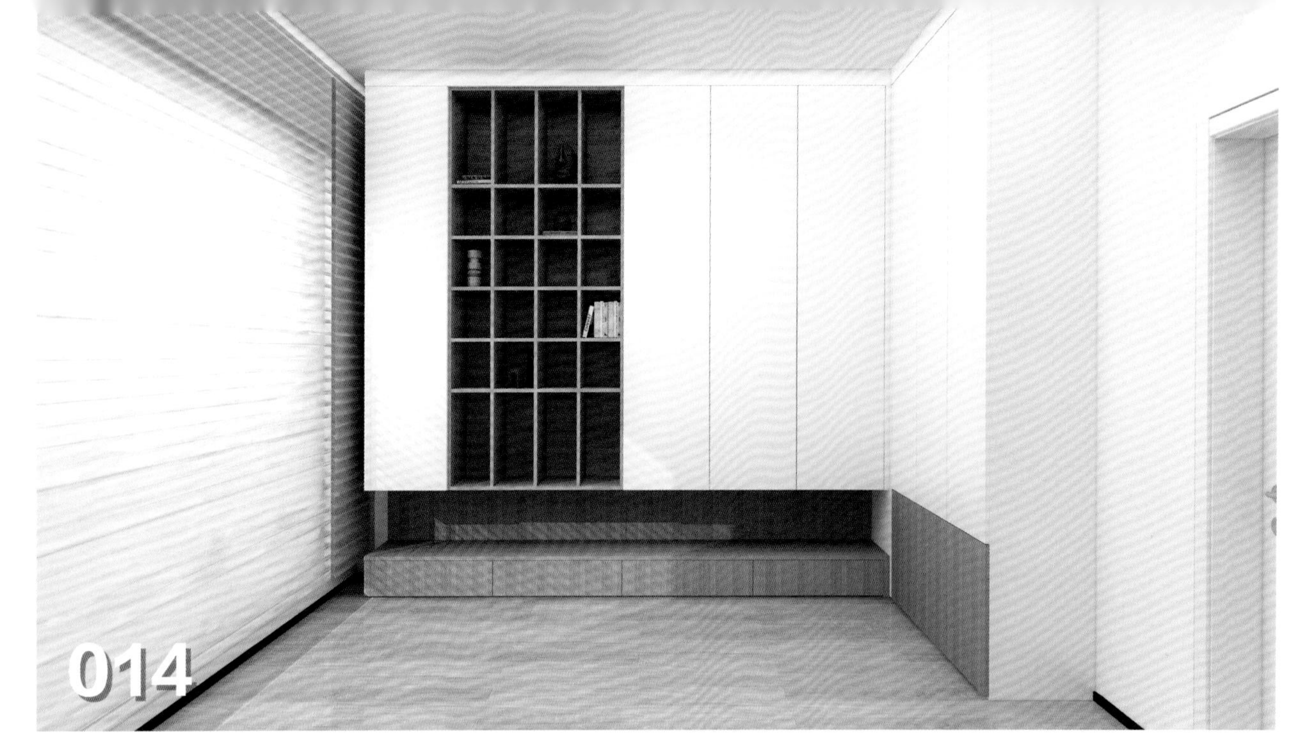
014

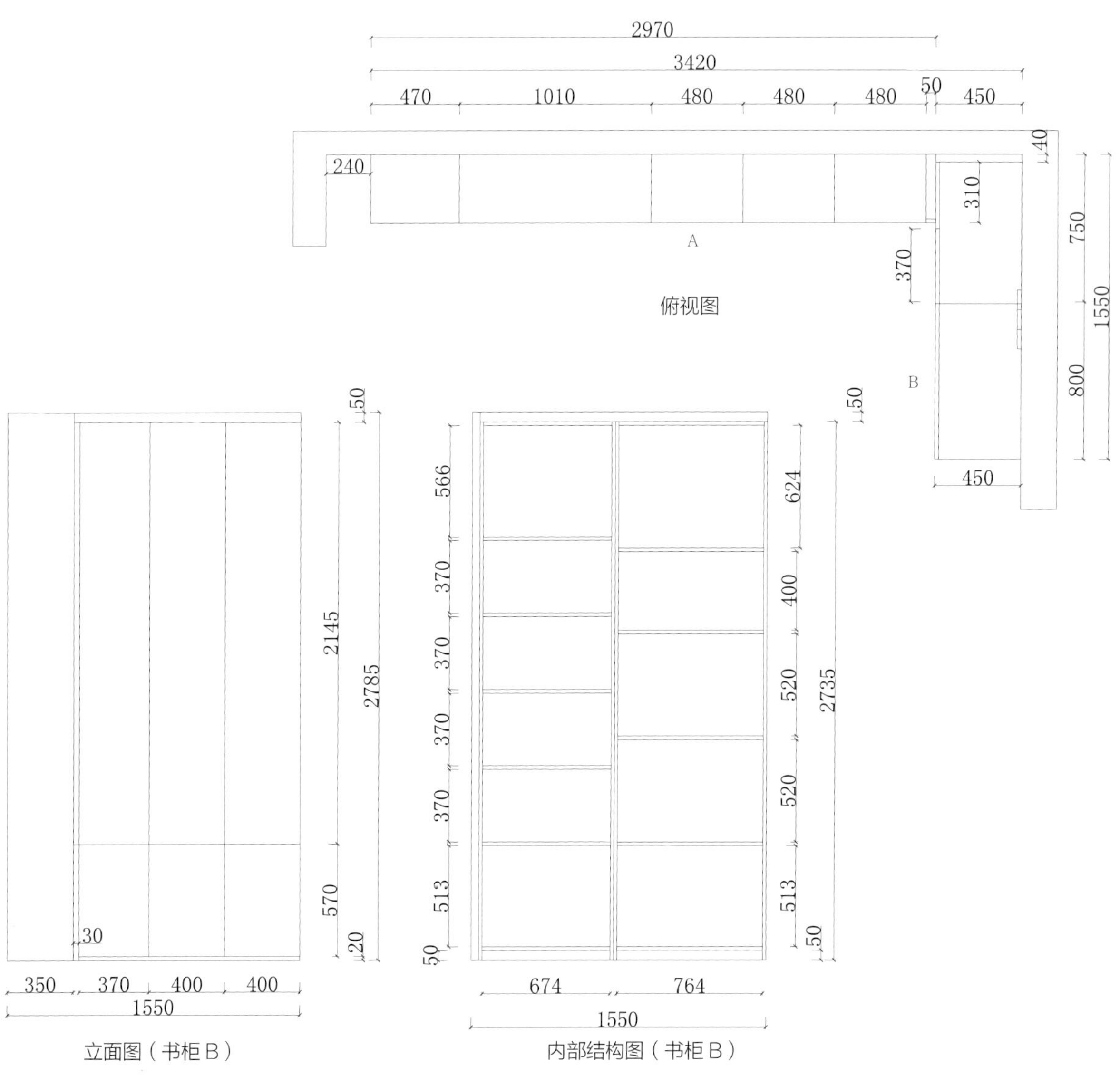
2970
3420
470
1010
480
480
480
50
450
240
40
310
A
750
370
1550
俯视图
B
800
450
50
2145
2785
570
30
20
350
370
400
400
1550
立面图（书柜 B）
50
566
370
370
370
370
513
50
624
400
520
520
513
50
2735
674
764
1550
内部结构图（书柜 B）

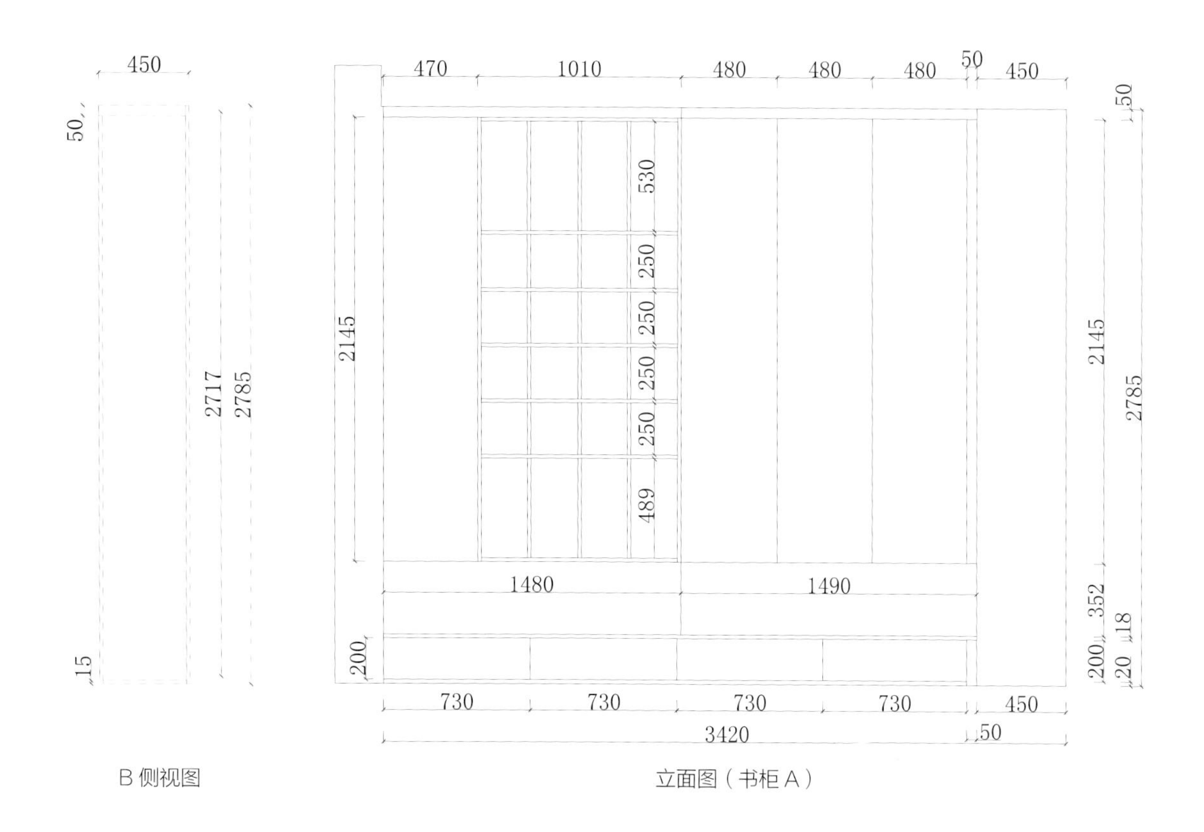

B 侧视图

立面图（书柜 A）

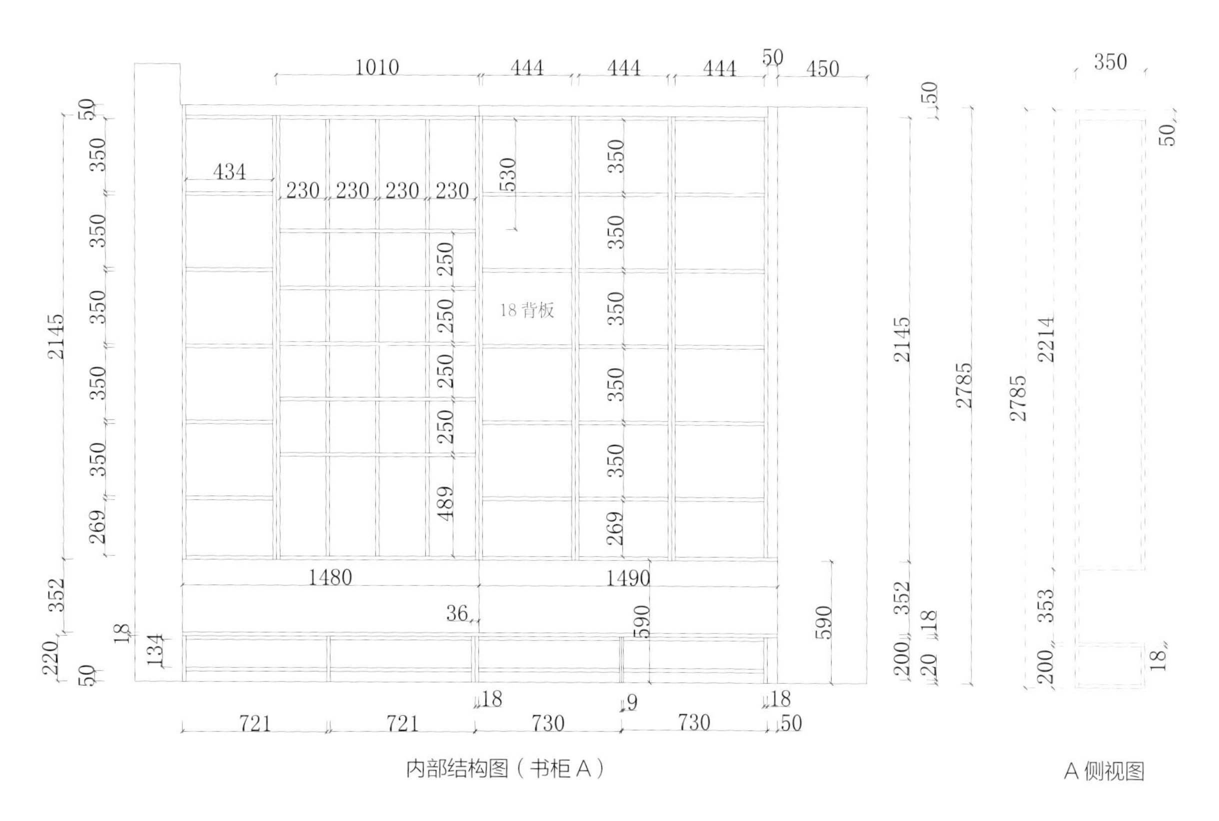

内部结构图（书柜 A）

A 侧视图

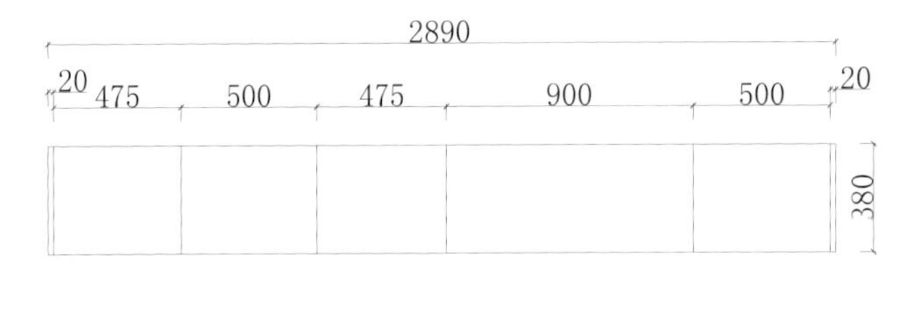

俯视图

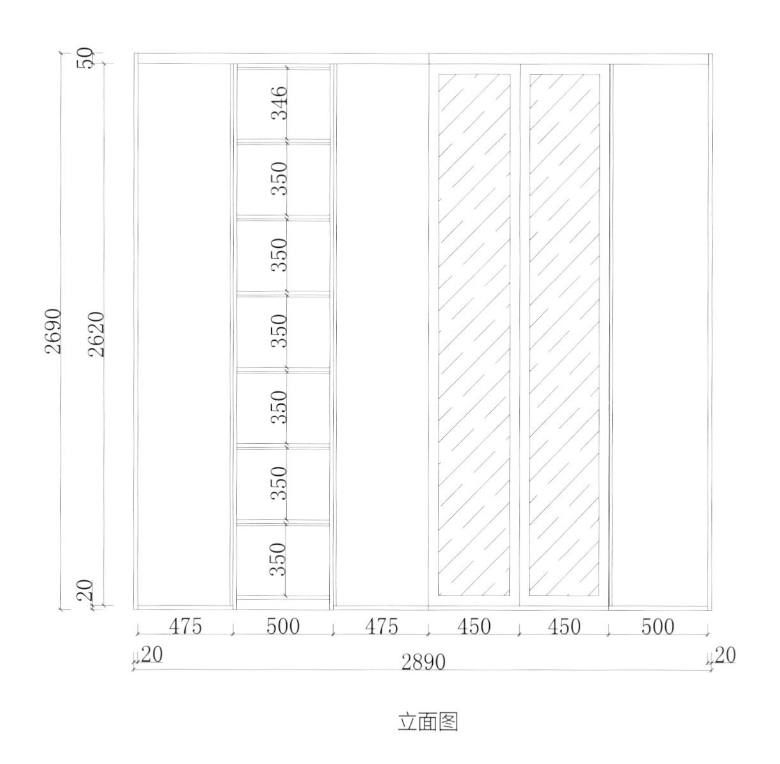

立面图

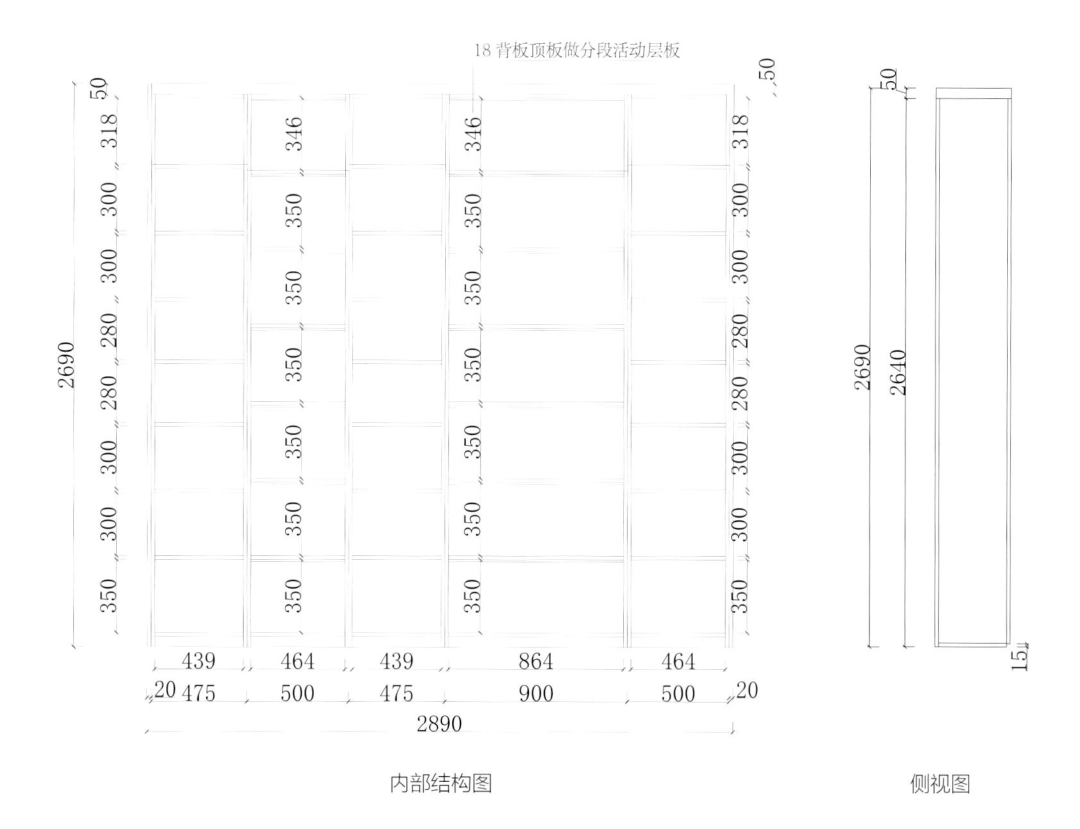

内部结构图

侧视图

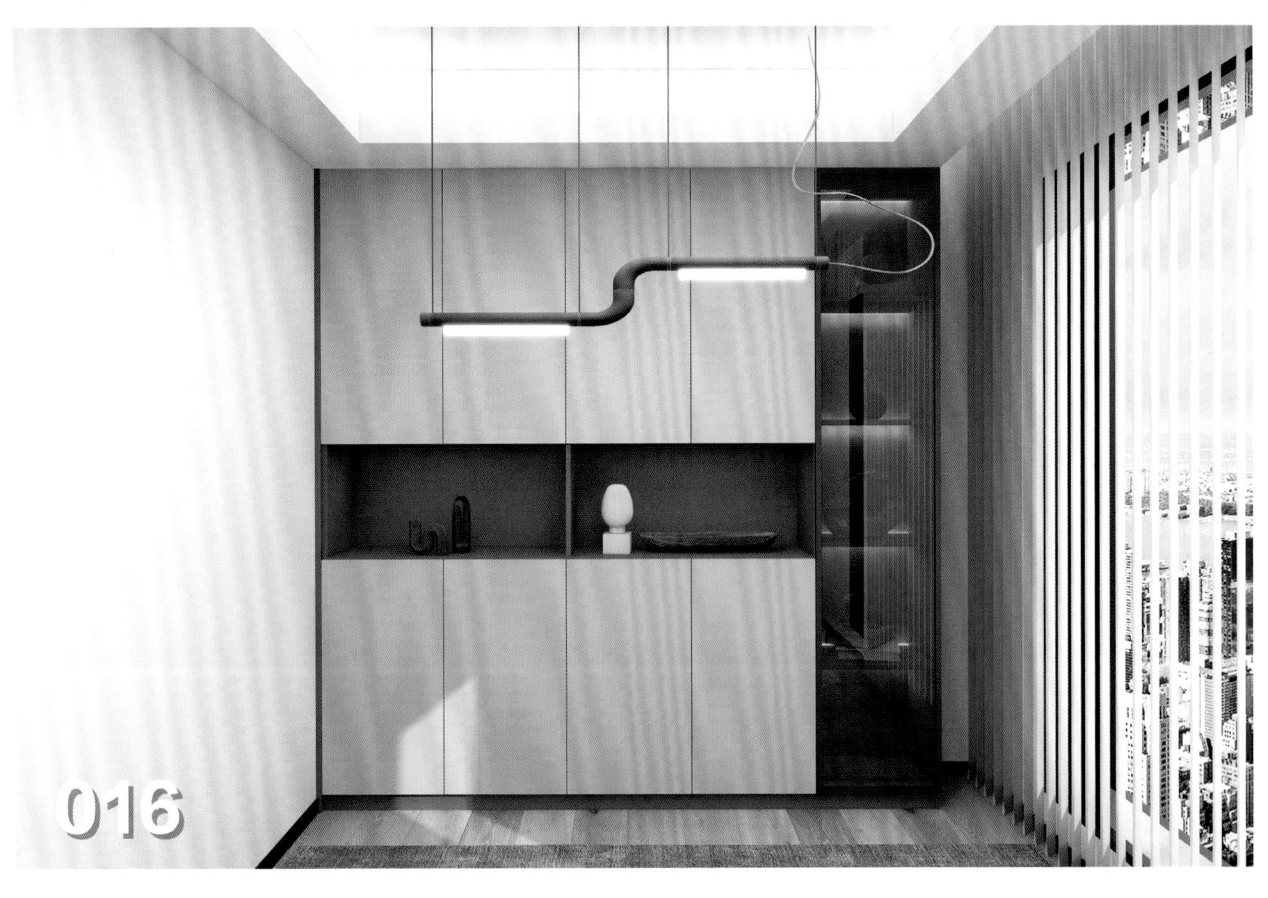
016

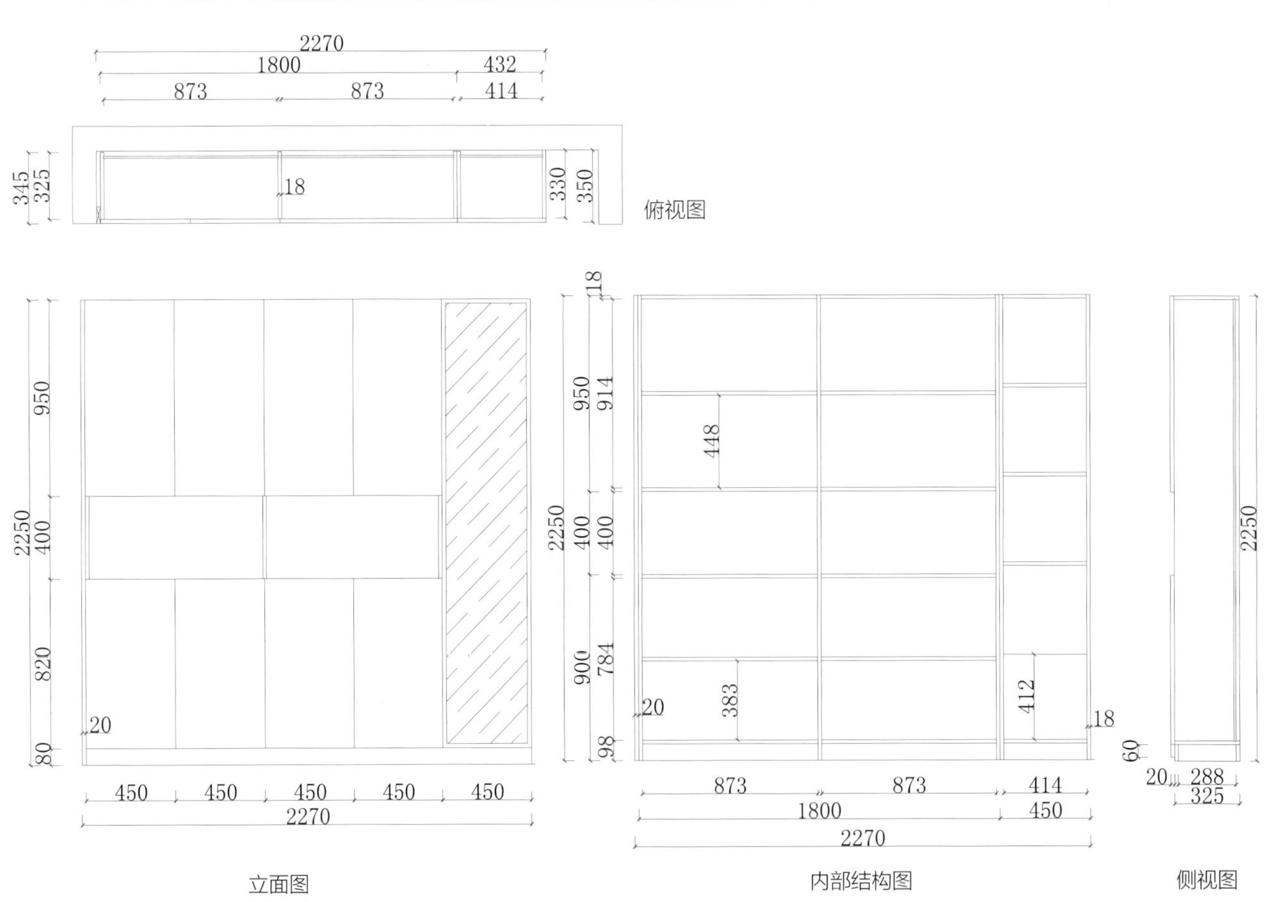
2270
1800
432
873
873
414
345
325
18
330
350
俯视图
950
2250
400
820
80
20
450
450
450
450
450
2270
18
950
914
448
2250
400
400
900
784
383
412
20
18
98
873
873
414
1800
450
2270
60
2250
20
288
325
立面图
内部结构图
侧视图

第8章 衣帽间

衣帽间在安装之前要有一个合理的分隔，不同的空间放置不同季节的衣物，分门别类之后才能保持衣物整齐，不然的话，再豪华的衣帽间也只能“沦落”为杂乱无章的储物间，更不要谈什么实用和美观了。

衣帽间的照明最好选用和自然光源接近的照明设施，这样才能最大程度地避免衣物的色差。

另外还要注意衣帽间的空气流通，良好的空气流通能够带走湿气。选择可以隔绝湿气的柜体材质，以防衣物受潮发霉。

001

950
1095
600
1100
1260
770
索引符
A
B
C
D
600
350
280

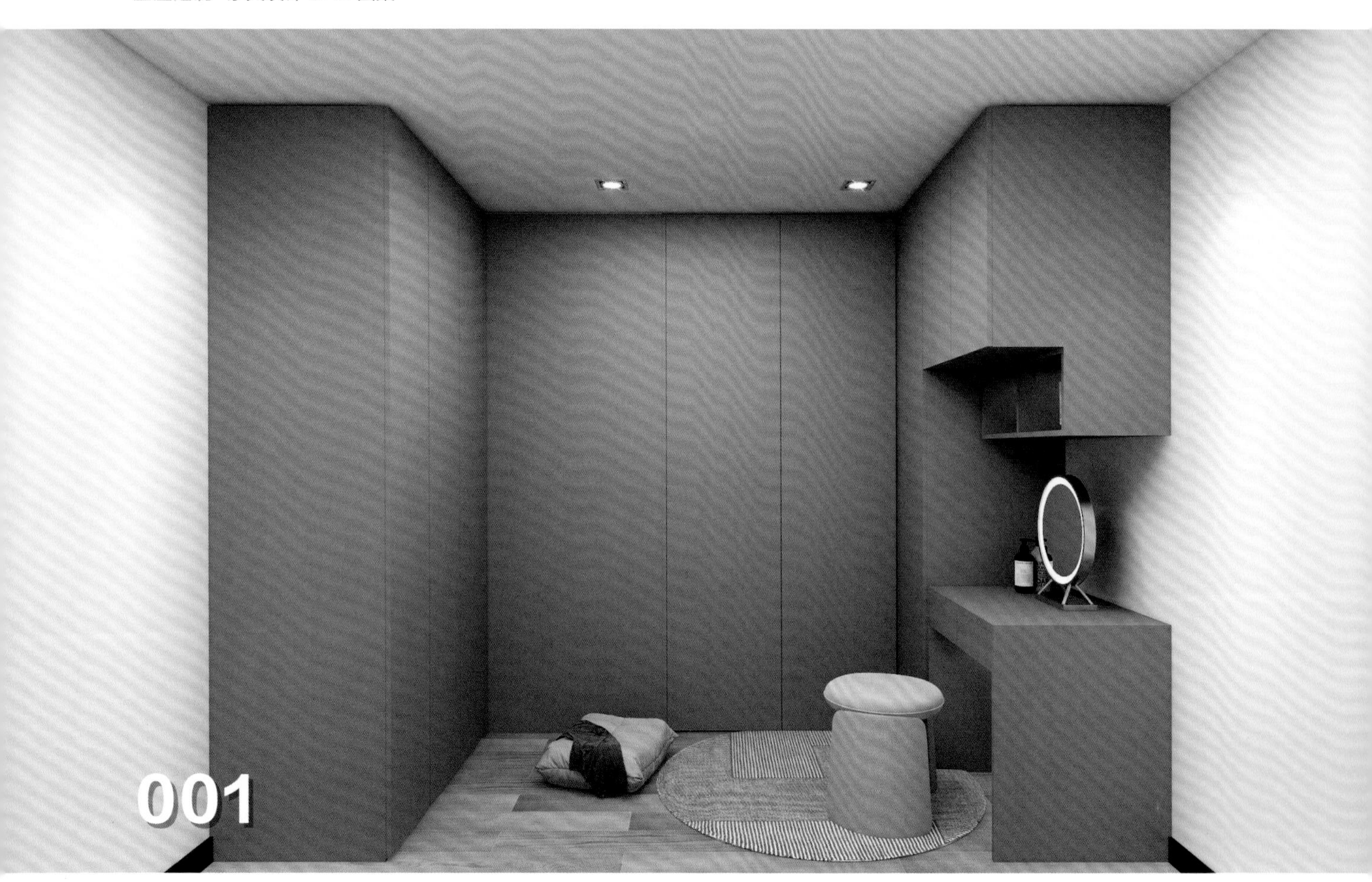

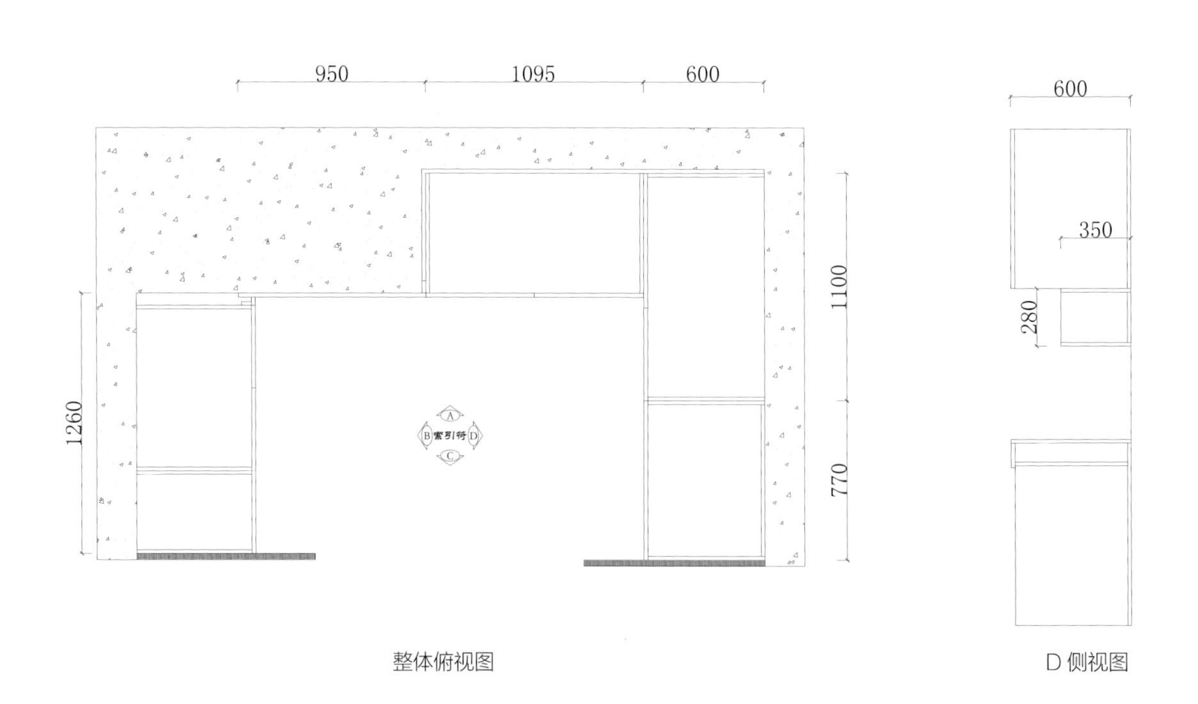

整体俯视图

D 侧视图

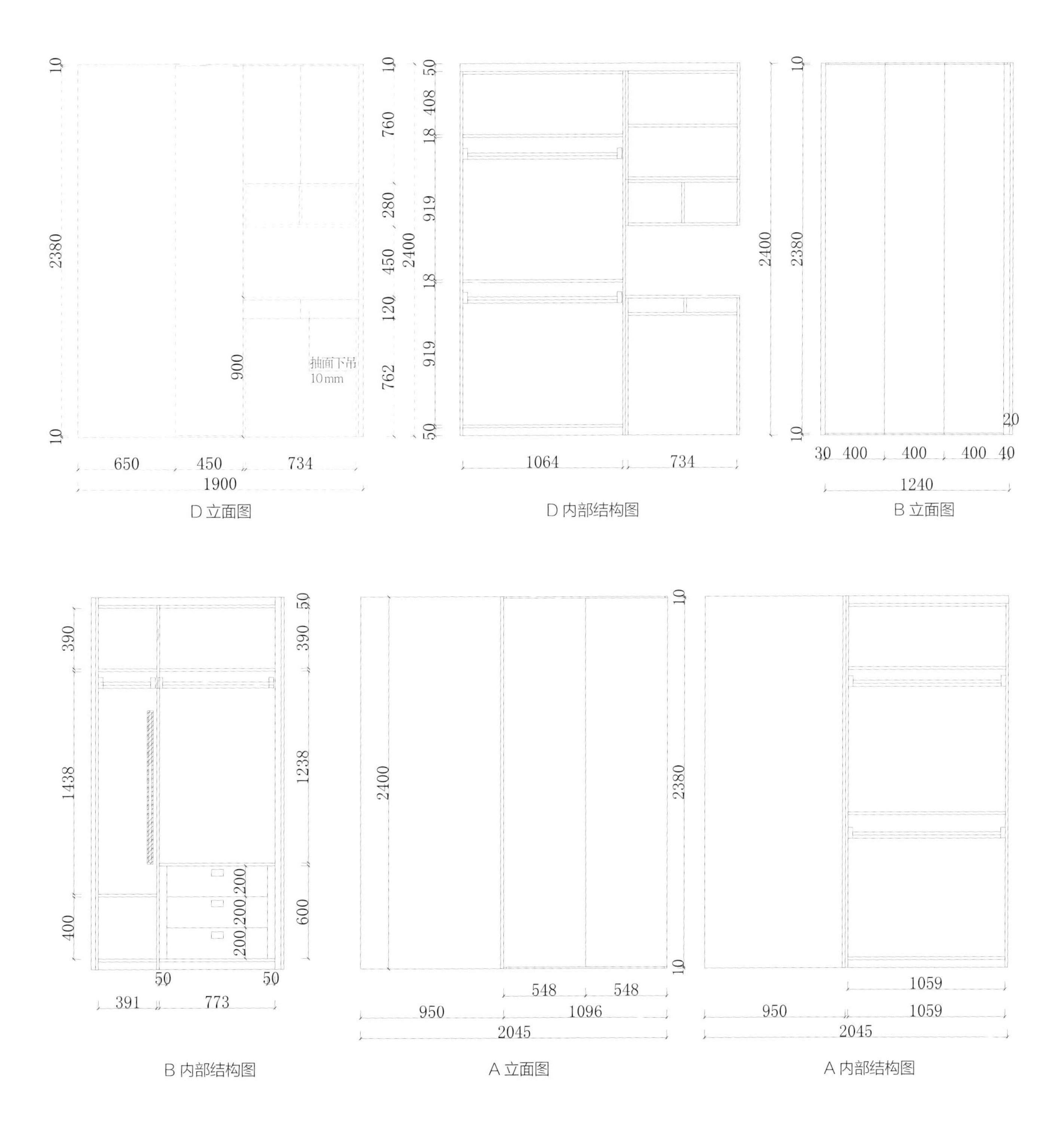

D 立面图

D 内部结构图

B 立面图

B 内部结构图

A 立面图

A 内部结构图

002

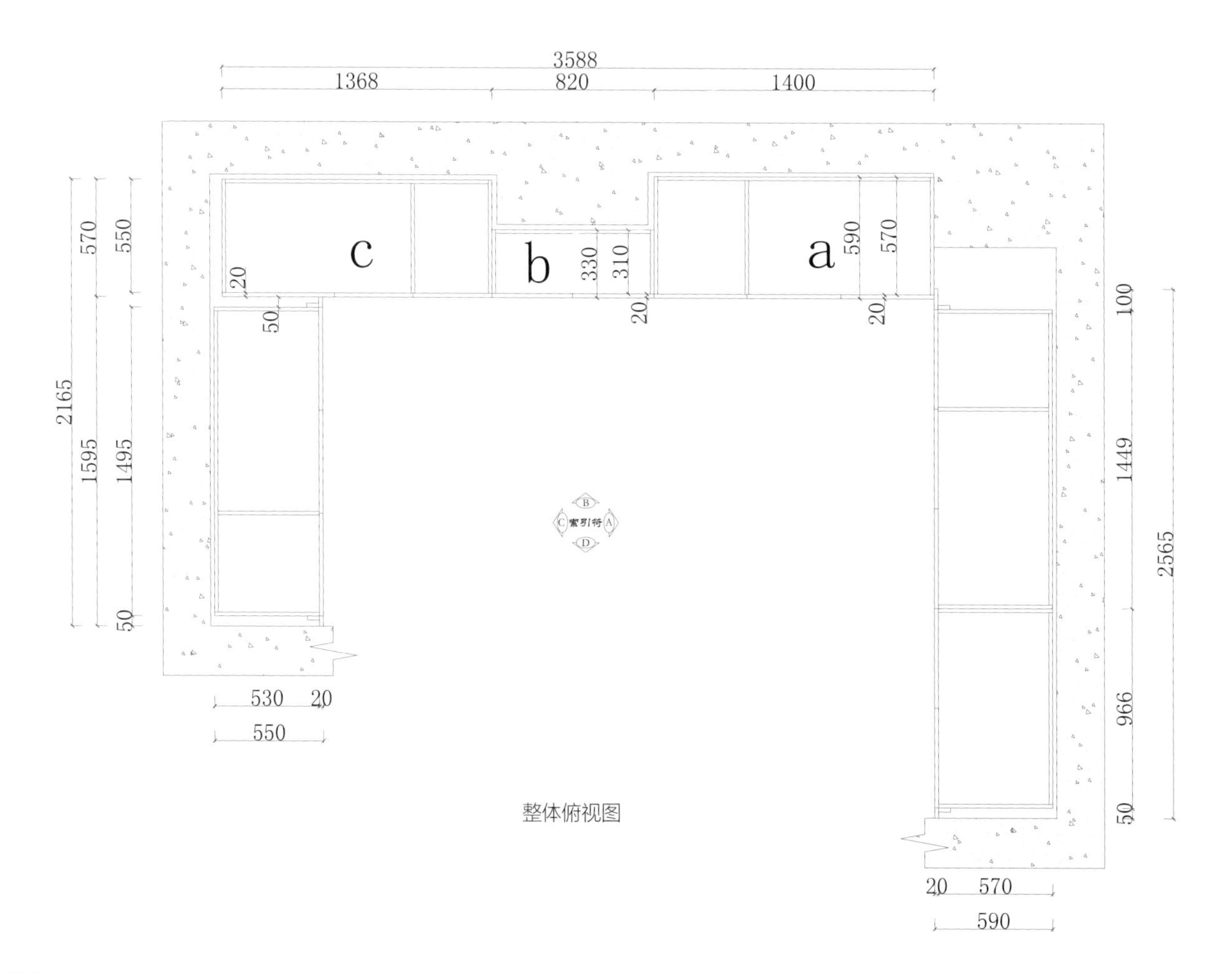
3588
1368
820
1400
c
b
a
570
550
590
570
330
310
20
50
20
20
100
2165
1595
1495
1449
2565
966
50
50
530 20
550
20 570
590
索引符
B
C
A
D

整体俯视图

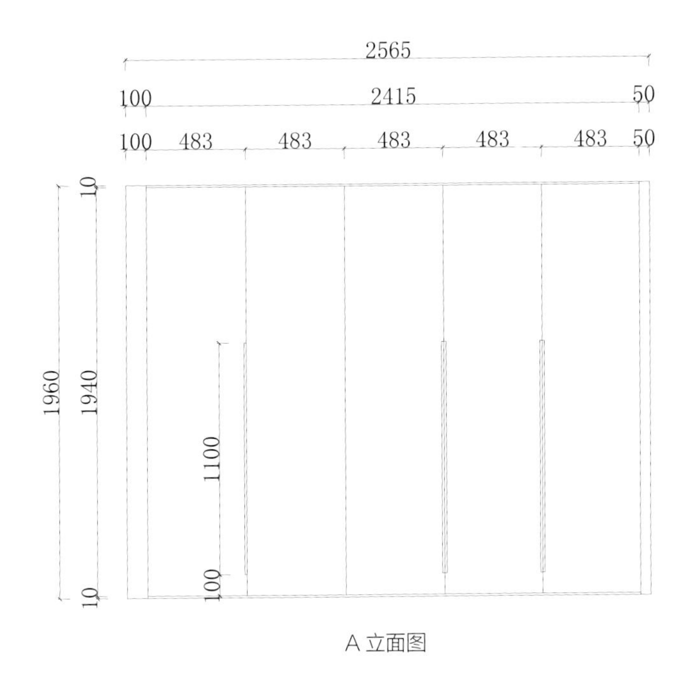

A 立面图

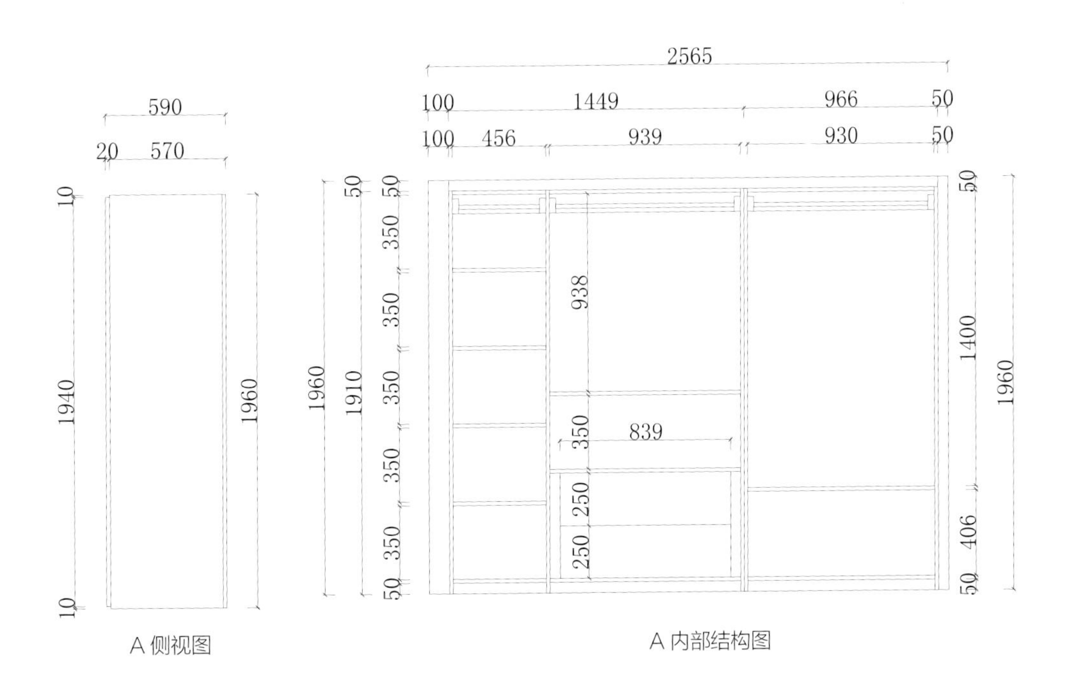

A 侧视图

A 内部结构图

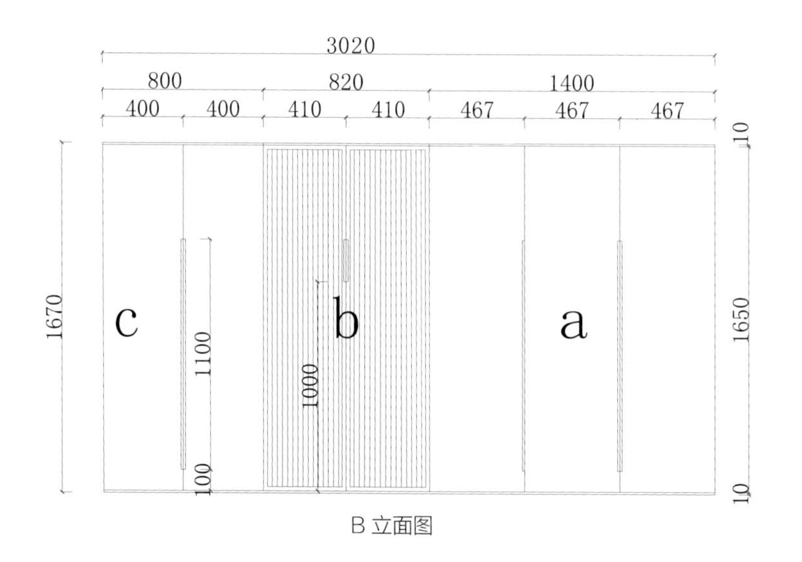

3020
800
820
1400
400
400
410
410
467
467
467
10
1670
c
b
a
1100
1000
1650
100
10

B 立面图

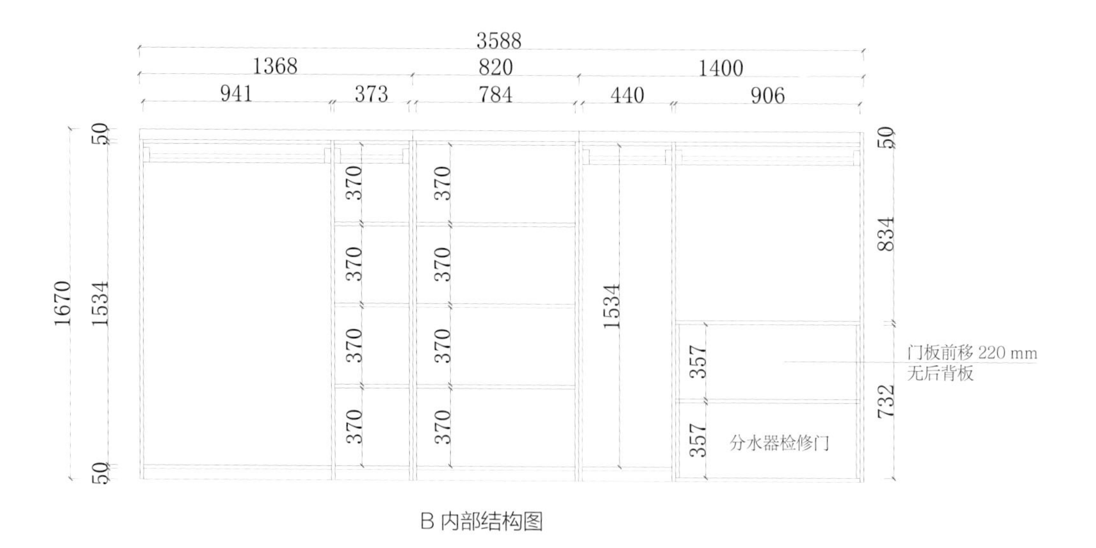

3588
1368
820
1400
941
373
784
440
906
50
1670
1534
370
370
370
370
370
370
370
370
1534
50
834
门板前移 220 mm
无后背板
357
357
分水器检修门
732
50

B 内部结构图

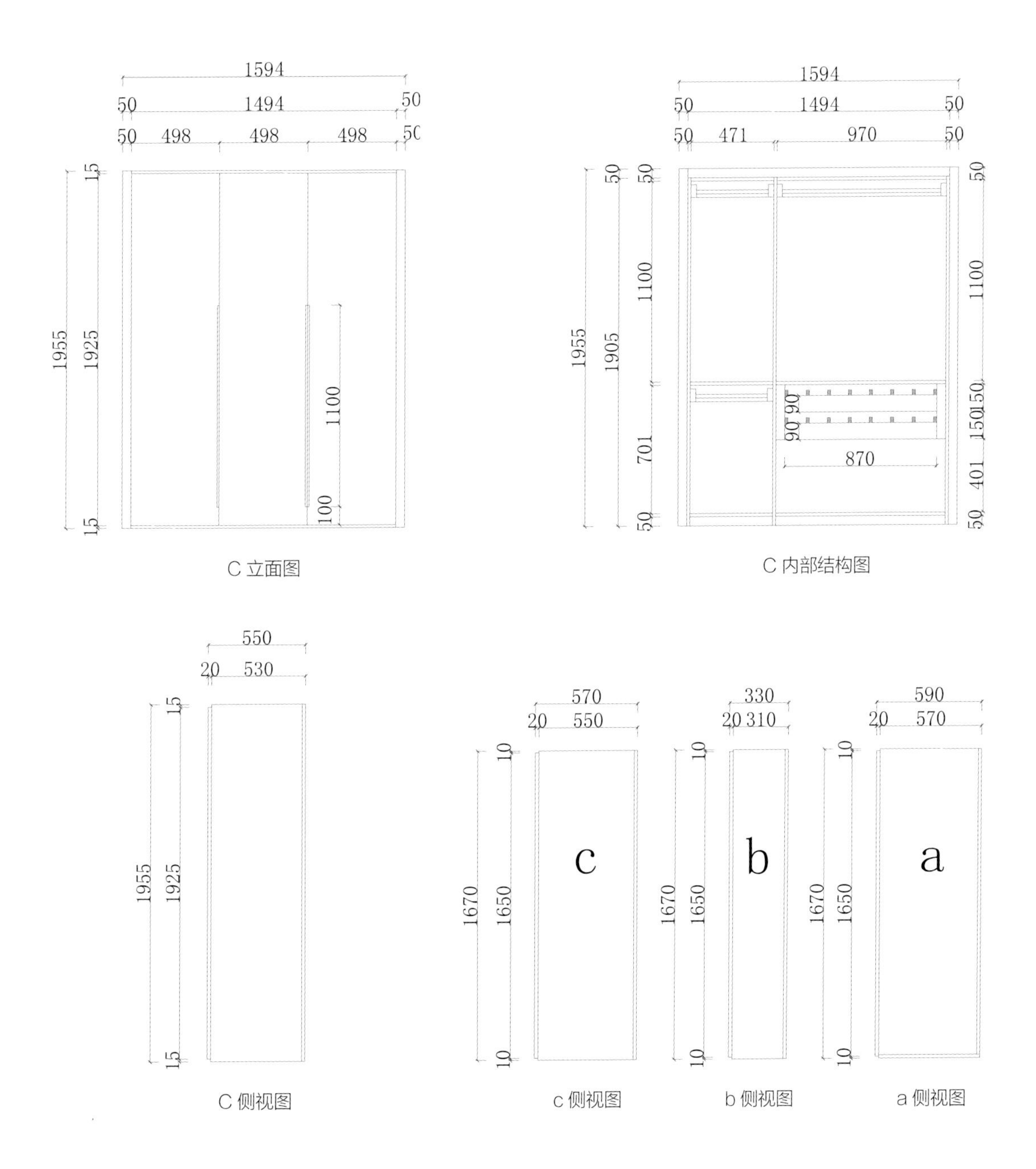

C 立面图

C 内部结构图

C 侧视图

c 侧视图

b 侧视图

a 侧视图

003

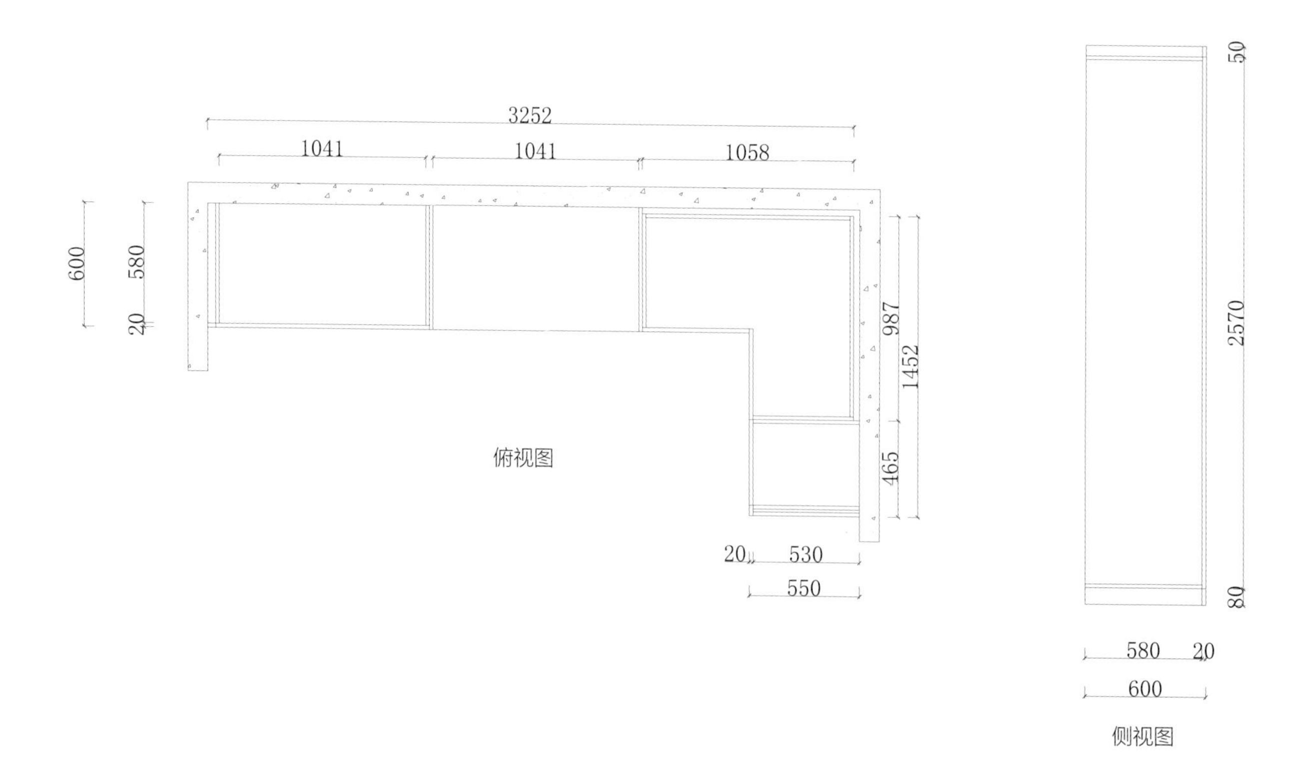
3252
1041
1041
1058
600
580
20
987
1452
465
20
530
550
俯视图
50
2570
80
580
20
600
侧视图

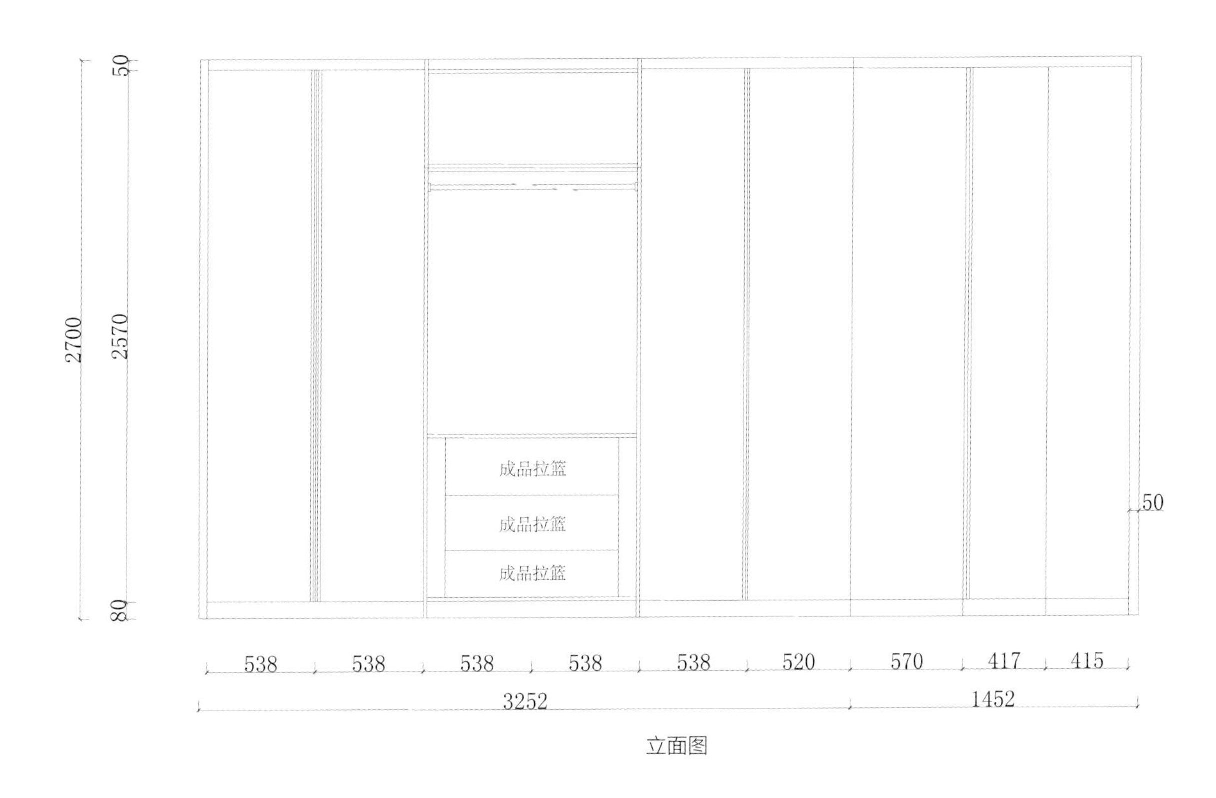
50
2700
2570
80
成品拉篮
成品拉篮
成品拉篮
50
538
538
538
538
538
520
570
417
415
3252
1452

立面图

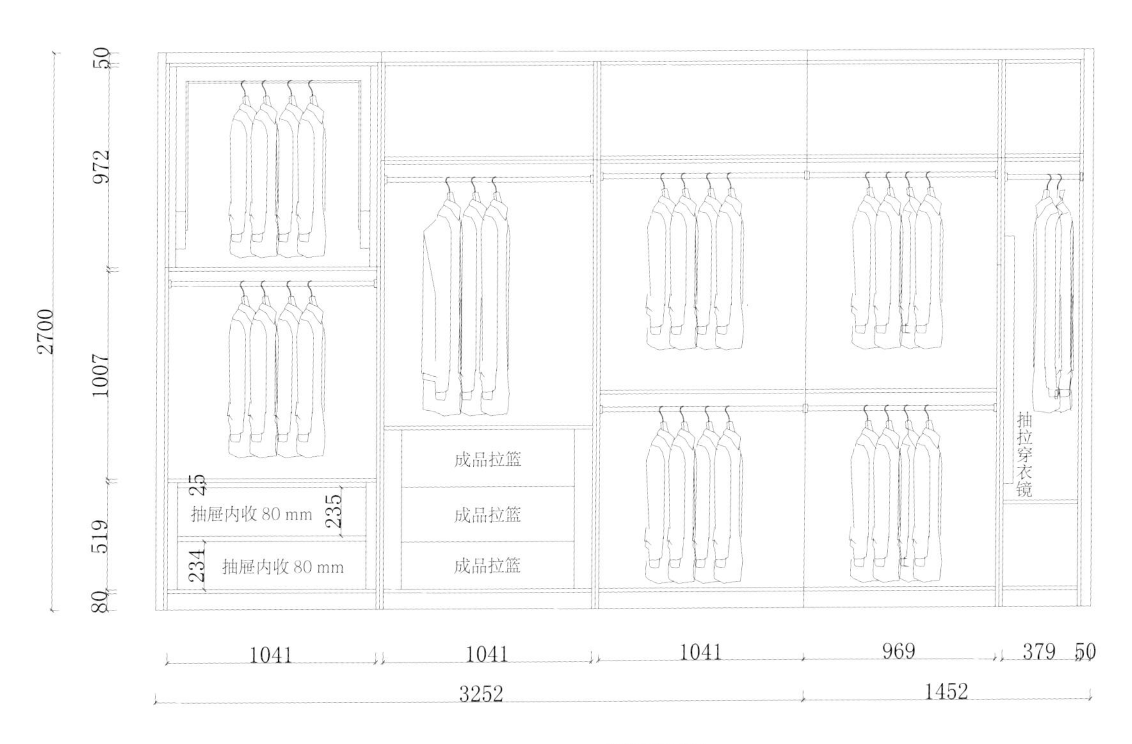
50
972
2700
1007
519
80
25
235
234
抽屉内收 80 mm
抽屉内收 80 mm
成品拉篮
成品拉篮
成品拉篮
抽拉穿衣镜
1041
1041
1041
969
379
50
3252
1452

内部结构图

004

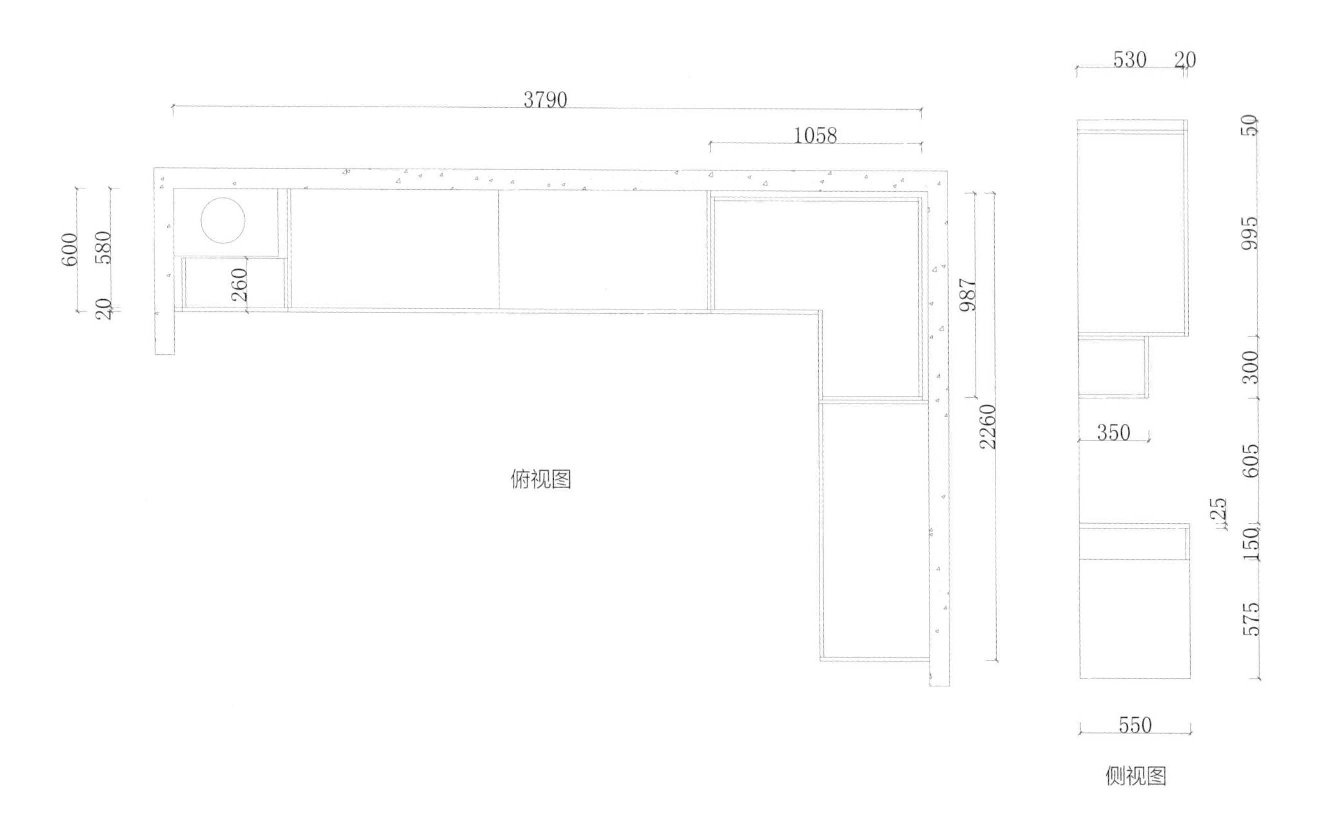
3790
1058
600
580
20
260
987
2260
俯视图
530
20
50
995
300
350
605
25
150
575
550
侧视图

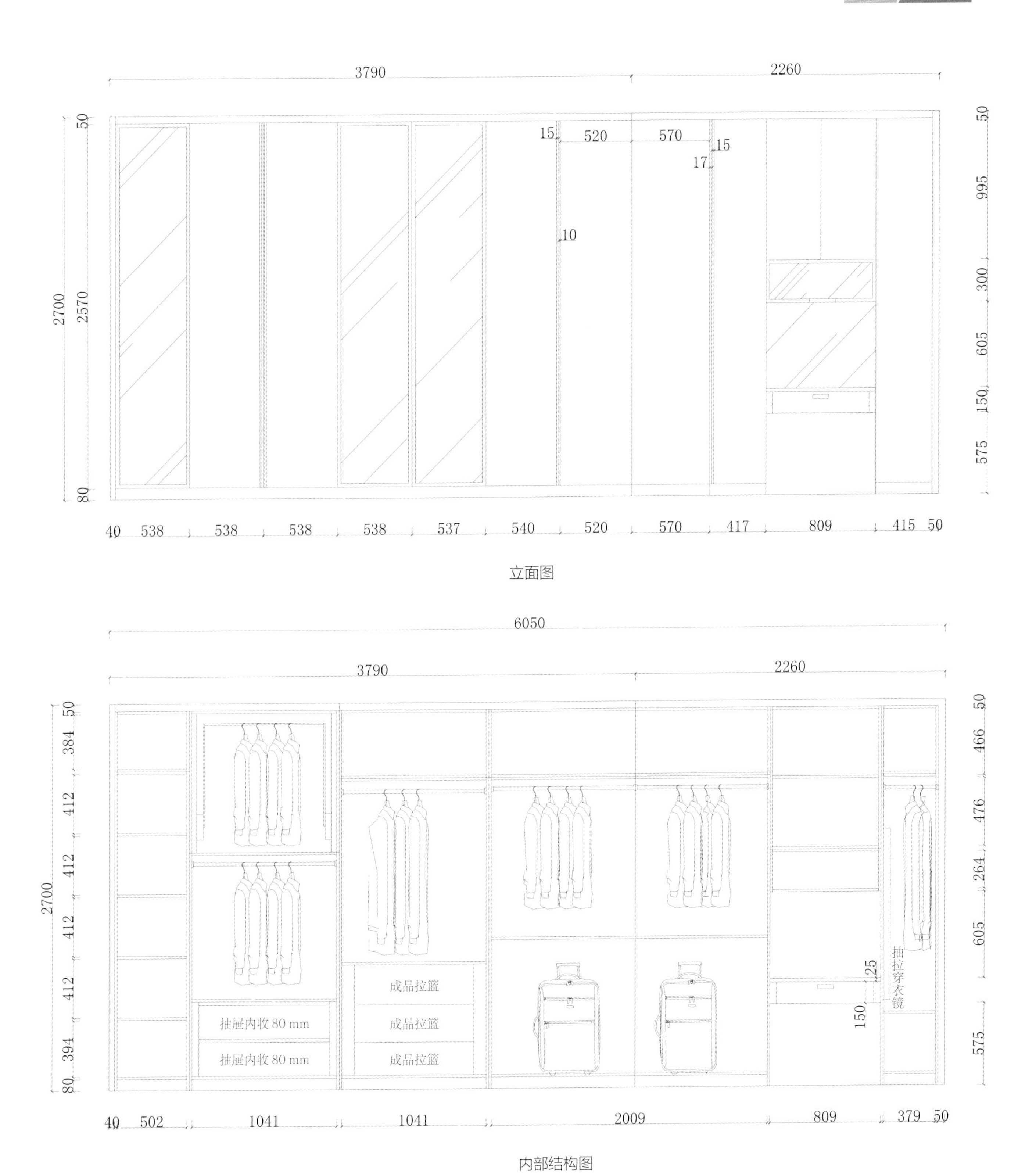
3790
2260
50
2700
2570
80
15
520
570
15
17
10
995
300
605
150
575
40 538 538 538 538 537 540 520 570 417 809 415 50
6050
3790
2260
50
384
412
412
412
412
394
80
2700
466
476
264
605
575
25
150
抽拉穿衣镜
抽屉内收 80 mm
抽屉内收 80 mm
成品拉篮
成品拉篮
成品拉篮
40 502 1041 1041 2009 809 379 50

立面图

内部结构图

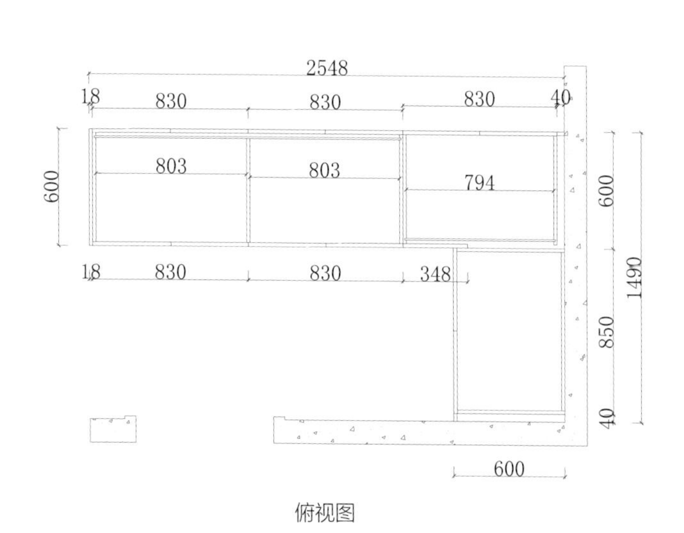

俯视图

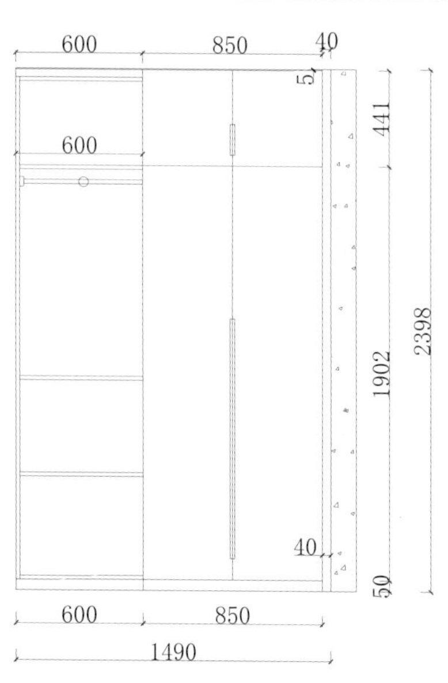

立面图（衣帽间区 1）

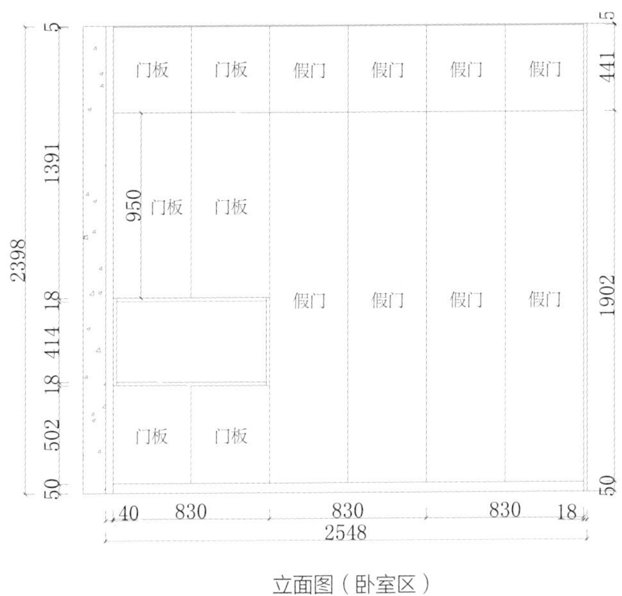

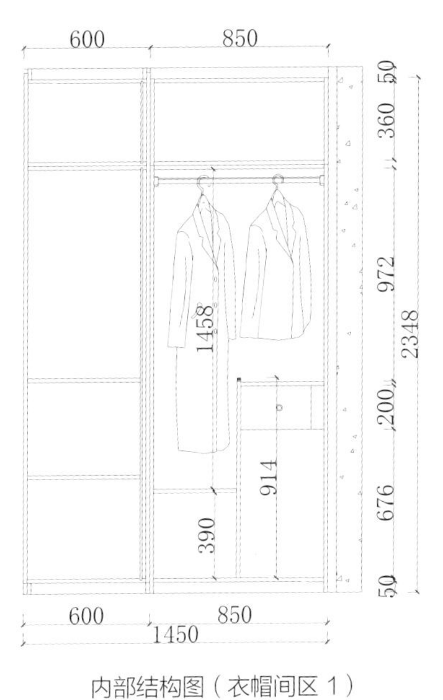

立面图（卧室区）

内部结构图（衣帽间区 1）

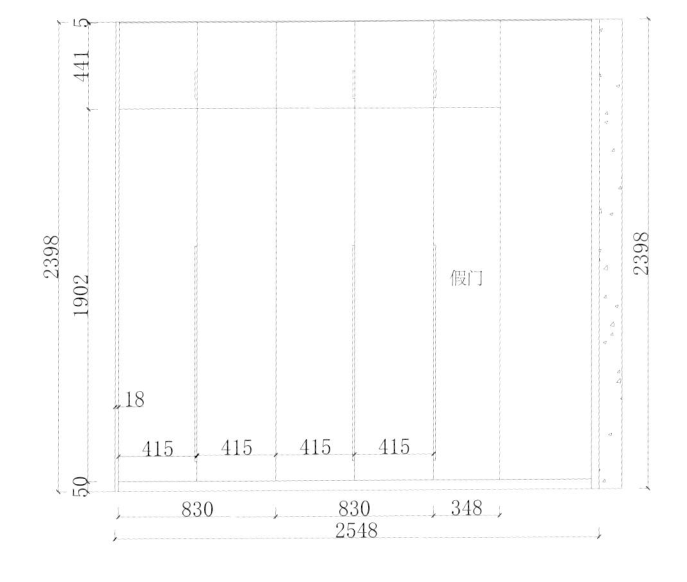

立面图（衣帽间区 2）

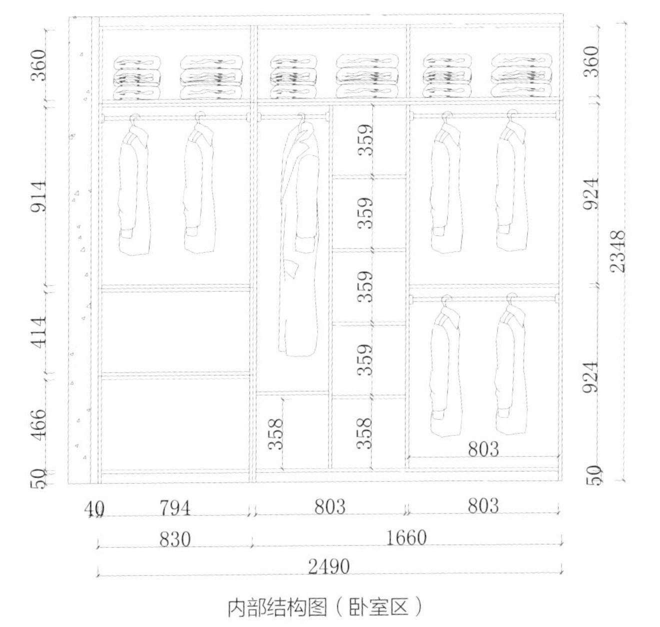

内部结构图（卧室区）

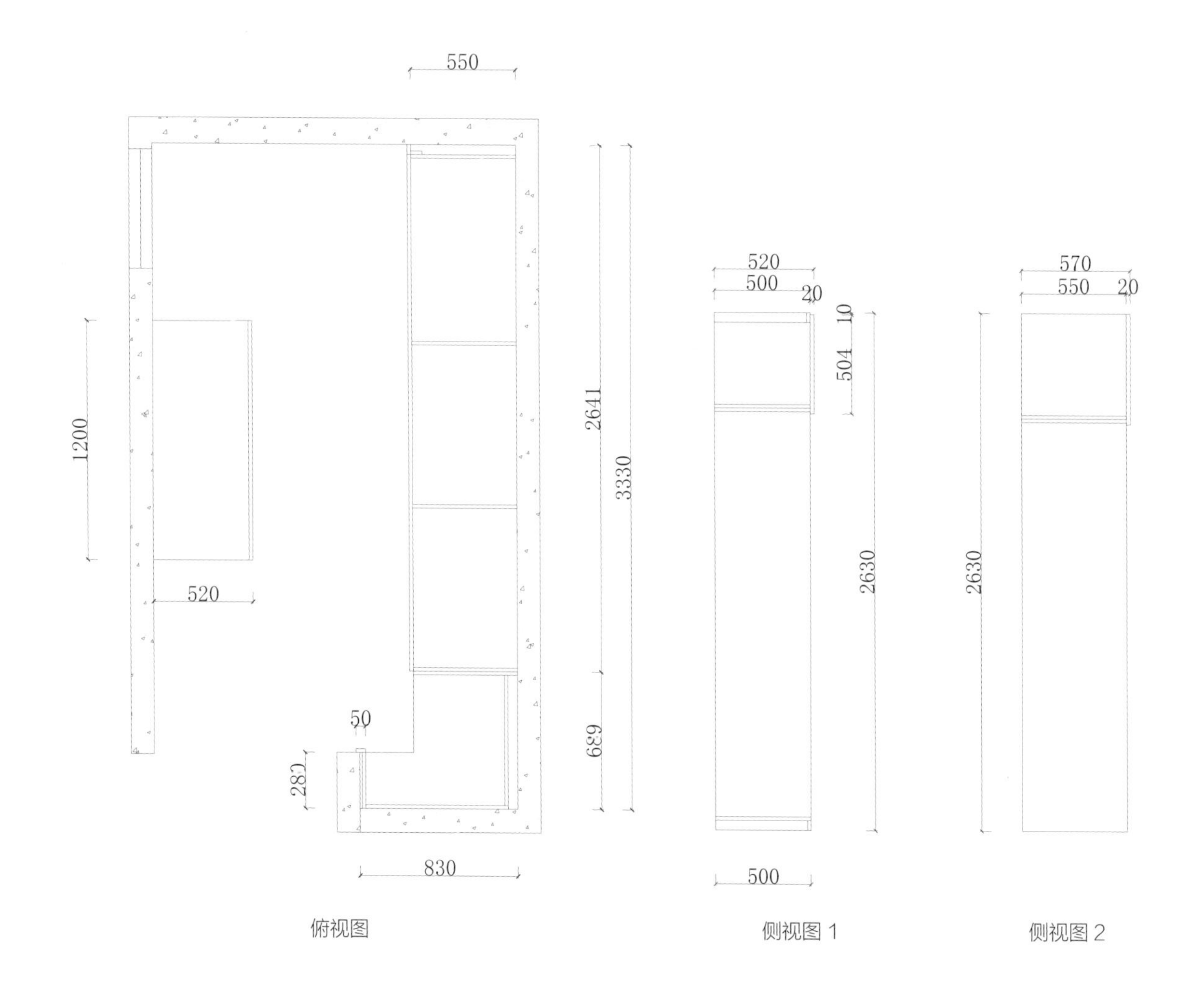

俯视图

侧视图 1

侧视图 2

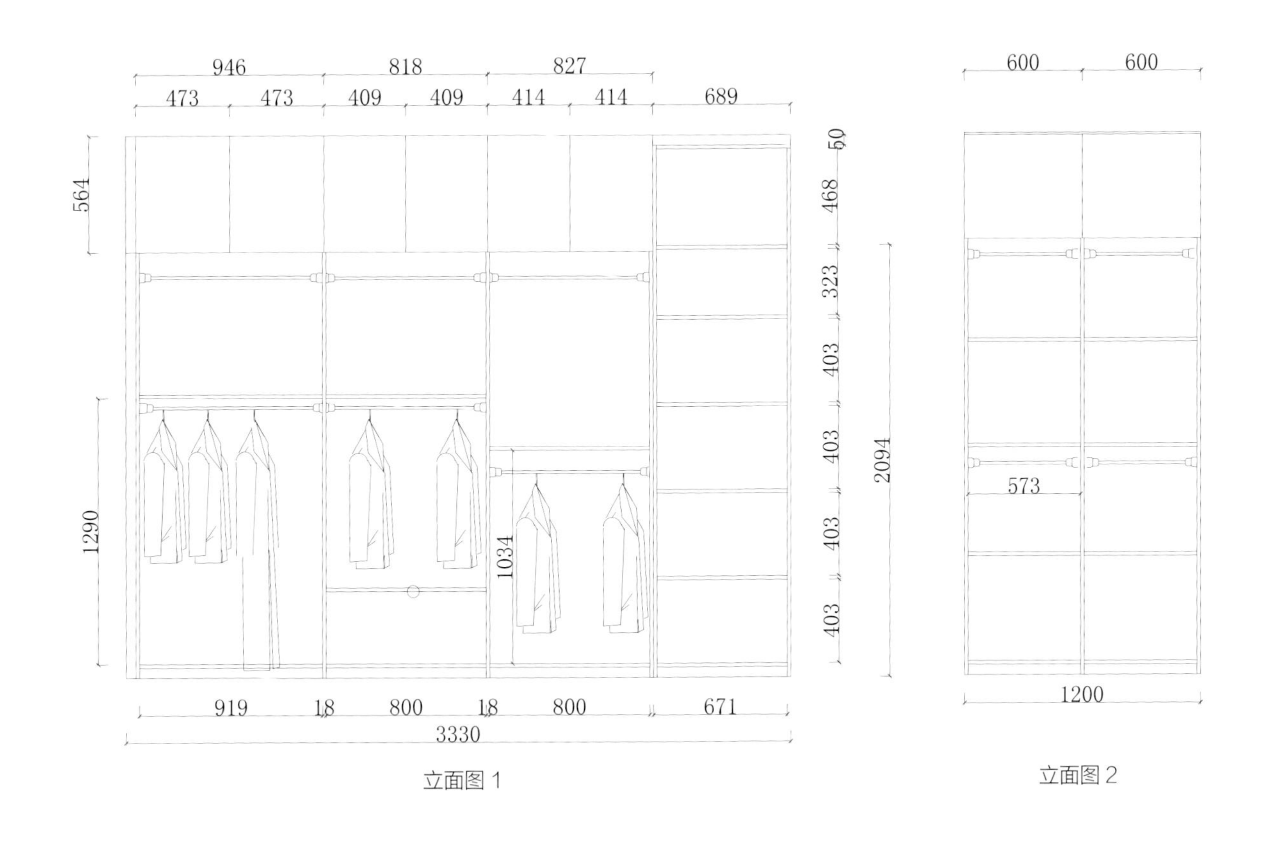

立面图 1

立面图 2

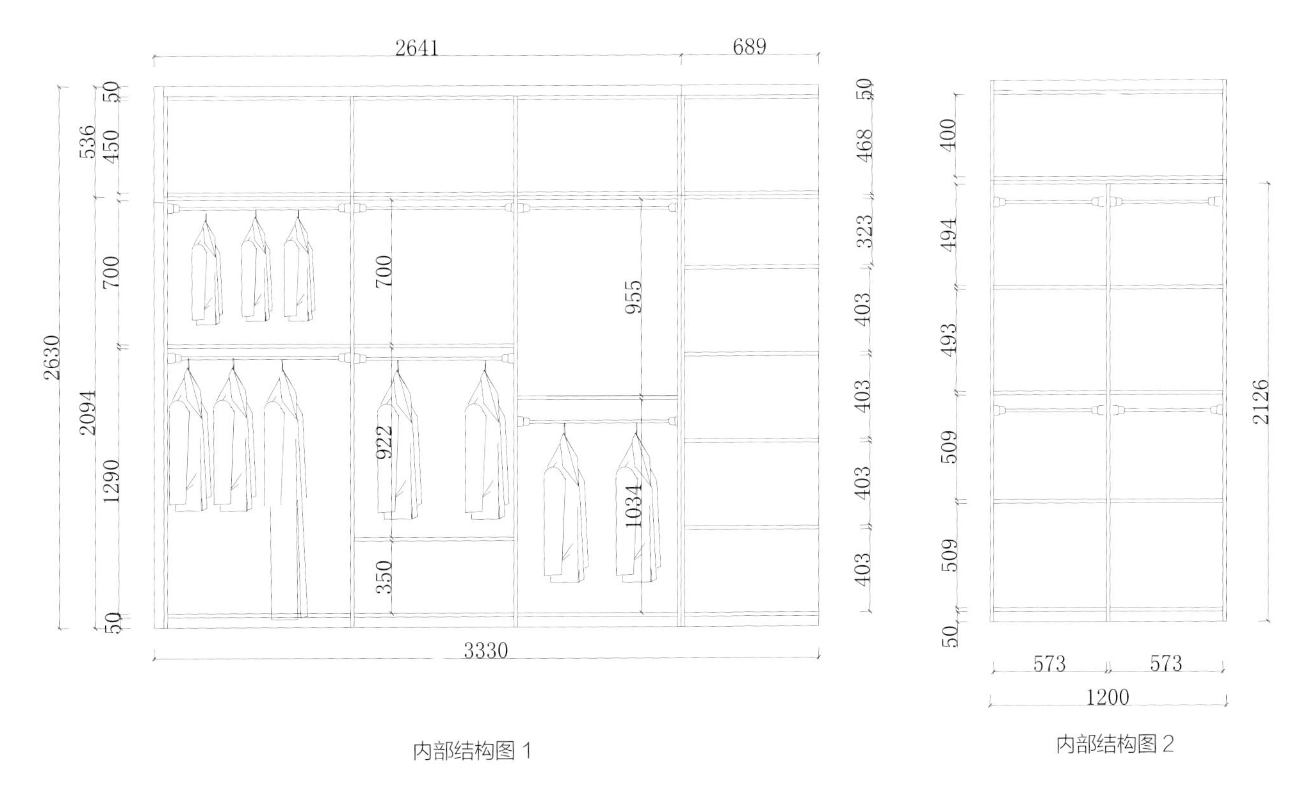

内部结构图 1

内部结构图 2

007

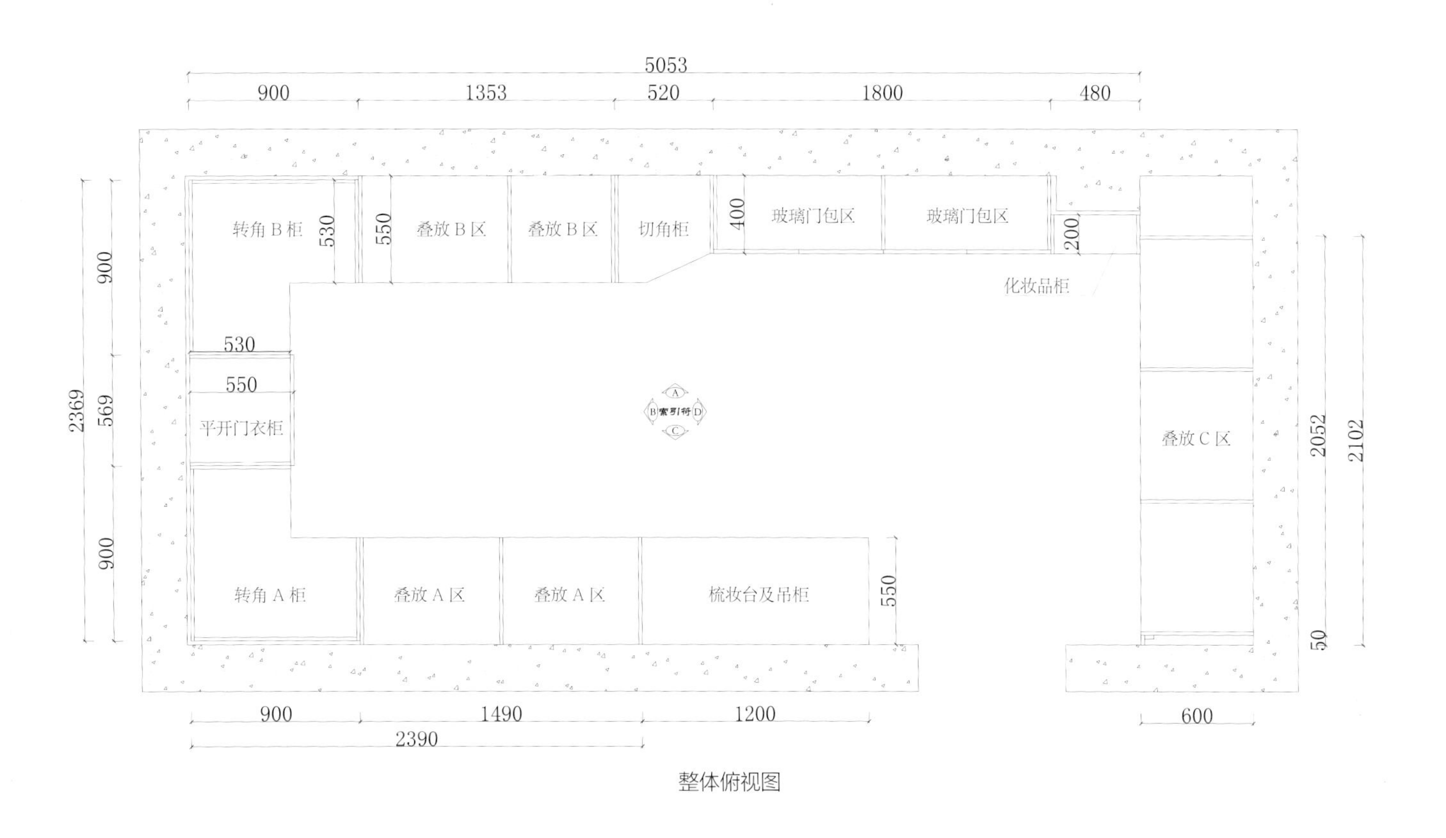

整体俯视图

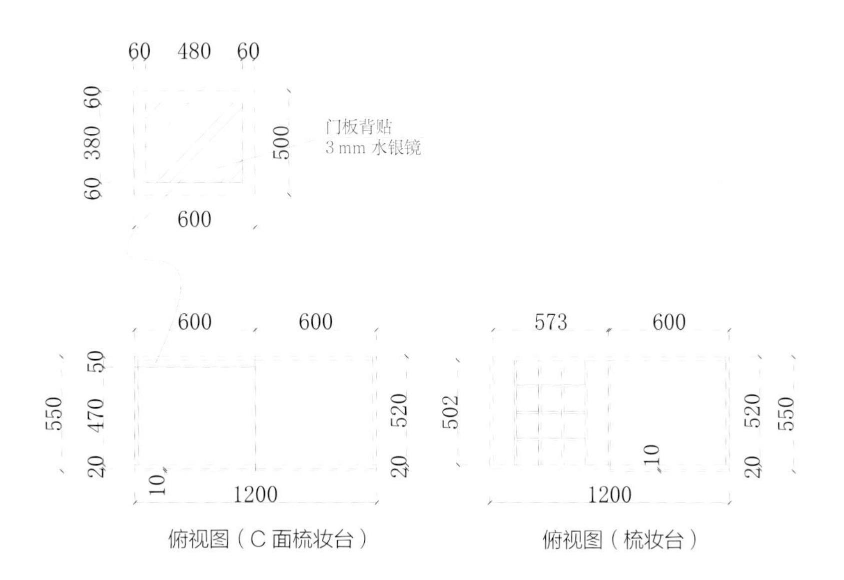

俯视图（C面梳妆台）

俯视图（梳妆台）

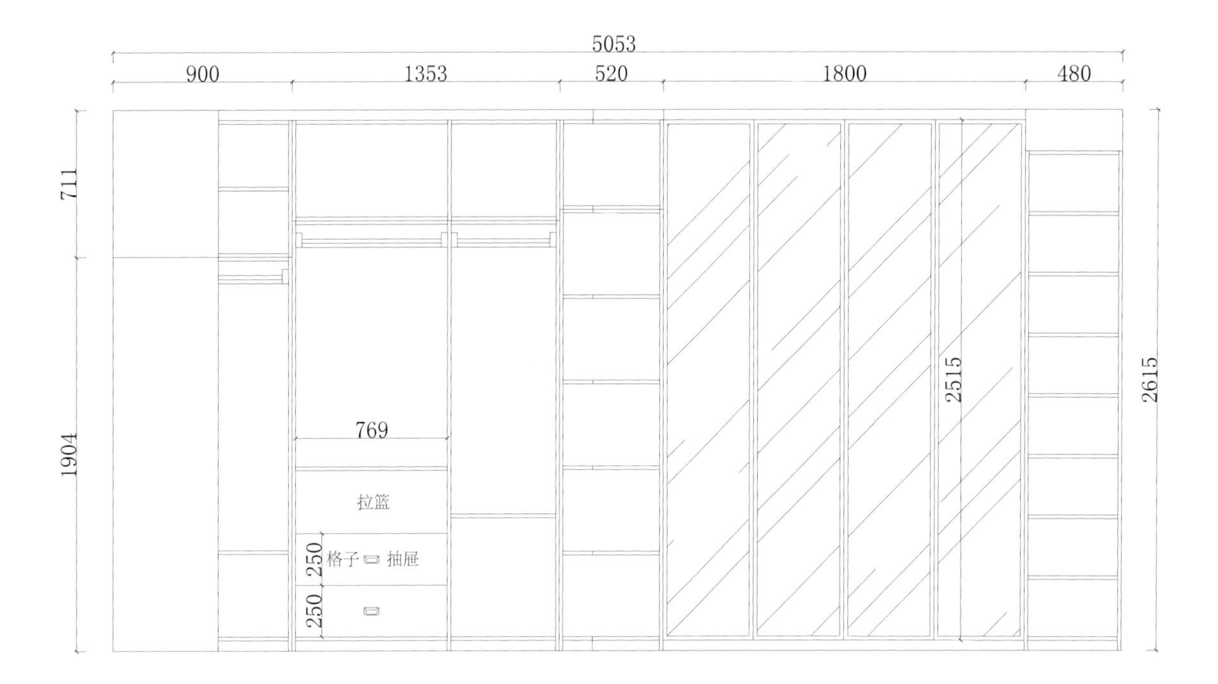
5053
900
1353
520
1800
480
711
1904
769
拉篮
250
格子
抽屉
250
2515
2615

A 立面图

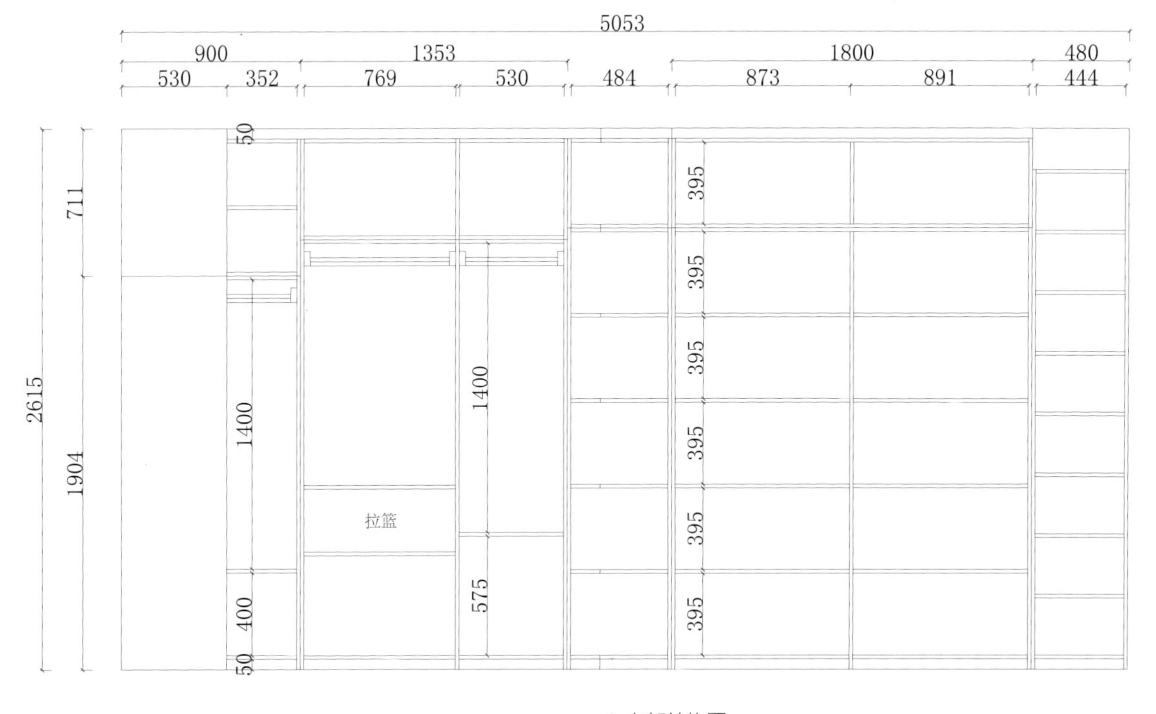
5053
900
1353
1800
480
530
352
769
530
484
873
891
444
50
711
395
395
395
1400
1400
395
2615
1904
拉篮
395
575
400
395
50

A 内部结构图

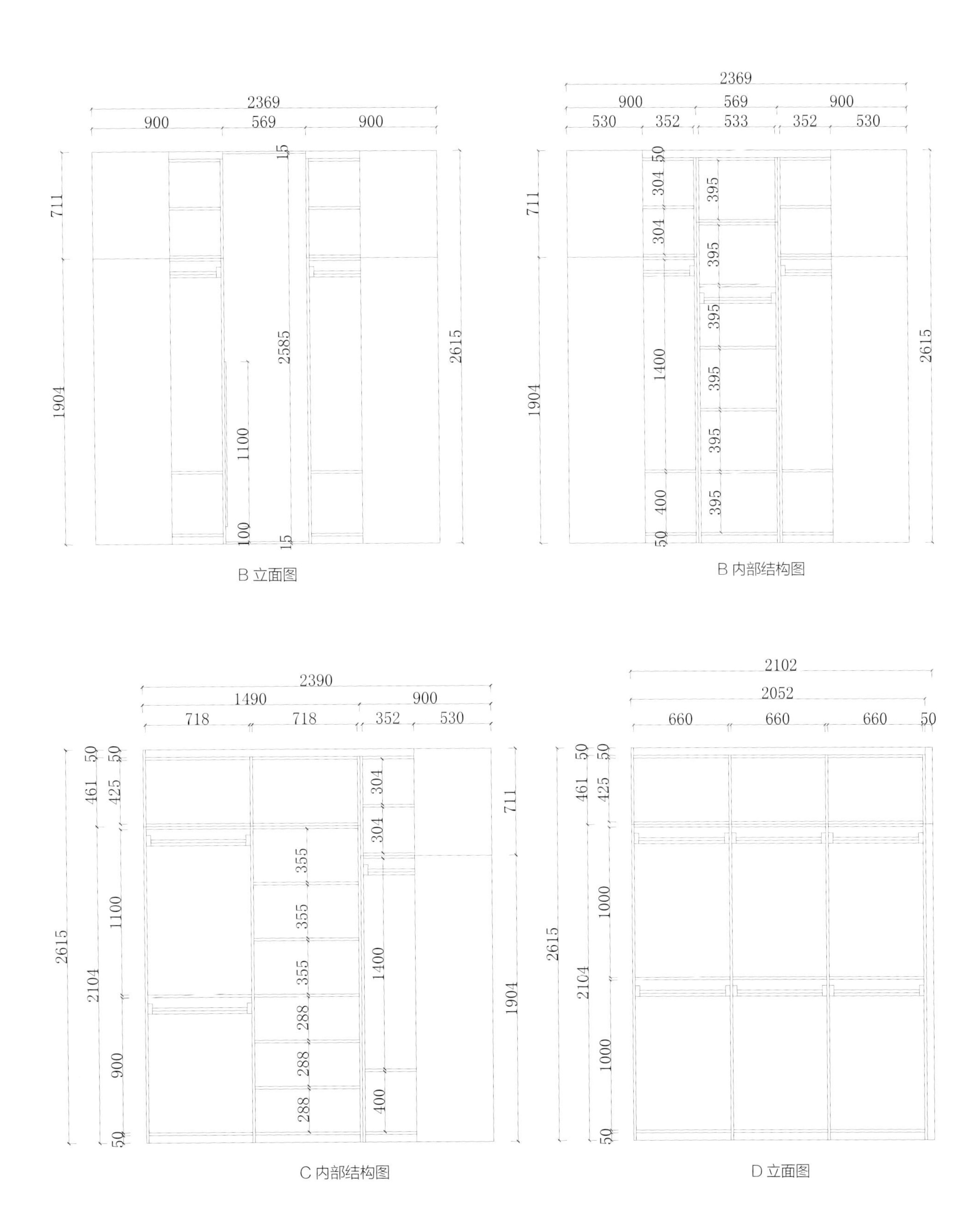

B 立面图

B 内部结构图

C 内部结构图

D 立面图

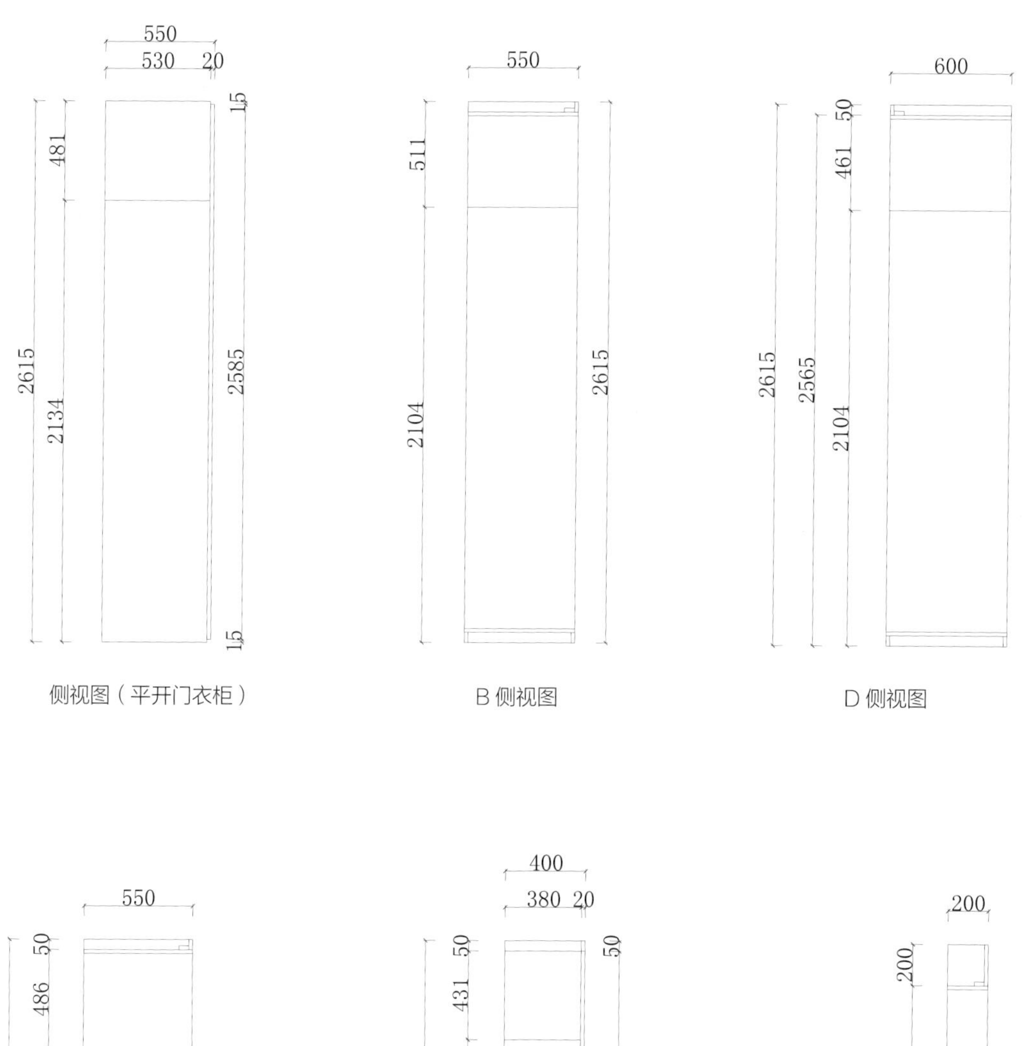

侧视图（平开门衣柜）　B 侧视图　D 侧视图

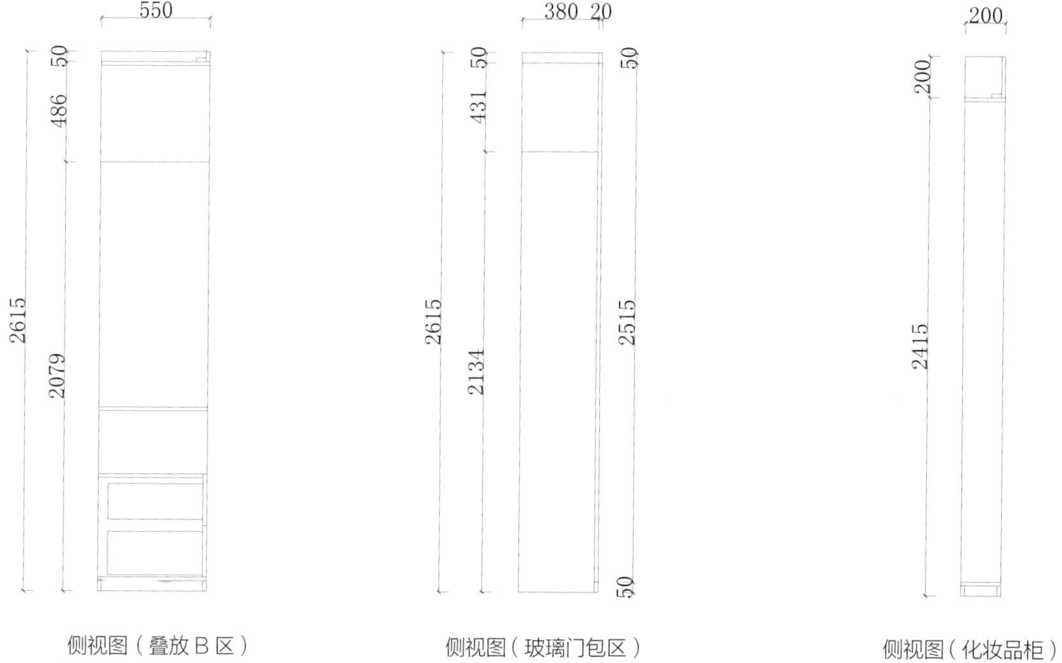

侧视图（叠放 B 区）　侧视图（玻璃门包区）　侧视图（化妆品柜）

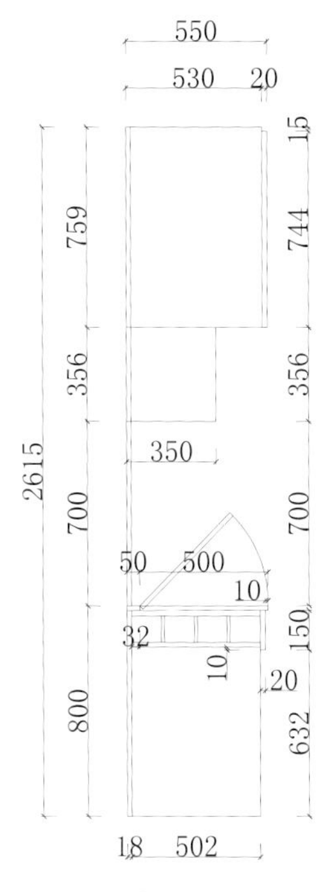

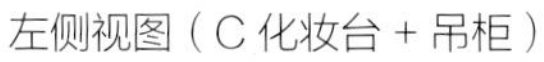
左侧视图（C化妆台+吊柜）

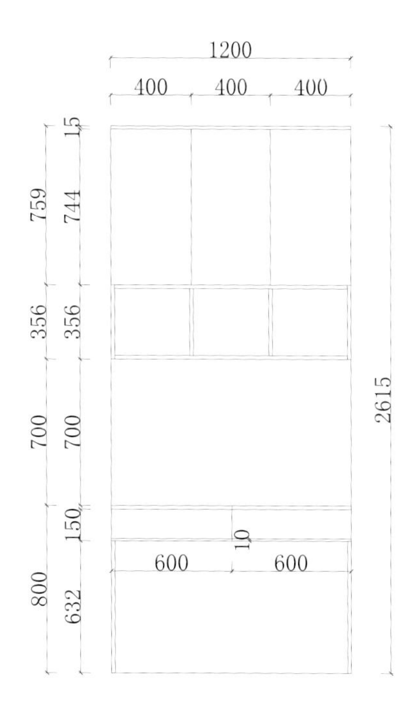

立面图（C化妆台+吊柜）

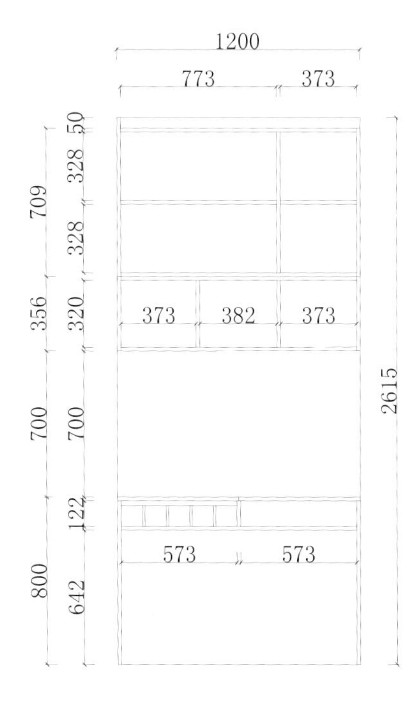

内部结构图（C化妆台+吊柜）

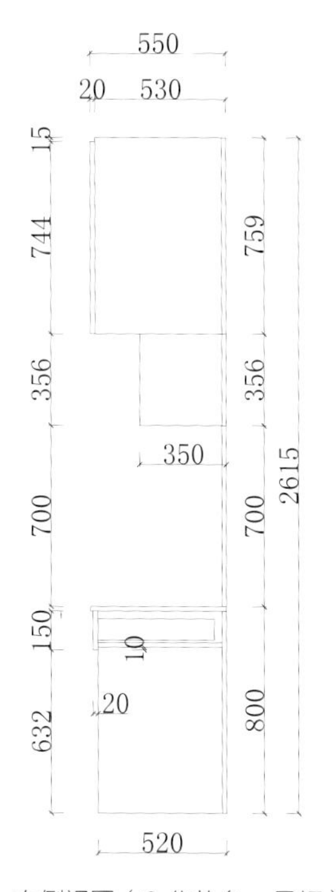

右侧视图（C化妆台+吊柜）

008

2713
1058
600
580
20
987
1452
465
50
50
2570
80
550

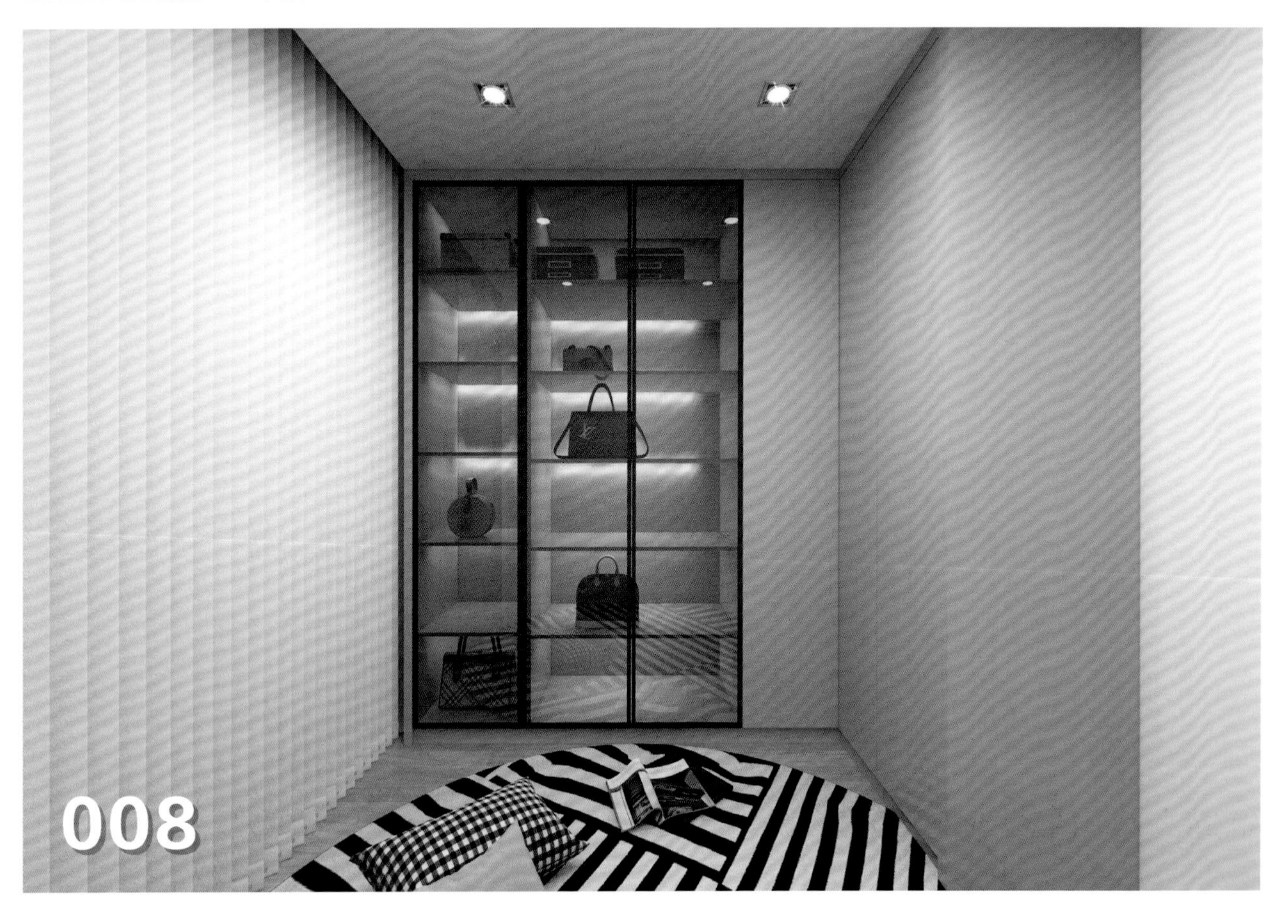

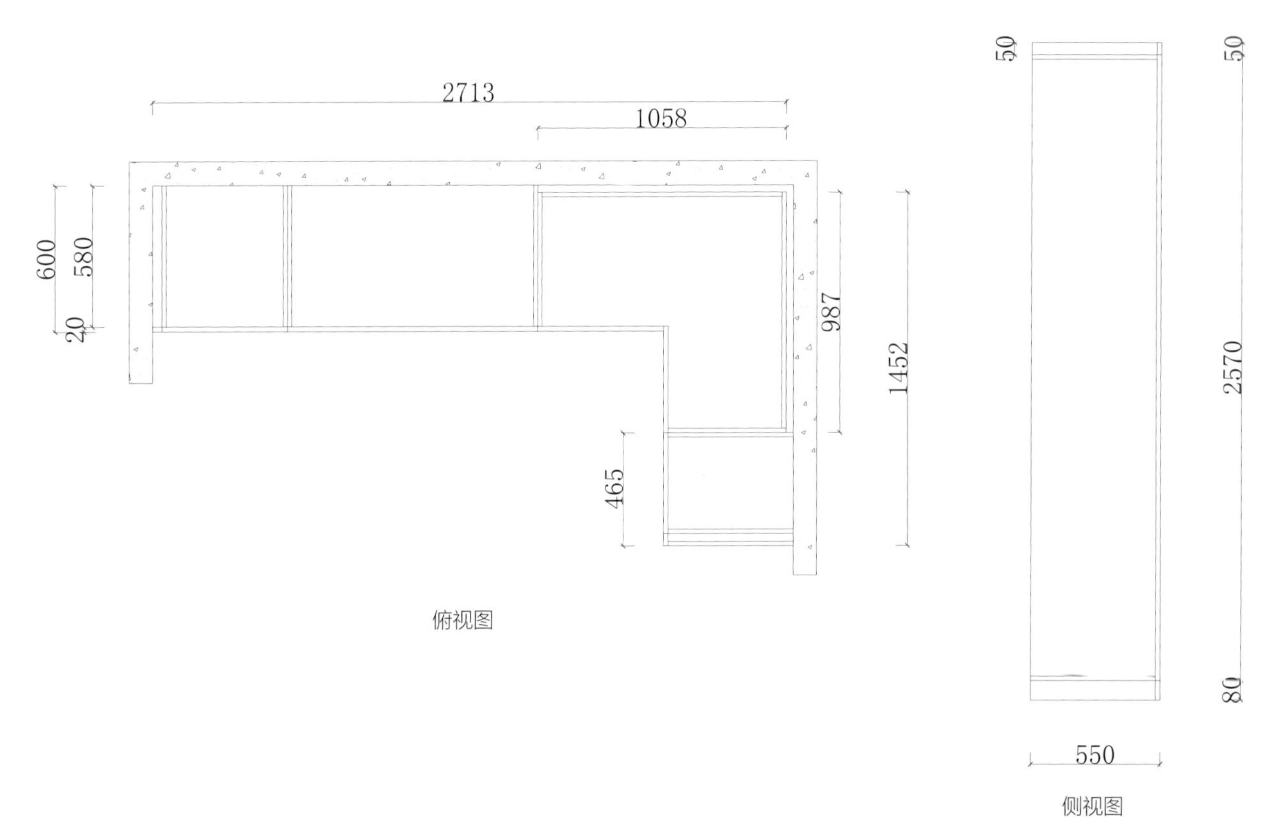

俯视图

侧视图

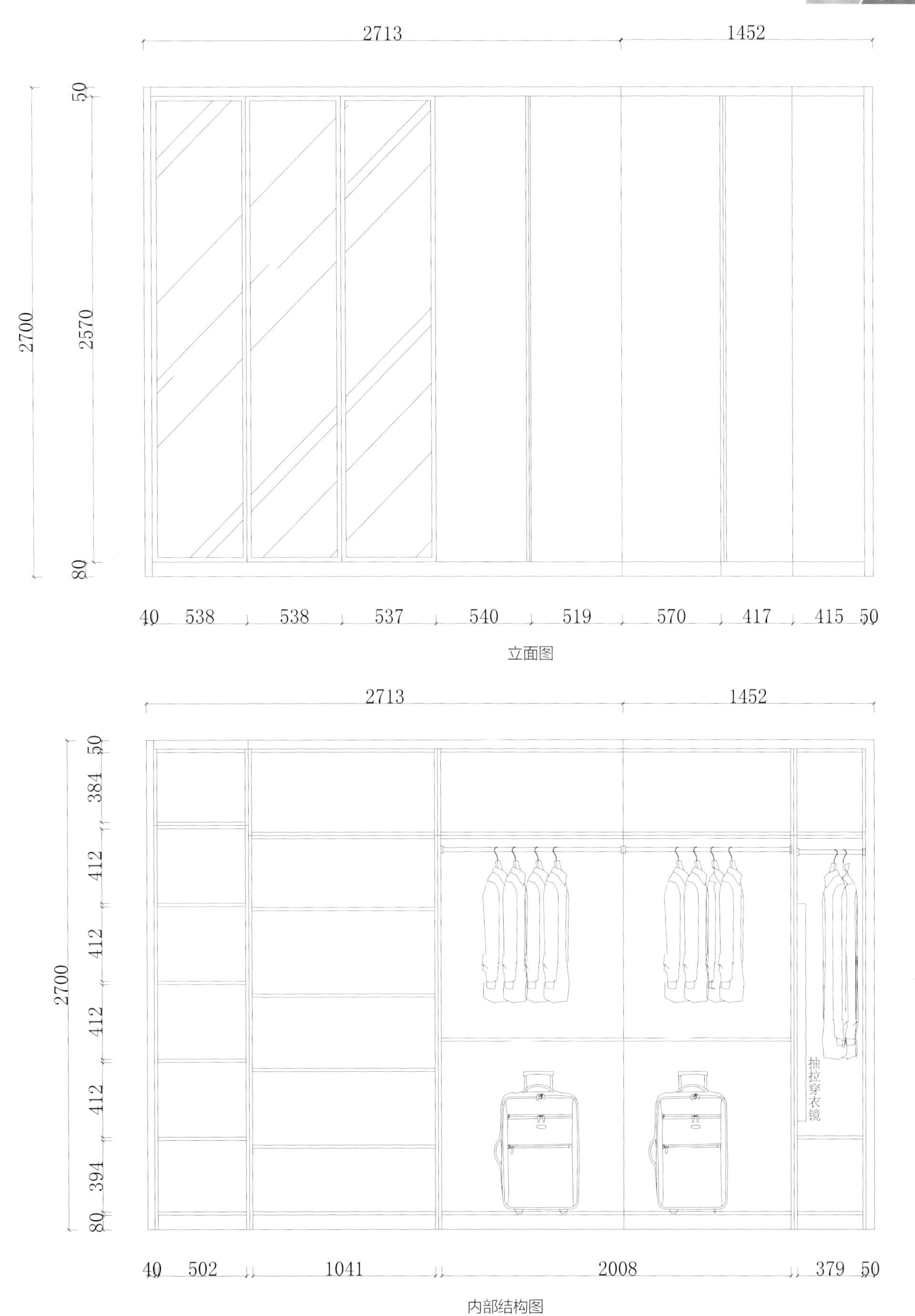
2713
1452
2700
50
2570
80
40
538
538
537
540
519
570
417
415
50
2713
1452
2700
50
384
412
412
412
412
394
80
抽拉穿衣镜
40
502
1041
2008
379
50

立面图

内部结构图

009

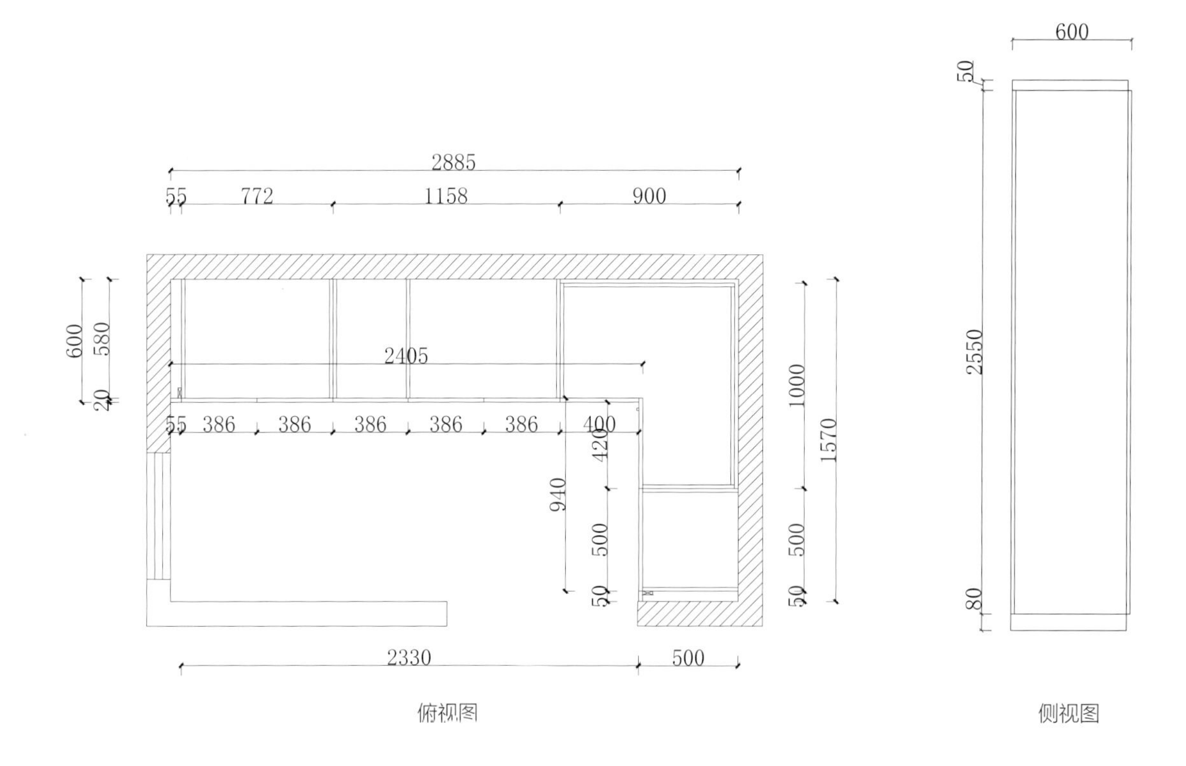
2885
55
772
1158
900
600
580
20
2405
55
386
386
386
386
386
400
420
940
500
50
1000
1570
500
50
2330
500
俯视图
600
50
2550
80
侧视图

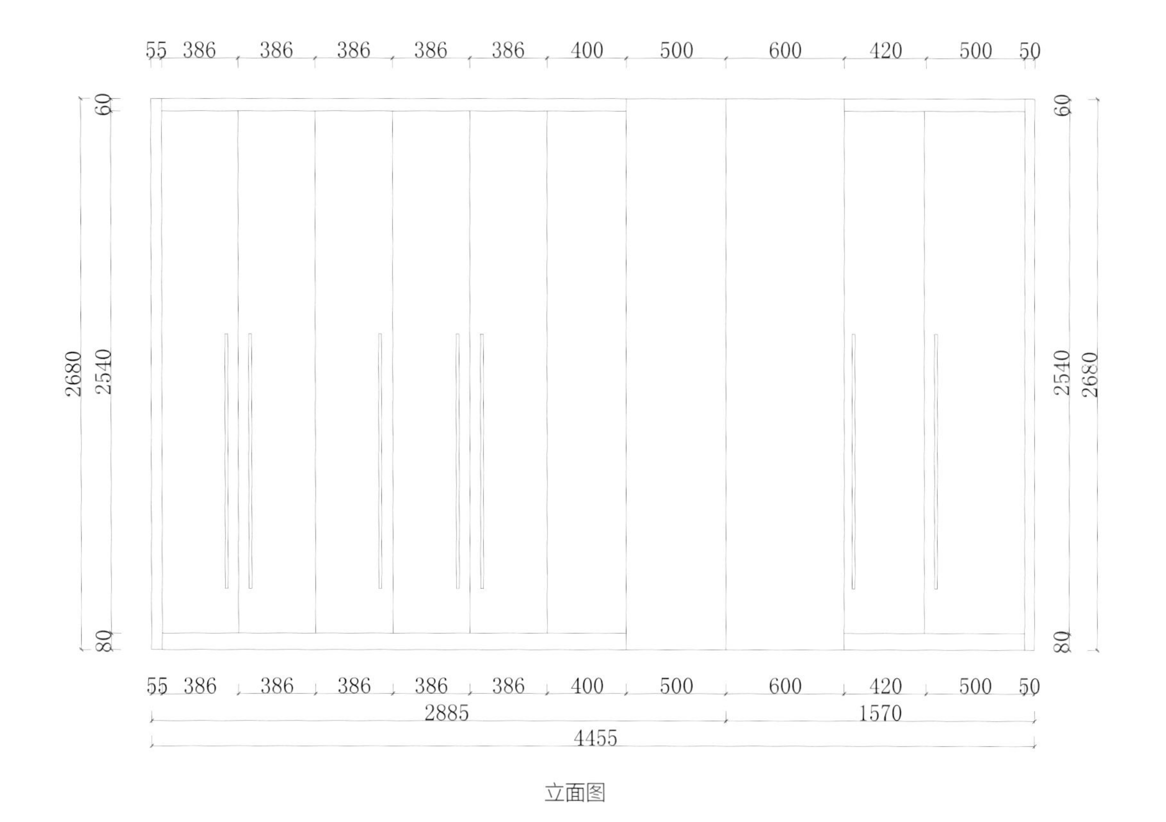

55 386 386 386 386 386 400 500 600 420 500 50
60
2680
2540
80
2885
1570
4455

立面图

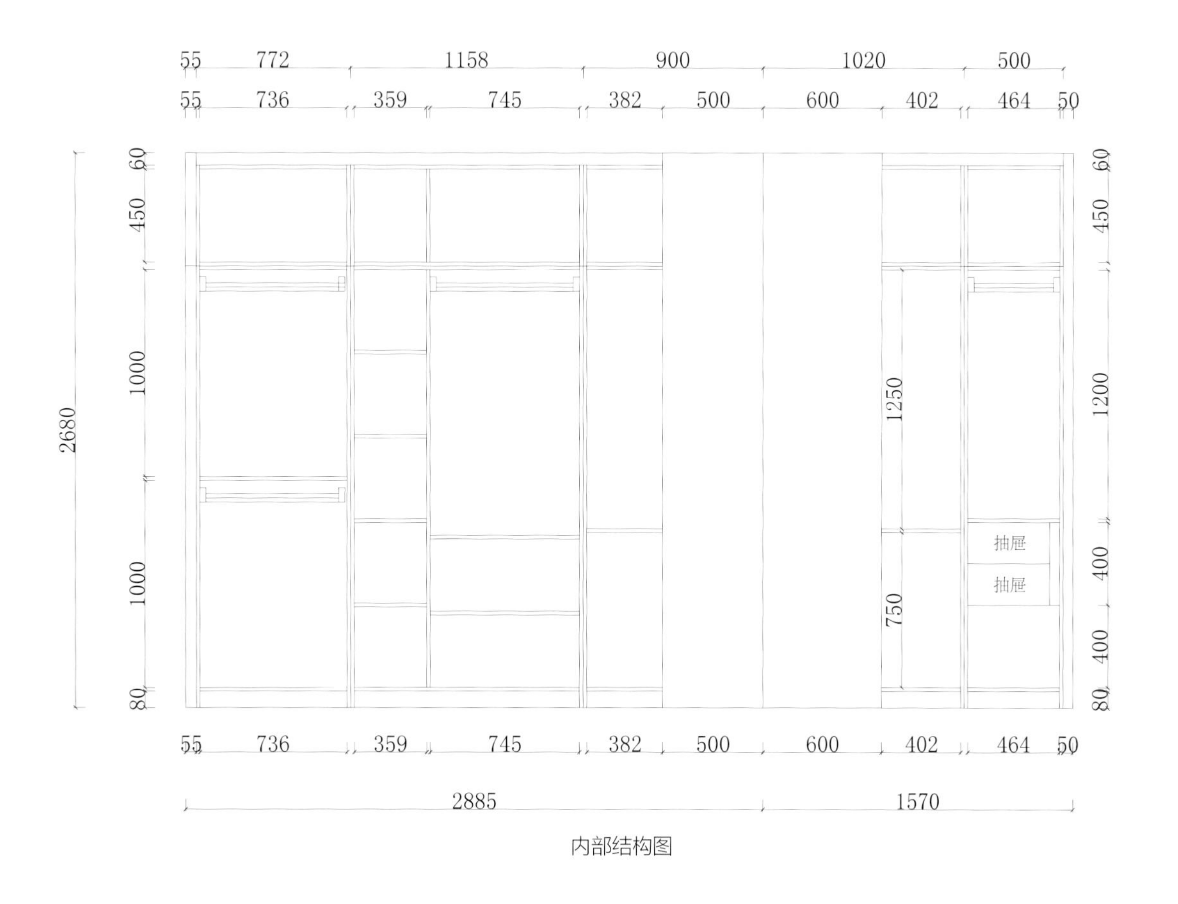

55 772 1158 900 1020 500
55 736 359 745 382 500 600 402 464 50
60
450
1000
1000
2680
80
1250
750
1200
400
400
抽屉
抽屉
2885
1570

内部结构图

010

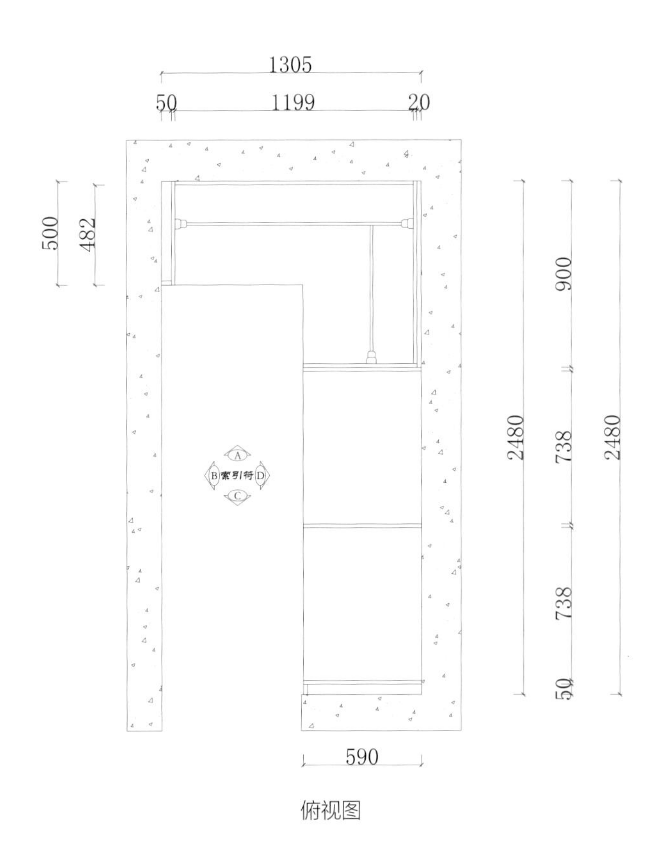
1305
50
1199
20
500
482
900
2480
738
2480
738
50
A
B
索引符
D
C
590

俯视图

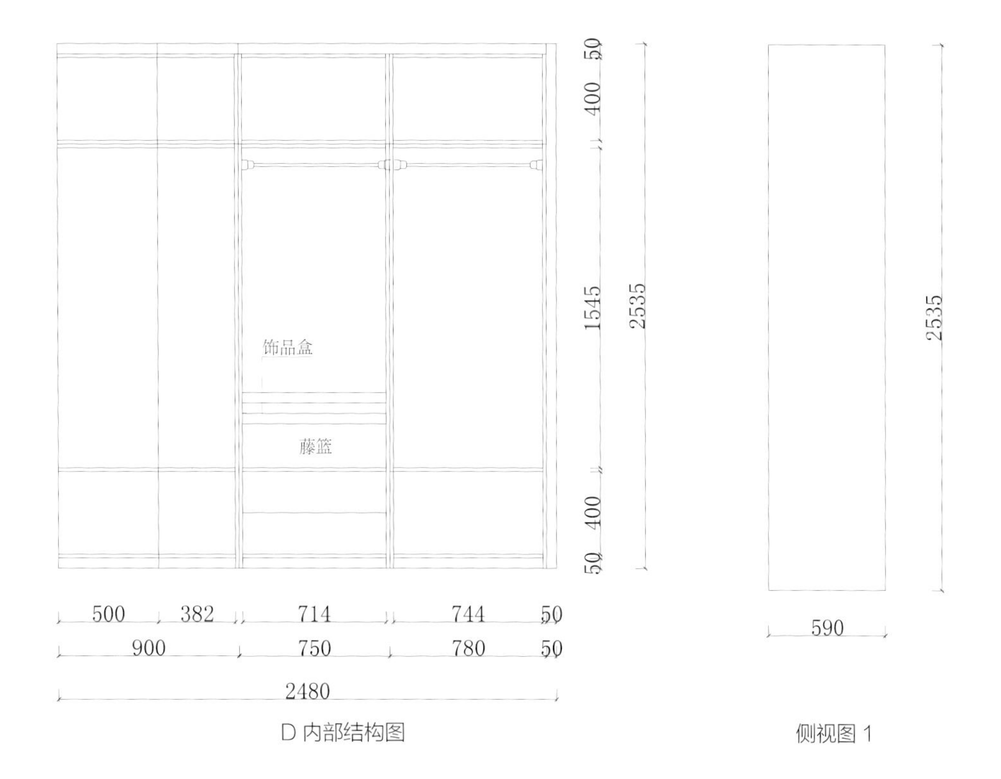

D 内部结构图

侧视图 1

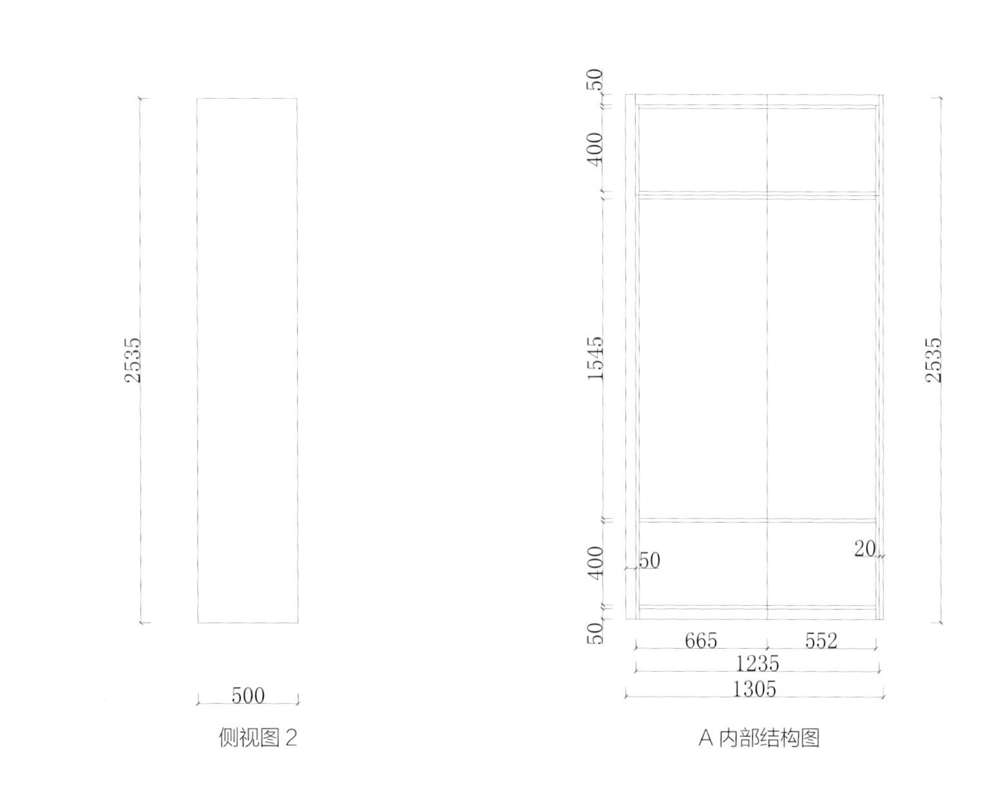

侧视图 2

A 内部结构图

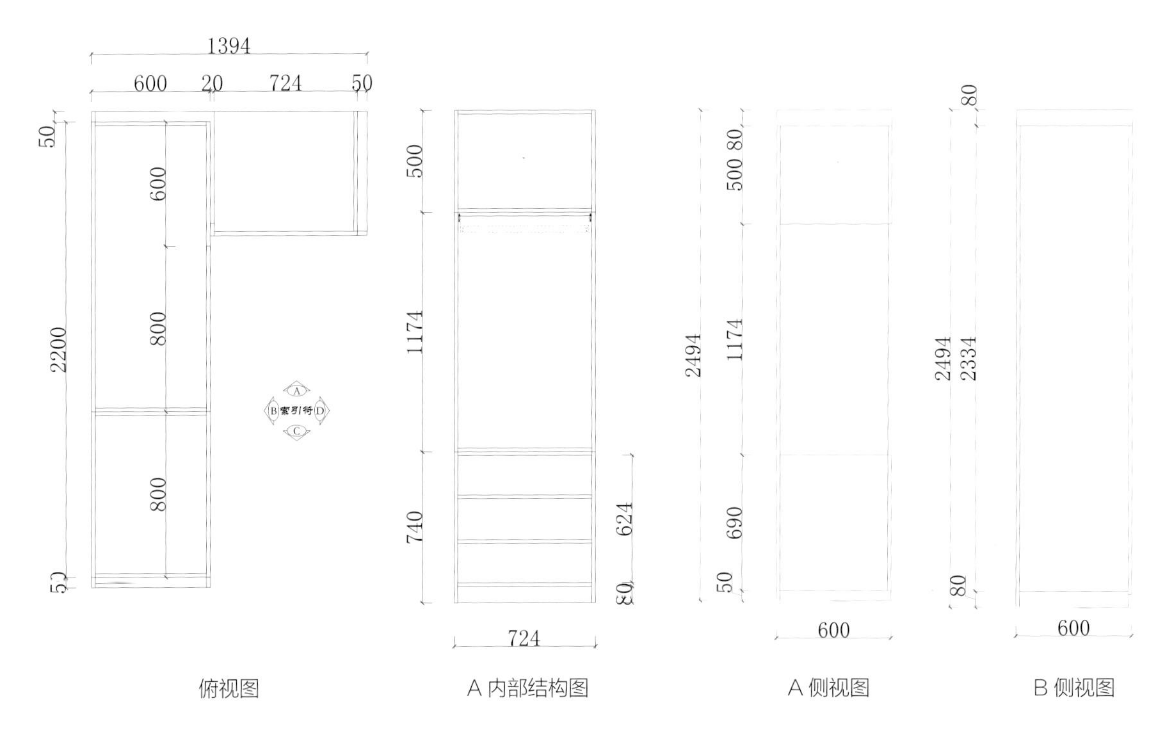

俯视图　A 内部结构图　A 侧视图　B 侧视图

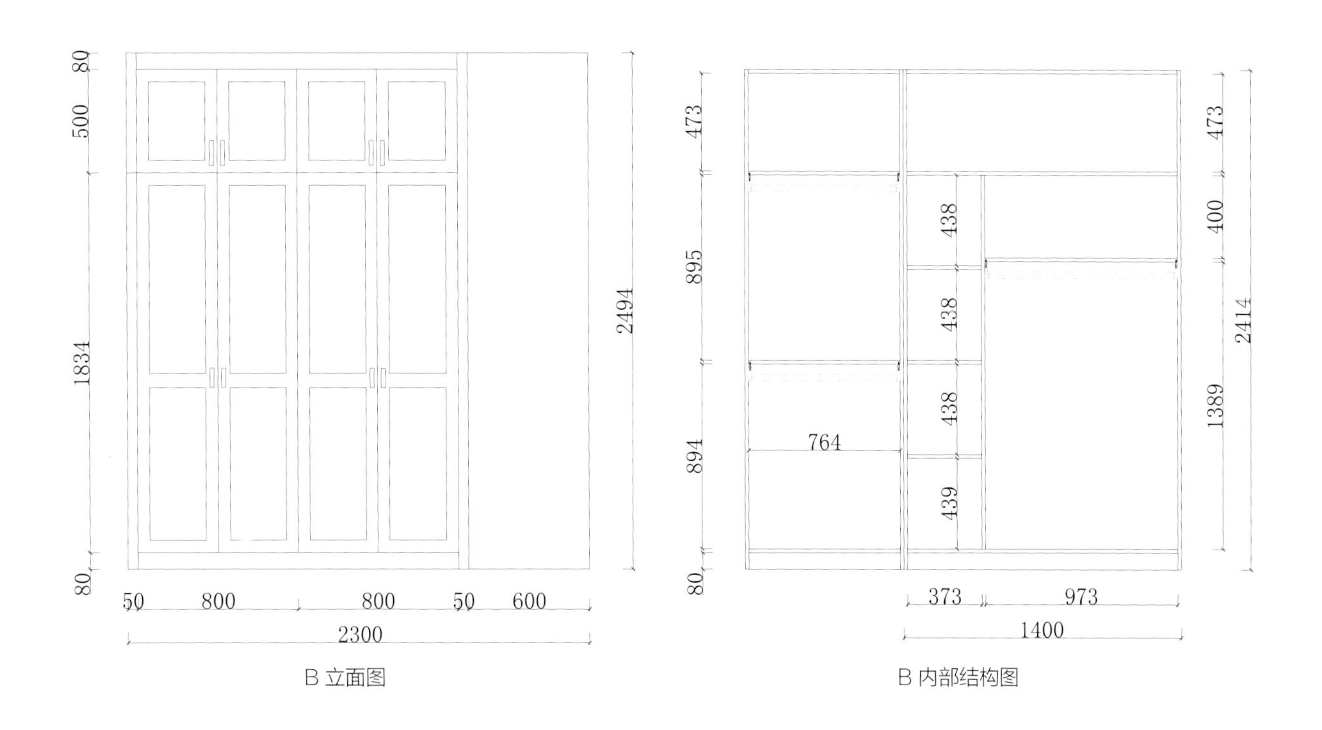

B 立面图

B 内部结构图

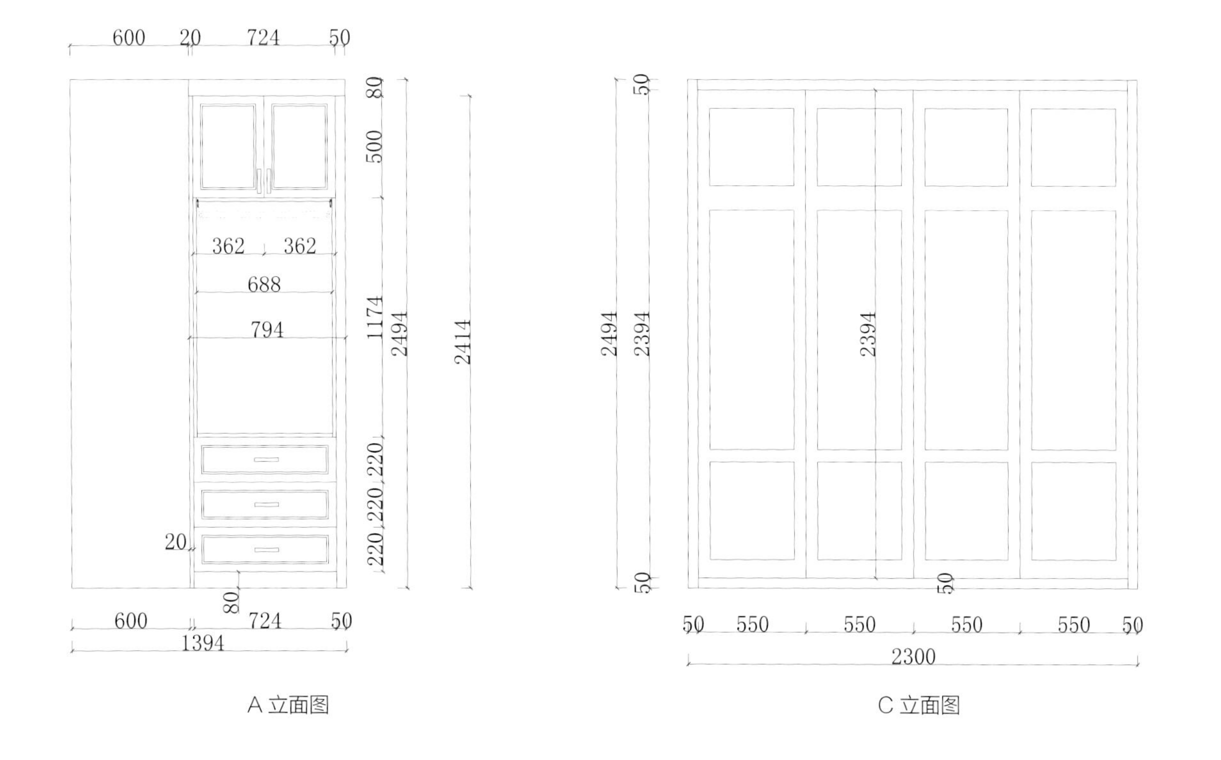

A 立面图

C 立面图

012

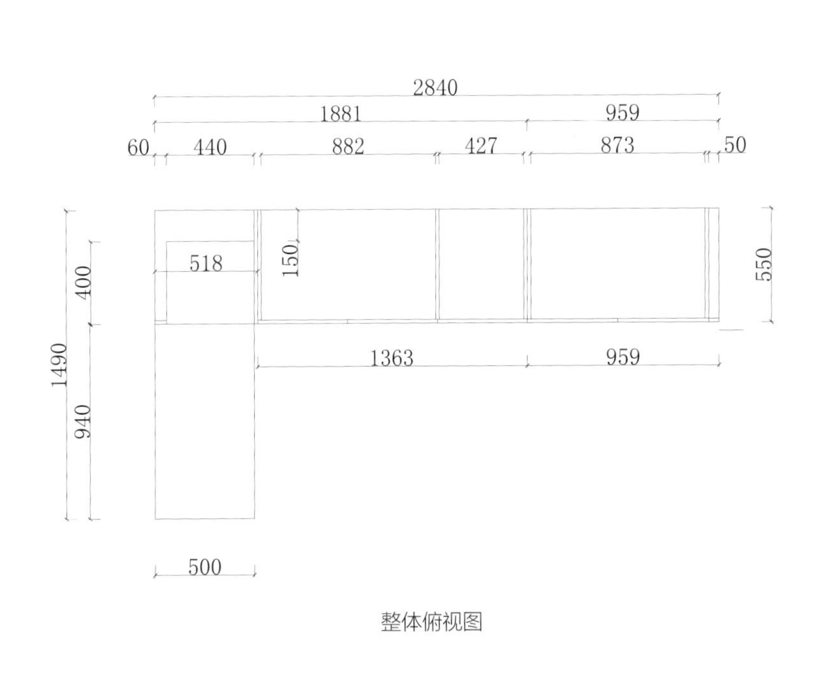
2840
1881
959
60
440
882
427
873
50
518
150
550
1490
400
940
1363
959
500

整体俯视图

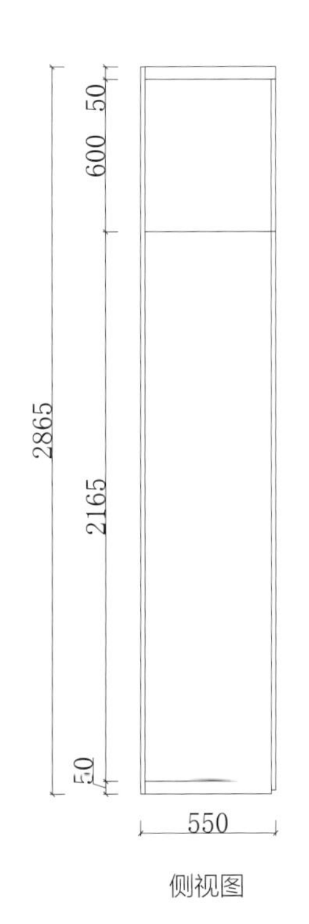
50
600
2865
2165
50
550

侧视图

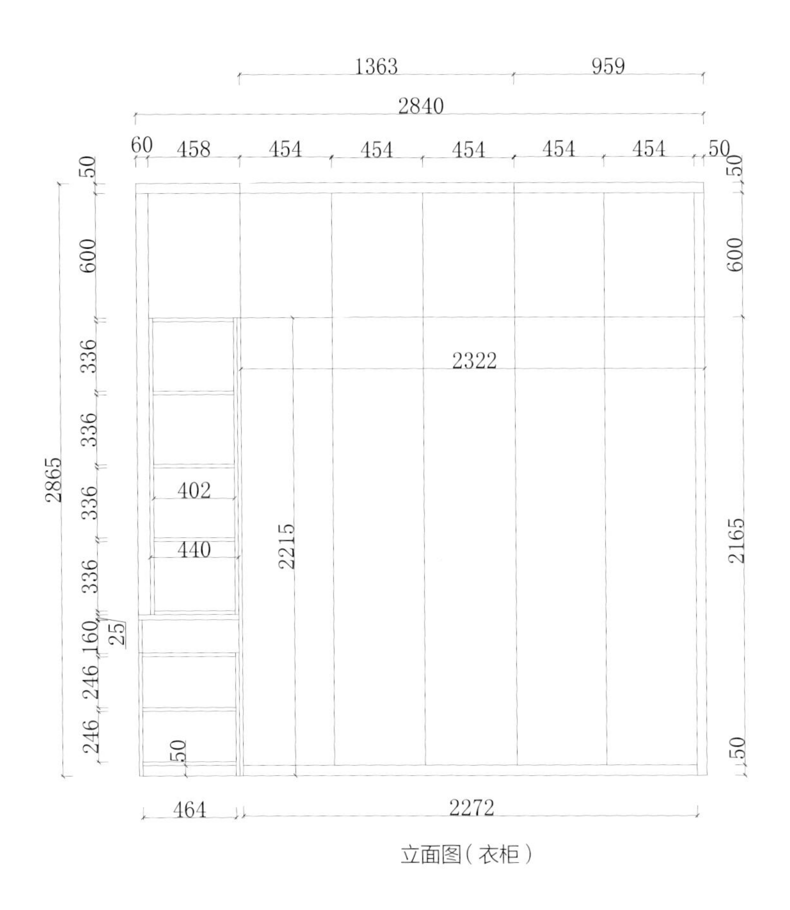

立面图（衣柜）

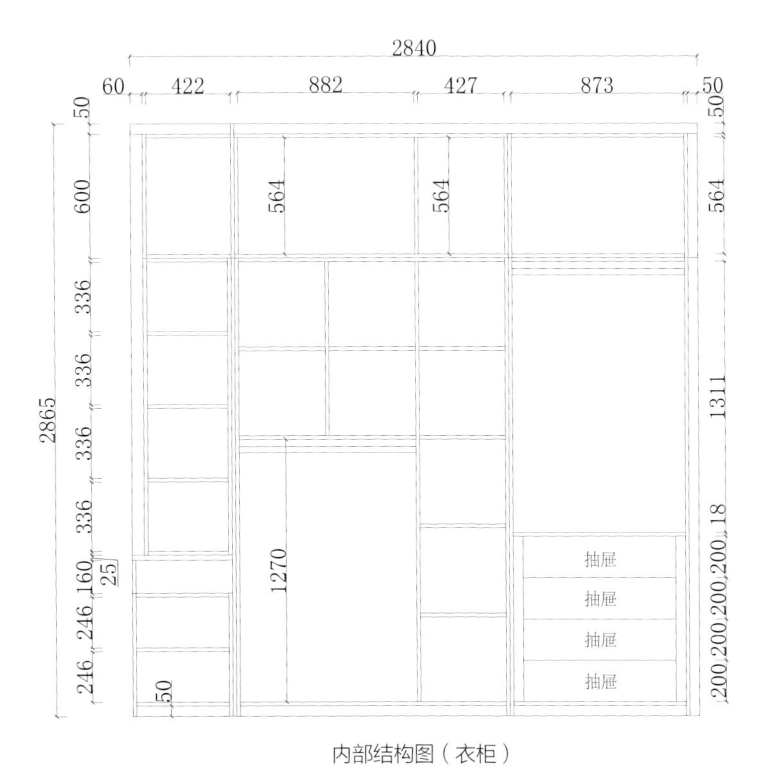

内部结构图（衣柜）

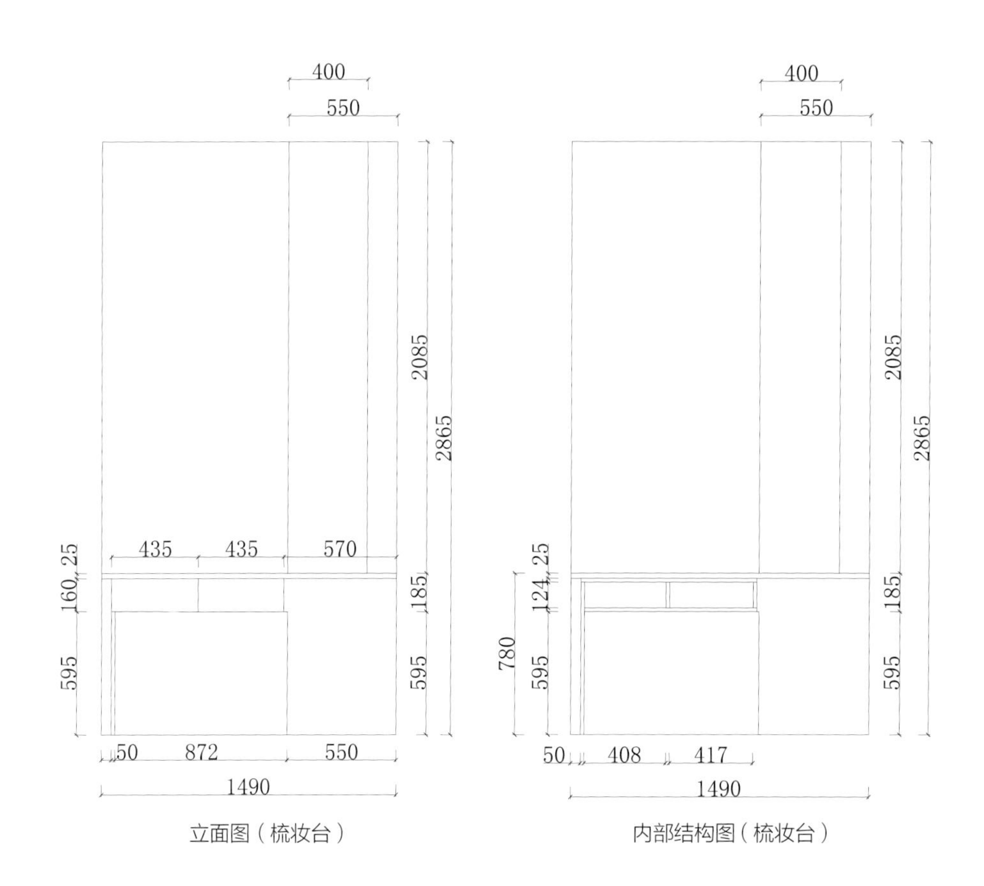

立面图（梳妆台）　　内部结构图（梳妆台）

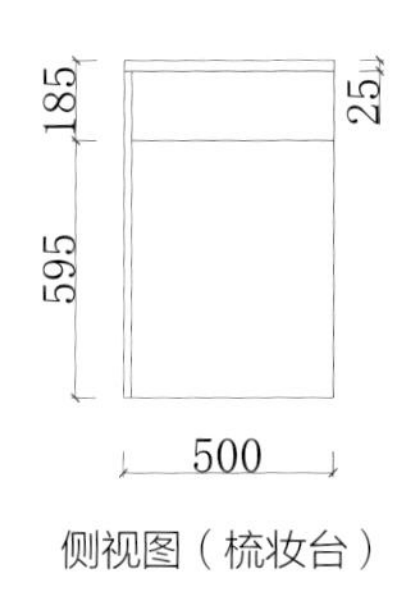

侧视图（梳妆台）

第 9 章 榻榻米

榻榻米的收纳空间有上掀式和外侧式两种。上掀式收纳最好选用液压气撑，它比普通铰链更省力，在使用的时候会更加方便。外侧式收纳以抽屉式设计为主，方便日常收纳使用。

对于有收纳空间的榻榻米来说，做好防潮工作是十分必要的。在设计的过程中，要在底部留出足够的透气孔，方便内部散发潮气。

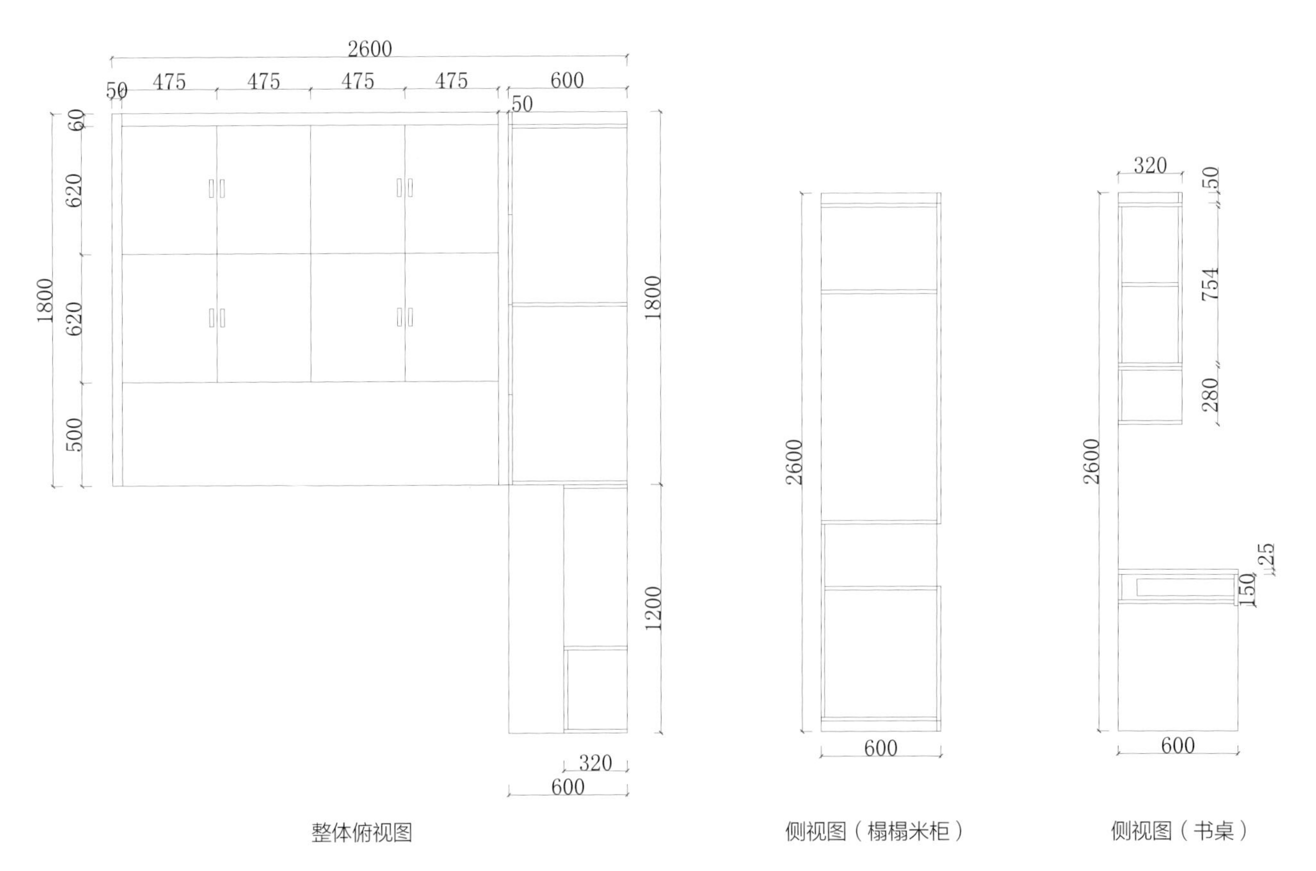

整体俯视图　　侧视图（榻榻米柜）　　侧视图（书桌）

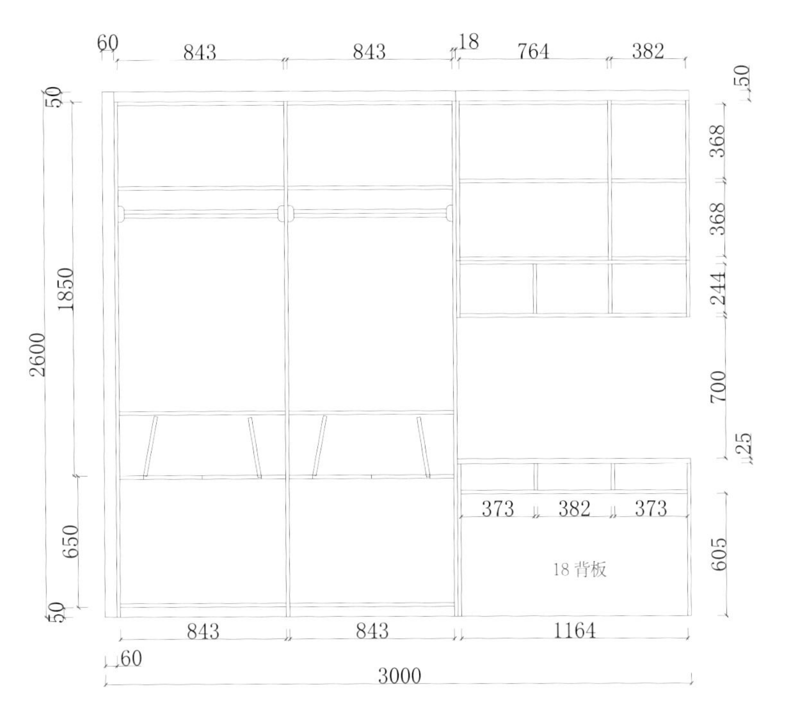

内部结构图（榻榻米 + 书桌）

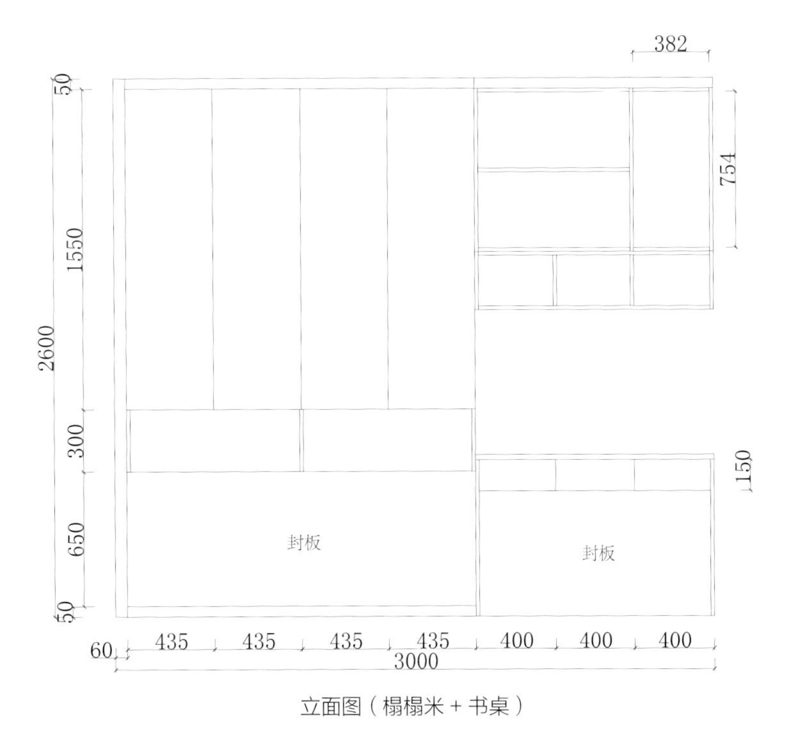

立面图（榻榻米 + 书桌）

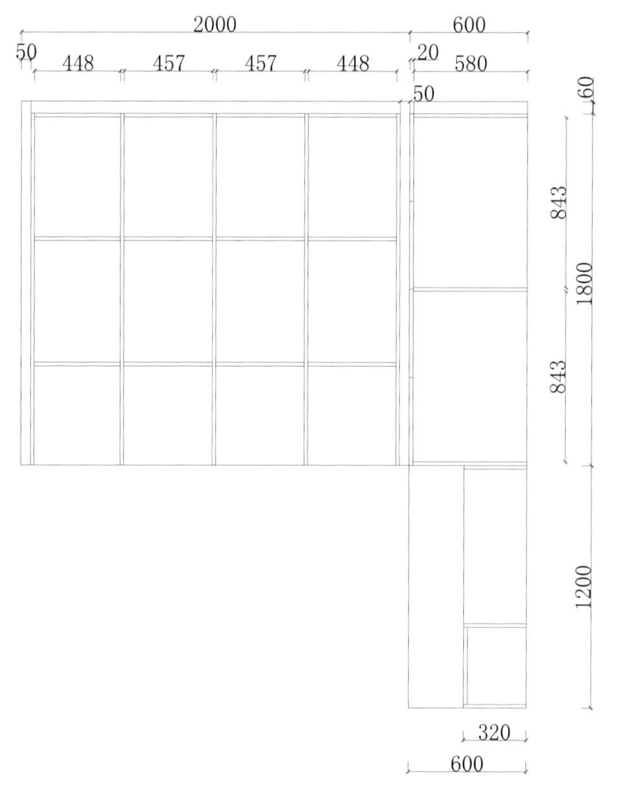

俯视内部结构图（榻榻米）

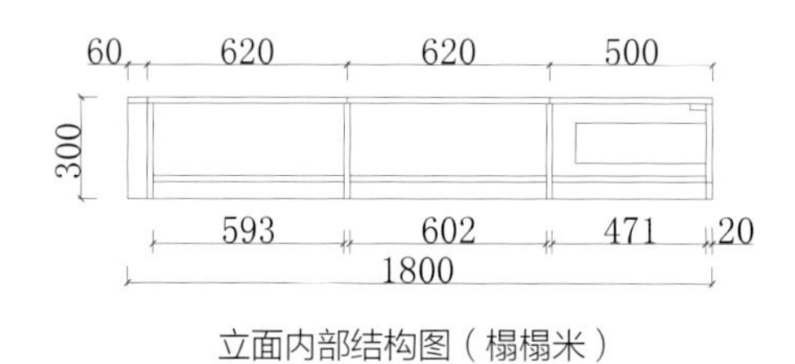

立面内部结构图（榻榻米）

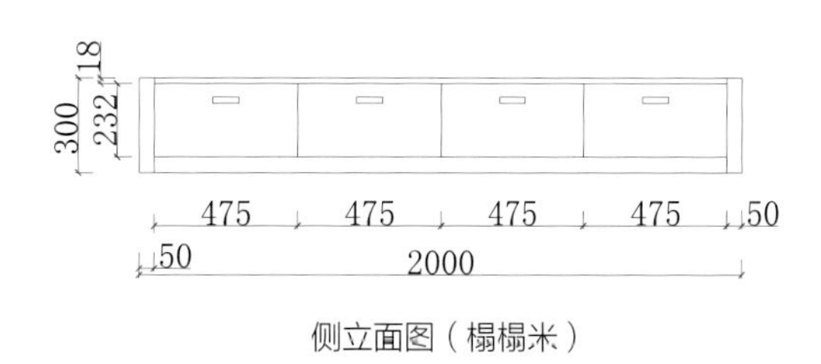

侧立面图（榻榻米）

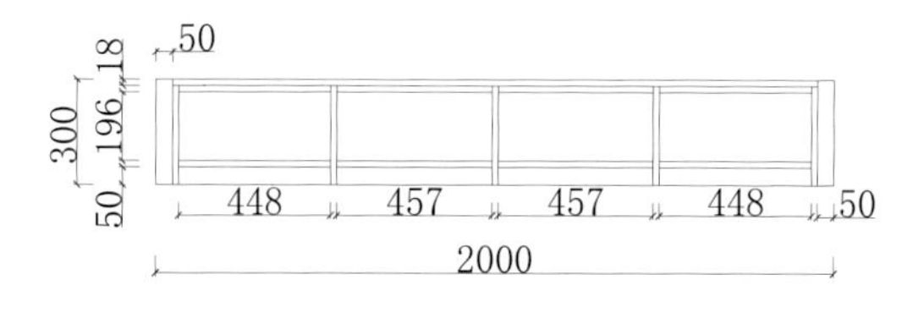

侧立面内部结构图(榻榻米）

002

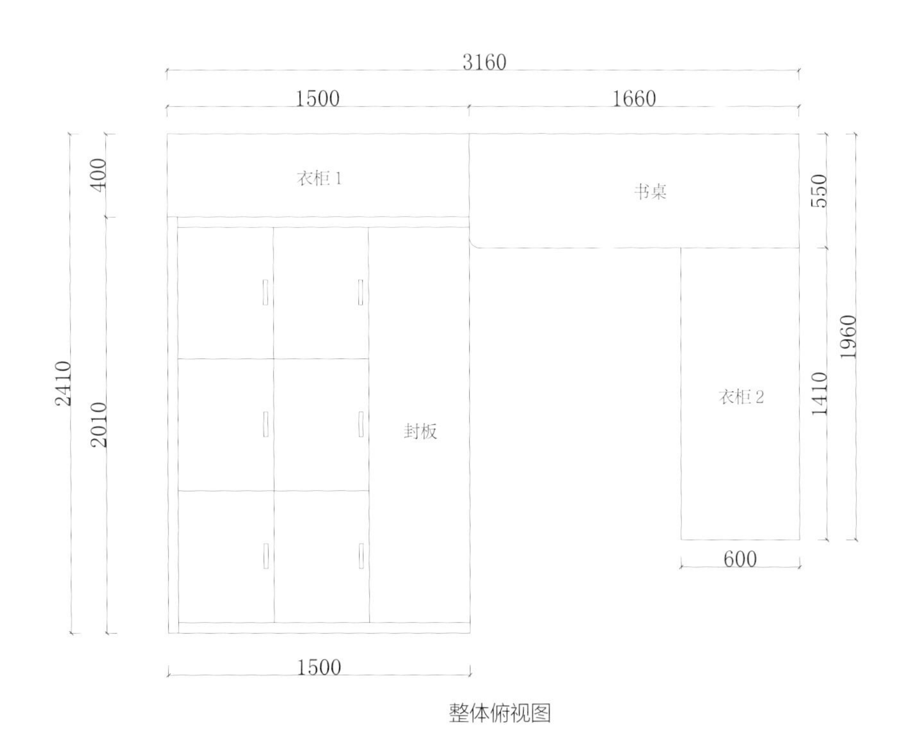
3160
1500
1660
400
衣柜 1
书桌
550
2410
2010
封板
衣柜 2
1410
1960
600
1500

整体俯视图

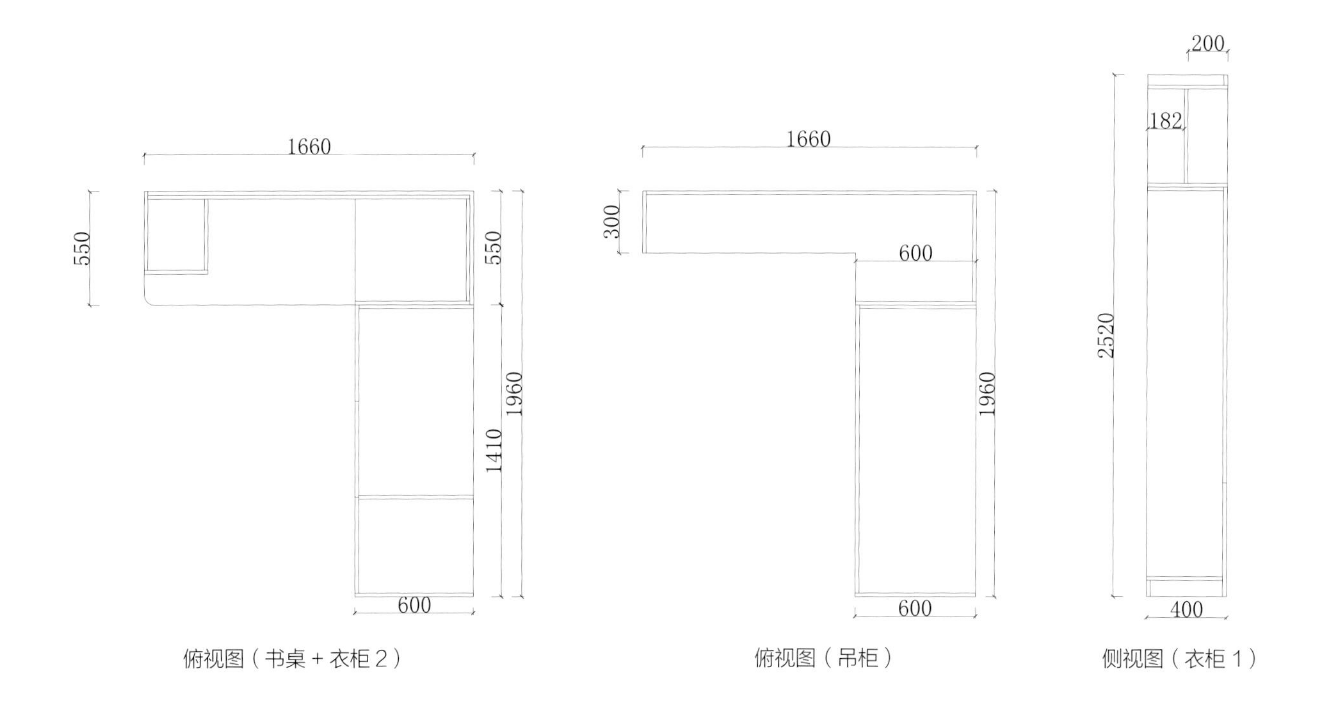

俯视图（书桌 + 衣柜 2）　俯视图（吊柜）　侧视图（衣柜 1）

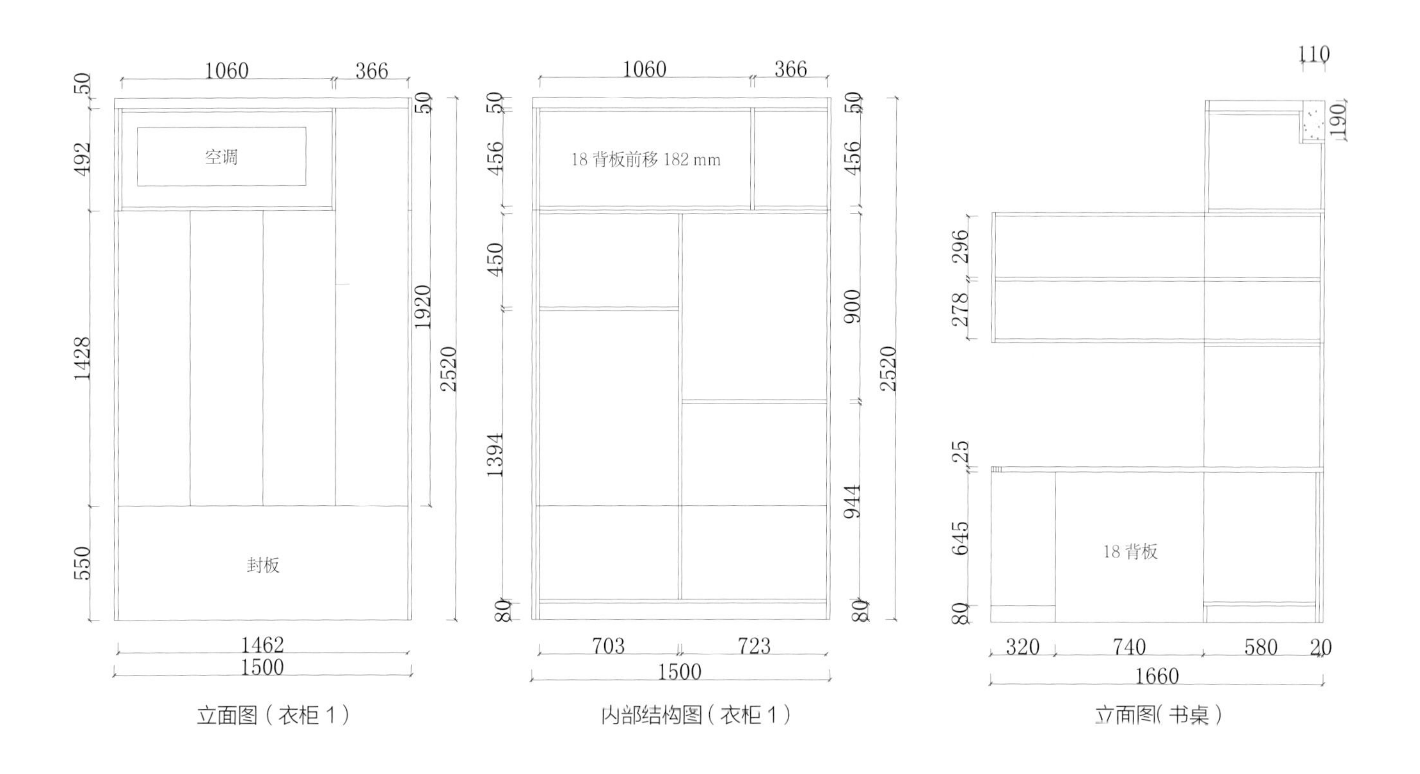

立面图（衣柜 1）　内部结构图（衣柜 1）　立面图(书桌）

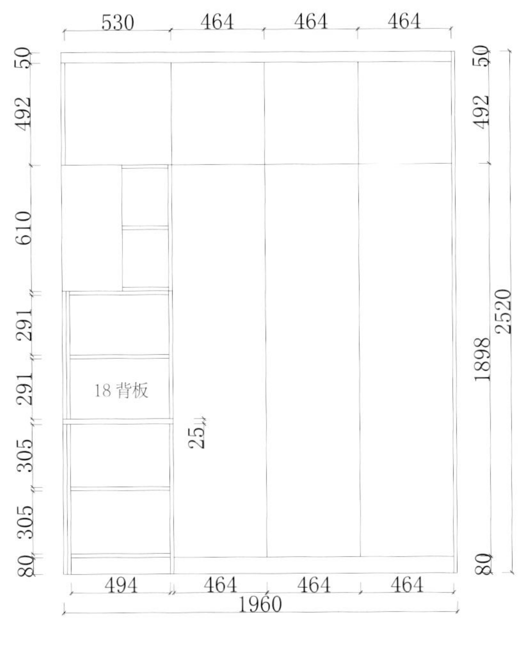

立面图（衣柜 2）

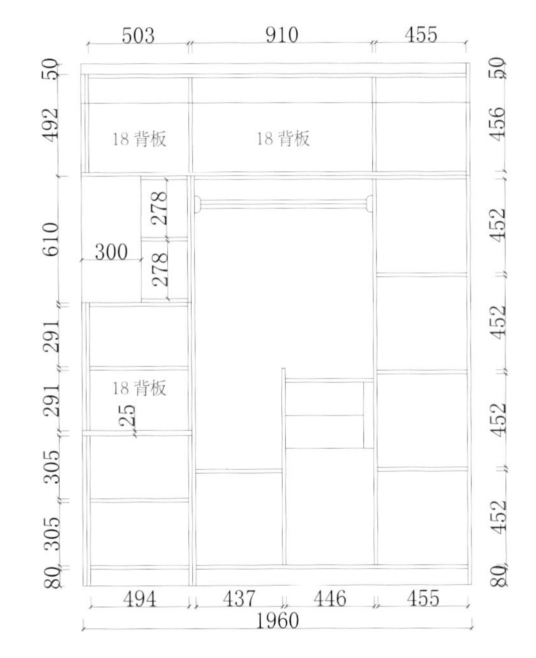

内部结构图（衣柜 2）

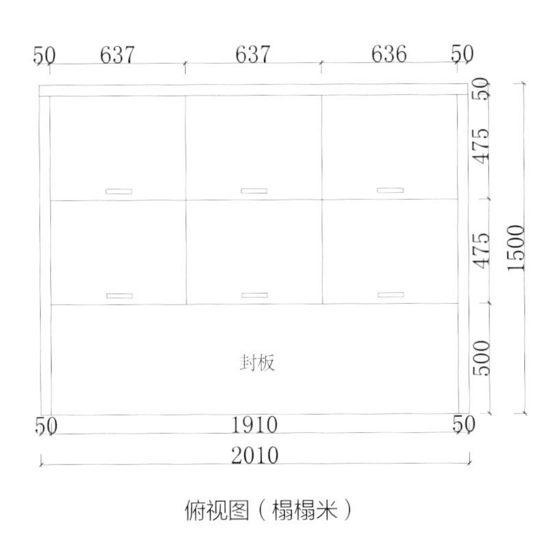

俯视图（榻榻米）

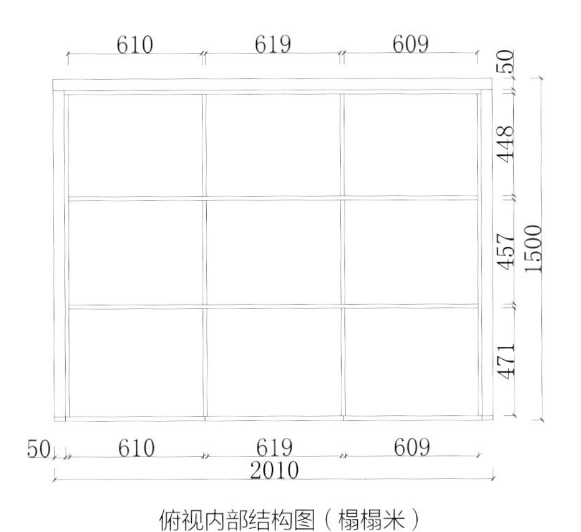

俯视内部结构图（榻榻米）

侧视图（榻榻米）

003

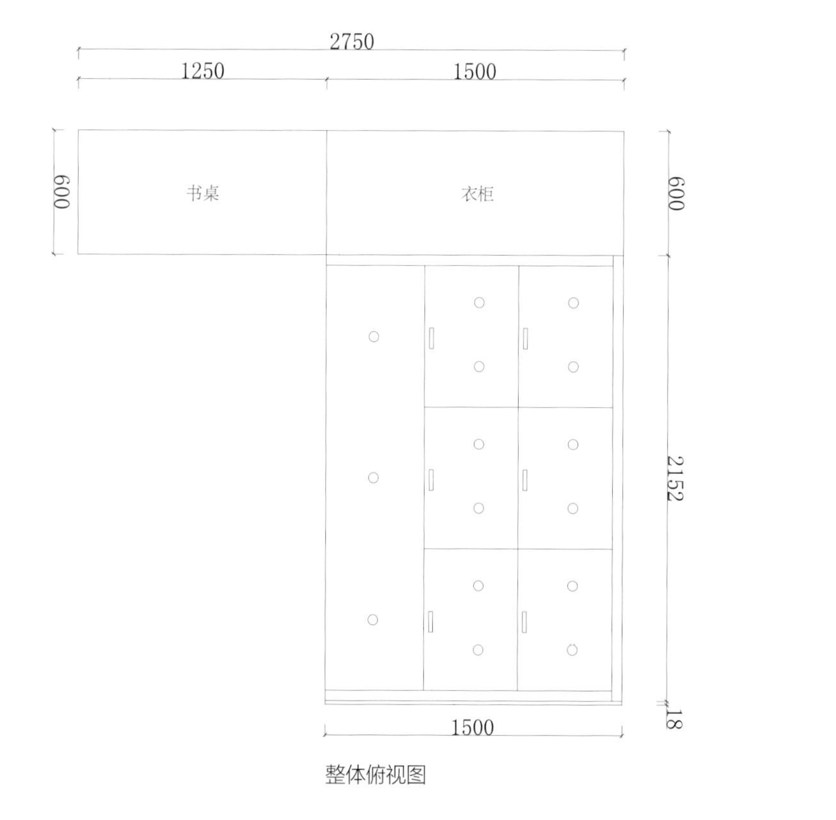
2750
1250
1500
600
书桌
衣柜
600
2152
18
1500

整体俯视图

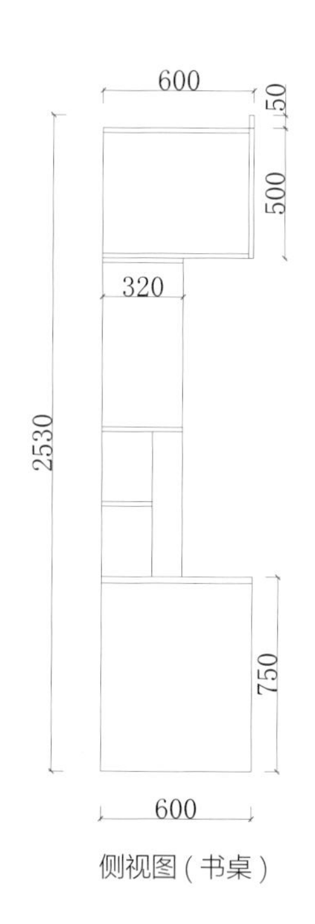
600
50
500
320
2530
750
600

侧视图（书桌）

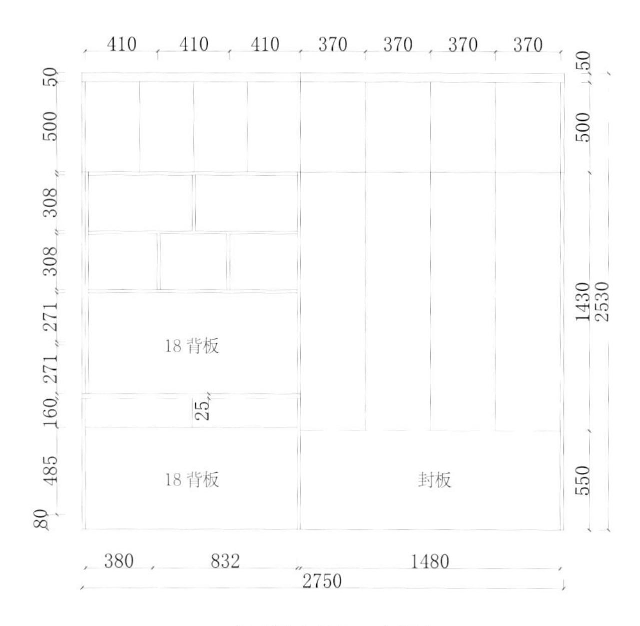

立面图（书桌＋衣柜）

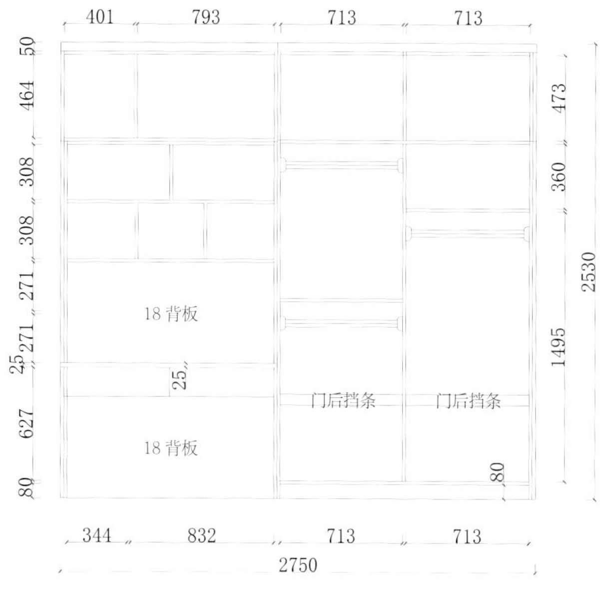

内部结构图（书桌＋衣柜）

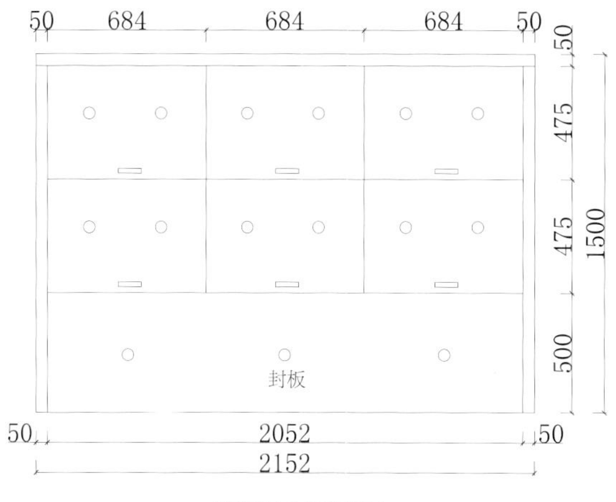

俯视图（榻榻米）

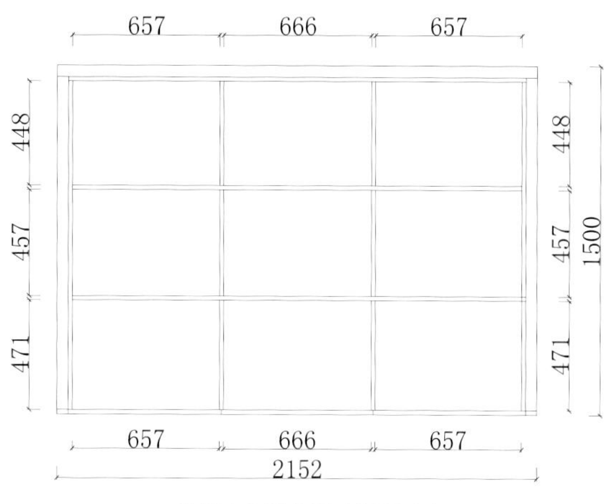

俯视内部结构图（榻榻米）

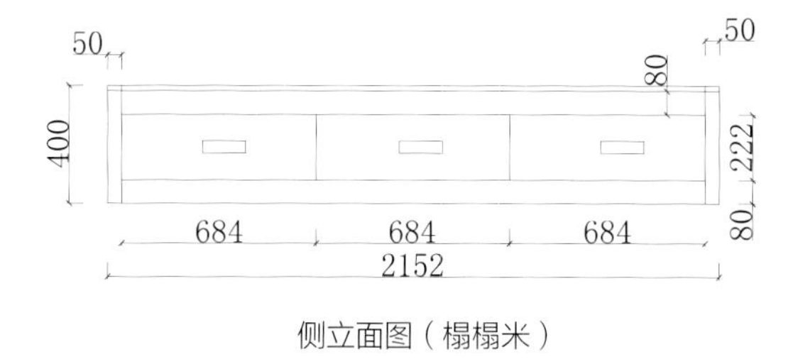

侧立面图（榻榻米）

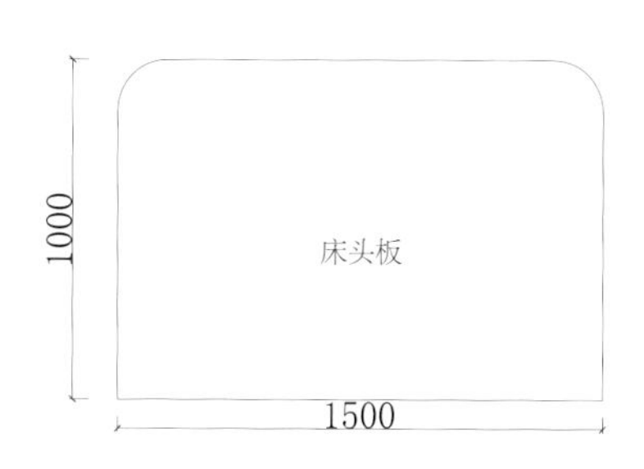

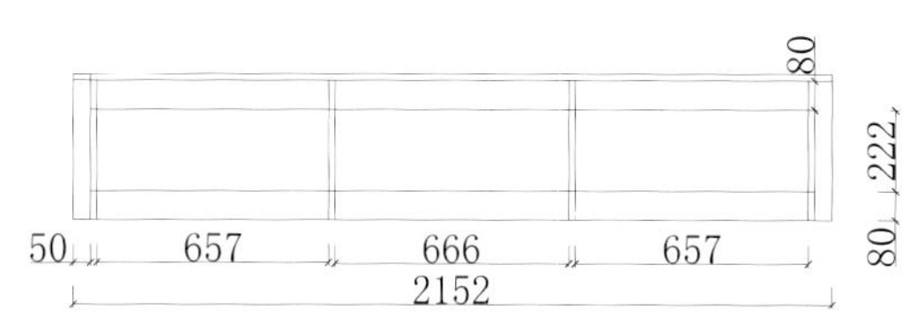

侧立面内部结构图（榻榻米）

004

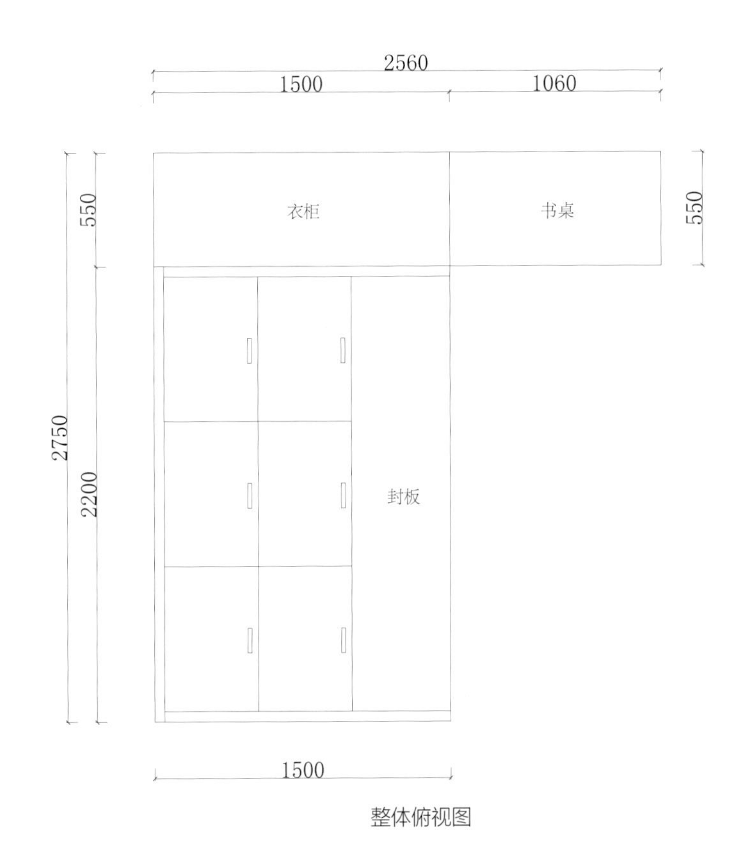
2560
1500
1060
衣柜
书桌
550
550
2750
2200
封板
1500

整体俯视图

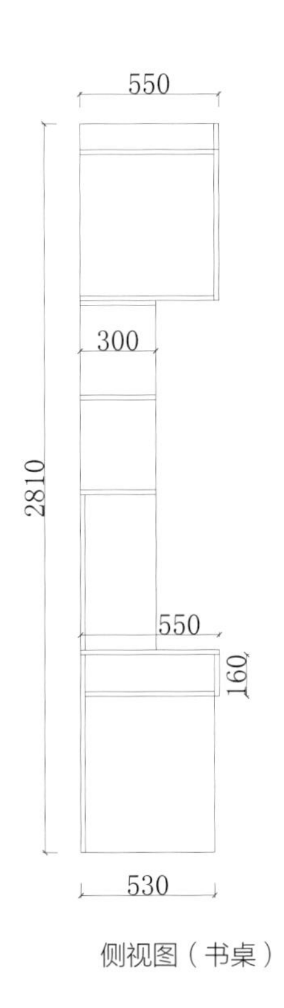
550
300
2810
550
160
530

侧视图（书桌）

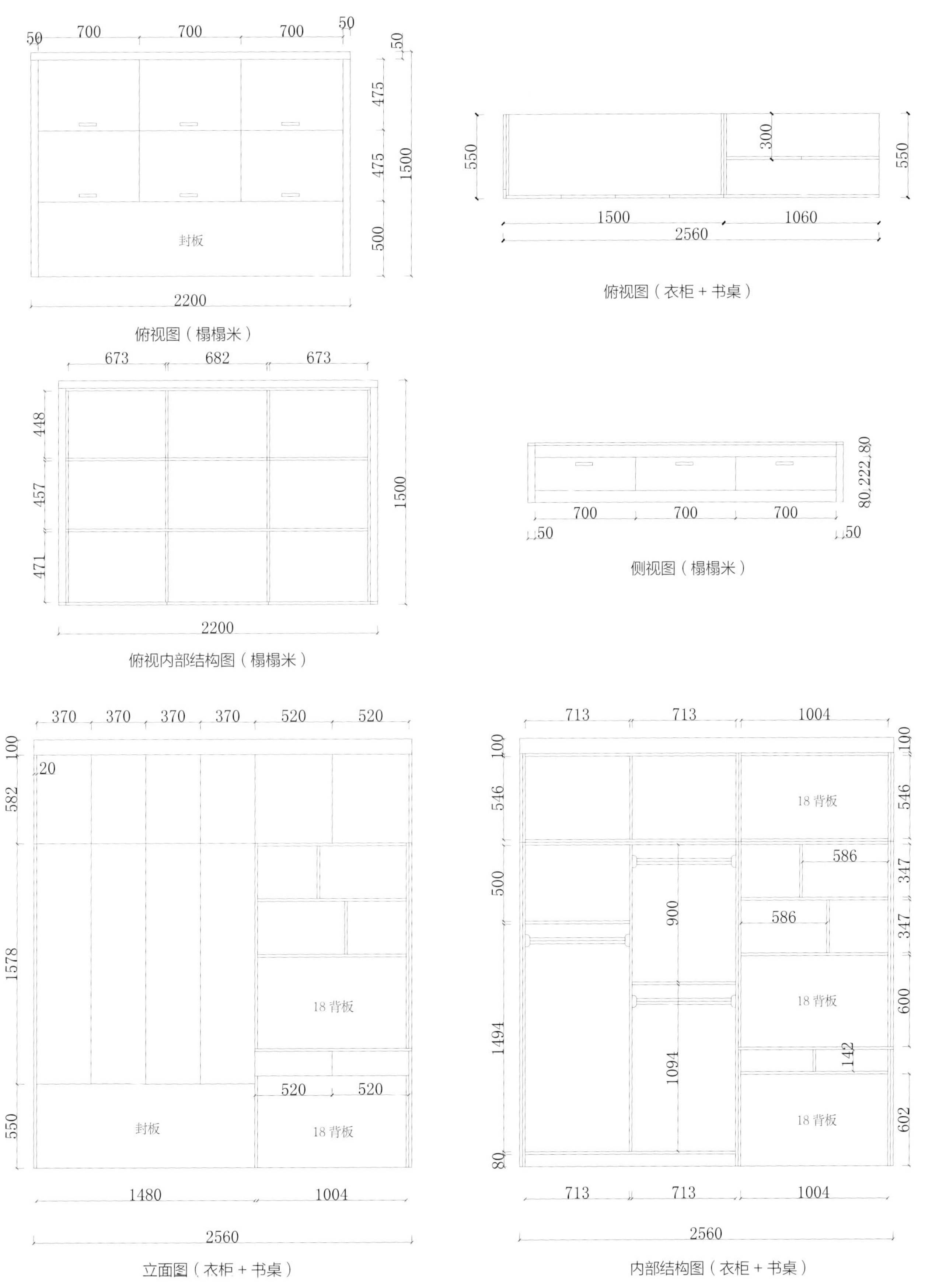

俯视图（榻榻米）

俯视图（衣柜＋书桌）

俯视内部结构图（榻榻米）

侧视图（榻榻米）

立面图（衣柜＋书桌）

内部结构图（衣柜＋书桌）

005

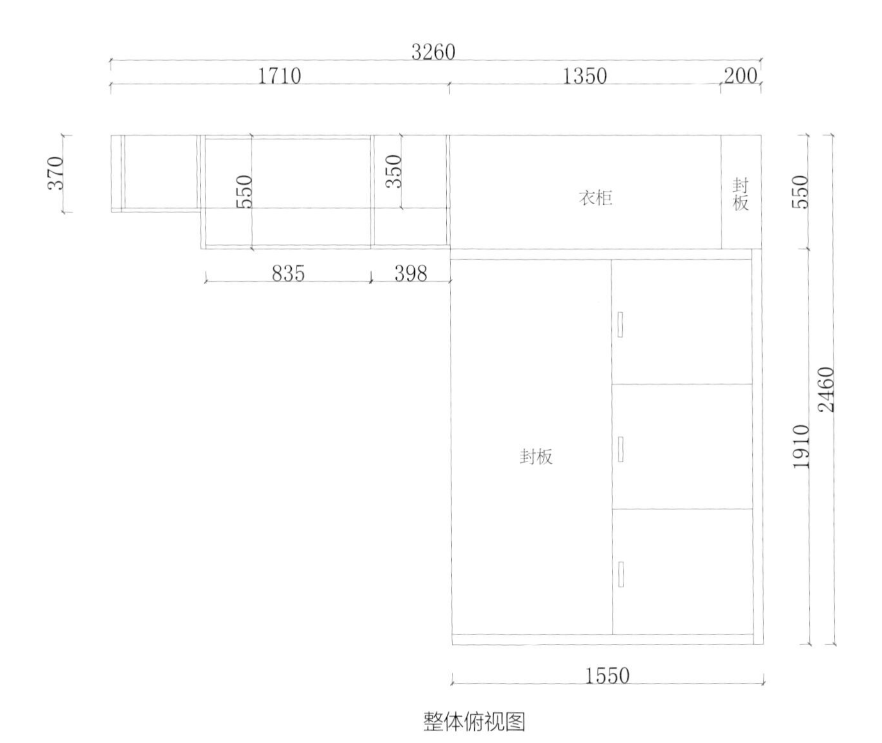
3260
1710
1350
200
370
550
350
衣柜
封板
550
835
398
封板
1910
2460
1550

整体俯视图

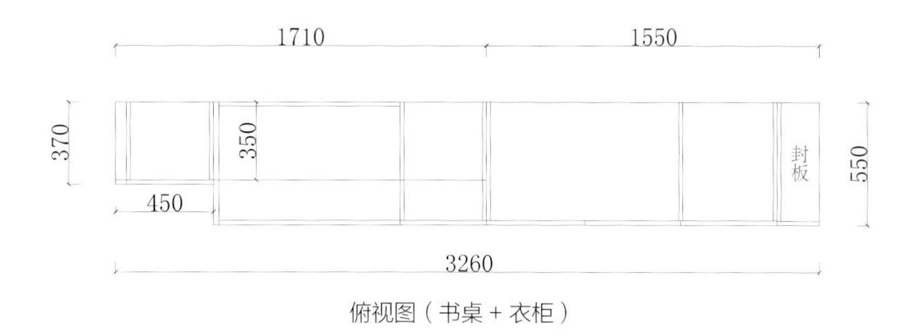

俯视图（书桌 + 衣柜）

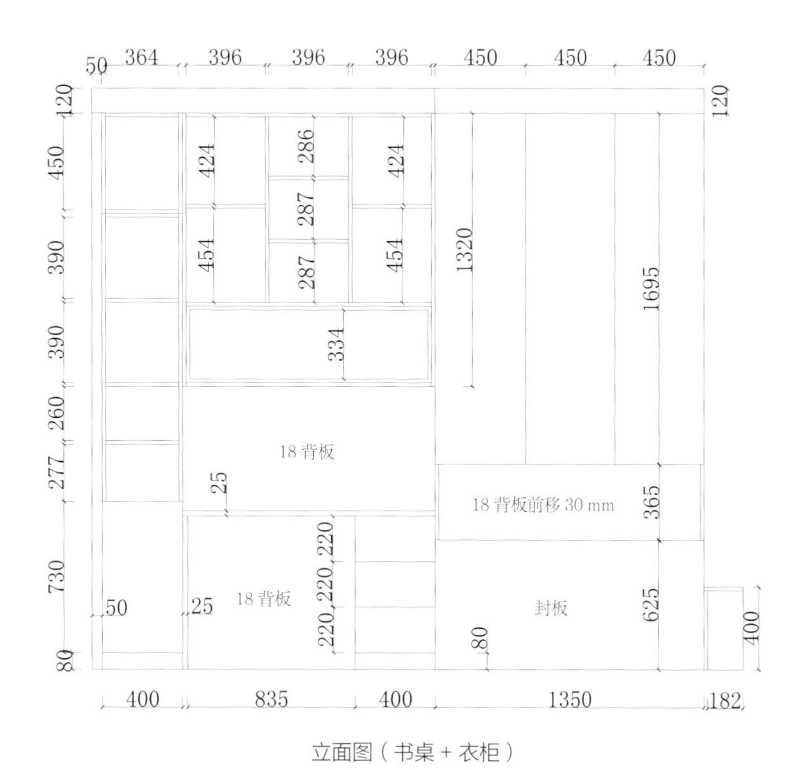

立面图（书桌 + 衣柜）

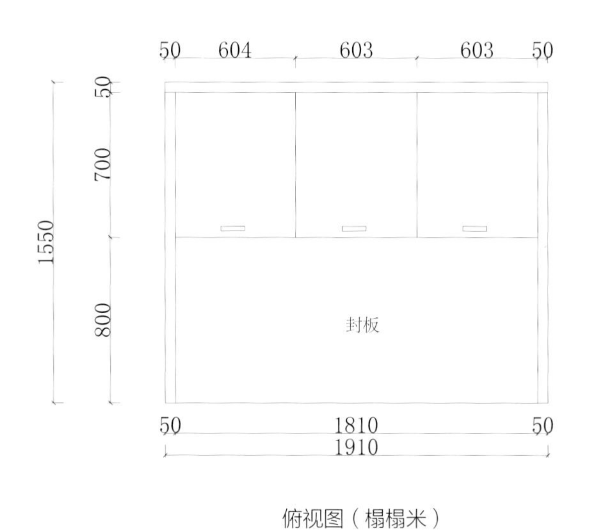

俯视图（榻榻米）

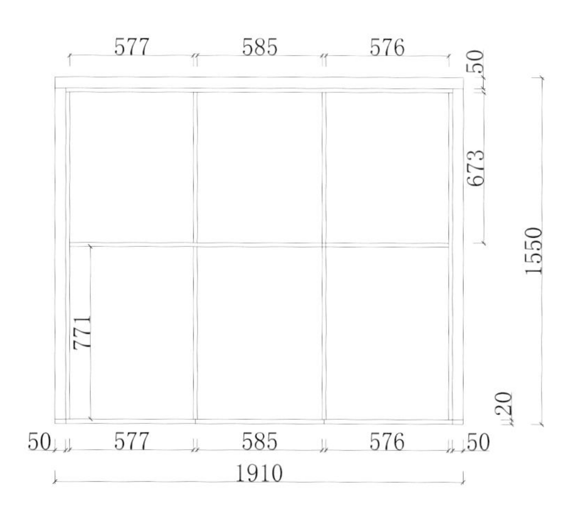

俯视内部结构图（榻榻米）

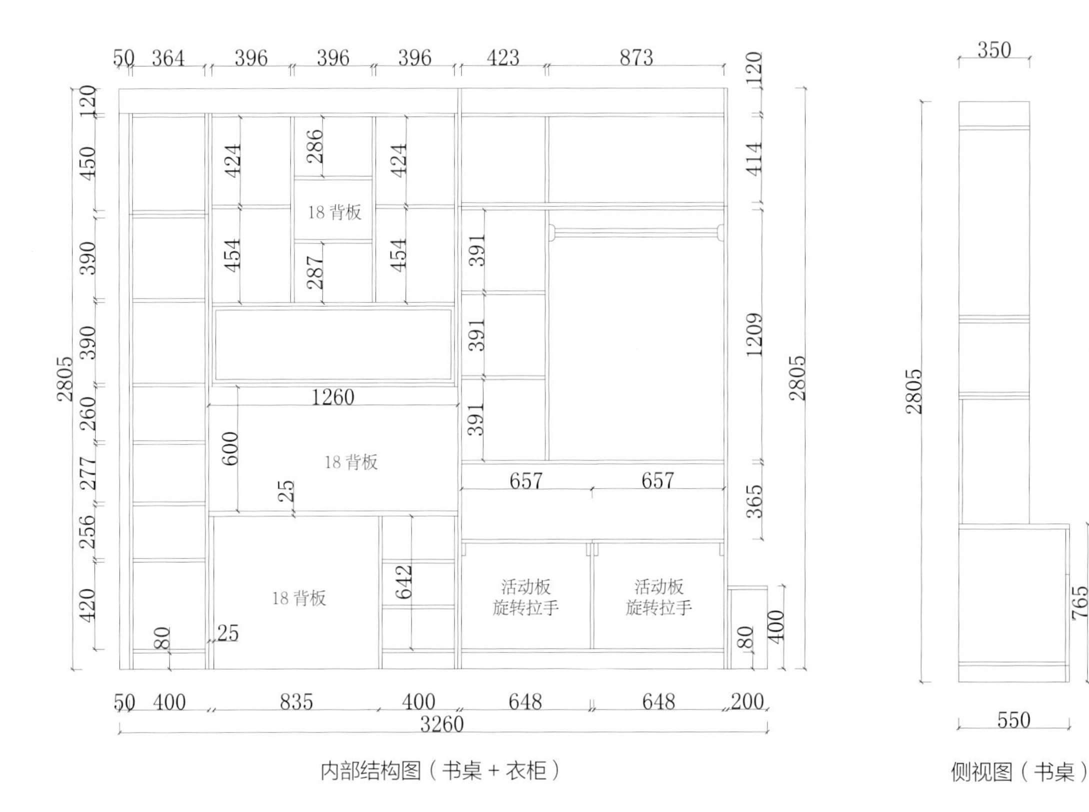

内部结构图（书桌 + 衣柜）

侧视图（书桌）

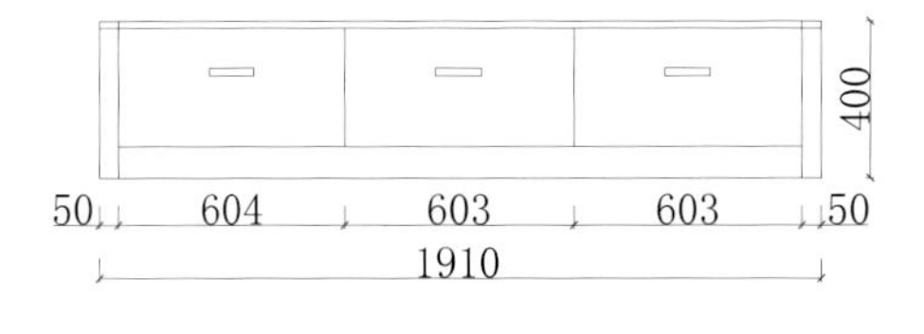

侧视图（榻榻米）

006

2760
1010
1750
衣柜
门上吊柜
550
2010
2560
1750

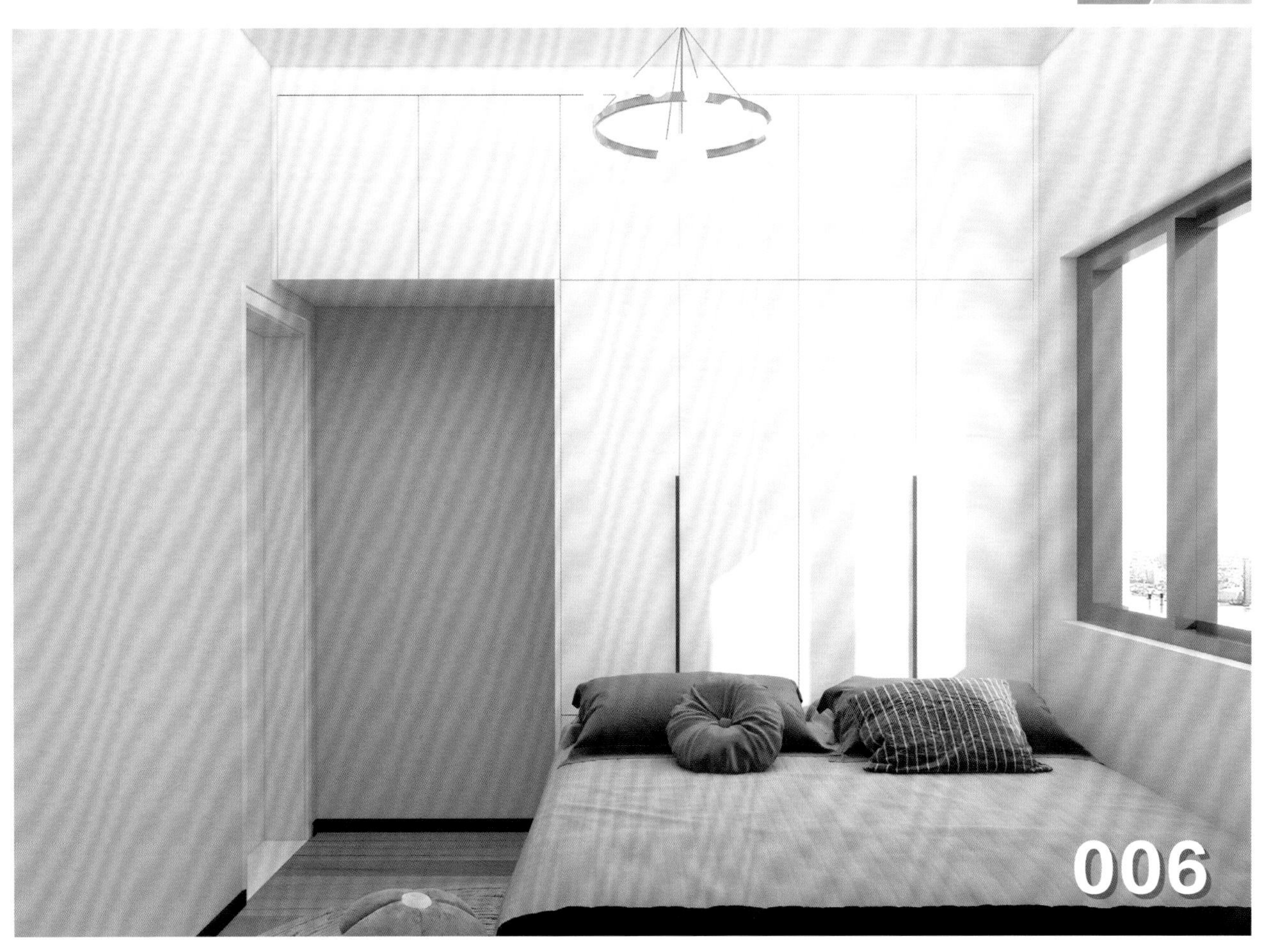

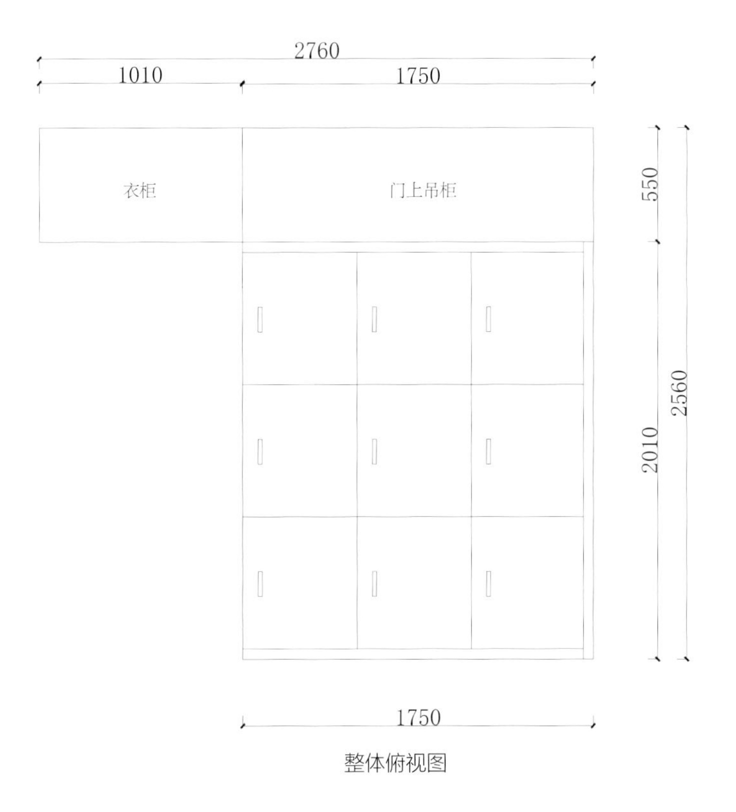

整体俯视图

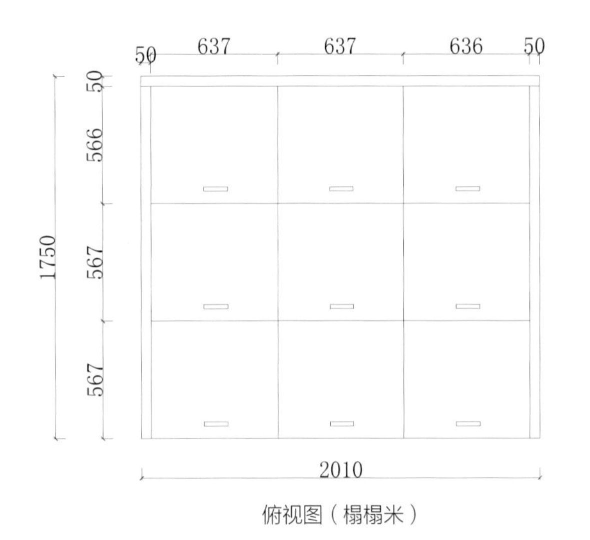

俯视图（榻榻米）

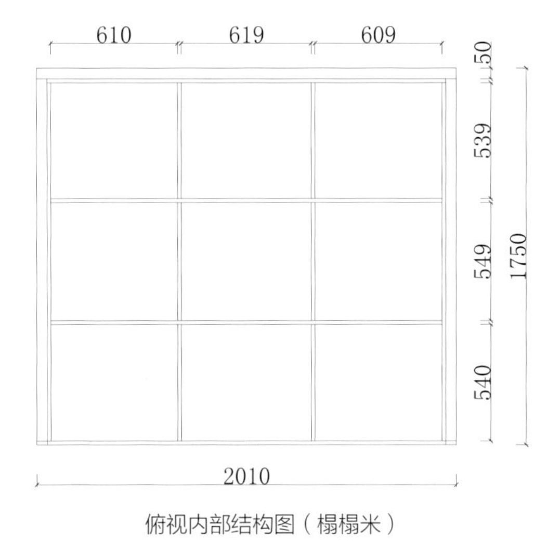

俯视内部结构图（榻榻米）

侧视图（榻榻米）

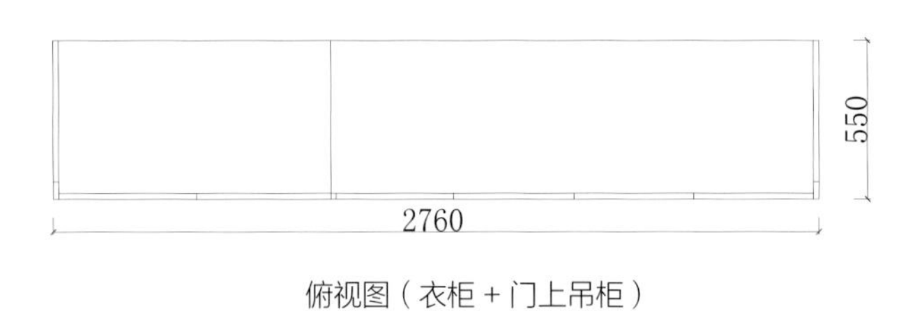

俯视图（衣柜 + 门上吊柜）

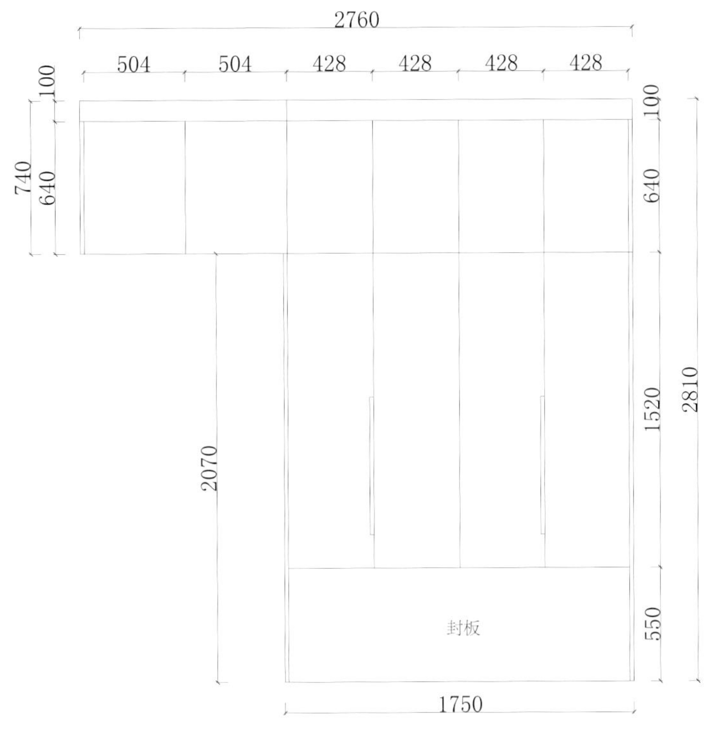

立面图（衣柜＋门上吊柜）

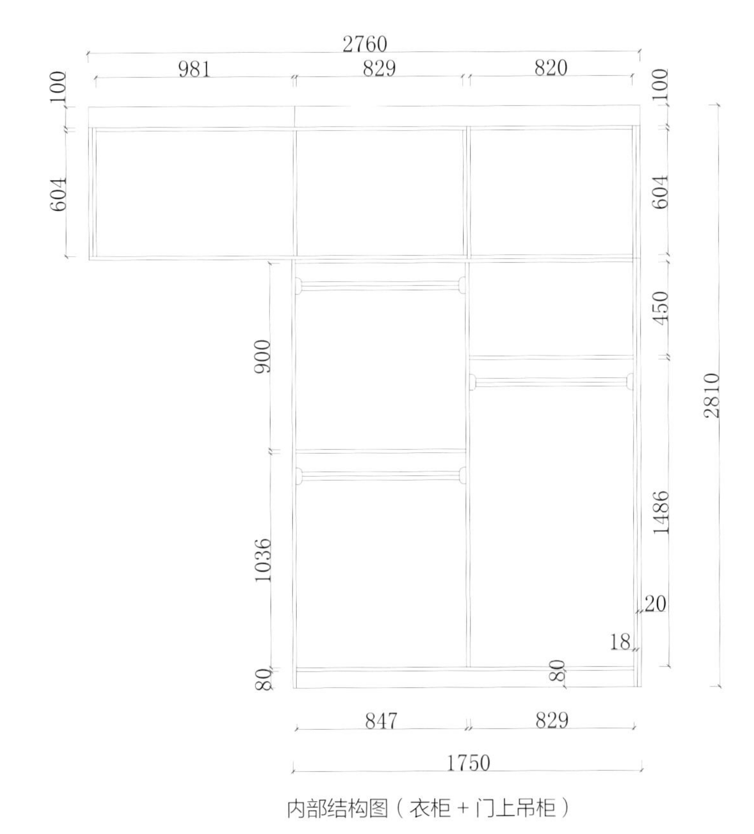

内部结构图（衣柜＋门上吊柜）

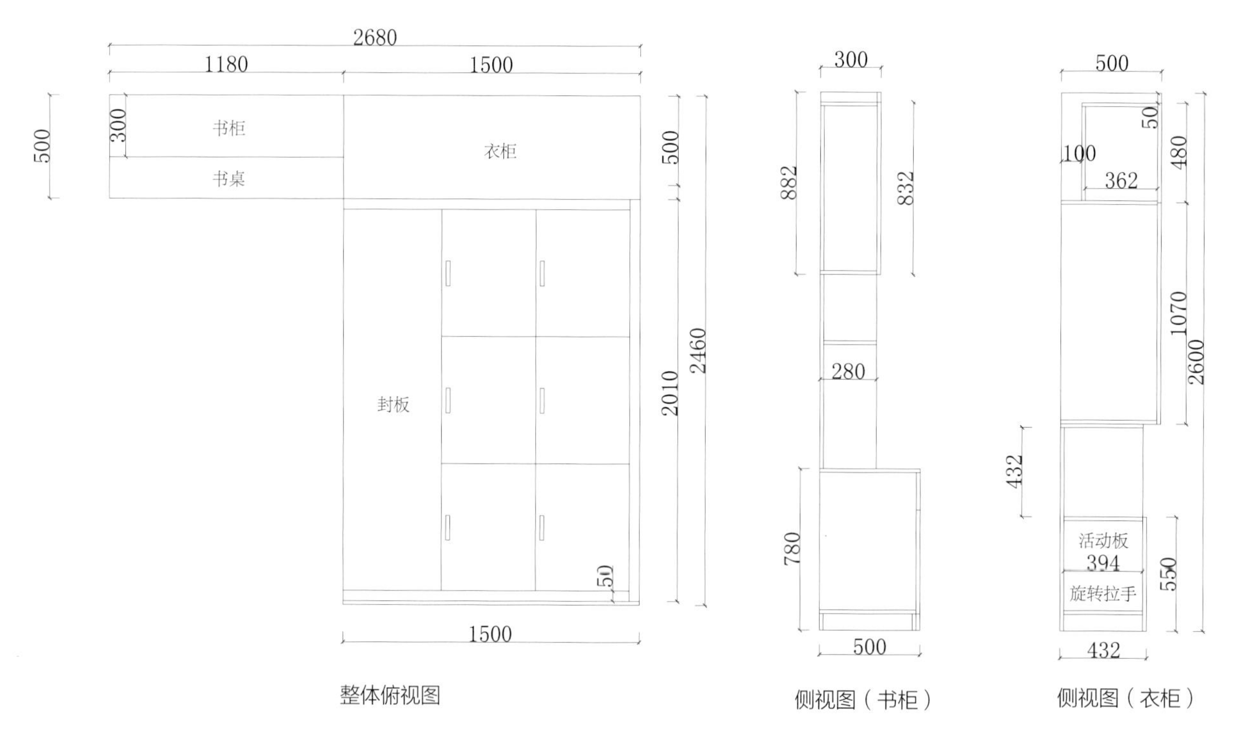

整体俯视图　　侧视图（书柜）　　侧视图（衣柜）

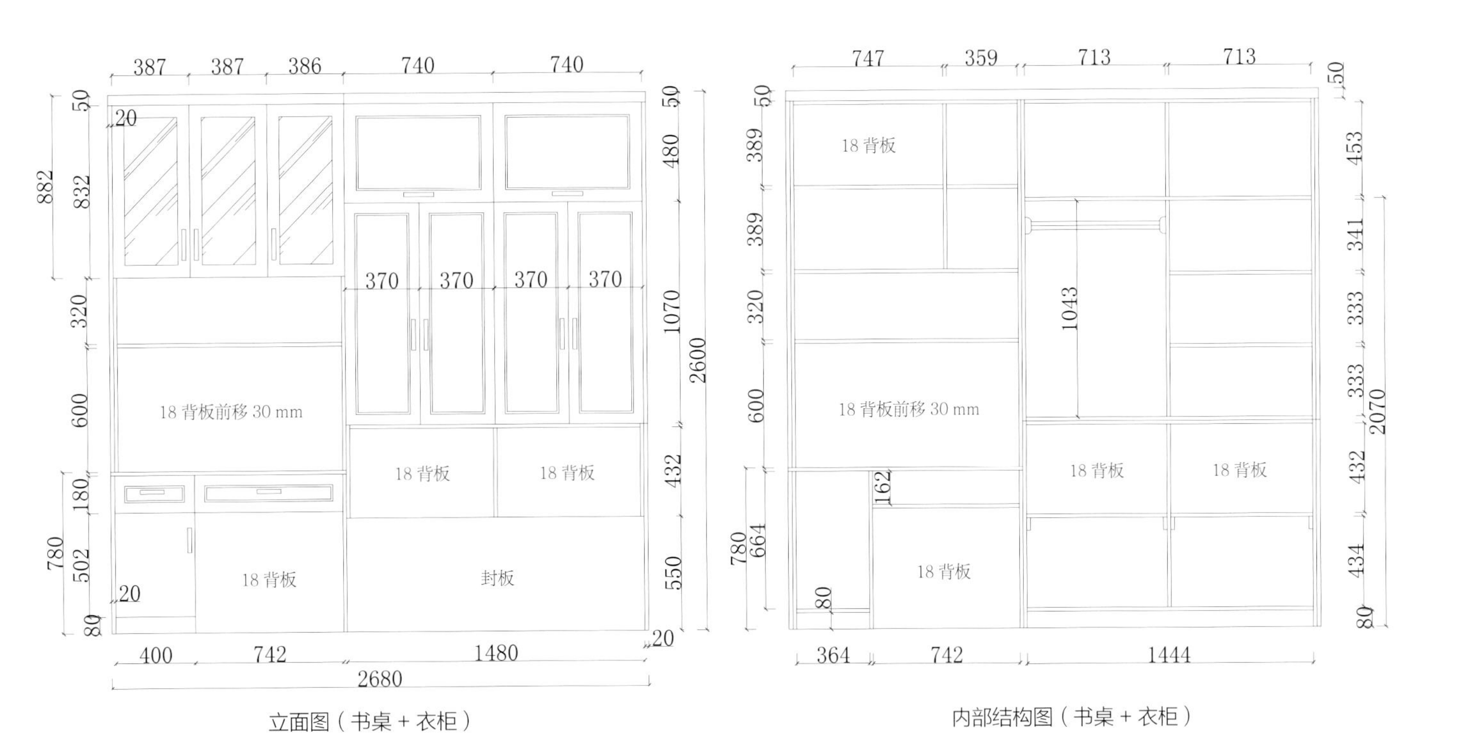

立面图（书桌＋衣柜）　　内部结构图（书桌＋衣柜）

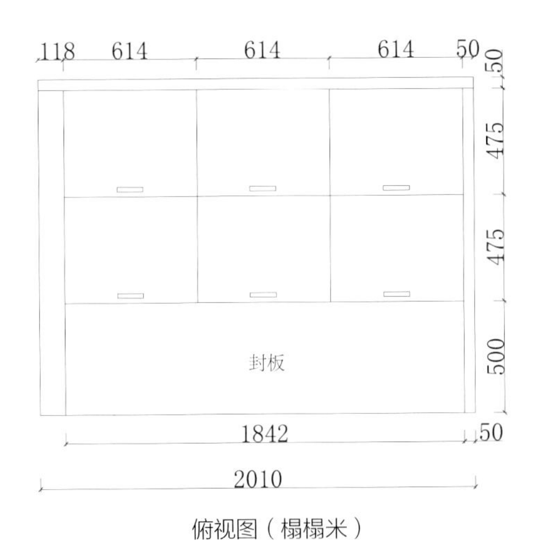

俯视图（榻榻米）

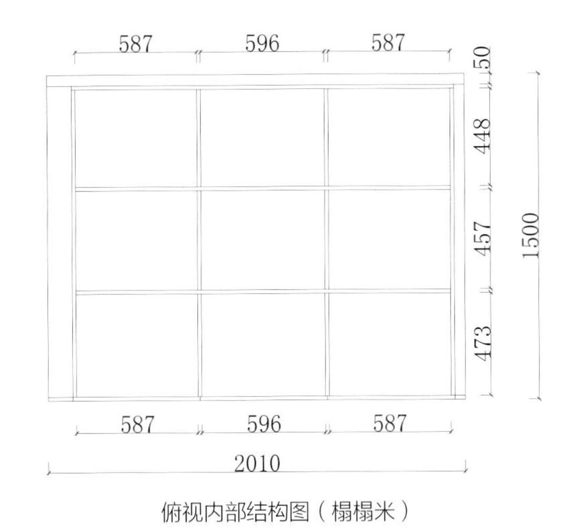

俯视内部结构图（榻榻米）

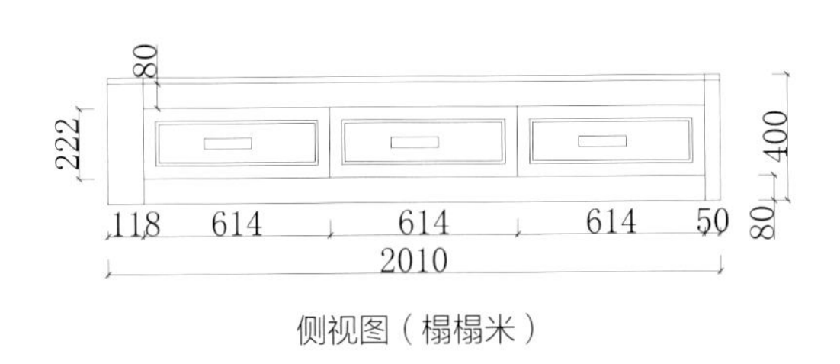

侧视图（榻榻米）

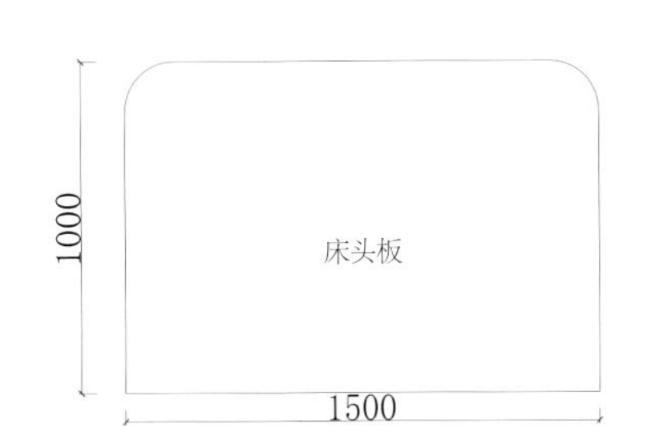

008

3160
600
书柜
衣柜
封板
1960
封板
封板
1500
192
1710

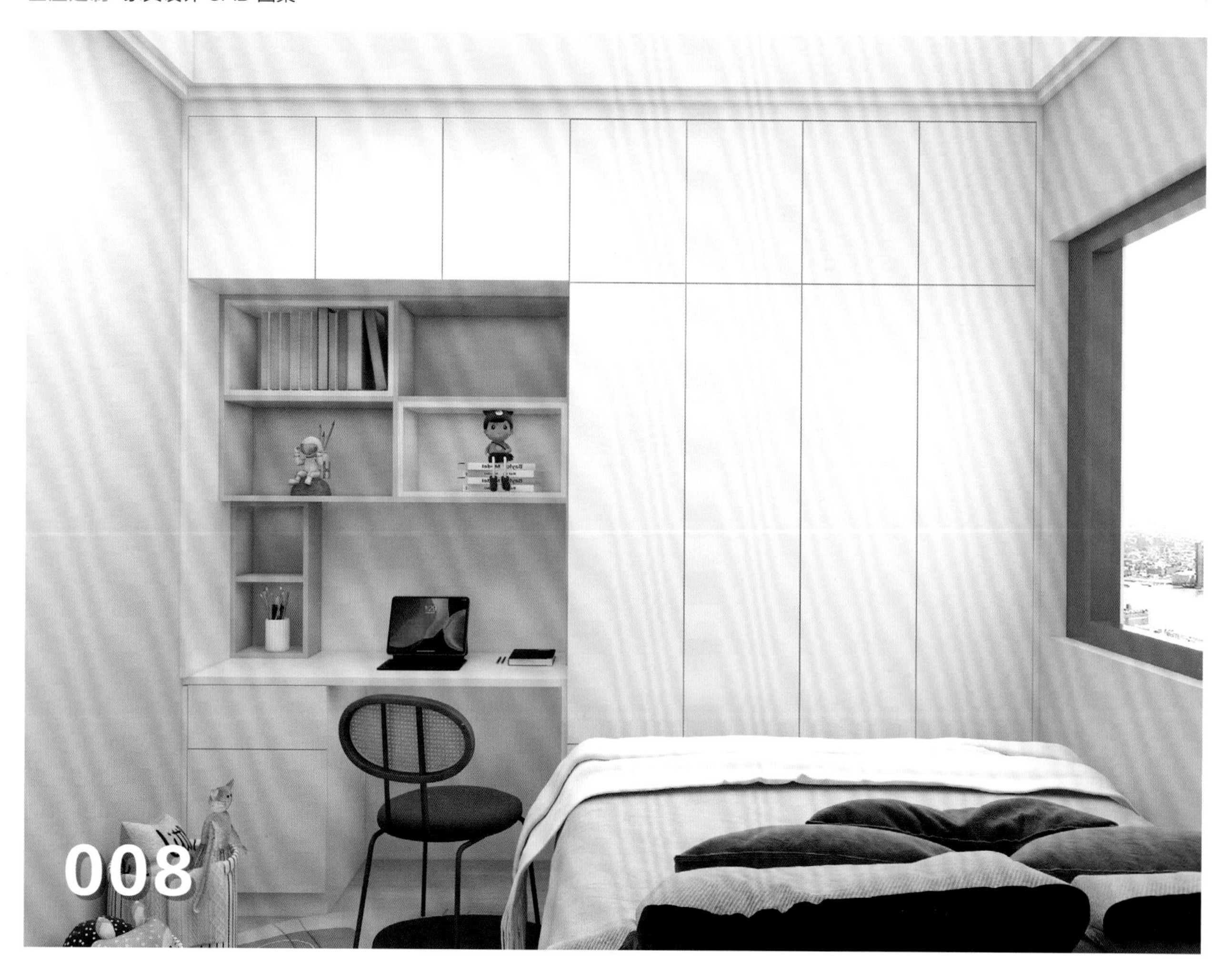

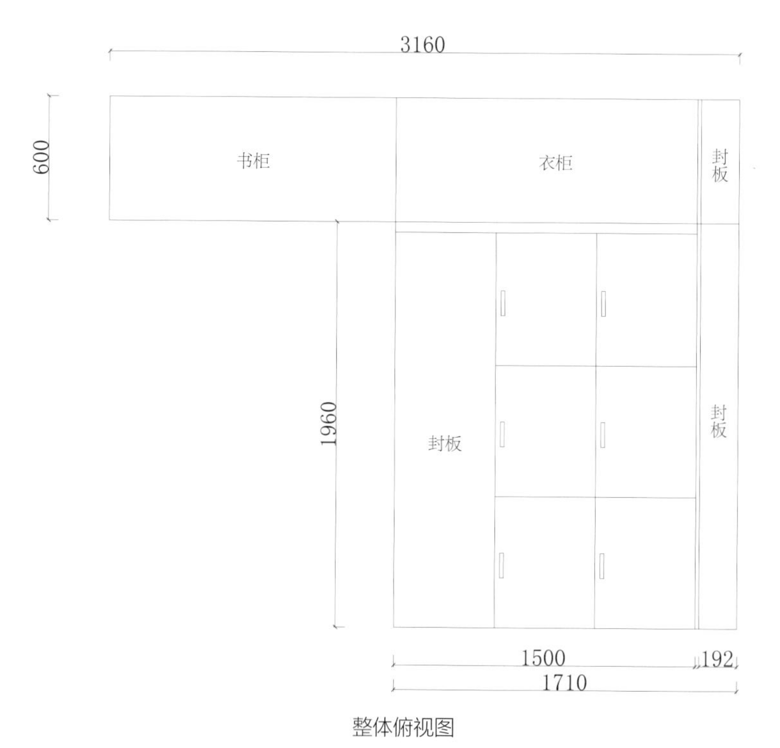

整体俯视图

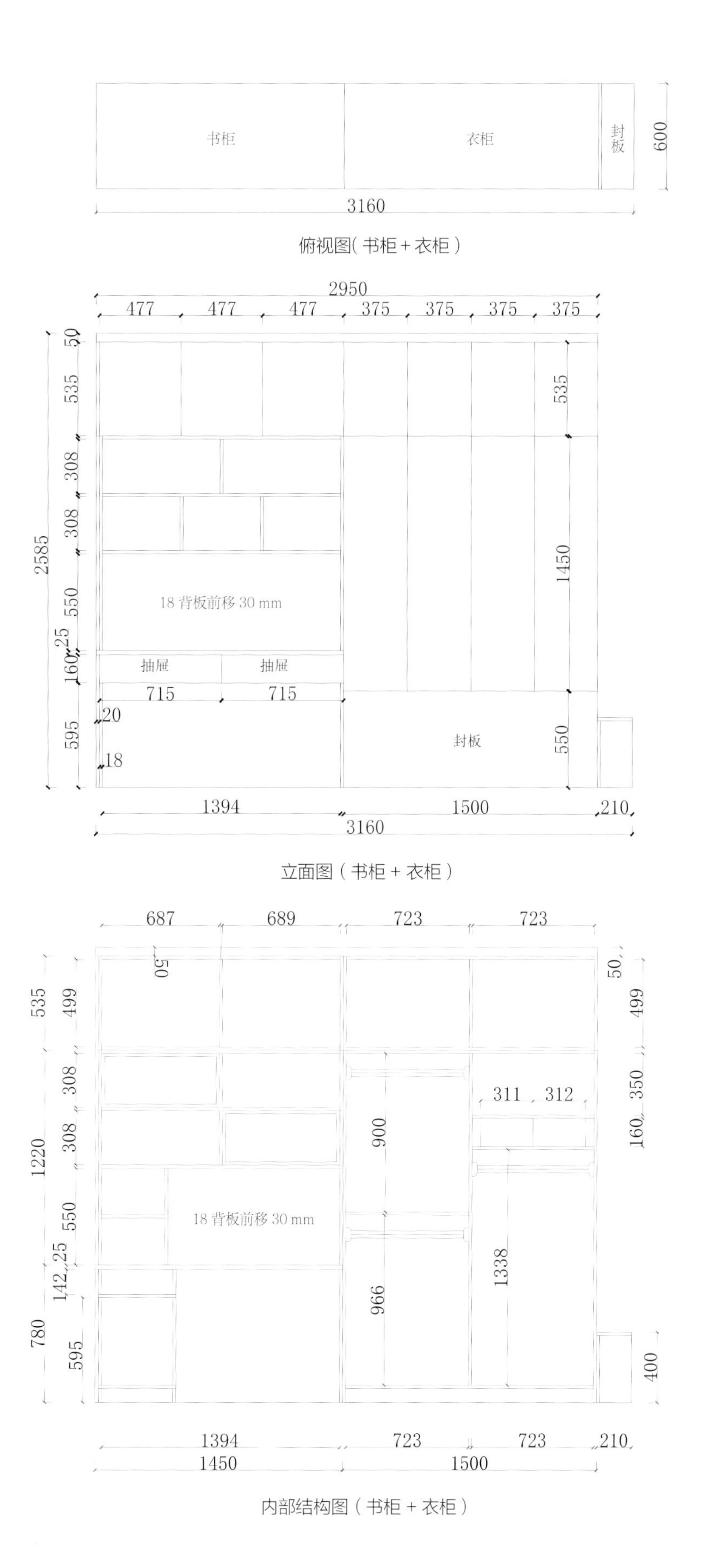

俯视图（书柜＋衣柜）

立面图（书柜＋衣柜）

内部结构图（书柜＋衣柜）

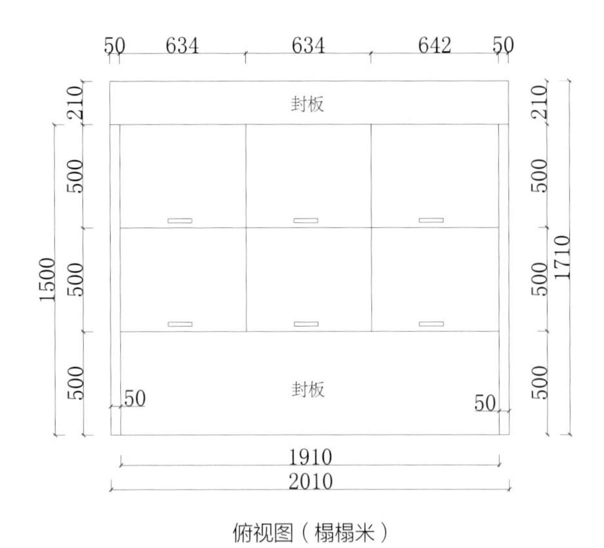

俯视图（榻榻米）

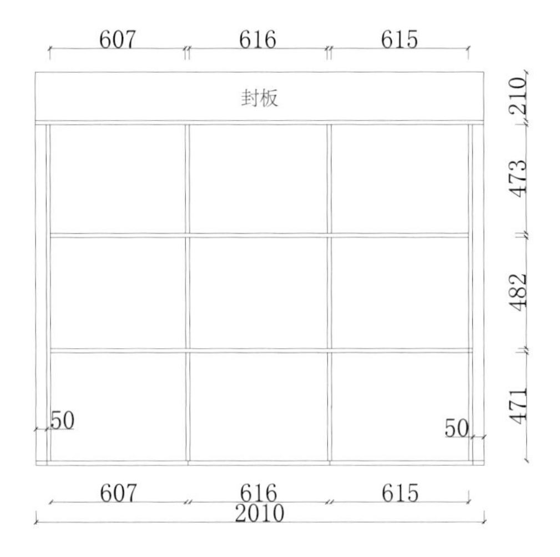

俯视内部结构图（榻榻米）

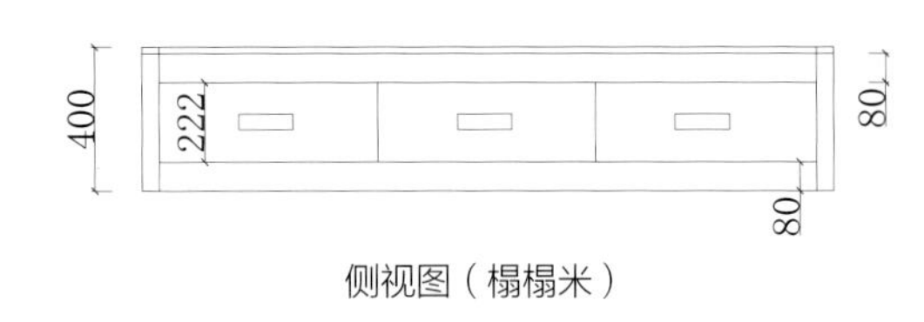

侧视图（榻榻米）

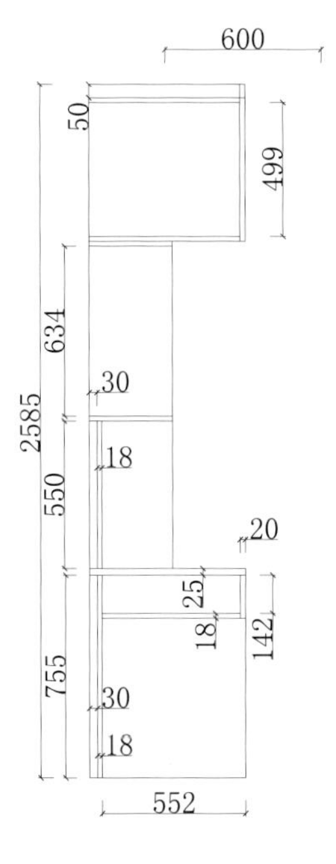

侧视图（书柜）

NEW YORK
009

3720
50
600
440
440
600
50
700
700
700
550
550
550
50
600
1700

整体俯视图

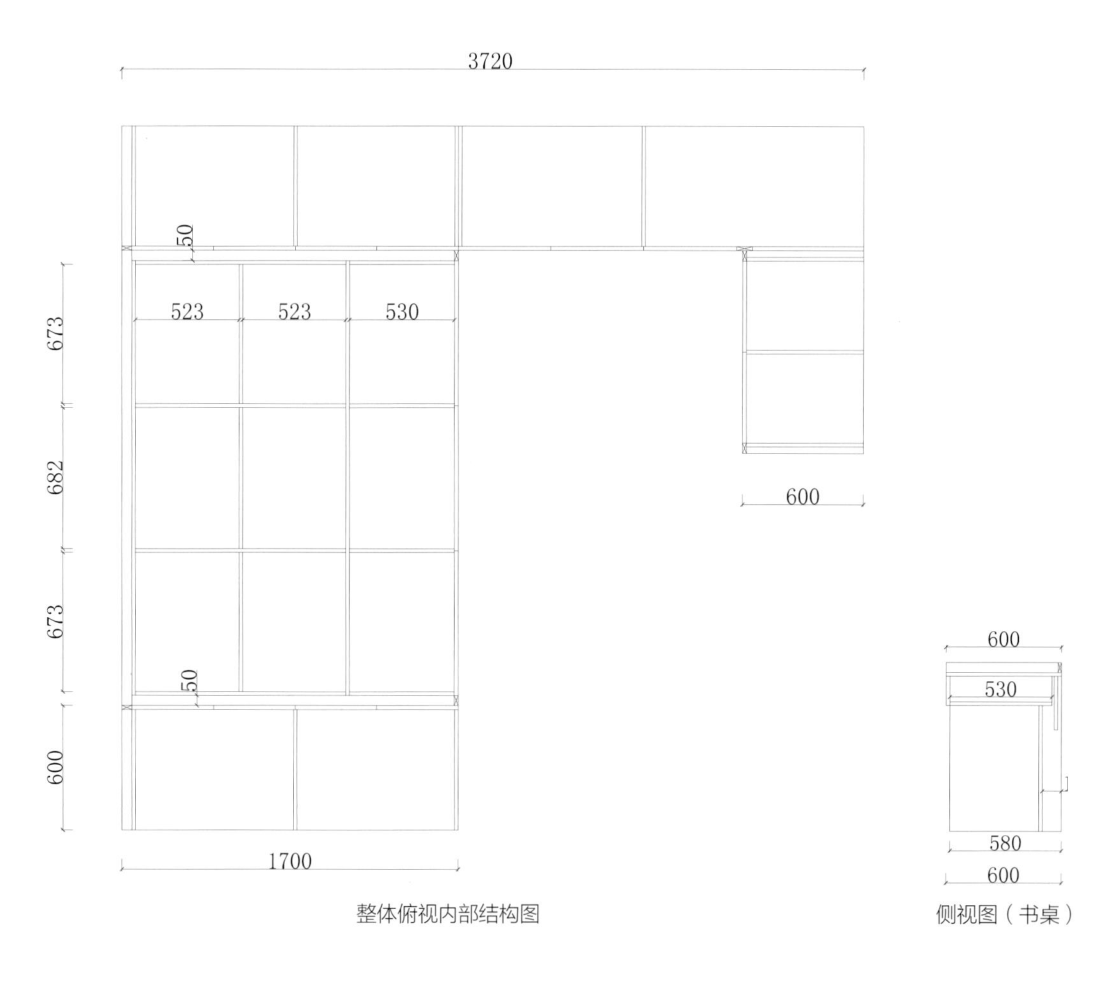

整体俯视内部结构图

侧视图（书桌）

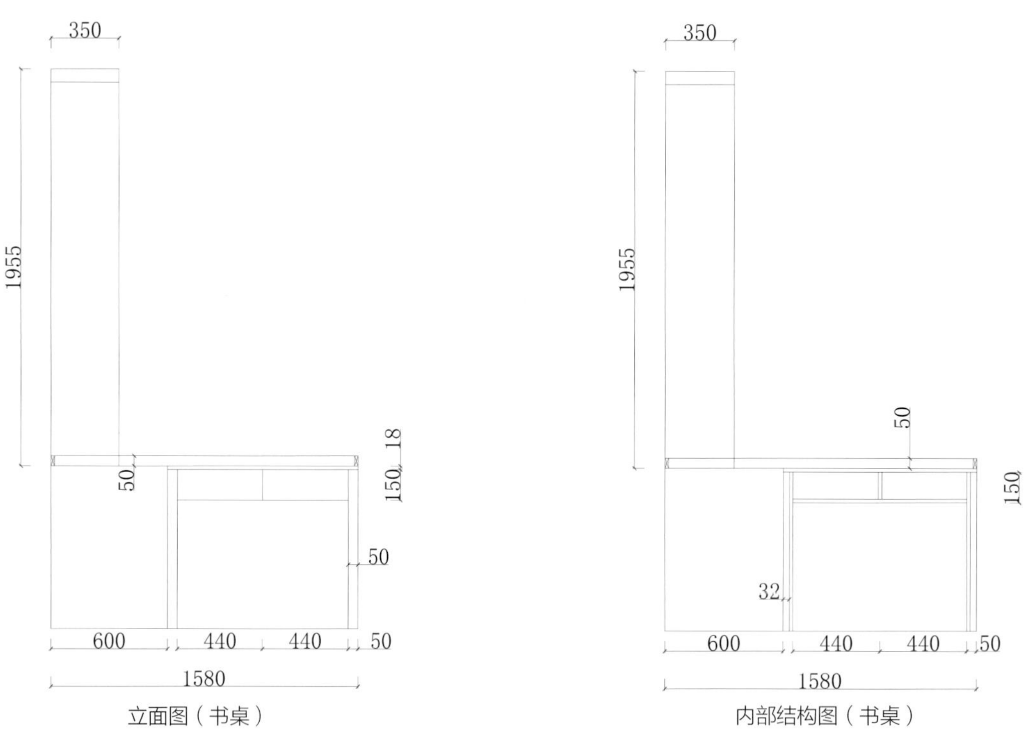

立面图（书桌）

内部结构图（书桌）

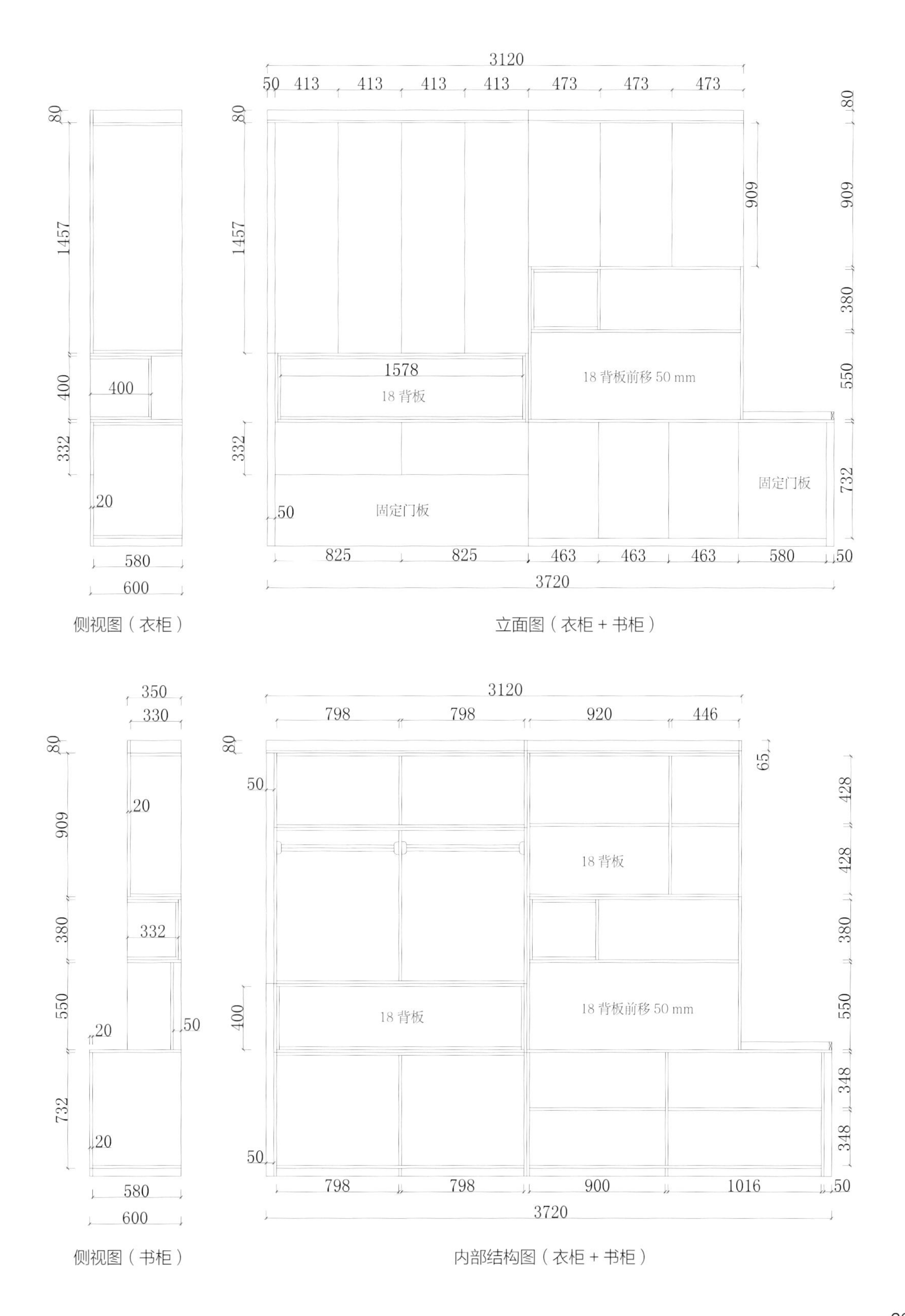

侧视图（衣柜）

立面图（衣柜+书柜）

侧视图（书柜）

内部结构图（衣柜+书柜）

010
LOVE YOU
TO THE
MOON &

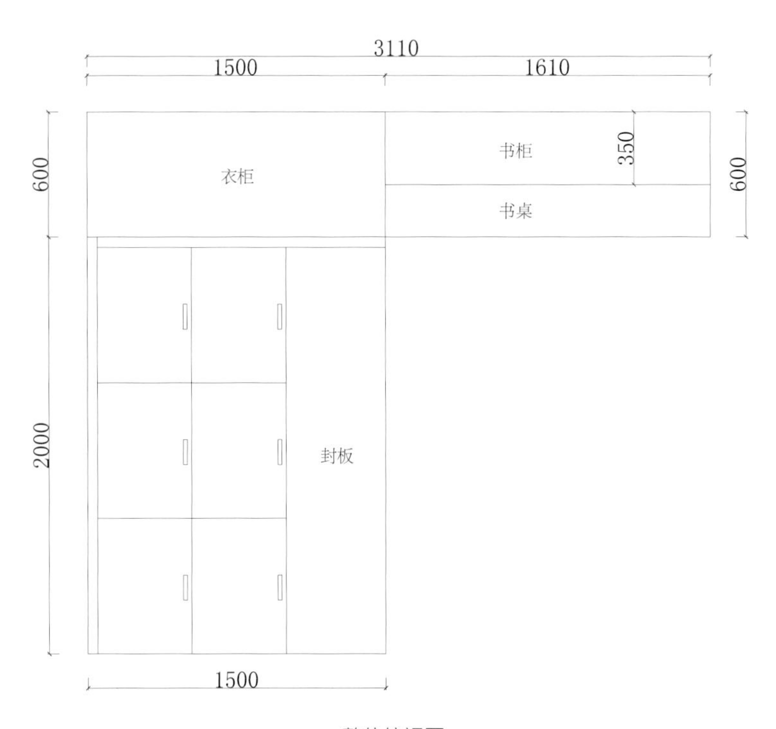
3110
1500
1610
600
衣柜
书柜
350
书桌
600
2000
封板
1500

整体俯视图

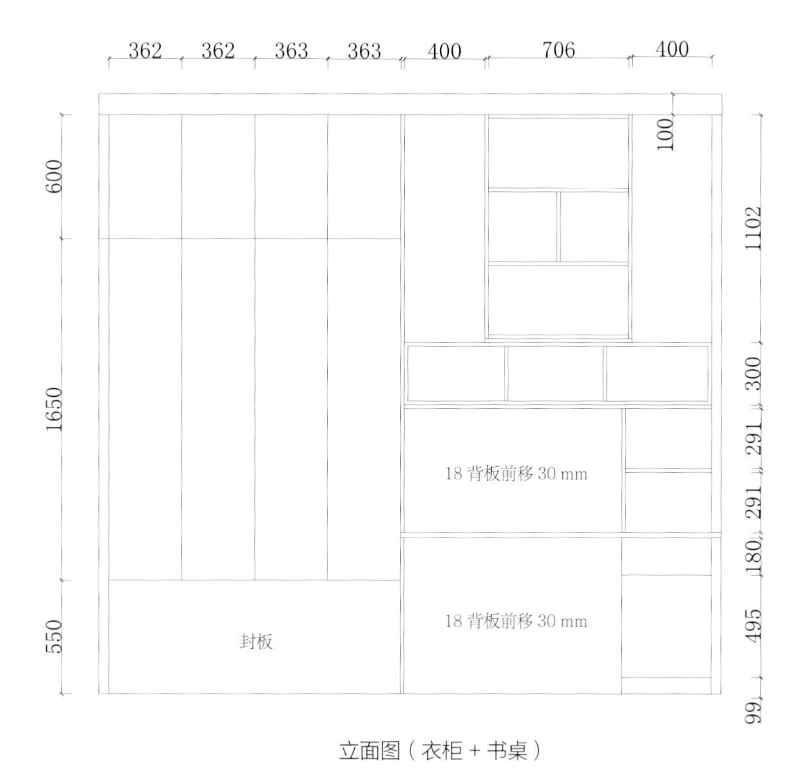

立面图（衣柜 + 书桌）

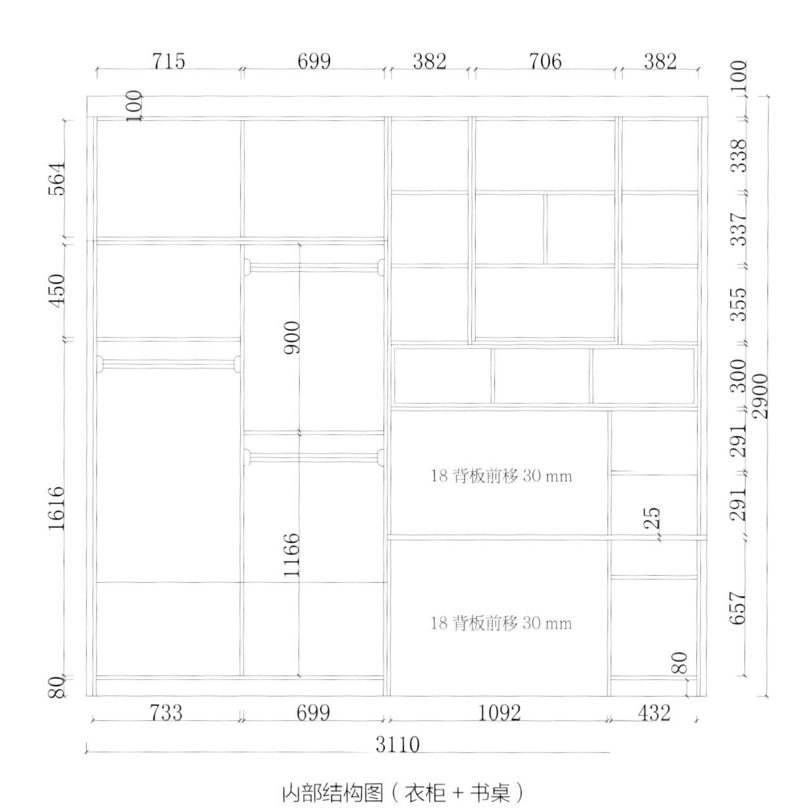

内部结构图（衣柜 + 书桌）

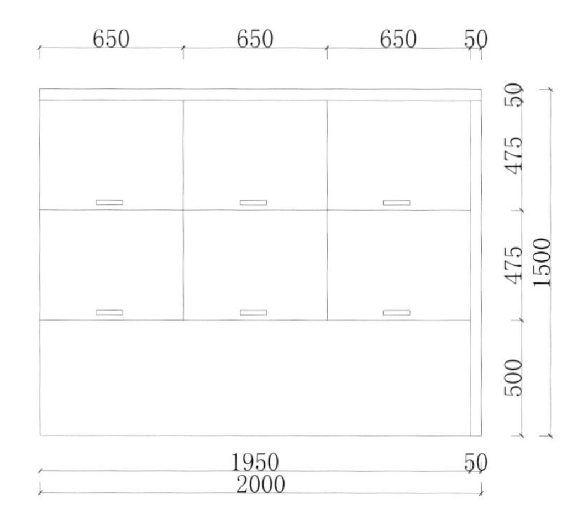

俯视图（榻榻米）

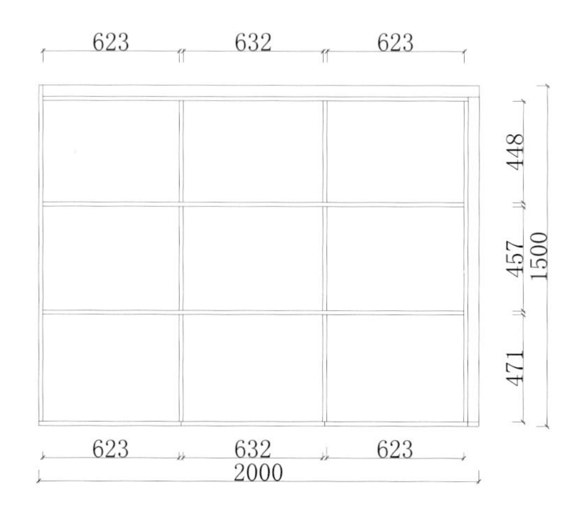

俯视内部结构图（榻榻米）

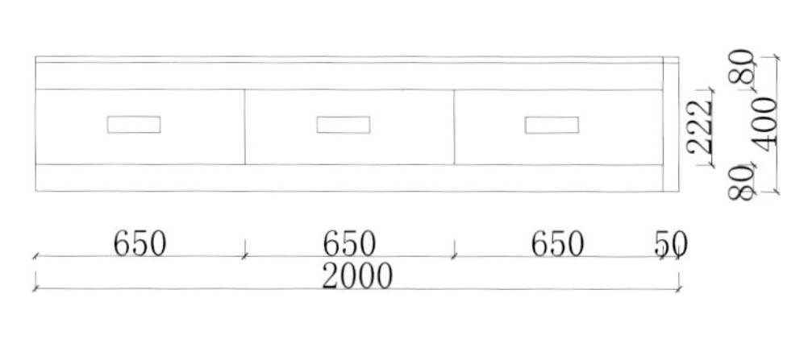

侧视图（榻榻米）

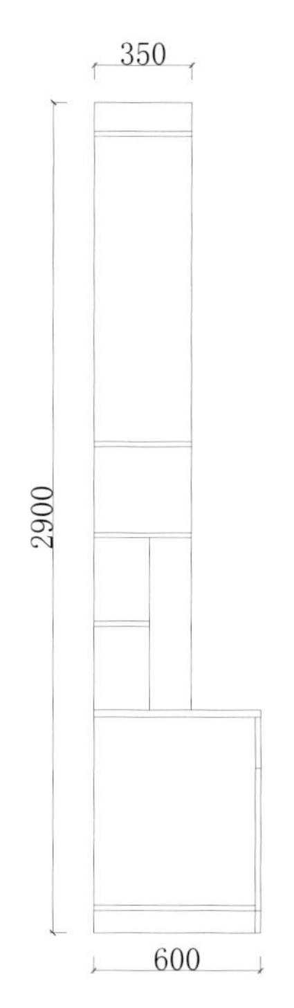

侧视图（书桌）

011

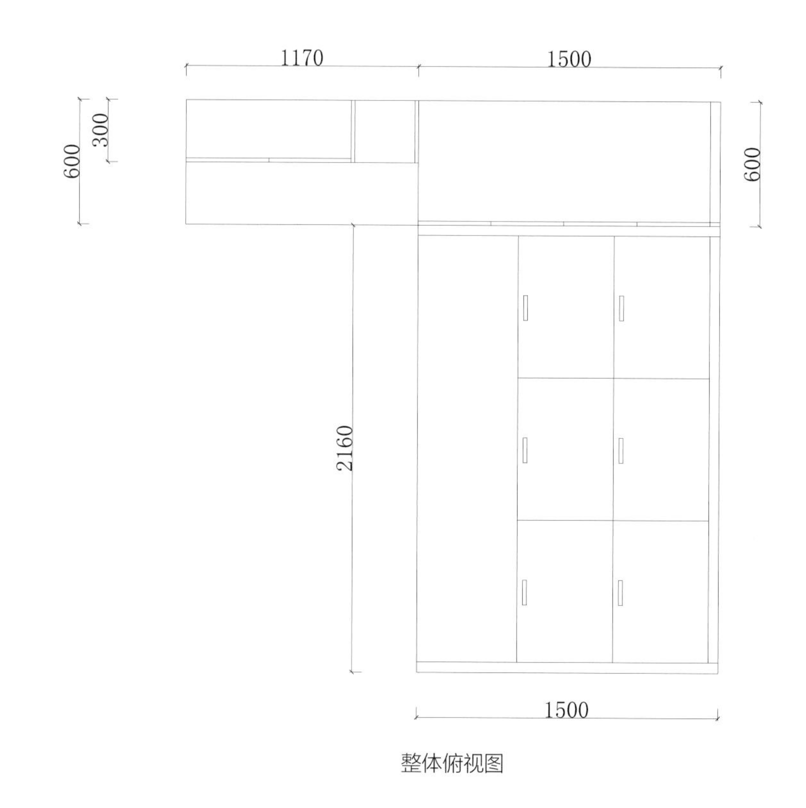

整体俯视图

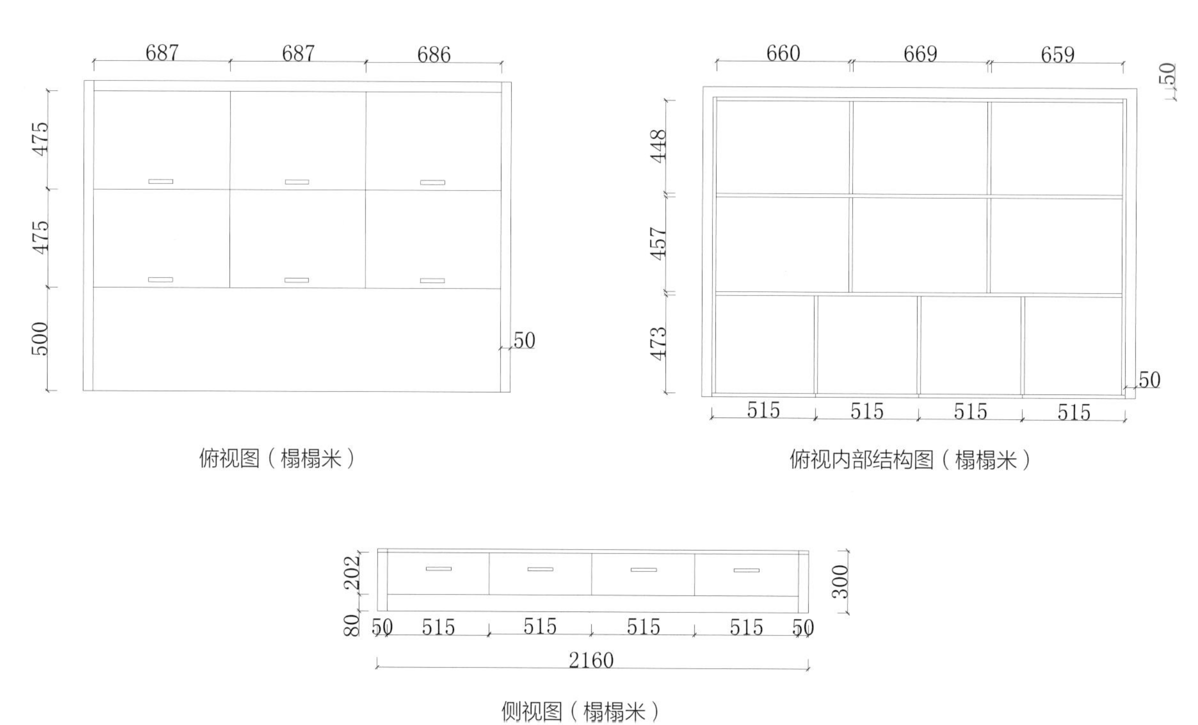

俯视图（榻榻米）

俯视内部结构图（榻榻米）

侧视图（榻榻米）

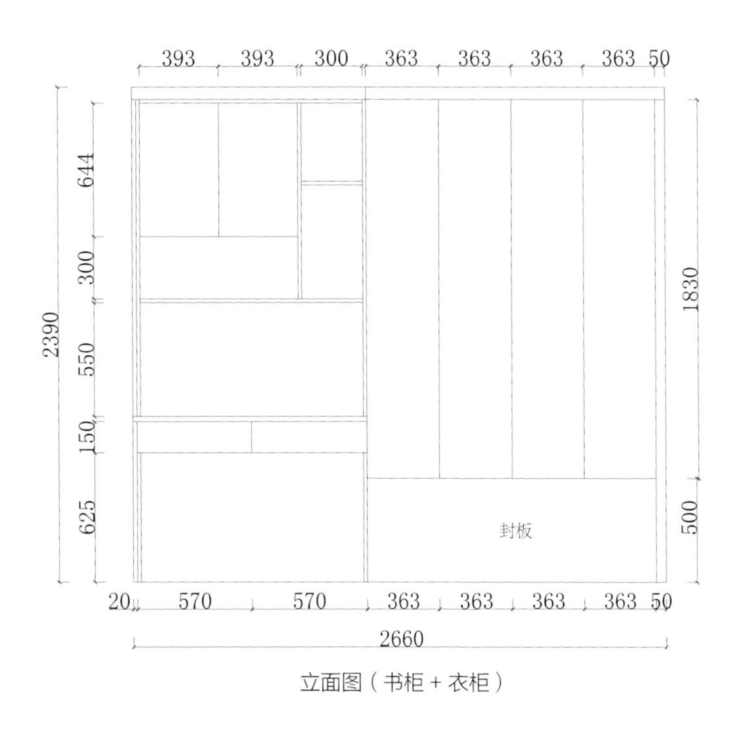

立面图（书柜 + 衣柜）

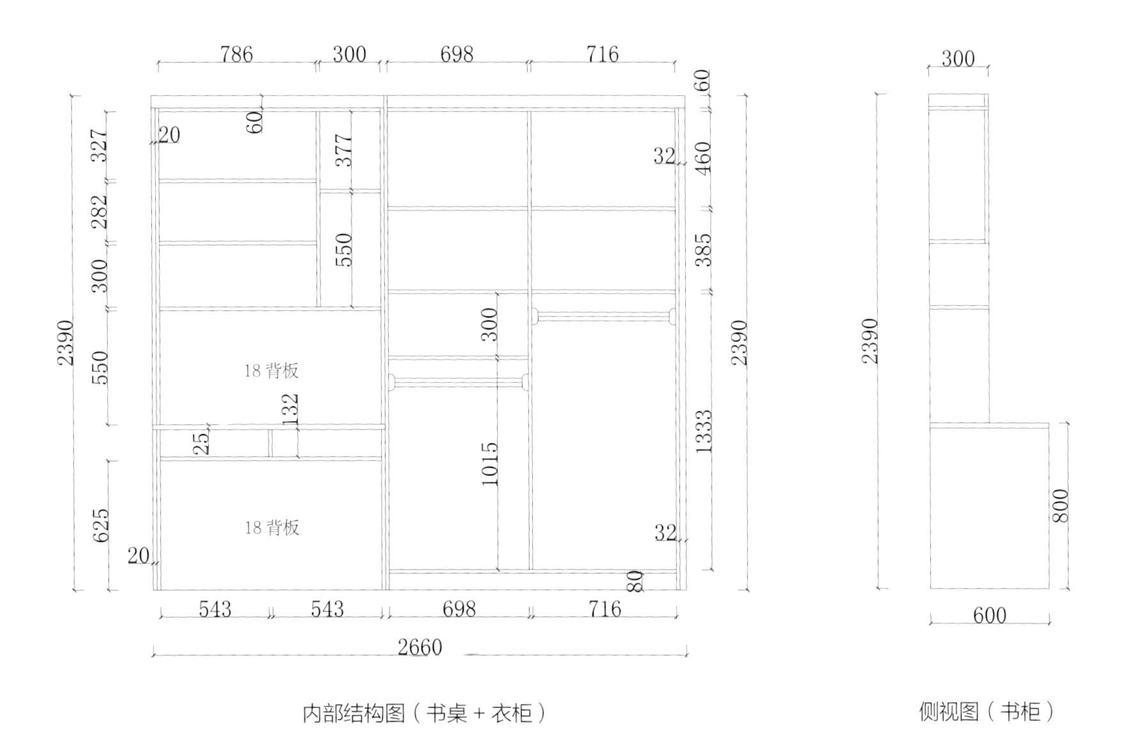

内部结构图（书桌 + 衣柜）

侧视图（书柜）

012

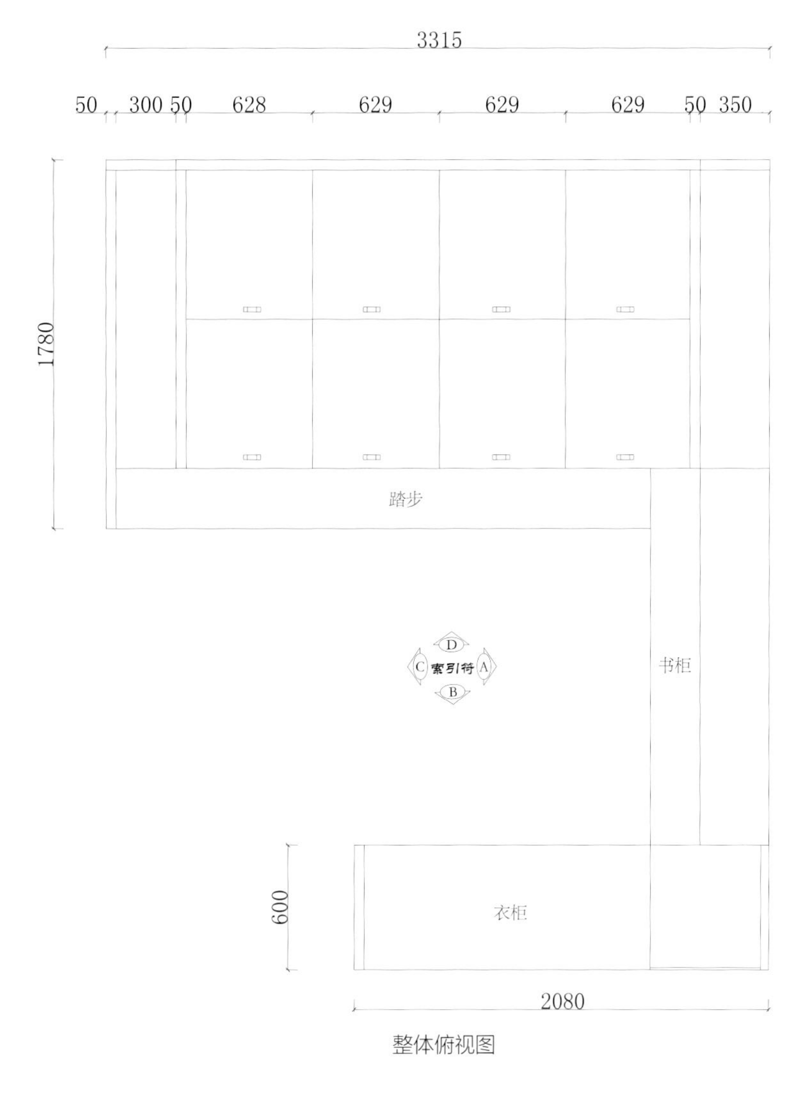

整体俯视图

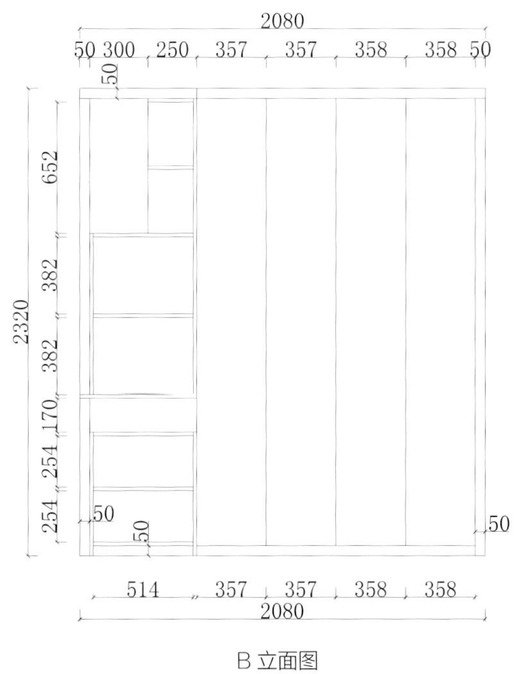

B 立面图

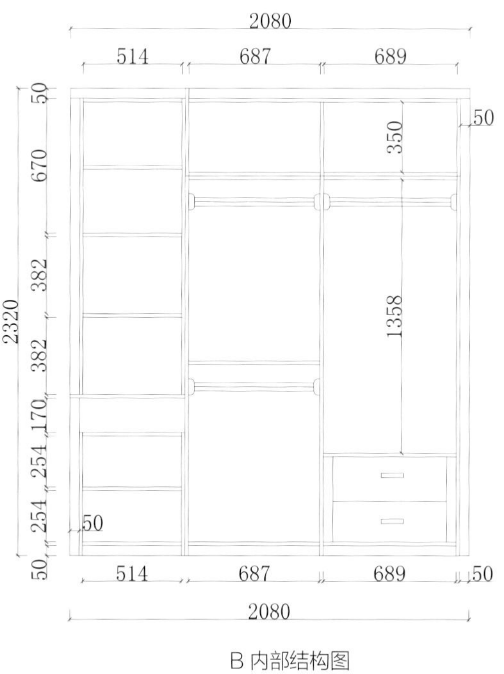

B 内部结构图

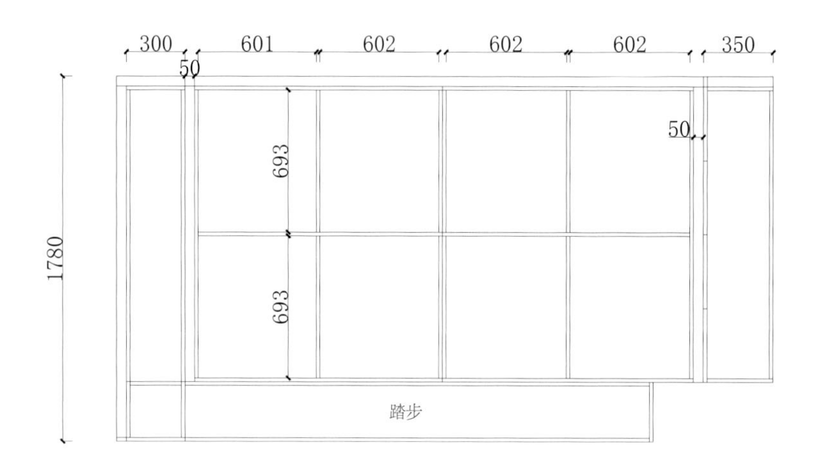

俯视内部结构图（榻榻米）

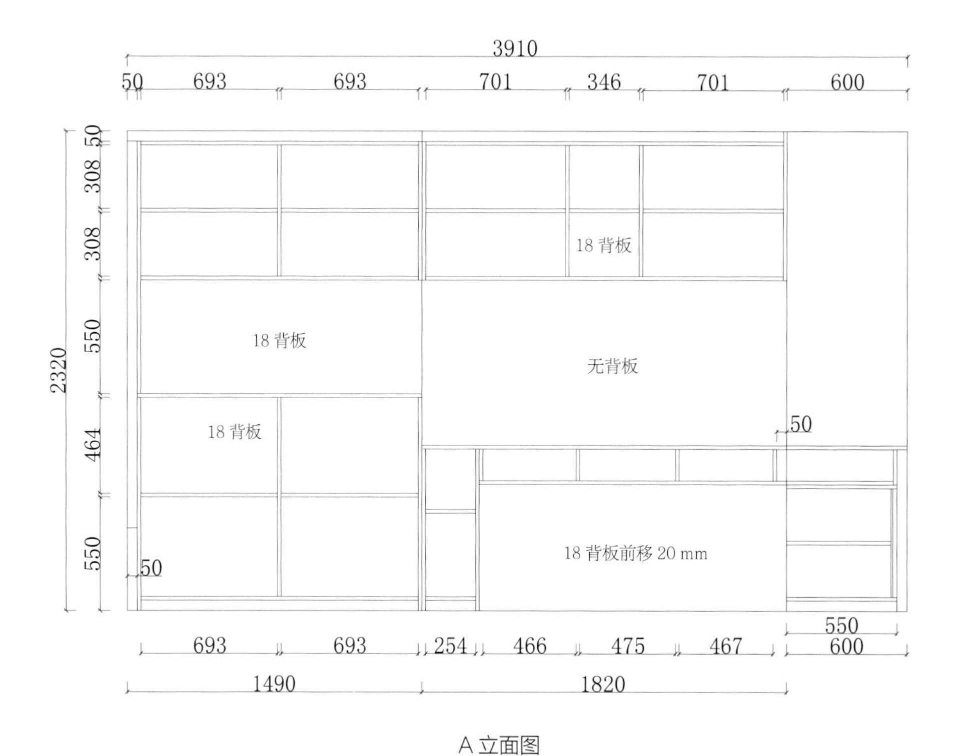

A 立面图

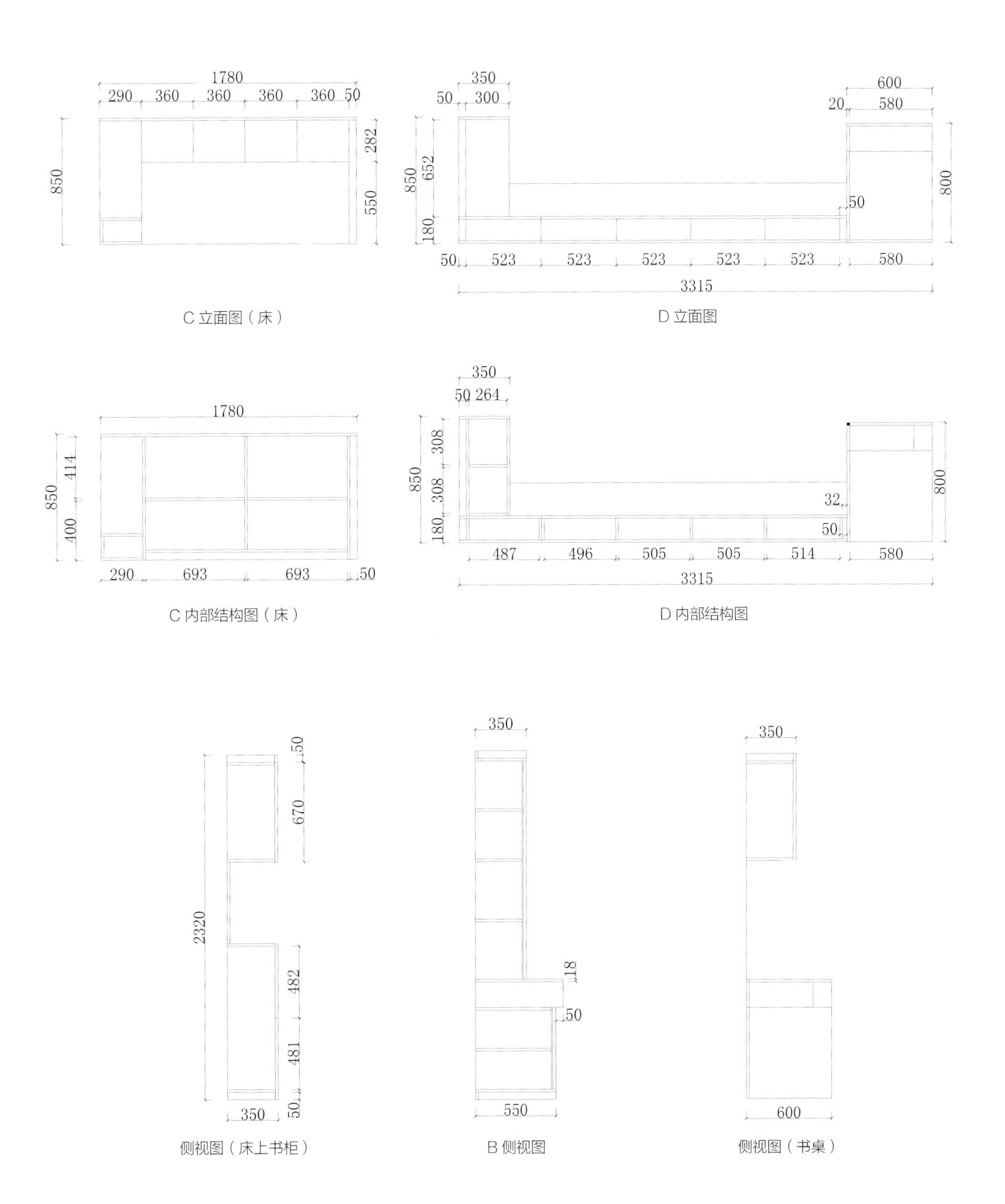

C 立面图（床）

D 立面图

C 内部结构图（床）

D 内部结构图

侧视图（床上书柜）

B 侧视图

侧视图（书桌）

013

3300
封盒
620
50
507
507
507
509
2130
50
50
500
950
1500

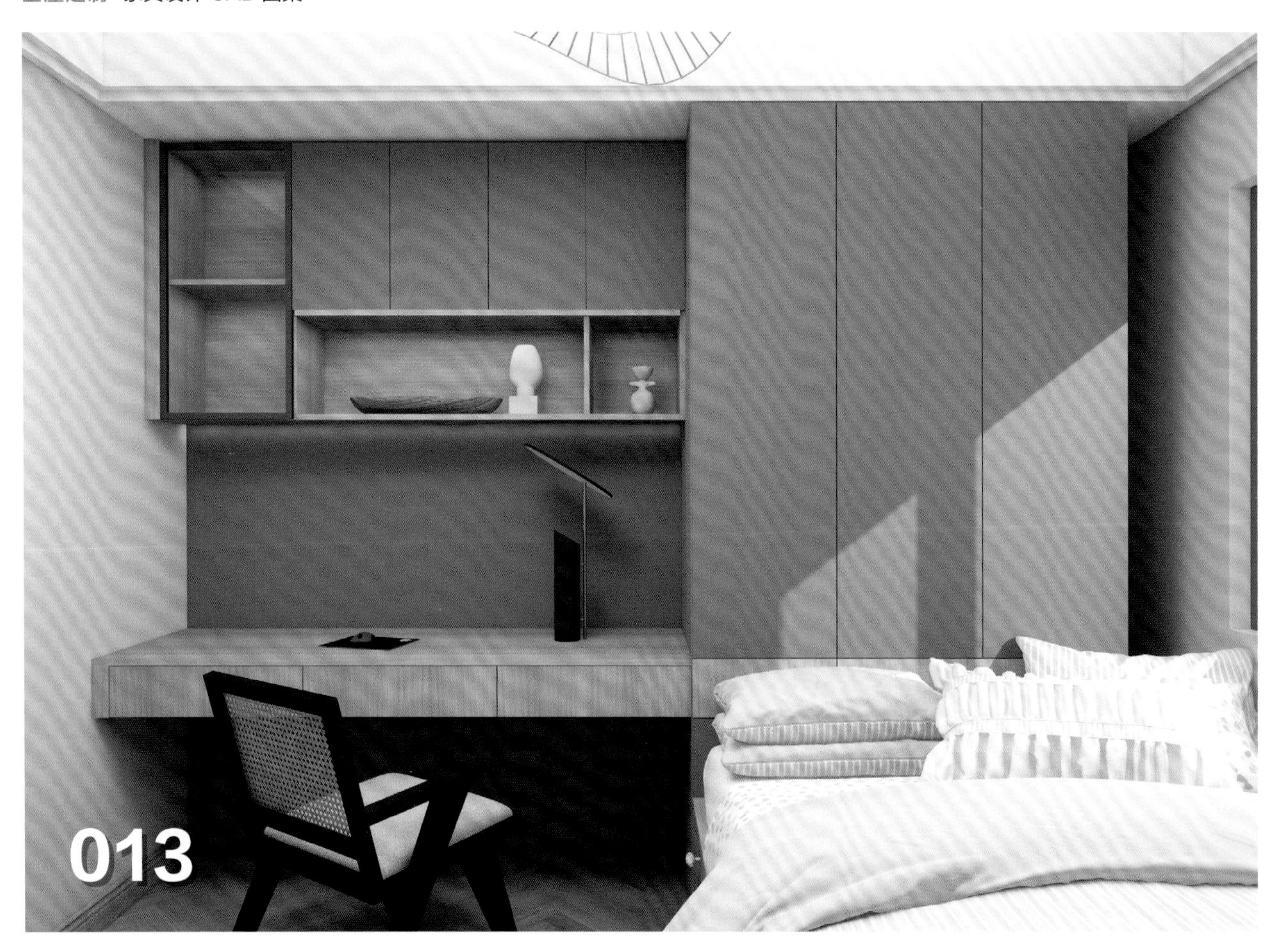

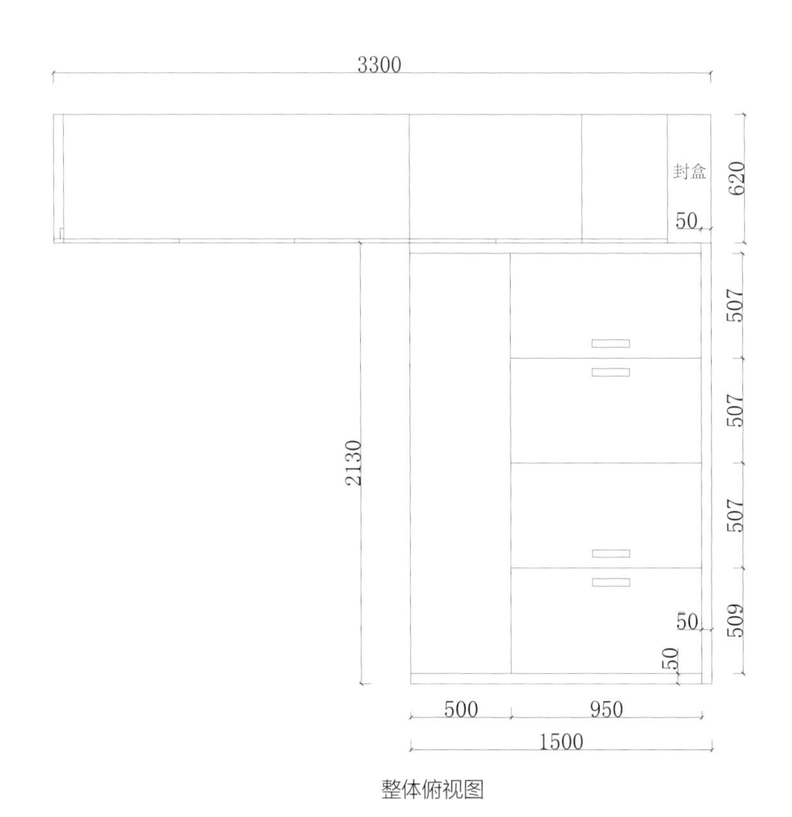

整体俯视图

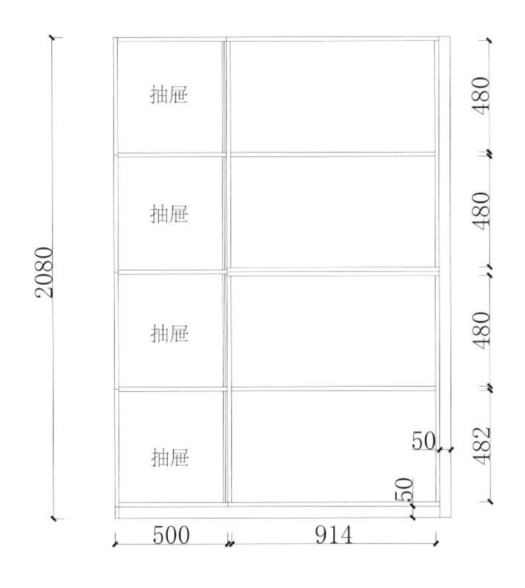

俯视内部结构图（榻榻米）

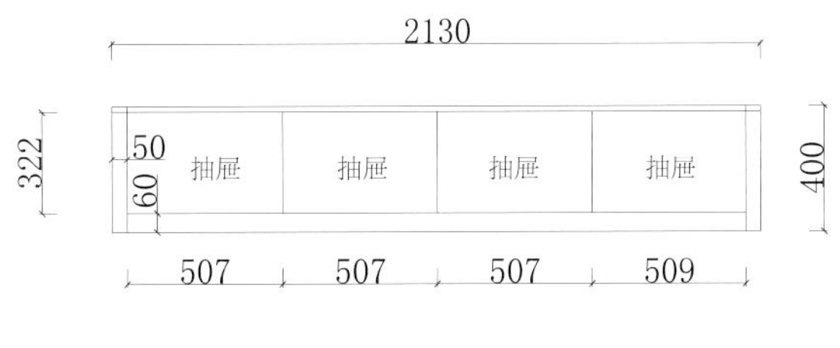

侧视图（榻榻米）

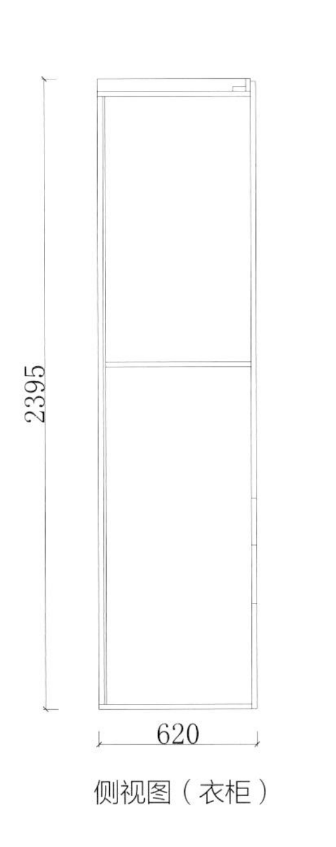

侧视图（衣柜）

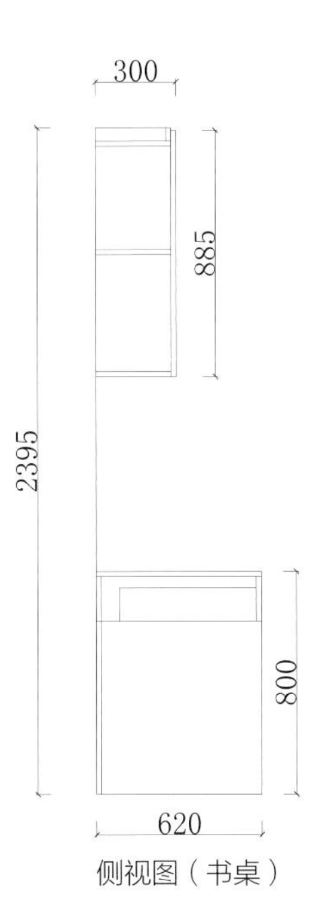

侧视图（书桌）

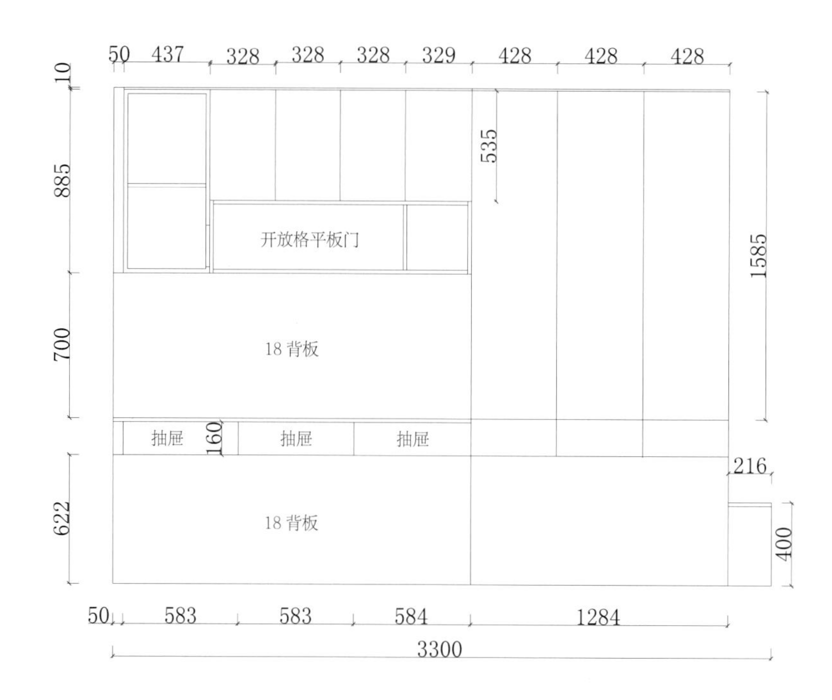

立面图（书桌 + 衣柜）

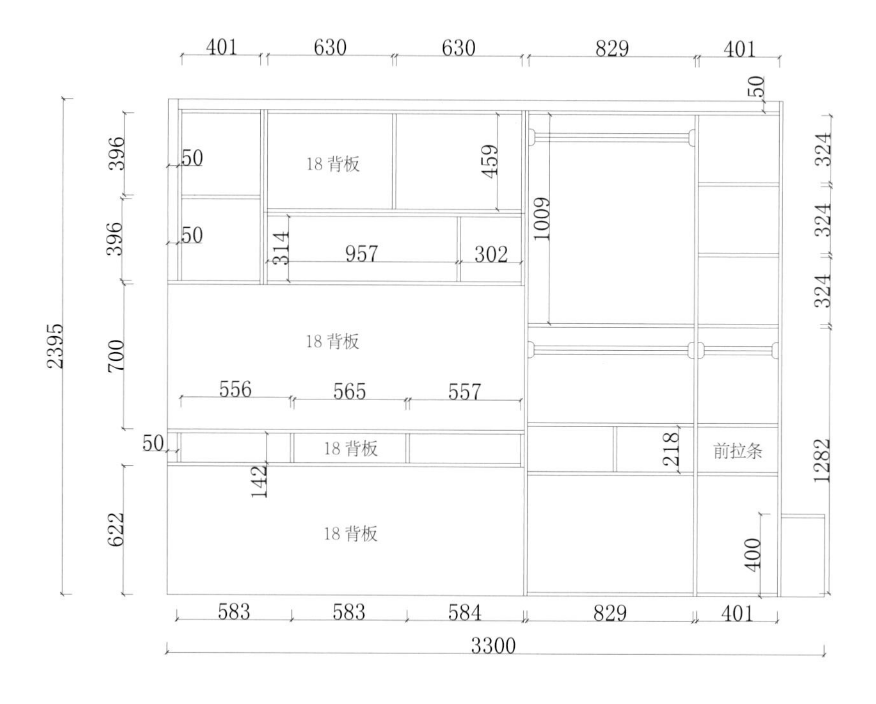

内部结构图（书桌 + 衣柜）

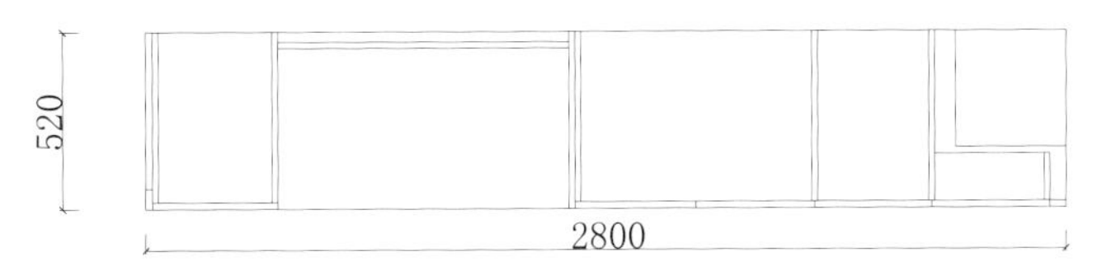

俯视内部结构图（书桌 + 衣柜）

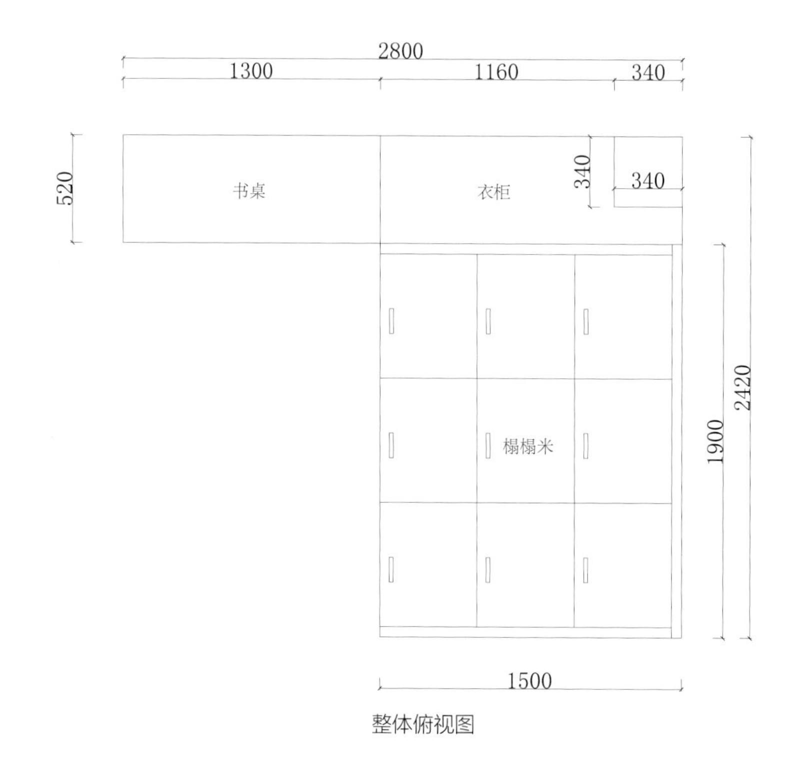

整体俯视图

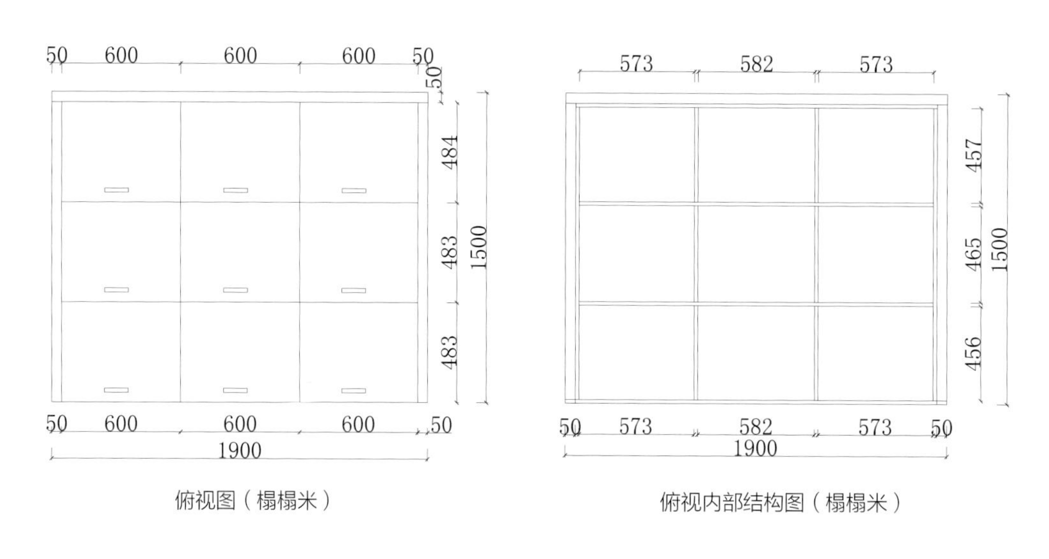

俯视图（榻榻米）

俯视内部结构图（榻榻米）

侧视图（榻榻米）

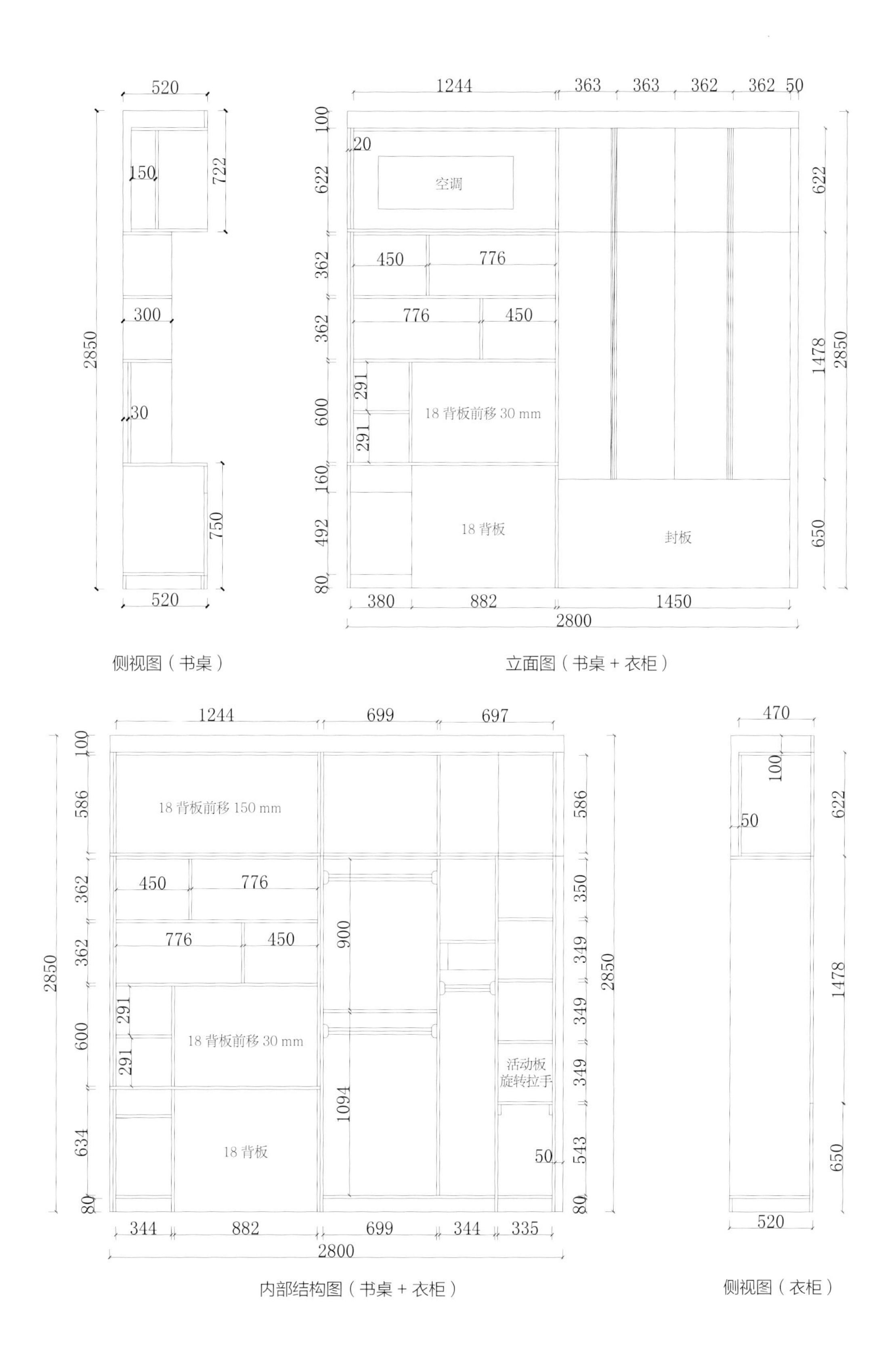

侧视图（书桌）

立面图（书桌 + 衣柜）

内部结构图（书桌 + 衣柜）

侧视图（衣柜）

015

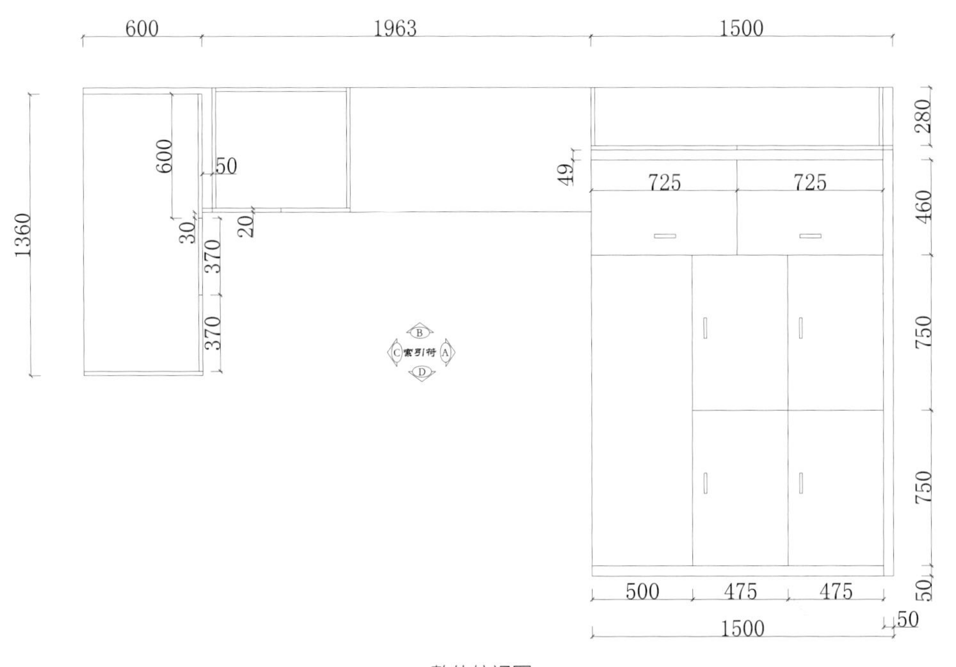
600
1963
1500
1360
600
50
49
725
725
280
30
20
460
370
370
B
C
索引符
A
D
750
750
500
475
475
50
1500
50

整体俯视图

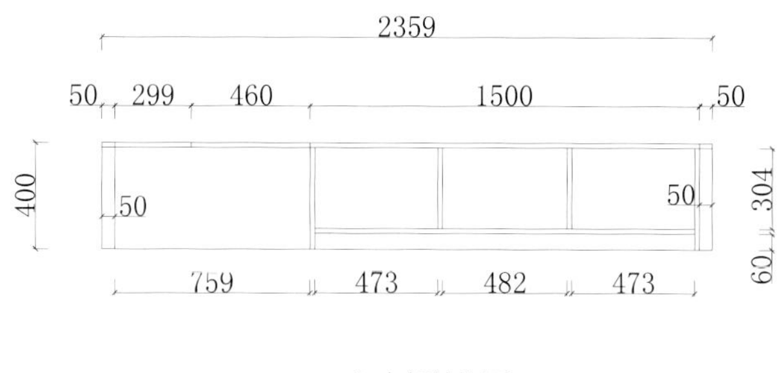

A 内部结构图

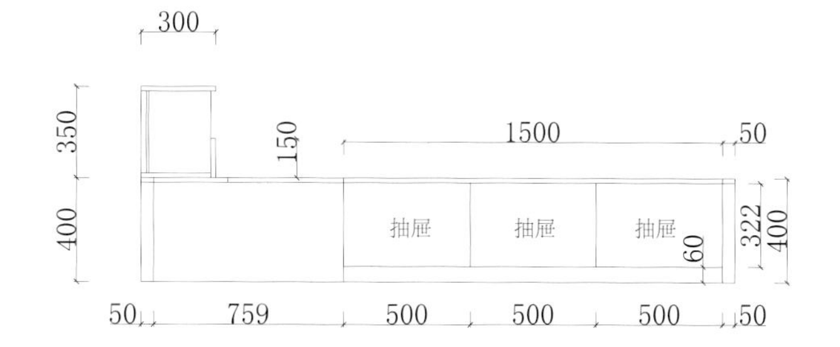

A 立面图

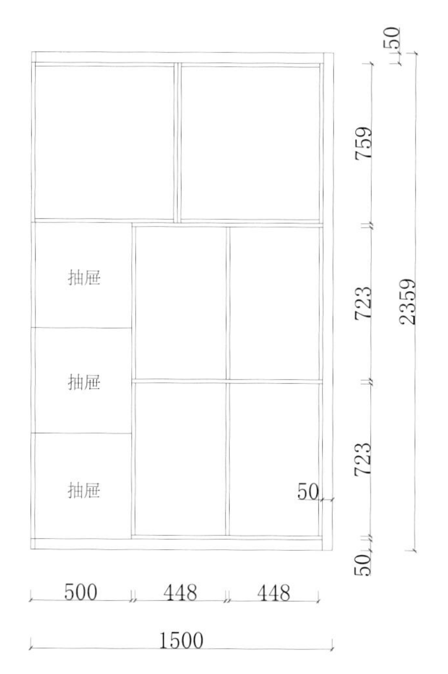

俯视内部结构图（榻榻米）

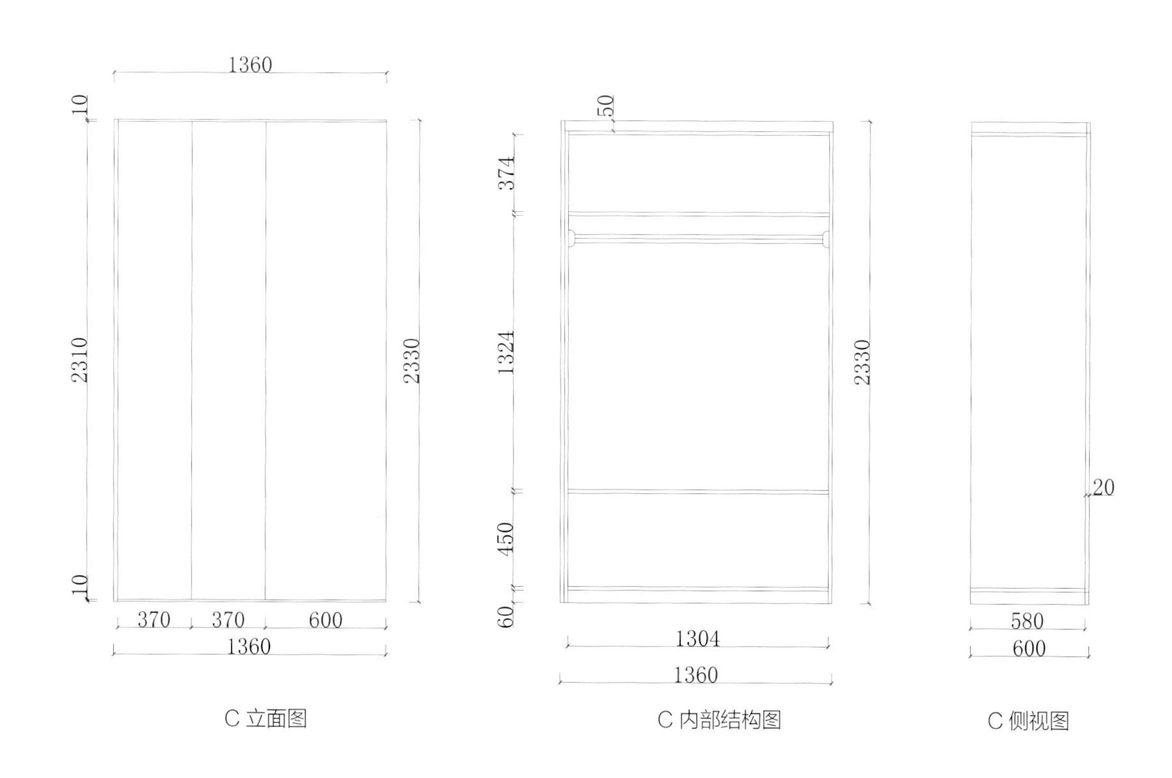

C 立面图

C 内部结构图

C 侧视图

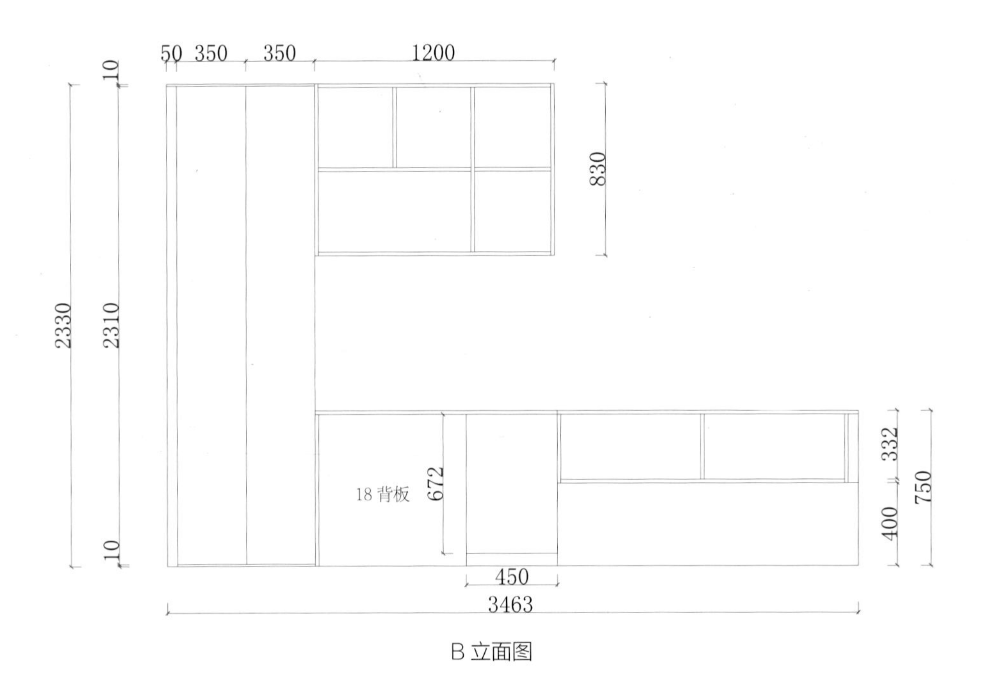

B 立面图

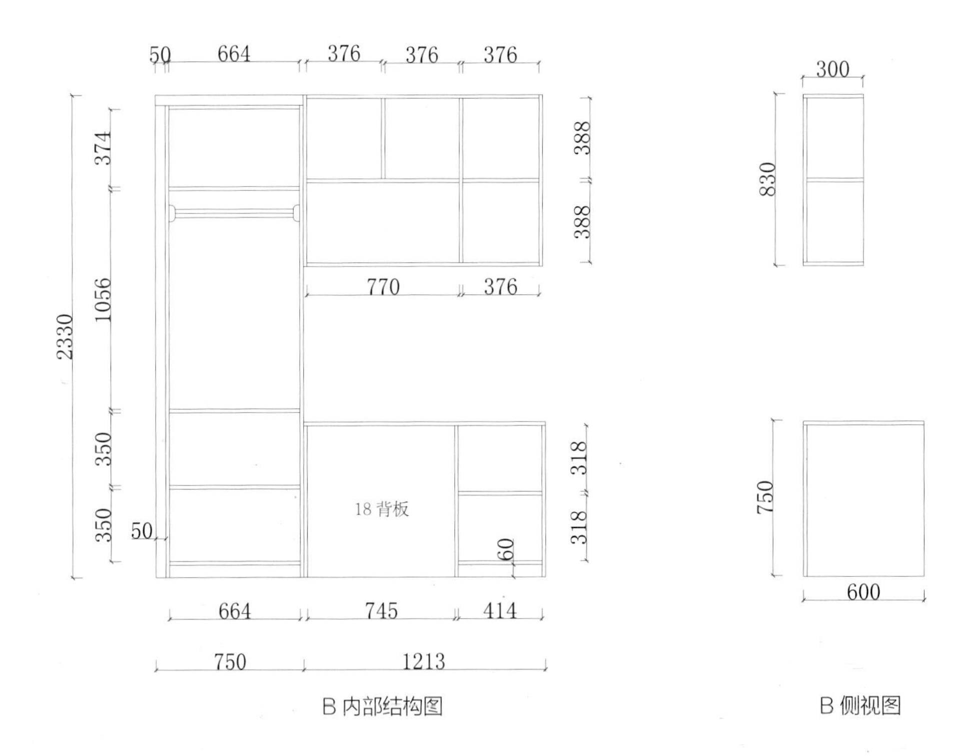

B 内部结构图

B 侧视图